计算机软件基础

主 编　刘金凤　赵鹏舒　祝虹媛
副主编　袁宏娜　何勇军

哈尔滨工业大学出版社
HARBIN INSTITUTE OF TECHNOLOGY PRESS

内容简介

本书是计算机软件技术基础的综合教材,引进了软件技术发展的最新成果,精炼了选材内容。本书共分为6章,包括程序设计语言、数据结构、操作系统、数据库和软件工程五大知识板块,内容由浅入深,为读者开避了入门到熟练掌握的捷径。本书提供了大量的软件开发实例,每章都配有习题,便于读者巩固所学知识。

本书适合作为高等学校非计算机专业基础教材使用,也可以作为企业的培训教材。

图书在版编目(CIP)数据

计算机软件基础/刘金凤,赵鹏舒,祝虹媛主编. —哈尔滨:哈尔滨工业大学出版社,2012.7(2015.8重印)

ISBN 978-7-5603-3662-6

Ⅰ.计⋯ Ⅱ.①刘⋯②赵⋯③祝⋯ Ⅲ.①软件-教材

Ⅳ.TP31

中国版本图书馆 CIP 数据核字(2012)第 153067 号

策划编辑　李　岩　杜　燕　赵文斌
责任编辑　刘　瑶
出版发行　哈尔滨工业大学出版社
社　　址　哈尔滨市南岗区复华四道街 10 号　邮编 150006
传　　真　0451-86414749
网　　址　http://hitpress.hit.edu.cn
印　　刷　肇东市一兴印刷有限公司
开　　本　787mm×1092mm　1/16　印张 24　字数 599 千字
版　　次　2012 年 8 月第 1 版　2015 年 8 月第 2 次印刷
书　　号　ISBN 978-7-5603-3662-6
定　　价　38.00 元

前　言

　　计算机软件已经成为一种驱动力,它是进行商业决策的引擎,是现代科学研究和工程问题寻求解答的基础,也是鉴别现代产品和服务的关键因素。它被嵌入在各种类型的系统中,如交通、医疗、电信、军事、工业生产过程、娱乐、办公等。软件在现代社会中是必不可少的,我们进入 21 世纪以后,软件已经逐渐成为从基础教育到基因工程的所有领域新进展的驱动器。正是因为当今信息化社会中对计算机软件的迫切需求,使得普通高等院校对学生的计算机基础知识与应用能力的培养成为各学科、各专业教学计划的重要组成部分,高等院校毕业生的计算机基础知识与应用水平也已成为绝大多数用人单位选择录用人员的重要依据之一。因此,计算机软件应用与开发技术显得越来越重要和必不可少了。

　　计算机技术日新月异,教学内容在不断更新,本书就是为了满足不断变化的教学需求而编写的,其目的是培养非计算机专业学生的软件开发能力。为了满足各种水平读者的需求,本书在内容上力求深入浅出、通俗易懂、简明扼要、注重实用。

　　本书从计算机软件的基础知识、基本概念入手,介绍了程序设计语言、数据结构、操作系统、数据库系统和软件工程五大方面的基本理论知识。在此基础上,编者把多年来从事有关的教学体会和科研实践总结出来的计算机软件实用技术编写出来呈现给读者,各个需要读者深入理解和注意的关键点,都用特殊标记着重指出,方便读者体会和理解,使读者真正掌握计算机软件应用的基本方法,提高软件应用和开发能力。读者在使用本书时,为了能深入理解各章节内容,达到最佳的学习效果,一定要配合各章节实例和习题,通过一定数量的上机实验深刻体会计算机软件的本质。

　　本书共分 6 章,第 1 章由袁宏娜编写,主要介绍了程序与软件的区别、计算机软件的分类,并根据目前计算机软件的发展趋势深入分析了各个领域计算机软件的发展等。第 2 章由刘金凤编写,主要介绍了编译器和解释器的工作原理,并分别介绍了目前程序设计领域里使用率比较高的两种语言,即结构化程序设计语言(C 语言)和面向对象程序设计语言(C++语言)的基本概念,实现过程和编写特征等,最后向读者展示了不同应用领域对不同程序设计语言选择的原则。第 3 章的 3.1~3.9 节由赵鹏舒编写,第 3.10 节由袁宏娜编写,介绍了常用的线性和非线性的数据结构,以及典型的排序和查找方法等,该章节附加了大量的已调试通过的实例,方便读者对各种数据结构和排序、查找方法进行验证。第 4 章由祝虹媛编写,主要介绍了操作系统的基本原理、分类和各种功能管理等。第 5 章由孙广路编写,主要介绍了数据库的基本概念、数据模型,重点介绍了结构化查询语言SQL,并附加各种查询语言的实例,最后利用 VC++6.0 实现简单的数据库访问,使读者对数据库从设计到应用都具有宏观和微观上的认识。第 6 章由何勇军编写,首先介绍了软件工程产生的原因和软件生存周期的各个活动及目标,最后介绍了软件项目开发过程中需要实施的管理,使读者深入体会到软件工程的思想在整个软件项目开发过程中的各个环节所发挥的至关重要的作用。哈尔滨理工大学的颜景斌老师在百忙之中详细审读了书稿,并提出了许多宝贵的意见和建议,在此向他表示诚挚的感谢。

由于编著水平有限,书中错误或不足之处在所难免,希望广大读者批评指正。

编　者
2012 年 6 月

目　录

第 **1** 章

绪 论

1.1 计算机软件概述

简单地说,计算机软件就是程序,但这一概念不够准确。严格地讲,计算机软件是指计算机程序和与之相关的文档资料的总和。程序是计算任务的处理对象和处理规则的描述;文档是编制程序所使用的技术资料和使用该程序的说明性资料(如使用说明书等),即开发、使用和维护程序所需的一切资料,如图1.1所示。程序必须装入计算机内部才能工作,文档一般是给人看的,不一定装入机器。

软件是用户与硬件之间的接口界面,用户主要是通过软件与计算机进行交流,所以软件是计算机系统设计的重要依据。软件利用计算机本身提供的逻辑功能,合理地组织计算机工作,简化和代替人们在使用计算机过程中的每个环节,提供给用户一个便于操作和控制的工作环境。不论支持计算机工作还是支持用户工作的程序都属于软件。为了方便用户,使计算机系统具有较高的总体效用,在设计计算机系统时,必须要整体考虑软件和硬件的结合,以及用户的要求和软件的需求。

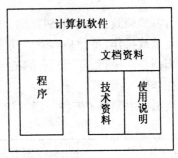

图1.1 计算机的软件组成

软件的正确含义是:

(1)运行时,能够提供所需求功能和性能的指令或计算机程序集合;

(2)程序能够较好地处理信息的数据结构;

(3)描述程序功能需求以及程序如何操作和使用的文档。

软件在诸多方面都表现出与硬件完全不同的特点:

(1)表现形式不同。硬件有形,有色,看得见,摸得着。而软件无形,无色,看不见,摸不着,闻不到。软件大多存在于人们的大脑里或纸面上,它的正确与否,是好是坏,要将程序在机器上运行才能知道。这就给设计、生产和管理带来许多困难。

(2)生产方式不同。软件是人的智力的高度发挥,不是传统意义上的硬件制造。尽管软件开发与硬件制造之间有许多共同点,但这两种活动是根本不同的。

(3)要求不同。硬件产品允许有误差,而软件产品却不允许有误差。

(4)维护不同。硬件有新旧之分,而软件在理论上是没有新旧之分的,但在实际上,随着硬件产品的不断升级,软件就会因兼容问题而显得力不从心。所以在软件的整个生存期中,一直处于改变(维护)状态。

1.1.1 计算机程序和软件

1.1.1.1 计算机的指令系统

指令系统是指机器所具有的全部指令的集合,它反映了计算机所拥有的基本功能。

在计算机系统的设计和使用过程中,硬件设计人员采用各种手段实现指令系统,而软件设计人员则使用这些指令系统编制各种各样的系统软件和应用软件,用这些软件来填补硬件的指令系统与人们习惯的使用方式之间的语义差距。因此可以说,指令系统是软件设计人员与硬件设计人员之间的主要分界面,也是他们之间互相沟通的一座桥梁。在计算机系统的设计过程中,指令系统的设计是非常关键的,它必须由软件设计人员和硬件设计人员来共同完成。

我们知道乘法是连加运算,除法的商可在连减的过程中产生,$\sin x$ 等许多函数可以展开成只含加、减、乘、除基本运算的级数。总之,无论多么复杂的运算都可以分解为一系列基本运算。计算机执行高级语言的任何一条语句,都是在执行了一系列基本运算后完成的。

计算机能直接完成的两数加、减、逻辑乘、逻辑或以及数的取反、取负、传输等许多基本的运算或操作,每种基本运算或操作称为一条指令。CPU 从指令区第一个地址开始逐条取出指令并执行,直到所有的指令都被执行完。一般的指令格式如下:

操作码　操作数　操作数

表 1.1 中列出了三种类型的指令:

表 1.1　指令示意图

操作码	操作数	操作数	备注
00000100	10100001	01101110	二进制指令
04H	A1H	6EH	十六进制指令
ADD	AX	6EH	汇编指令

上面的指令就是让计算机把累加器中当前数再加 110,机器能"读懂"上面的指令,因为约定操作码"00000100"表示操作码为"加",即表示把它后面的两个操作数"10100001"和"01101110"相加。其中第一个操作数"10100001"是累加器代号,第二个操作数"01101110"就是对应的十进制数"110"。直接用表示指令的二进制代码编程,称为用机器码语言编程。显然,以二进制码为机器编制程序及其枯燥,极易出错,是人们所不能接受的,所以一开始人们就用八进制(O)或十六进制(H)来表示二进制指令。很快人们发现用容易记忆的英文单词代替约定的指令来读写程序更容易,这就导致了汇编语言的诞生。当然,汇编语言也要转换成二进制代码,这个工作由汇编程序自动完成,不需人为干

预。汇编程序运行效率比较高,至今还在使用。

一台计算机所有指令的集合就构成了指令系统。指令系统不仅是硬件设计的依据,而且是提供给用户编制程序的基本依据。不同类型的计算机,其指令系统也不同。指令及指令系统所能完成的功能的强弱,是这种微处理器功能强弱的具体体现。因为不同型号微处理器有不同的指令系统,而且编程序时不能写入指令系统中不存在的主观臆造的"指令"。

这里所说的程序与高级语言编的程序有很大差别,高级语言编程用的语句绝大多数是不随微机型号而改变的,而这里所说的编程序用的指令则完全依赖于微处理器的型号。高级语言易于学习掌握,因为其语句形式很接近自然语言,而这里所说的指令所指明的操作是计算机内的基本操作,只有那些学习计算机原理知识的人才能理解,所以也只能由这样的人才能用指令编写程序。

1.1.1.2 程序

计算机的基本思想是"存储程序",基本工作过程就是执行存入的程序。所谓程序,是为完成某一任务的若干条指令的有序集合。指令是在设计和制造计算机时同时产生的,而程序则是人们根据具体的任务,选用某些指令设计而成的。程序实际上是一个用计算机语言描述的某个问题的解决步骤,它的表示是静态的。人们的最终目的还是要它解决问题,所以程序必须能够运行,否则毫无用处。也就是说,程序是指示一个计算机动态执行的序列。正因为如此,编写程序就是为计算机编写行动计划,形式上必须符合程序设计语言的规范,内容上要能得到计算结果。

程序既是计算机软件的本体,又是计算机软件的研究对象。程序除了有编写者之外,还应该有执行者来实现这些指令,实现指令称为执行或运行程序。计算机程序分为源程序、目标程序和可执行程序三类。源程序泛指由计算机编程语言书写的程序,源程序需要经过编译器或解释器等工具软件翻译才能被计算机识别;目标程序是一种中间代码程序,是源程序经过编译后产生的结果;可执行程序是由机器指令组成的程序,可以直接在CPU中执行并得到运行结果。

程序具有静态属性和动态属性。静态程序是指在外存储器中存放的源程序、目标程序和可执行程序,它们一般以文件形式存在,即程序的表示是静态的。静态的可执行程序文件需要装入内存才能由CPU执行,这就是运行程序,运行中的程序称为动态程序。动态程序一般分为若干个进程,由CPU分别执行进程的指令序列完成相应的计算任务。

人们如何来表示程序?用机器码最直接,它是机器可以直接"读懂"的语言,但编起来太麻烦,一整版的32位1和0的组合任何人读都会出错。于是用八进制数、十六进制数编程,进一步把操作码变成英文字母就出现了汇编语言,这时的转换就成了用汇编程序做"翻译",把符号表示翻译成机器具体执行的指令集。它们是同一程序的两种不同表示,也就是说,它们完成了从抽象到具体的映射。更进一步出现了高级语言,它完全不需要考虑机器指令和内存存储安排,只有变量、运算符、表达式、过程、函数,由编译或解释程序将其翻译为机器码程序。这样,程序员的工作就是把要计算的问题转化成高级程序设计语言的表达式、语句、过程或函数,而不是机器指令序列。这一类语言是面向过程的语言,即用结构化的语句来编写程序,结构化语言的一个显著特点是代码和数据的分隔化,即代码和数据分开存储,互相隔离。程序的各个部分除了必要的信息交流外,彼此互不影响,相互隔离。

尽管如此,面向过程的语言已经不能满足运用面向对象方法开发软件的需要。面向对象语言也是高级程序设计语言,它是过程式语言的进一步发展。使用这种语言不必关心问题的解法,也不必进行过程描述。只要说明要完成的目的,指明输入输出形式,而其他工作都由系统自己来完成。

1.1.1.3 软件

程序还有一个更为广义的理解,即程序是信息。人们知道信息只有大小而无形状,信息可用多种媒体(声、文、图)表示,信息的传递总要借助某种介质(媒体)。程序作为商品要以有形的介质作为载体进行交易,故称为软件(Software)。软件有以下特性:

(1)软件是功能、性能相对完备的程序系统。程序就是软件,但软件不仅仅就是程序,还包括说明其功能、性能的说明性信息,如使用维护说明、指南、培训教材等。

(2)软件是具有使用性能的软设备。人们编制一个应用程序,可以解决自己的问题,但不能称之为应用软件。一旦使用良好并转让给他人就可称为应用软件。

(3)软件是信息商品。软件既然是商品就有功能、性能要求,就要有质量、成本、交货期、使用寿命的要求。软件的开发者一般不是使用者。软件的开发、生产、销售形成了巨大的信息产业。它不同于传统产业,研制开发是其主要的生产方式,而大批量生产是十分容易的拷贝工作,生产成本极低,如同电影工业。

(4)软件是只有过时而无磨损的商品。硬件和一般产品都有使用寿命,而软件只有过时而无用坏一说。所谓过时,往往是它所在的硬件环境及配套软件升级,导致软件做相应升级。例如,386 PC 机上的 Word 3.0 文字处理功能作文字编辑并没有什么大的缺陷,但是,人们只愿使用最新版本的 Word。

1.1.2 计算机软件的分类

计算机软件作为可运行的系统,已经形成共识的分层模型,即:系统软件、支撑软件和应用软件,这些软件都是用程序设计语言编写的程序。

1.1.2.1 系统软件

系统软件是指管理、监控和维护计算机资源,并提供用户与计算机之间界面等工具的软件。在微型计算机中,最常见的系统软件有操作系统、各种语言处理程序以及各种工具软件等。

(1)操作系统。操作系统是最底层的系统软件,它是对硬件系统的首次扩充,也是其他系统软件和应用软件能够在计算机上运行的基础。它主要负责计算机系统中软、硬件资源的管理,合理地组织计算机的工作流程,并为用户提供良好的工作环境和友好的使用界面。操作系统是整个计算机系统的控制和管理中心,是计算机和用户之间的接口,任何其他软件必须在操作系统的支持下才能运行。

(2)程序设计语言和语言处理程序。人们利用计算机解决实际问题,一般首先要编制程序。程序设计语言就是用户用来编写程序的语言,它是人与计算机之间交换信息的工具。对于用高级语言编写的程序,计算机是不能直接识别和执行的。要执行高级语言编写的程序,首先要将高级语言编写的程序通过语言处理程序翻译成计算机能识别和执行的二进制机器指令,然后才能供计算机执行。

(3)工具软件。工具软件又称服务软件,它是开发和研制各种软件的工具。常见的工具软件有诊断程序、调试程序和编辑程序等,这些工具软件为用户编制计算机程序及使用计算机提供了方便。

a. 诊断程序。它的功能是诊断计算机各种部件能否正常工作,因此它是面向计算机维护的一种软件。例如,计算机打开后,首先运行 ROM 中的自检程序,以便检查计算机系统是否能正常工作,这段自检程序就是一种最简单的诊断程序。

b. 调试程序。调试程序用于对程序进行调试,它是程序开发者的重要工具,特别是对于调试大型程序显得更为重要。

c. 编辑程序。它是计算机系统中不可缺少的一种工具软件,它主要用于输入、修改、编辑程序或数据。

总之,系统软件是计算机系统的必备软件,用户在购置计算机时,一般都要根据需要来配备相应的系统软件。

1.1.2.2 支撑软件

支撑软件又称为软件开发环境,是支撑各种软件的开发与维护的软件。支撑软件种类繁多,主要有以下几类:

(1)图形处理软件。这类软件是 CAD/CAE/CAM 系统中的重要支撑软件,其基本功能诸如点、线、圆图形元素的生成,图形的平移、放大与旋转,图形的删除与编辑,以及尺寸标注、文字书写等都是绘制模具图时所必需的。它通常以子程序或指令形式提供一整套绘图语句,供用户在高级程序设计语言如 BASIC、FORTRAN 等编程中调用。

图形处理软件既具有较强的计算能力,又具有图形显示或绘图功能。但这类软件往往是由硬件厂家提供,因而受到硬件设备型号的制约,不像程序设计中的高级语言那样有良好的通用性,为其推广造成一定的困难。为此,在国际上出现了一些图形软件标准。如ISO(国际标准化组织)颁布的 CGI(计算机图形设备接口标准)、IGES(图形交换规范)、GKS(图形核心系统)等。

(2)数据库管理系统。为了适应数量庞大的数据处理和信息交换的需要,由此而发展了 DBMS(数据库管理系统)。它除了保证数据资源共享、信息保密外,还能尽量减少数据库内数据的重复。用户是使用数据库管理系统进行工作的,因而它也是用户与数据间的接口。数据库管理系统中使用的数据模型主要有三种:层次模型、网状模型和关系型模型。

由于在注塑一类模设计中涉及的数据量异常庞大,因此,一般通用的数据库管理系统在工程中并不太适用。CAD/CAE/CAM 的工程数据库管理系统要求能管理庞大的数据量,数据类型及数据关系也十分复杂,而且信息模式是动态的。因此,工程数据库管理系统多年来一直是重点研究课题。现在,很多系统借助一般关系型数据库管理系统来实现工程数据的管理,虽然效果不是很理想,但基本满足实用的需要。

(3)分析软件。分析软件主要用来解决工程设计中各种数值计算问题,如有限元分析、机构分析模拟、模态分析、塑料流动分析、冷却分析模拟等,都已有功能很强的商品化软件包。

1.1.2.3 应用软件

应用软件是计算机生产厂商或软件公司为了支持某一应用领域、解决某个实际问题而专门研制的应用程序。应用软件具有很强的实用性,专门用于解决某个应用领域中的具体问题,因此它又具有很强的专用性。由于计算机应用日益普及,各行各业、各个领域的应用软件越来越多,也正是这些应用软件的不断开发和推广,更显示出计算机无比强大的威力和无限广阔的前景。

当前计算机的应用软件种类繁多,涉及社会的许多领域,很难概括齐全,也很难确切地进行分类,若按其所实现的功能分类可以分为以下类型:

(1)常用系统维护软件,如系统优化软件、驱动软件、磁盘清理软件、内存优化软件等。

(2)网络应用软件,如网页浏览软件、下载工具软件、网络电视、网络电话、搜索引擎、网络共享、离线浏览、聊天软件等。

(3)文件处理软件,如转换翻译软件、文字处理软件、文件恢复软件、文件管理软件、压缩解压缩软件等。

(4)图形图像处理软件,如图像浏览、图像捕捉、动画制作、CAD 图形、图片压缩等。

(5)多媒体软件,如媒体播放软件、视频软件、音频工具软件、光盘刻录、MP3 制作软件、多媒体管理软件等。

(6)计算机使用安全软件,如病毒查杀软件、网络安全软件、系统监视软件、加密工具、密码管理软件、密码恢复软件等。

(7)管理软件,如办公软件、财务管理软件、记事管理软件、网吧管理软件、机械电子设计管理软件、旅游餐饮软件、出版印刷管理软件等。

在当今整个社会信息化的情况下,系统软件、支撑软件和应用软件的界线正在模糊。

1.2 计算机软件技术

1.2.1 计算机软件技术的现状

计算机软件技术是指支持软件系统的开发、运行和维护的技术,其核心内容是高效的运行模式、有效的开发方法及其支撑机制。各国政府相继启动国家级的重大软件技术计划,基础软件和软件开发方法研究都成为这些国家级计划中优先推荐或重点发展的内容。中国信息产业部早在 2001 年 5 月发布的《信息产业"十五"计划纲要》中就将软件业的发展纳入重点。

1.2.1.1 操作系统研究开发现状

操作系统是管理硬件资源(如处理器、存储器、显示器、打印机等)、控制应用软件运行、改善人机界面并为应用软件提供支持的软件。操作系统向高层应用软件提供编程接口,为用户方便地开发应用系统提供了基础。随着计算机网络等技术的发展,近年来操作系统在网络化、并行化、智能化等方面将会取得更加显著的发展。

1.2.1.2 数据库研究开发现状

（1）网络化的大型通用数据库管理系统。

支持 Internet 的数据库应用已经成为数据库系统的重要方面。数据库研究学术界以及各主流数据库公司都将其作为自己重要的发展方向。例如，Oracle 公司从 8 版起全面支持互联网应用，微软公司更是将 SQL Server 作为其整个.NET 计划中的一个重要的成分。

（2）数据库安全系统及技术。

由于数据库系统在现代计算机系统中的地位越来越趋于核心的地位，数据库系统的安全问题自然受到越来越多的关注。在目前各国所引用或制定的一系列安全标准中，最重要的两个是由美国国防部制定的——《可信计算机系统的评估标准》（简称 TCSEC）和《可信计算机系统的评估标准关于可信数据库系统的解释》（简称 TDI）。目前，所有数据库的开发必须遵从相应的安全标准。

（3）XML 及 Web 数据管理技术。

Web 上的数据（包括大量的 XML 数据）与传统的数据库中的数据不同，具有如下一些特征：面向显示；半结构化和无结构；不同形式的数据源；动态变化；数据海量等。

（4）嵌入式移动数据库技术。

随着移动通信技术的迅速发展和投入使用，加上移动计算机的大量普及，国内外许多研究机构都展开了对移动数据库的研究，并取得了许多有价值的成果。移动数据库技术涉及数据库技术、分布式计算技术以及移动通信技术等多个学科领域，具有较高的学术起点。

1.2.1.3 中间件研究与开发现状

随着网络应用的逐步增多，为了解决平台异构性和互操作问题，中间件作为一种新的软件类型（或层次）开始出现。从其提出的初始动因来看，中间件是指网络环境下处于操作系统等系统软件和应用软件之间的一种起连接作用的分布式软件，主要解决异构网络环境下分布式应用软件的互联与互操作问题，它可屏蔽实现细节，提高应用系统的易移植性。由于所属领域的不同，面临的问题差异也很大，因此，不同开发组织分离、开发出的中间件也不尽相同。一般来说，传统的中间件分为以下几个主要种类：远程过程调用中间件；面向消息的中间件；对象中间件；事务中间件；数据访问中间件。

（1）消息中间件技术。

消息中间件基于队列与消息传递技术，支持应用的松散耦合集成，是最早的中间件分类之一。几年来，尽管新的中间件门类不断出现，支持应用集成的中间件有很多，如事务管理中间件、Web 应用服务器、门户服务器等。消息中间件作为基本的应用集成平台的首选地位一直没有改变。

（2）对象中间件。

目前对象中间件领域发展迅速，主导的标准规范除了 Sun 公司的 J2EE（Java2 Platform Enterprise Edition，Java2 平台企业版）、Microsoft 的 DCOM/COM+及.Net 之外，最为重要的标准便是 OMG（Object Management Group，国际对象管理集团）的 CORBA（Common Object Request Broker Architecture，公共对象请求代理体系结构）。

（3）基于 J2EE 的应用服务器。

应用服务器是运行在网络环境下的基础软件,因此,其功能与网络环境的特点密切相关。网络环境具有分布性、异构性、开放性、演化性等特点。

（4）微软的. Net。

COM(Component Object Model,构件对象模型)是 Microsoft 公司开发的对象中间件,它主要由两部分组成:一个是 COM 规范,描述了 COM 构件的二进制标准;另一个是 COM 的运行支持库,嵌入在 Windows 操作系统中,负责 COM 构件的注册、查找、创建等功能。

（5）Web Service。

随着构件技术的成熟以及 Internet 的飞速发展,Web 技术和 XML 逐渐成为实现企业解决方案的重要手段。几乎在所有的 Web 应用中,HTTP 都作为 Web 客户和 Web 服务器的连接桥梁,而构件诸如 COM+、EJB 等都作为实现业务流程和状态持久化的后端系统。尽管计算驱动的后端系统这几年改变很多,但是前端却几乎没有什么变化,依然是 HTML 驱动的传输和显示格式。

（6）行业应用中间件。

中间件技术向具体行业领域的延伸引出中间件发展的另一个方向,即所谓的行业应用中间件。一些具体的应用领域如电信、金融、保险等行业由于专业性强,对某些需求高,如果应用系统从底层开发,则开发周期长,开发困难大,因此迫切需要专门适合该领域的中间件产品。

1.2.1.4　嵌入式系统软件的研究现状

所谓嵌入就是将计算机的硬件和软件嵌入其他机电设备中去,构成一种新的系统,即嵌入式系统。从计算机发展历史分析,嵌入式系统是计算机技术向深度、广度发展的产物,是 PC 机大规模发展从而使计算机普及到全社会后又一次飞跃,充分体现了信息技术的带动性和渗透性。

与一般软件应用类似,嵌入式软件产品应用与应用对象及环境关系极为密切,需要应用专门知识。嵌入式系统实质上是一个小型的微型计算机系统,但是“麻雀虽小,五脏俱全”,其硬件基本结构为:嵌入式系统使用的主要集成电路;传统的微型计算机系统;单片机; DSP(数字信号处理器)。

目前,嵌入式操作系统的品种较多,仅用于信息家电的嵌入式操作系统就有 40 种左右。近年来随着市场的急速扩张,吸引了越来越多的厂商进入。嵌入式系统中的数据库所起的作用与一般计算机系统类似,其中最重要的是嵌入式移动数据库系统,使得使用移动设备的人员可以随时通过无线通信与所在机构交换数据。嵌入式支撑软件是嵌入式系统的基础,而与嵌入式操作系统紧密联系的开发调试工具是嵌入式支撑软件的核心,它的集成度和可用性将直接关系到嵌入式系统的开发效率。

1.2.1.5　Grid(网格)技术的研究开发现状

网格是一种分布式基础设施,用来实现在动态的、跨组织边界的虚拟组织内的资源共享与协作。松散耦合、异构和动态的环境,跨多个组织边界是网格区别于传统的分布式和并行系统的重要特征。

网格是下一代的 Web,是 21 世纪的先进技术。国外在这方面的研究也起步较晚,而且还没有被国外厂商垄断的标准，因此，网格软件方面的创新机会很多。从需求上看，各种资源的信息化使得许多应用领域对网格的需求有了明显的增长。这些需求不仅表现在科学和工程计算方面，还表现在各行业对资源共享和信息服务等方面。

自从 20 世纪 60 年代出现"软件危机"和"软件工程"以来，围绕如何开发高效的高质量软件的技术、方法和体系研究始终是软件技术的另一个重要研究内容。软件生产平台研制和质量认证体系研究是提高软件生产工业化水平的两个关键问题。

1.2.1.6　CASE 工具研究开发现状

CASE 工具是软件开发技术、方法、过程等的辅助性支持手段。随着软件开发复杂性的增加和人们对软件开发方法研究的深入，CASE 工具已成为软件开发中必不可少的基础设施。常见的 CASE 工具主要有需求管理工具、项目/计划/过程管理工具、建模/编译/部署工具、配置/版本管理工具和测试/度量工具等。

1.2.1.7　软件构件技术及其支撑工具研究开发现状

对软件开发方法的研究一直是软件开发技术研究的核心和基础，为人们的软件开发提供了全面的帮助和支持。主流的方法从最早的结构化开发方法，发展到 20 世纪 90 年代成熟起来的面向对象开发方法，90 年代中期以后，基于构件的软件开发方法在支持软件复用方面提供了更好的支持，并逐步与工业化技术（如 CORBA、COM+、Web Service 等）相结合，成为备受关注和快速发展的新型软件开发方法。

软件构件技术是基于构件的软件开发方法的核心技术之一，涉及构件模型、软件体系结构、分布式构件（对象）、构件管理、构件组装、开发过程等技术。

1.2.1.8　面向代理（Agent Oriented）技术的研究开发

Agent 是一种计算机系统，它能够在动态的、不可预知的环境下灵活自主地采取行动。很多人相信，Agent 代表着自面向对象技术出现以来，软件开发领域内最重要的新的开发范型。

Agent 的体系结构是自主 Agent 在开放性的动态环境里采取有效行为的基础引擎。在早期的研究中，Agent 研究领域主要集中在开发智能 Agent 的体系结构。随着 Agent 技术及多 Agent 系统技术研究的逐步深入和成熟，越来越多的技术被用来解决现实生活中的实际问题，并且开发了各种各样的基于 Agent 技术的应用系统。到目前为止，Agent 技术已用于众多应用领域，如制造业，过程控制，电信系统，航空交通管理，交通和运输管理，信息过滤与收集，电子商务，商业过程管理，娱乐，医疗保健等。

1.2.2　计算机软件技术的发展趋势

从应用的广泛程度来讲，计算机技术已经渗透到整个国民经济和人类进行社会生活的方方面面，并且越来越多地进入了普通家庭；从应用的深入程度来讲，计算机技术已不仅仅是最初的一种具有单纯计算功能的使用工具，它已经被人脑的智力进行了深度地扩充和延伸，在数据的网络通信和远程的经济管理，以及一个国家的工农业生产、用做医疗的诊断以及文化教育等诸多事业中越来越占据着不可替代的地位，而计算机软件的发展成为实现计算机技术在工程领域应用的基本要素。计算机在各个工程领域的发展，则需要计算机软件的发展及软件所提供的强大动力。

1.2.2.1 操作系统的发展趋势

网络化操作系统研究与开发是面向网络计算的软件核心平台的重要组成部分,运用构件化技术构架操作系统是未来发展的技术趋势;面向存储的操作系统,应用特制的嵌入式操作系统是今后操作系统发展的热点方向。

网络虚拟机是面向 Internet 网络化操作系统的一个新构想和发展趋势。可扩展的、可优化资源的、按需计算的、广域的操作系统是未来面向 Internet 的操作系统的发展趋势。智能化分布式数据资源访问协议,是这一网络化操作系统发展趋势的重要内容。

随着操作系统的发展,计算机应用领域的扩大化,操作系统的安全问题显得越来越重要。到目前为止,病毒和木马一直没有停止过变异和传播。而最近闻名的超级工厂病毒,则使安全问题不仅仅局限在普通的通用计算机操作系统。

安全问题将推动操作系统的个性化发展。

1.2.2.2 数据库系统发展趋势

在 Web 环境下,对复杂信息的有效组织与集成,方便而准确地查询与发布信息,特别是高效的 XML(扩展标记语言)数据管理技术,是网络软件平台上的新型数据管理的发展趋势。信息系统 XML 数据和流程标准的定义不仅支持基于数据层面的动态交换,而且支持面向流程的动态交换,从而实现信息系统在开放的环境下完成最大限度的共享,推动电子商务和电子政务系统的实施。

(1)面向互联网环境的大型通用数据库系统技术的发展趋势。

面向 Internet 的数据库主要要解决电子政务、电子商务及企业信息化等关键领域的关键技术,从而构建一个高性能、高安全、高可用的、能够支持海量数据和海量访问的数据库管理系统。

(2)XML 与 Web 数据管理技术的发展趋势。

从数据库的角度来研究 Web 数据管理的问题,着眼点主要是借用数据库的数据管理思想,在 Web 环境下结合其特点提出相应的方法。XML 数据的出现为 Web 数据管理提供了新的机会,大量的研究工作也就此展开,取得了很多成果。但总的来说,目前的研究工作还远未成熟,许多问题仍有待于进一步作探讨,新的研究课题也在不断涌现。

(3)网格数据管理技术的发展趋势。

数据库的发展经历三个阶段:集中式数据库、分布式数据库和网格数据库。

数据网格技术相对于计算网格技术起步较晚,其应用水平也较低。现已完成的数据网格项目也多针对数据密集计算(如欧洲数据网格项目等)。数据网格可向以下几个方面发展:将网格技术与数据库技术结合起来,形成网格数据库;基于网格的商务数据管理技术,促使数据网格为电子商务等商业应用服务;在网格上进行信息和知识的管理,发展信息网格和知识网格技术。

(4)基于点对点的数据管理技术发展趋势。

点对点技术(Peer to Peer,简称 P2P),又称对等互联网络技术,是一种网络新技术,目前国际上对于点对点技术的研究如火如荼,各种问题层出不穷,比如,基于 P2P 结构的 Web 缓存,P2P 结构上的分布式搜索引擎,P2P 结构上的数据仓库缓存等。P2P 技术的发展将会继续围绕着应用的需要展开。

目前,全球各种基于 P2P 结构的研究项目层出不穷,应用软件也不断涌现。例如,包含各种格式音频、视频、数据等的文件是非常普遍的,实时数据(如 IP 电话通信等)也可以使用 P2P 技术来传送。在不久的将来,随着 P2P 研究的不断深入和企业界的不断介入,P2P 技术将进入一个飞速增长的时期。

(5)嵌入式移动数据库技术的发展趋势。

嵌入式移动数据库技术目前已经从研究领域向更广泛的应用领域发展,随着移动通信技术的进步和人们对移动数据处理和管理需求的不断提高,与各种智能设备紧密结合的嵌入式移动数据库技术已经得到工业界、军事领域、民用部门等各方面的重视。移动计算模式代表着网络发展的一种必然趋势。国际著名的 IT 市场研究机构 Meta Group 和 Gartner Group 的研究报告表明,在未来的十年之内,80% 以上的商业用户将要求有一个远程或移动的解决方案;全球将有数亿职员的日常办公环境将是非传统的。这是一个巨大的市场,而在其中占据数据管理的核心地位的移动数据库技术也将具有广阔的市场前景和发展空间。

嵌入式移动数据库作为数据库发展的一个新领域,许多关键技术还处于研究的初级阶段,需要研究和解决。

(6)数字图书馆技术的发展趋势。

随着信息技术的不断发展,需要存储和传播的数据越来越多,信息的种类和形式也越来越丰富,传统图书馆显然不能满足这些需要。因此,人们提出了数字图书馆的概念。数字图书馆是一个电子化信息的仓储,能够存储大量各种形式的信息,用户可以通过网络方便地访问它,以获得这些信息,并且其信息存储和用户访问不受地域限制。数字图书馆是一个集各种高新技术为一体的项目,它的建设将极大促进我国信息技术的发展,同时带动与之相关的计算机技术、网络技术、通信技术和多媒体技术等各项技术的发展,形成的高新技术产业链,对于提供我国整体的信息产业水平将起到不可估量的影响。

(7)开放源码数据库技术的发展趋势。

开放源码数据库凭借开放源码所带来的低成本、安全性和开放性,正在试图侵蚀传统商业数据库的领地,可以预见参与开放源码数据库的研究开发与应用的人和组织会越来越多,开放源码数据库的影响会越来越大。

(8)数据库安全技术的发展趋势。

数据库安全是指保护数据库,以防止非法用户的越权使用、窃取、更改或破坏数据。安全数据库的概念目标比较具体,也有明确的标准,各数据库厂商必须按照标准提供安全产品,尽管可能会有这样或那样的增强。从大体上看,在进行安全数据库的设计实现中可以进行研究和改进的方向可以包括以下几个方面:数据加密;细化数据的标识粒度;扩充主码。数据库系统在实际应用中存在来自各方面的安全风险,由安全风险最终引起安全问题。表述数据库系统的安全风险主要有:来自操作系统的风险;来自管理方面的风险;来自用户的风险;来自数据库系统本身的风险。

1.2.2.3 中间件技术的发展趋势

中间件是操作系统与应用软件之间的衔接软件,其作用是为处于自己上层的应用软件提供运行与开发的环境,帮助用户灵活、高效地开发和集成复杂的应用软件。在中间件产生之前,应用软件直接通过操作系统、数据库以及网络协议等进行开发,虽然这些都是计算机最基本的系统构件,但很复杂,开发者不得不面临许多问题。

随着 Internet 的快速发展,中间件的定义正在走出其狭义空间,逐步形成更为广义的内涵。中间件主要呈现出两方面的技术趋势:一方面,支撑软件越来越多地向运行层渗透,提供更强的对系统实现的支持;另一方面,中间件也开始考虑对高层设计和运行部署等开发工作的支持。而这两个技术趋势从本质上正是源于软件体系结构和软件构件等技术的发展和应用。从广义的角度看,中间件代表了处于系统软件和应用软件之间的中间层次的软件,其主要目的是对应用软件的开发和运行提供更为直接和高效的支撑。

1.2.2.4 支撑软件技术的发展趋势

从总体上来看,随着软件技术和软件应用的日益复杂,支撑软件平台正在日益与软件运行平台相集成,形成统一的基础平台。例如,构件运行平台主要有 J2EE 技术下的 EJB(Java 企业柄)环境、微软 COM 技术下的 COM+环境以及 CORBA 和 Web Service 环境等,各平台均要求相关的软件技术,涉及建模、分析、设计、编码、测试与维护等多方面,技术的复杂性要求提供更为全面的支持功能,简化开发过程,提高劳动生产率和软件产品质量。

(1)CASE 工具的发展趋势。

CASE 工具将包括两方面适应性的发展趋势,即网络化和专业化。一方面适应网络环境下的大型软件开发需求,将对 Web Service 等共性构件技术提供更好的支持,同时工具本身也将网络化,为网上虚拟软件工厂提供支持;另一方面,将在嵌入式软件领域为实时性、特性化、专门化等要求开发出大量相关的专用 CASE 工具。

(2)软件构件技术的发展趋势。

软件构件技术不仅成为学术研究热点,同时也成为当前产业界所关注发展的核心技术。目前主流的软件构件技术标准有:微软提出的 COM/COM+,SUN 公司提出的 JavaBean/EJB,OMG 提出的 Corba。它们为应用软件的开发提供了可移植性、异构性的实现环境和健壮平台,结束了面向对象中的开发语言混乱的局面,解决软件复用在通信、互操作等环境异构的瓶颈问题。IBM、SUN 的 J2EE、EJB 技术、微软公司的 COM+技术和正在成为 Internet 软件标准环境的 Web Service 技术,都已成为软件构件的基础实现模型。

1.2.2.5 软件质量认证技术的发展趋势

从总体上看,软件质量保证技术将向定量化技术发展,并基于量化的分析,支持持续的改进。具体到软件质量评测和软件过程改进两方面均以此作为显著发展趋势之一,并将在两者的有机结合上,提高软件产品和过程的质量。

(1)软件质量评测及度量技术。

在软件质量及其度量方面,针对大型、复杂的 Internet 软件,需要将质量评价覆盖于软件需求、分析、设计等各个阶段,提供一致的、整体的质量评价手段,并能够将构件质量评价和系统质量评价结合起来,形成质量评价框架。其中涉及软件构件度量技术与基于软件体系结构的评价技术、软件构件测试与针对构件组装的软件系统测试等技术的研发。

(2)软件过程改进与质量保证技术。

软件过程改进正在向定量的高层次发展,CMM 中定义的 4 级主要实现对产品质量和过程质量的量化管理,而 5 级是在量化基础上的不断改进。CMM 定义了框架,但是在实践中,定量化的方法、工具还都不完善,在实践中尚需不断发展。为此,产品质量度量和软件过程度量将成为近期的研究热点。

1.2.2.6 嵌入式软件的发展趋势

进入 20 世纪 90 年代以来,以计算机技术、通信技术和软件技术为核心的信息技术取得了更加迅猛的发展,在各种装备与设备上嵌入式计算与系统的广泛应用大大地推动了行业的渗透性应用。嵌入式系统被描述为:"以应用为中心,软件、硬件可裁剪的、适应应用系统对功能、可靠性、成本、体积、功耗等严格综合性要求的专用计算机系统。"嵌入式系统的应用非常广泛,目前,嵌入式系统带来的工业年产值已超过了 10 000 亿美元,未来 5 年仅基于嵌入式计算机系统的全数字电视产品,就将在美国产生每年 1 500 亿美元的新市场。嵌入式系统的发展也为我国的软件行业带来了难得的机遇,包括:

(1)发展嵌入式产品的产业链;

(2)用高技术改造传统产业;

(3)重视产品标准的制定;

(4)鼓励技术创新;

(5)给开发嵌入式软件的企业和产品以政策支持。

1.2.2.7 网格的发展趋势

随着网格计算的发展,也有人把它看成是未来的互联网技术。国外媒体常用"下一代互联网"、"互联网 2"、"下一代 Web"等词语来称呼与网格相关的技术。众多企业也是如此,包括内容分发、服务分发、电子服务、实时企业计算、分布式计算、P2P 计算、Web 服务等。国内对网格已有强烈需求,这不仅表现在高端科学计算方面,更为重要的是表现在各行业对高端信息服务的需求方面。中科院计算所李国杰院士认为:"网格可以称作是第三代 Internet,不仅仅包括诸如计算机和网页,而且包括各种数据库、软件以及各种信息获取设备等信息资源,它们连接成一个整体,整个网络如同一台巨大无比的计算机,向每个用户提供一体化的服务。"

网格的最大技术优点是有利于全国范围内各种计算和数据资源的共享、保存和利用。近年来,随着计算机计算能力的迅速增长,互联网络的普及、高速网络成本的大幅度降低以及传统计算方式和计算机的使用方式的改变,网格计算已经逐渐成为超级计算发展的一个重要趋势。网格计算是一个崭新而重要的研究领域,它以大粒度资源共享、高性能计算和创新性应用为主要特征,必将成为 21 世纪经济发展的重要推动力。

网格一旦建成,各行业或部门可以以它为基础平台,构建各自的行业应用网格,进而刺激和创造多种信息服务产业,促进各个行业和基础研究的发展,提高行业的国际竞争力。据专家预测,网格计算作为信息产业的新热点,将是近期内解决如高能物理实验、破解基因代码等数据量极大的科学工程计算问题最直接和最有效的途径。随着网格计算技术的进一步发展以及服务提供商的共同努力,网格计算将会应用于更广阔的领域及行业。例如,科学计算网格、生物信息网格、环保信息网格、地图网格、能源网格、矿产网格、国民经济统计信息网格、金融网格、税务网格、高新技术网格、电子商务网格等。

1.3 习 题

1. 计算机指令的一般格式是什么？
2. 程序具有哪些属性？
3. 计算机软件有哪些特征？
4. 计算机软件分为哪几类？
5. 计算机软件由哪几部分组成？各自的作用是什么？
6. 什么是支撑软件？
7. 简述中间件的定义及分类。
8. 什么是嵌入式系统？

第2章

程序设计语言

2.1 程序设计语言概述

2.1.1 程序设计语言的基本概念

语言是交流的工具,而计算机程序设计语言是人与机器交流的工具。程序设计语言是人们为了描述计算过程而设计的一种具有语法语义描述的记号。它是被标准化的人机交流语言,用来向计算机发出指令。计算机程序设计语言能够让程序员准确地定义计算机所需使用的数据,并精确地定义在不同情况的操作。

程序设计语言有三方面要素:语法、语义和语用。语法表示程序的结构和形式,也就是用来表示构成语言的各个记号之间的组合规律,但不涉及这些记号的特定含义,也不涉及使用者。语义表示程序的含义,也就是按照各种方法所表示的各个记号的特定含义。语用表示程序与使用者的关系。例如,用 C 语言语法规则编写程序如下:

```
if ( x>0 )
    y = 1;
else
    y = -1;
```

该段程序的语义就是:如果 x>0 则 y=1,否则 y=-1。语用就是该程序属于谁,它有两层含义:一方面指出程序属于哪个模块;另一方面指出程序起作用的范围。

一般来说,程序设计语言有以下几个基本成分:

(1)数据成分:用以描述程序中所涉及的数据。

(2)运算成分:用以描述程序中所包含的运算。

(3)控制成分:用以表达程序中的控制构造或者是程序流程控制。

(4)传输成分:用以表达程序中数据的传输。

2.1.2 程序设计语言的发展

对计算机程序员而言,程序设计语言是除计算机本身之外的所有工具中最重要的工具,是其他所有工具的基础。没有程序设计语言的支持,计算机无异于一堆废料。由于程序设计语言的这种重要性,从计算机问世至今的大半个世纪中,人们一直在为研制更新、更好的程序设计语言而努力着。程序设计语言的数量在不断激增,各种新的程序设计语言以及现有程序设计语言的方言(即扩展语言)在不断面世。目前,已问世的各种程序设计语言有成千上万种,但这其中只有极少数得到了人们的广泛认可。

自从 20 世纪 50 年代最早的高级语言出现以来,随着计算机硬件价格廉价化和工作高速化,新思想和新技术不断涌现,特别是 Internet 的出现,对计算机语言的发展产生了深远的影响。从早期二进制机器代码到增加了助记符的汇编语言,再到面向特定应用领域的语言,以及现在功能越来越强大的系统语言。纵观程序设计语言的发展,一个很显著的特点是以机器的性能换取人的效率,以提高开发者的工作效率和满足人的需求为目标,在所有的资源中人是最昂贵的资源,因而程序的编写从面向机器逐渐向面向人过渡。

2.1.2.1 第一代计算机语言:机器语言

计算机所使用的是由"0"和"1"组成的二进制数,二进制是计算机的语言的基础,它是完全面向机器的,机器可以直接执行,不需要任何编译或解释环节。计算机发明之初,人们只能用计算机的语言去命令计算机工作,也就是写出一串串由"0"和"1"组成的指令序列交由计算机执行,这种语言就是机器语言。

机器语言的特点是它能直接反映计算机的硬件结构,用它编写的程序不需作任何处理即可直接输入计算机执行。编写机器语言程序是一种非常枯燥而繁琐的工作,要记住每一条指令的编码与含义极端困难,编写出的程序既不易阅读,也不易于修改。而且由于机器语言是特定于机器的,不同的机器有不同的指令系统,人们无法把为一种机器编写的程序直接搬到另一种机器上运行。一个问题如果要在多种机器上求解,那么就要对同一问题重复编写多个应用程序,可移植性差。由于机器语言程序直观性差,与人们习惯使用的数学表达式及自然语言差距太大,故而难学、难记,程序难以编写、调试、修改、移植和维护,限制了计算机的推广应用。但由于使用的是针对特定型号计算机的语言,故而运算效率是所有语言中最高的。

2.1.2.2 第二代计算机语言:汇编语言

为了克服机器语言难读、难编、难记和易出错的缺点,人们用与代码指令实际含义相近的英文缩写词、字母和数字等符号取代指令代码,例如,用 ADD 代表加法,用 MOV 代表数据传递等,这样,人们能较容易读懂并理解程序内容,使得纠错及维护变得更方便,这种程序设计语言称为汇编语言,即第二代计算机语言。汇编语言实际上就是机器语言的符号化,因此二者的运行效率几乎是一样的。汇编指令与机器指令是一对一的关系,然而计算机是不认识这些符号的,这就需要一个专门的程序负责将这些符号翻译成二进制数的机器语言,这种翻译程序称为汇编程序。

汇编语言仍然是面向机器的语言,尽管与机器语言相比,汇编语言的抽象程度要高得多,但由于它们之间是一对一的关系,用它编写哪怕是一个很简单的程序,也要使用数百条指令,使用起来还是比较繁琐,通用性也差。汇编语言是低级语言,但是用汇编语言编写的程序,其目标程序占用内存空间少,运行速度快,有着高级语言不可替代的用途。

注意 在要求高效率运行的程序开发中,汇编语言仍是一种重要的开发工具。

2.1.2.3　第三代计算机语言:高级语言

不论是机器语言还是汇编语言都是面向硬件具体操作的,语言对机器的过分依赖,要求使用者必须对硬件结构及其工作原理都十分熟悉,这对非计算机专业人员是难以做到的,也对于计算机的推广应用不利。计算机事业的发展促使人们寻求一些与人类自然语言相接近且能为计算机所接受的通用易学的计算机语言。这种与自然语言相近并被计算机接受和执行的计算机语言称高级语言。高级语言是面向用户的语言。无论何种机型的计算机只要配备上相应的高级语言的编译或解释程序,则用该高级语言编写的程序就可以运行。

利用高级语言我们可以写这样的语句:c＝a＋b,它是将 a 与 b 相加,然后将结果赋给c,高级语言是面向人类而不是面向机器的语言,不用考虑异构机器内部构造的细节,只需关心任务的实现方法。高级语言主要是相对于汇编语言而言,它并不是特指某一种具体的语言,而是包括了很多编程语言。1954 年,第一个完全脱离机器硬件的高级语言 FOR-TRAN 问世了,它是适用于科学计算的高级程序设计语言。40 多年来,共有几百种高级语言出现,有重要意义的达几十种,影响较大、使用较普遍的有 FORTRAN、ALGOL、COBOL、BASIC、LISP、Pascal、C、PROLOG、Ada、C++、VC、VB、Delphi、Java 等,这些语言的语法、命令格式都各不相同。

高级语言克服了异构硬件的程序移植问题,这是因为高级语言在不同的平台上会被编译成不同的机器语言,而不是直接被机器执行。计算机并不能直接接受和执行用高级语言编写的源程序,源程序在输入计算机时,通过“翻译程序”翻译成机器语言形式的目标程序,计算机才能识别和执行。从翻译的方式上,高级语言可以分为解释型高级语言和编译型高级语言两种。

编译方式是指在源程序执行之前,就将程序源代码“翻译”成目标代码(机器语言),因此,其目标程序可以脱离其语言环境独立执行,使用比较方便,效率较高。但应用程序一旦需要修改,就必须先修改源代码,再重新编译生成新的目标文件(＊.obj)才能执行。

解释方式是指应用程序源代码一边由相应语言的解释器“翻译”成目标代码(机器语言),一边执行,因此效率比较低,而且不能生成独立的可执行文件,应用程序不能脱离其解释器,但这种方式比较灵活,可以动态地调整、修改应用程序。

自从有了高级语言,软件界发生了日新月异的变化,各种新的软件技术层出不穷。高级语言的发展经历了三个发展阶段:面向过程语言(Procedure Oriented Programming,POP)和面向对象语言(Object Oriented Programming,OOP)、面向方面语言(Aspect Oriented Programming,AOP)。

(1)面向过程语言。

20 世纪 60 年代中后期,软件越来越多,规模越来越大,而软件的生产基本上是各自为战,缺乏科学规范的系统规划与测试、评估标准,其恶果就是大批耗费巨资建立起来的软件系统,由于含有错误而无法使用,甚至带来巨大损失,软件给人的感觉就是越来越不可靠,以致几乎没有不出错的软件。这一切极大地震动了计算机界,史称“软件危机”。1969 年,Dijkstra 首先提出“GOTO 语句有害”论点,引起人们对程序设计方法讨论的普遍重视。程序设计方法学在这场讨论中逐渐产生和形成。程序设计方法学是一门讨论程序性质、设计理论和方法的学科。它包含的内容比较丰富,如结构化程序设计、程序的正确性证明、程序变换、程序的形式说明与推导以及自动程序设计等。

在程序设计方法学中,结构化程序设计占有重要的地位,可以说,程序设计方法学是在结构化程序设计的基础上逐步发展和完善的。结构化程序设计是一种程序设计的原则和方法,它讨论了如何避免使用 GOTO 语句;如何将大规模、复杂的流程图转换成一种标准的形式,使得它们能够用几种标准的控制结构(顺序、分支和循环)通过重复和嵌套来表示。结构化程序的设计思想采用"自顶向下、逐步求精"的方法,避免被具体的细节所缠绕,降低难度,直到恰当的时机,才考虑实现的细节,从而有效地将复杂的程序系统设计任务分解成许多易于控制和处理的子程序,便于开发和维护。

按结构化程序设计的要求设计出的高级程序设计语言称为结构化程序设计语言。利用结构化程序设计语言,或者说按结构化程序设计思想编写出来的程序称为结构化程序。结构化程序具有结构清晰、容易理解、容易修改、容易验证等特点。

1969 年提出结构化程序设计方法(即面向过程的设计方法)后,1970 年第一个结构化程序设计语言 Pascal 语言出现,标志着结构化程序设计时期的开始。Pascal 语言的简洁明了以及丰富的数据结构,为程序员提供了极大的方便性与灵活性,同时它特别适合微计算机系统,因此大受欢迎,并迅速"走红"。结构化程序设计方法也在整个 20 世纪 70 年代的软件开发中占绝对统治地位。

面向过程语言的产生使得结构化程序设计成为软件开发最基本的方法,程序的流程控制是分析程序必不可少的要素之一。利用过程性语言编写的程序包含一系列的描述,告诉计算机如何执行这些过程来完成特定的工作,适合于哪些顺序的算法,同时用过程性语言编写的程序有一个起点和一个终点,程序从起点到终点执行的流程是直线型的,即计算机从起点开始执行写好的指令序列,直到终点。除了 Pascal 以外,BASIC、COBOL、FOR-TRAN、Pascal、C 等都是过程性语言。

到了 20 世纪 70 年代末期,随着计算机应用领域的不断扩大,对软件技术的要求越来越高,面向过程的语言又无法满足用户需求的变化了,其缺点也日益显露出来:

①代码的可重用性差。

随着软件规模的逐渐庞大,代码重用成了提高程序设计效率的关键;但采用传统的结构化设计模式,程序员每进行一个新系统的开发,几乎都要从零开始,这中间需要做大量重复、繁琐的工作。

②可维护性差。

结构化程序是由大量的过程(函数、子程序)组成的;随着软件规模逐渐庞大,程序变得越来越复杂,过程(函数、子程序)越来越多,相互间的耦合越来越高,它们变得难以管理;当某个业务有所变化时必须对大量的程序进行修改和调试。

③稳定性差。

结构化程序要求模块独立,并通过过程(函数、子程序)的概念来实现。但这一概念狭隘、稳定性有限,在大型软件开发过程中,数据的不一致性问题仍然存在。

④难以实现。

在结构化程序中,代码和数据是分离的,正如 Niklaus Wirth 的定义:结构化程序=算法+数据结构。例如在 C 语言中,代码单位为函数,而数据单位称为结构,函数和结构没有结合在一起。然而,函数和数据结构并不能充分地模拟现实世界。人的思维焦点通常是在于事物和实体,以及它们的属性和活动。比如,当考虑会计部门的应用程序时,我们会考虑下列内容:出纳支付工资、职工出具凭证、财务主管批准支付、出纳记账。但在实际应用中,要决定如何通过数据结构、变量和函数来实现这个应用程序却是很困难的。

(2)面向对象语言。

结构化程序设计方法与语言是面向过程的,存在较多的缺点,同时程序的执行是流水线式的,在一个模块被执行完成前,不能干其他事情,也无法动态地改变程序的执行方向。这和人们日常认识、处理事物的方式不一致。人们认为:客观世界是由各种各样的对象(或称实体、事物)组成的;每个对象都有自己的内部状态和运动规律,不同对象间的相互联系和相互作用构成各种不同的系统,进而构成整个客观世界;计算机软件主要就是为了模拟现实世界中的不同系统,如物流系统、银行系统、图书管理系统、教学管理系统等。因此,计算机软件可以认为是现实世界中由相互联系的对象所组成的系统在计算机中的模拟实现。

为了使计算机更易于模拟现实世界,1967 年,挪威计算中心的 Kisten. Nygaard 和 Ole. Johan Dahl 开发了 Simula67 语言,它提供了比子程序更高一级的抽象和封装,引入了数据抽象和类的概念,被认为是第一个面向对象编程 OOP 语言。20 世纪 70 年代初,Palo Alto 研究中心的 Alan Kay 所在的研究小组开发出了 Smalltalk 语言,之后又开发出了 Smalltalk-80,这种语言被认为是最纯正的面向对象语言,它对后来出现的面向对象语言,如 C++、Java、J++、C#、VB、. net、Eiffel 等产生了深远的影响。

面向对象语言是建立在用对象编程的方法基础之上的。对象就是程序中使用的"实体"或"实物",按钮、菜单、对话框都是对象。对象是基本元素,在面向对象程序设计中只需考虑如何创建对象以及创建什么样的对象;另外同一对象可用在不同的程序中,这在无形中提高了程序员的工作效率。

面向对象语言克服了面向过程语言的缺点,将面向对象技术都融合到语言中,在程序设计语言上支持不同层次的模块化设计,更好地实现了数据抽象和信息隐藏,继承性实现了软件复用,多态性便于动态重构,基本可以应付一些简单的需求变更,为开发出高质量的软件提供了一把利器,所谓"工欲善其事,必先利其器",有了锋利的工具,做起事来当然会又快又好。然而,"金无足赤,人无完人",面向对象语言中的对象技术也存在与生俱来的缺陷。

一般而言,可以认为软件系统是由若干满足用户需求的关注点组成的,而一个关注点就是需要使用软件来解决的一个问题。在 OOP 方法中,这些关注点往往被映射为规模不等的模块或类,在实际开发过程中,关注点可以被分为两类:核心关注点和横切关注点。核心关注点通常涉及软件系统的核心业务逻辑,如 ATM 系统中的取款、查询、打印等功能,而像身份认证、交易日志等功能虽然不是系统的核心业务逻辑,但也是系统的重要组成部分,并且其功能所覆盖的范围往往横跨多个业务逻辑模块,因而被称为横切关注点。尽管目前的 OOP 方法能够让开发人员在需求分析和设计阶段将核心关注点和横切关注点较好地分离开,但是在实现阶段,它们的代码却往往交织在一起。典型的表现就是,对横切关注点中的功能调用语句显式地散布于各个相关的核心关注点的实现代码中。在复杂的软件系统中,这种现象会造成代码的交织与混乱,进而为系统的重用、维护和扩展带来负面影响。造成这种现象的原因在一定程度上是由 OOP 的局限性所带来的,虽然 OOP 能够通过继承机制较好地解决模块之间的纵向关系,但是却缺乏有效的手段来封装模块之间的横向关系,从而使得核心关注点和横切关注点之间的交互关系无法很好地从业务功能中分离出来。

(3)面向方面语言。

面向方面的编程语言 AOP 将软件关注点模块化,弥补了面向对象编程的不足,提高了程序模块的内聚性,更利于软件的维护和复用。如同其他软件开发方法的演化过程一样,对于 AOP 的研究最早也是从程序设计语言的变化开始的,其中最具代表性的当属 PARC 研究中心对 Java 扩展后所开发的 Aspect J,并在其后出现了大量面向商用或学术研究的 AOP 语言以及技术文献,从而为相关研究奠定了强大的发展基础和动力。近年来,针对 AOP 的研究早已超出传统的程序设计语言领域,并逐步扩展到整个软件生命周期以及各种支持工具和开发环境的研究和应用中,被统称为面向方面的软件开发方法。

AOP 作为对 OOP 的一种补充,日益受到广大学者和技术人员的重视,逐渐成为当前的研究热点。在 AOP 中,原本分散或交织在核心功能模块中的横切关注点被抽取出来,并单独封装在称为方面的结构中,以实现模块化管理。与 OOP 中类模块不同,在方面中不但可以定义一个横切关注点所要执行的业务逻辑,还可以定义这个横切关注点与其他核心关注点的交互逻辑,即横切关注点中的业务逻辑应该在系统中的哪些地方被调用。这种方式改变了以前编码时由核心业务模块主动调用横切业务模块的惯例,而是反过来将原本散布于系统各处的对横切模块的调用逻辑集中到方面中。在系统的编译或执行过程中,方面中的业务功能会按照调用逻辑被插入到指定位置,就好像它们仍然是由核心业务模块所主动调用的一样,使整个系统实现核心与横切关注点的无缝集成与交互。

显然,在用 AOP 方法开发复杂软件系统时,通过分离关注点的方式,可以让开发人员在设计核心业务模块时更加专注于核心功能的实现,而不必受到其他因素的干扰。而各个方面的开发也可以独立于核心业务模块的开发,只有在系统组装时才需要将其与系统的核心功能编排、融合在一起。模块之间的耦合性变得比较松散,降低软件开发的难度,并可以同时提高模块的重用性。另外,在软件的维护阶段,还可以通过编写一个方面将横跨系统多个模块的新特性加入到系统中,而无须分别修改各个模块,进而降低软件的维护难度。

表 2.1 列出了典型的 AOP 语言及其相应的基础语言。当前大多数 AOP 语言都是在某种 OOP 语言的基础上进行扩展后得到的,这也是因为 AOP 最初就是作为对 OOP 的补充和完善而提出的,因此,OOP 语言自然成为这类 AOP 语言的基础语言,并基本涵盖了所有常见的 OOP 语言,如 Java、C++、Smalltalk 等,其中又以 Java 作为基础进行扩展的情况最为常见。同时,在典型的 AOP 语言中也采用其他类型的程序设计语言作为其基础语言,如 C、Cobol 等命令式语言,以及某些函数式语言。还有一些 AOP 语言是针对特定平台或应用领域设计的,其基础语言较为特殊。例如,基于.NET平台所开发的Weave. NET,Sourceweave. NET,AspectBuilder 等,可以同时使用多种语言作为其基础语言,只要这些语言遵循.NET平台的公共语言架构规范。而 AO4BPEL 则是在基于工作流程和 Web 服务领

域的业务流程描述语言 BPEL 中融入了 AOP 思想,其基础语言实际上也可以认为是可扩展标记语言 XML。

表2.1 典型 AOP 语言及其基础语言

基础语言	AOP 语言
Java	AspectJ、AspectWerkz、JBoss AOP、Spring AOP、ObjectTeams、HyperJ、JAsCo、PROSE、Steamloom
C/C++	AspectC、AspectC++
Smalltalk	AspectS、CARMA
.NET	Weave.NET、Sourceweave.NET、AspectBuilder
Cobol	AspectCobol
BPEL	AO4BPEL、Padus、Historycut

2.2 高级程序设计语言实现计算的方式

程序在计算机内部的运行过程如图2.1所示,这只是一个简单的计算机运行过程的描述。机器只知道根据机器语言指令来执行程序,高级语言程序必须通过翻译变成机器语言程序,这个工作一般由翻译程序自动完成。把一种语言翻译成另一种语言的程序称为翻译器。把高级语言程序翻译成机器语言程序有两种方法:编译和解释。相应的翻译工具分别称为编译器和解释器。

图2.1 计算机高级语言的运行过程

2.2.1 编译的工作原理

编译系统的主要功能是将高级语言编写的程序翻译成等效的机器语言,以便直接运行程序,其翻译过程如图2.2所示。首先,编译器将高级语言的源程序翻译成目标程序;然后,该目标程序再与其他目标程序通过连接器和加载器生成独立的可执行文件;最后,运行程序产生结果。

2.2.1.1 编译器的工作原理

编译器是一种相当复杂的程序,其代码长度可从 10 000 行到 1 000 000 行不等,编写甚至读懂这样一个程序并非易事,大多数的计算机科学家和专业人员也从来没有编写过一个完整的编译器。但是,几乎所有形式的计算均要用到编译器,而且任何一个与计算机打交道的专业人员都应掌握编译器的基本结构和操作。除此之外,编写计算机应用程序的工作人员经常遇到的一个任务就是命令解释程序和界面程序的开发,这比编译器要小,

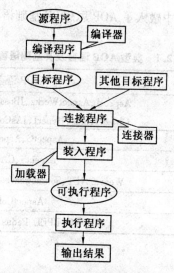

图 2.2 编译器的翻译过程

但使用的却是相同的技术,因此,掌握这一技术具有非常大的实际意义。

编译器内部包括许多步骤或阶段,它们执行不同的逻辑操作。将这些阶段设想为编译器中一个个单独的片段是很有用的,尽管在应用中它们经常组合在一起,但它们确实是作为单独的代码操作来编写的。一个高级语言的源程序是编译器的输入,编译器逐行扫描源程序,经过以下几个阶段生成目标代码。

(1)扫描程序。

这个阶段的编译器实际就是阅读源程序(通常以字符流的形式表示)。扫描程序执行词法分析,将字符序列收集到称为记号的有意义的单元中,记号同自然语言、英语中的字词相似,因此可以认为扫描程序执行与拼写相似的任务。扫描主要就是识别符号串:关键字、字面量、标识符(变量名、数据名)、运算符、注释行、特殊符号(如续行、语句结束、数组等)这六类符号,分别归类等待处理,这个过程就是词法分析。以下面代码行为例(C语言代码):

$$a = b + c * 60;$$ (2.1)

这个代码包括 9 个非空字符,但只有 8 个记号:其中,a,b,c 为标识符;$=$,$+$,$*$ 为运算符;60 为数字(字面量);";"为特殊符号。

每个记号均由一个或多个字符组成,在进一步处理之前它被收集在一个单元中。

(2)语法分析。

语法分析程序从扫描程序中获得记号形式的源代码,这时一个语句就作为一串记号流,由语法分析器处理。按照语言的文法检查每个语法分析树,判定是否为符合语法的句子。如果是合法句子就以内部格式把这个语法树保存起来,否则报错,这样直至检查完整个程序。这与自然语言中句子的语法分析类似。语法分析定义了程序的结构元素及其关系。通常将语法分析的结果表示为分析树或语法树。例如式(2.1)中的 C 代码,该表达式由左边为标识符,右边为算术表达式所构成的赋值表达式组成,这个结构可按图 2.3 的形式表示为一个分析树。

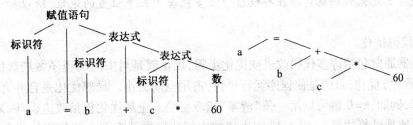

图 2.3 表达式的语法分析树

注意 在语法分析树中,经常需要对程序中的语句所含信息进行浓缩,所以许多节点已经消失。例如,在 C 语言的下标表达式中,不需要用括号"["和"]"来表示,该操作是在原始输入中。

(3)语义分析。

程序中语义就是它的"意思",它与语法或结构不同。程序的语义确定程序的运行,但是大多数的程序设计语言都具有在执行之前被确定,而不易由语法表示以及由分析程序分析的特征,这些特征被称为静态语义,而语义分析程序的任务就是分析这样的静态语义。

注意 程序的"动态"语义具有只有在程序执行时才能确定的特性,由于编译器不能执行程序,所以它不能由编译器来确定。

一般的程序设计语言的典型静态语义包括声明和类型检查。语义分析器对各句子的语法树作检查:运算符两边类型是否相兼容;该做哪些类型转换(如实数向整数赋值要取整等);是否控制转移到不该去的地方;是否有重名或者是语义含糊的记号等。如果有错转到出错处理,否则生成中间代码。由语义分析程序计算的额外信息(如数据类型等)被称为属性,它们通常作为注释或"装饰"增加到分析树中,还可将属性添加到符号表中。例如,若式(2.1)中的 a、b、c 被定义为实型变量,则" * "运算符两端数据类型不匹配,就需要进行类型转换,将整型数据"60"转换为实型数据。经过"装饰"后的语法分析树如图2.4 所示。

(4)生成中间代码。

中间代码是向目标码即机器语言代码过渡的一种编码,其形式尽可能与汇编语言相似,以便生成下一步代码。中间代码也可以认为是一种位于源代码和目标代码之间的代码形式,但中间代码不涉及具体机器的操作码和地址码,采用中间代码的

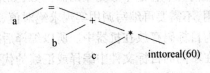

图 2.4 语义分析结果

好处是可以在中间代码上进行优化。这种中间代码的变形有许多种,但是三元式代码却是标准选择。在式(2.1)中 C 表达式的三元式中间代码如下,其中 temp1、temp2 和 temp3为额外增加的临时变量,用于存放运算结果。

temp1 = inttoreal(60)

temp2 = c * temp1

temp3 = b+temp2

a = temp3

注意 三元式代码就是指在存储器中最多包含了三个位置的地址,所以称为三元式代码。

(5)代码优化。

编译器通常包括许多代码改进或优化步骤,优化就是对中间码程序做局部优化和全局(整个程序)优化,目的是使程序运行更快,占用空间更小。局部优化是合并冗余操作、简化计算,例如,x=0 就可以用一条"清零"指令替换。全局优化包括改进循环、减少调用次数和快速地址算法等。式(2.1)在生成的中间代码中就有两个源代码的优化机会:一个是表达式"inttoreal(60)"可由编译器计算先得到结果 60.0;另一个是可以省略一个中间变量 temp3,直接用变量 a 即可。于是经过优化后的代码表示如下:

temp1 = c * 60.0

a = b+temp1

(6)生成代码。

由代码生成器生成目标码(或汇编)程序,要做数据分段、选定寄存器工作等,然后生成机器可执行的代码。式(2.1)最终生成的汇编语言目标码如下所示,其中,R1 和 R2 是计算机的工作寄存器。

MOV R2,c

MUL R2,#60.0

MOV R1,b

ADD R1,R2

MOV a,R1

注意 代码生成器生成的目标代码可以是汇编代码,也可以是机器代码,这取决于编译器的实现,比如编译器中集成了汇编器,生成的目标码就是汇编代码。

2.2.1.2 连接器的工作原理

高级语言源程序经编译后得到目标码程序,但它还不能立即装入机器执行,因为在一般情况下它是不够完整的。例如,如果程序中用到 abs( )、sin( )这些函数,可以直接调用,不需要再编写调用实现求绝对值、求正弦的程序,因为它们一般是标准化的,事先已作为目标码存放在机器中。所以编译后得到的目标模块还需进行连接,连接器可以将分别在不同的目标文件中编译或汇编的代码收集到一个可直接执行的文件中,连接程序找出需要连接的外部模块并到模块库中找出被调用的模块,调入内存并连接到目标模块上,形成可执行的程序。执行时,把可执行程序加载到内存中合适的位置,即可执行。

2.2.1.3 加载器的工作原理

编译器、目标程序或连接程序生成的代码还不完全适用或不能执行,但是它们的主要存储器访问却可以在存储器的任何位置中且与一个不确定的起始位置相关,这样的代码被称为是可重定位的代码,而加载器可以处理所有的与指定的基地址或起始地址有关的可重定位的地址。加载器使得可执行代码更加灵活,但是加载处理通常是在后台(作为操作环境的一部分)或与连接器相连合时才发生加载,加载程序很少是实际的独立程序。

编译型语言由于可进行优化,目标码效率很高,因此是目前软件实现的主要方式。常见的程序设计语言如 C/C++、Pascal、FORTRAN 等都是编译型语言。

2.2.2　解释的工作原理

利用编译型语言编写的源程序,需要进行编译、连接,才能生成可执行程序。这对于大型程序、系统程序、频繁使用的支持程序来说是十分有利的。虽然编译时花费了不少时间,但程序的执行效率很高。不过,在有些场合,如调试程序,在编译上花费大量的时间似乎并没有太大必要,此时就可以对高级语言源程序采取解释执行的方式。

所谓解释实际上是对源程序的每一可能的行为都以机器语言编写一个子程序,用来模拟这一行为。因此,对高级语言程序的解释实际上是调用了一系列的子程序来完成的。解释执行过程如图 2.5 所示。

解释执行需要有一个解释器,它将源代码逐句读入。和编译器一样,先做词法分析,建立内部符号表;再做语法和语义分析,即以中间码建立语法树,并做类型检查(解释执行语言的语义,检查一般比较简单,因为它们往往采用无类型或动态类型系统)。完成检查后把每一条语句压入执行堆栈,压入后立即解释执行。将式(2.1)建立的语法分析树经解释器压入堆栈的结果如图 2.6 所示。

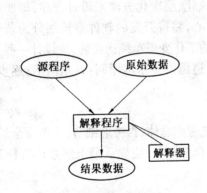

图 2.5　解释执行的过程

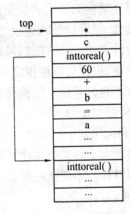

图 2.6　表达式的计算示意图

图 2.6 所示的堆栈首先弹出栈顶元素" * ",从符号表中得知它是"乘法"操作,翻译为机器的乘法指令,要求有两个操作数。接着弹出 c,查表得知这是变量,可作为乘法操作的一个操作数。再往下弹出"inttoreal( )",后者不是数值而是函数调用(其功能是把整数转换为实数,其执行代码此前已压入执行堆栈),于是寻找 inttoreal 函数,并弹出参数"60",执行完的结果作为原表达式的第二个操作数。接着弹出"+",表明这是加法运算,第一个操作数已在加法器中,再弹出 b,知道是一个变量,可作为第二个操作数。执行加法操作后再弹出"=",再弹出 a 作为赋值对象,完成赋值。于是所有的标识符按符号表对应地址码,所有运算符对应操作码换成机器码后立即执行,接着下一句又开始压入堆栈。

相比编译执行方式,解释执行方式运行程序效率低,原因之一是同样的代码,下次执行还要重新解释一遍,重新构造语法树,无法脱离解释器;而编译器对源代码编译一次,生成的程序可以独立运行,不需要编译器,直接运行可执行程序即可。另外一个原因是解释执行只看到一条语句,无法对整个程序进行优化。但从图 2.6 所示的解释执行的方式可以看出,解释执行占用的空间是很小的。BASIC、VB、Java 等都是解释执行的,各种应用软件提供的界面语言多半也是解释执行的。解释器不大,工作空间也不大,能根据程序执行情况决定下一步做什么,这是它的优点。不过,解释执行难于优化、效率低,这是该类语言的致命缺点。

2.3　结构化程序设计语言

采用非结构化的程序设计语言设计出来的程序无章可循,程序常常带有强烈的个人编程色彩,程序可读性差,编写、调试和维护工作都很困难。为了提高程序的可读性和可靠性,降低程序的开发成本,因此提出了结构化程序设计的概念。结构化程序设计强调从程序的结构上和风格上来研究程序设计的方法,提倡利用三种基本结构,即顺序、选择和循环结构,进行规范化程序设计,使程序具有良好的结构框架。

2.3.1　结构化程序设计的基本概念

随着程序规模的扩大和复杂性的提高,程序的可读性、可维护性变得越来越重要,提高程序可读性、易维护性的途径之一是按照模块化、层次化方法来设计程序,即所谓的结构化程序设计方法。该方法以模块化设计为中心,将待开发的软件系统划分为若干个相互独立的模块,这样可以使得完成每一个模块的工作变得单纯而明确,为设计一些规模较大的软件打下良好基础。结构化程序设计方法遵循四条基本原则:自顶向下;逐步求精;模块化;语句结构化。

(1)自顶向下。

所谓自顶向下就是指程序在设计时,应该先考虑总体,再考虑细节;先考虑全局目标,再考虑局部目标。不要从一开始就过多地追求众多细节,应先从最上层总体目标开始设计,逐步使问题具体化。

(2)逐步求精。

从需要解决的问题出发,将复杂问题逐步分解成一个个相对简单的子问题,每个子问题可以再进一步分解,步步深入,逐层细分,直到问题简单到可以很容易解决为止。例如,开发一个图像处理软件,可以将它分为图像处理、图像编辑、显示视图、格式处理等几个子问题,对图像处理这个子问题又可以进一步分解为新建、打开等几个子问题,这样一个大程序就可以分解为若干个小程序,从而减小程序的复杂度,使得程序更易实现。

(3)模块化。

所谓模块化就是将整个程序分解成若干个模块,每个模块实现特定的功能,最终的程序由这些模块组成。模块之间通过接口传递信息,使得模块之间具有良好的独立性。事实上,可以将模块看做对要开发的软件系统实施的自顶向下、逐步求精形成的各子问题的具体实现,即每个模块实现一个子问题,如果一个子问题被进一步地划分为更加具体的子问题,它们之间将形成上、下层的关系,上层模块的功能需要调用下层模块来实现。

(4)语句结构化。

支持结构化程序设计方法的语言都应该提供过程来实现模块化功能。结构化程序要求每个模块应该由顺序、选择和循环三种流程结构的语句组成,而不允许使用GOTO之类的转移语句。结构化程序设计方法本身就是在对GOTO语句的认识和争论中产生的,肯定的结论是,在块和进程的非正常出口处往往需要用GOTO语句,使用GOTO语句会使程序执行效率较高;在合成程序目标时,GOTO语句往往是有用的,如返回语句用GOTO。否定的结论是,GOTO语句是有害的,是造成程序混乱的祸根,程序的质量与GOTO语句的数量成反比,应该在所有高级程序设计语言中取消GOTO语句。取消GOTO语句后,程序易于理解,易于排错,容易维护,容易进行正确性证明。相比之下,采用三种流程结构的共同特点是:每种结构只有一个入口和一个出口,这对于保证程序的良好结构、检验程序正确性是十分重要的。

C、FORTRAN和PASCAL语言都是支持结构化程序设计的典范。它们以过程或函数作为程序的基本单元,在每个过程中仅使用顺序、选择和循环这三种流程结构的语句,因此又将这类程序设计语言称为过程式语言。下面就以C语言为例,介绍结构化程序设计语言的基本特征。

2.3.2　结构化程序设计语言的基本特征

2.3.2.1　数据类型

C语言的数据类型主要有基本类型、构造类型、指针类型和空类型等(表2.2)。C语言中的数据有常量与变量之分,它们分别属于以上这些类型。由以上这些数据类型还可以构成更复杂的数据结构。例如,利用指针和结构体类型可以构成表、树、栈等复杂的数据结构。

表2.2　C语言的数据类型

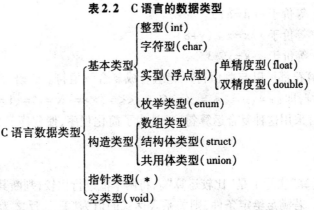

2.3.2.2　运算符和表达式

(1)算术运算。

C语言的算术运算符有五个:加法运算符(+)、减法运算符(−)、乘法运算符(∗)、除法运算符(/)和求余运算符(%,求余运算符两侧均应为整型数据,如7%4的值为3)。

需要说明的是,两个整数相除的结果为整数,如7/3的结果值为2,舍去小数部分。但是,如果除数或被除数中有一个为负值,则舍入的方向是不固定的。不过,多数机器采取"向零取整"的方法,即7/3=2,−7/3=−2,取整后向零靠拢。

算术运算符还有两种特殊的运算符,即强制类型转换运算符和自增、自减运算符。

①强制类型转换运算符,就是将一个表达式转换成所需类型。其一般形式为:

(类型名)(表达式/变量)

例如:

(double)a   (将 a 转换成 double 类型)

(int)(x+y)   (将 x+y 的值转换成整型)

(float)(5%3)   (将 5%3 的值转换成 float 型)

注意 表达式应该用括号括起来。如果写成:(int)x+y,则只将 x 转换成整型,然后与 y 相加。另外还要注意,x 原来的类型未发生变化。

②自增、自减运算,就是使变量的值增1或减1。例如:

++i , --i   (在使用 i 之前,先使 i 的值加(减)1)

i++, i--   (在使用 i 之后,先使 i 的值加(减)1)

粗略地看,++i 和 i++的作用都相当于 i=i+1。但++i 和 i++不同之处在于,++i 是先执行 i=i+1 后,再使用 i 的值;而 i++是先使用 i 的值后,再执行 i=i+1。例如若 i 的原值等于3,则执行 j=++i 后 j=4,而执行 j=i++后 j=3。

注意 自增运算符(++)和自减运算符(--),只能用于变量,而不能用于常量或表达式,如8++或(a+b)++都是不合法的。因为8是常量,常量的值不能改变。而(a+b)++也不能实现,假如(a+b)的值为8,那么自增后得到的9放在什么地方呢? 无变量可供存放。

(2)复合赋值运算。

在赋值运算符"="之前加上其他运算符,可以构成复合的运算符。例如,在"="前加一个"+"运算符就变成了复合运算符"+="。

a+=3   等价于   a=a+3

x * =y+8   ·等价于   x=x * (y+8)

x% =3   等价于   x=x%3

凡是二元运算符都可以与赋值符一起组合成复合赋值符。C 语言规定可以使用10种复合赋值运算符,即:+ = 、- = 、* = 、/ = 、% = 、<< = 、>> = 、& = 、^= 、| = 。后五种是有关位运算的。C 语言采用这种复合运算符,一是为了简化程序,使程序简练,二是为了提高编译效率。

(3)关系运算。

所谓"关系运算"实际上是"比较运算"。将两个值进行比较,判断其比较的结果是否符合给定的条件。若满足给定条件,则关系表达式的值为"真",反之为"假"。C 语言提供六种关系运算符,见表2.3。

表2.3 六种关系表达式

<	(小于)	
<=	(小于等于)	优先级相同(高)
>	(大于)	
>=	(大于等于)	
==	(等于)	低先级相同(低)
! =	(不等于)	

六种表达式的优先次序如下：

(1)前四种关系运算符的优先级别相同，后两种相同。前四种高于后两种。

(2)关系运算符的优先级低于算数运算符。

(3)关系运算符的优先级高于赋值运算符。

注意 关系表达式的值是一个逻辑值，即"真"或"假"。但C语言中没有逻辑型数据，它是以1代表"真"，以0代表"假"。例如：a=9，b=4，则 a>b 的值为1。

(4)逻辑运算。

C语言提供三种逻辑运算符：逻辑与(&&)、逻辑或(||)和逻辑非(!)。表2.4为逻辑运算的真值表。用它表示当 x 和 y 的值为不同组合时各种逻辑运算所得到的值。在一个逻辑表达式中如果包含多个逻辑运算符，如!a&&b||x>y&&c，则按图2.7所示的优先顺序来确定。

表 2.4 逻辑运算真值表

x	y	! x	! y	x&&y	x ‖ y
1	1	0	0	1	1
1	0	0	1	0	1
0	1	1	0	0	1
0	0	1	1	0	0

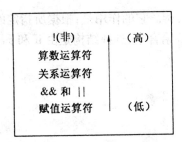

图2.7 三种运算的优先级比较

2.3.2.3 输入输出语句

所谓输入输出就是以计算机主机为主体而言的，从计算机向外部设备输出数据称为输出，反之称为输入。C语言本身不提供输入和输出语句，输入和输出操作是由函数来实现的。

(1)格式输出函数。

格式输出函数 printf( ) 的一般格式为：

printf(格式控制，输出列表)；

如：printf("%d,%d",x,y)：

括弧内包括两部分：

①"格式控制"是用双引号括起来的字符串，也称转换控制字符串，它包括两种信息：

a.格式说明，由"%"和格式字符组成，如%d(以十进制整数形式输出)、%f(以小数形式输出)、%c(以字符形式输出)等。它的作用就是将输出的数据转换成指定的格式输出。格式说明总是由"%"字符开始的。

b. 普通字符,即需要原样输出的字符。

②"输出列表"是需要输出的一些数据。

(2)格式输入函数。

格式输入函数 scanf( )的一般格式为:

scanf(格式控制,地址列表);

格式控制的含义与 printf 函数相同;地址列表是由若干个地址组成的表列,可以是变量的地址,或字符串的首地址。例如:

scanf("%d %d %d", &a,&b,&c);

表示输入三个整型变量分别赋给 a、b、c 三个变量。其中,& 是地址运算符;&a 指 a 在内存中的地址。

2.3.2.4 程序控制结构

高级语言的源程序主要有三种控制结构:顺序执行、选择执行和循环执行。

(1)顺序执行。

所谓顺序执行就是按照程序编写的顺序从上到下、从左到右执行。如果计算机只能这样按顺序执行,那么计算机和计算器就没什么区别了。计算机可以智能化计算的原因就是它可以根据不同的条件将程序跳转。

(2)选择执行。

大多数程序都包含选择结构。它的作用是:根据所指定的条件是否满足,决定从给定的两组操作中选择其一。在 C 语言中,选择结构是由 if 和 switch 语句实现的。

①if 语句。

if 语句的一般格式为:

if(关系表达式)

    语句 1

else

    语句 2

②switch 语句。

switch 语句根据表达式的值来选择所要执行的语句,这种多路分支选择结构可以用嵌套的 if 语句实现。但是如果分支较多,则会使 if 嵌套的层数加深,增加程序理解的难度,此时就适合选用 switch 语句来实现。

switch 语句的一般格式为:

switch(表达式)

{

case 常量表达式 1:

    语句 1;

case 常量表达式 2:

    语句 2;

```
         …
case 常量表达式 n：
    语句 n；
default：
    语句 n+1；
}
```

（3）循环执行。

许多问题都需要用到循环控制。循环结构是结构化程序设计的基本结构之一。它和顺序结构、选择结构共同作为各种复杂程序的基本构造单元。因此，熟练掌握循环结构、选择结构及其使用是程序设计的最基本要求。

①while 循环。

while 语句用来实现"当型"循环结构。其特点是：先判断条件是否成立，然后再执行循环体。其一般形式如下：

```
while(条件)
{
    语句
}
```

当条件为非 0 值时，执行 while 循环内的语句，直到条件为假，退出循环。

②do-while 循环。

do-while 语句的特点是先执行循环体，然后判断循环条件是否成立。其一般形式如下：

```
do
    循环体语句
while(表达式)；
```

它的执行过程是：先执行一次指定的循环体语句，然后判断表达式，当表达式的值为非零（"真"）时，返回重新执行循环体语句，如此反复，直到表达式的值为假，循环结束。

对同一个问题既可以用 while 语句处理，也可以用 do-while 语句处理。在一般情况下，若二者的循环体部分是相同的，它们的结果也相同。但是如果 while 后面的表达式从一开始就为假时，两种循环的结果就会不同。

③for 循环。

C 语言中的 for 语句使用最为灵活，不仅可以用于循环次数已经确定的情况，而且可以用于循环次数不确定而只给出循环结束条件的情况，它完全可以替代 while 语句。

for 语句的一般形式为：

```
for(表达式 1；表达式 2；表达式 3)
{
    语句
}
```

for 语句控制流程图如图 2.8 所示，它的执行过程如下：

a. 求解表达式 1。

b. 求解表达式 2,若其值为真,则执行 for 语句中指定的内嵌语句,然后执行下一步;若为假,则结束循环,转到第 e 步。

c. 求解表达式 3。

d. 转回上面第(b)步继续执行。

e. 循环结束,执行 for 语句下面的一个语句。

2.3.2.5 数组

一维数组的定义方式为:

类型说明符　数组名[常量表达式];

例如:int a[10];

它表示数组名为 a,此数组有 10 个元素。

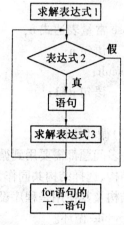

图 2.8　for 语句流程图

注意　数组名后使用方括弧括起来的常量表达式,不能用圆括弧;常量表达式表示元素的个数,即数组的长度;常量表达式中可以包括常量和符号常量,不能包含变量。也就是说,C 语言不允许对数组的大小作动态定义。

C 语言中的数组必须先定义后使用。C 语言规定只能逐个引用数组元素而不能一次引用整个数组。数组元素的表示形式为:

数组名[下标]

下标可以使整型常量或整型表达式。例如:

a[0]=a[3]+a[2*3]

2.3.2.6 结构体

在实际的数据处理中,需要将不同类型的数据组合成一个有机的整体,以便于引用。这些组合在一个整体中的数据是互相联系的。例如,一个职工的工号、姓名、性别、年龄、工资、家庭地址等,这些项都与某个职工相联系。从图 2.9 可以看到,性别(sex)、年龄(age)、工资(salary)、家庭地址(addr)是属于工号为"10010"和名为"Zhang Cheng"的职工的。如果将 num、name、sex、age、salary、addr 分别定义为互相独立的简单变量,难以反映它们之间的内在联系。应当把它们组织成一个组合项,在一个组合项中包含若干个类型不同(当然也可以相同)的数据项。C 语言允许用户自己指定这样的一种数据结构,它称为结构体(Structure)。

num	name	sex	age	salary	addr
10010	Zhang Cheng	M	26	3 800	Harbin

图 2.9　职工信息结构体

假设程序中要用到如图 2.9 所示的数据结构,但是 C 语言没有提供这种现成的数据类型,因此用户必须在程序中建立所需的结构体类型。

(1)声明结构体。

声明一个结构体类型的一般形式为:

struct 结构体名

```
 }
数据类型 成员名 1;
数据类型 成员名 2;
        …
数据类型 成员名 n;
 };
```

注意不要忽略最后的分号。结构体名用做结构体类型的标志,它又称为"结构体标记"。大括弧内是该结构体中的各个成员,由它们组成一个结构体。

例 2.1　创建一个 employee 结构体。

```
struct employee
 {int num;
 char name[20];
 char sex;
 int age;
 floatsalary;
 char addr[30];
 };
```

指定一个新的结构体类型 struct employee,它向编译系统声明这是一个"结构体类型",它包括 num、name、sex、age、salary、addr 等不同类型的数据项。应当说明 struct employee 是一个类型名,它和系统提供的标准类型(如 int、char、float 等)一样具有同样的地位和作用,都可以用来定义变量的类型,只不过结构体类型需要由用户自己指定而已。

(2)定义结构体的类型变量。

现在只是指定了一个结构体类型,它相当于一个模型,但其中并无具体数据,系统对之也不分配实际的内存单元。为了能够在程序中使用结构体类型的数据,应当定义结构体类型的变量,并在其中存放具体的数据。可以采取以下三种方法定义结构体类型变量。

①先声明结构体类型再定义变量名。

上面已经定义了一个结构体类型 struct employee,可以用它来定义变量,如图 2.10 所示。

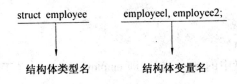

图 2.10　定义一个结构体类型

此处定义了 employee1 和 employee2 为 struct employee 类型的变量,即它们具有 struct employee 类型的结构。在定义了结构体变量后,系统会为之分配内存单元。例如,employee1 和 employee2 在内存中各占 59 个字节(2+20+1+2+4+30=59)。

②在声明类型的同时定义变量。

这种形式的定义的一般形式为：

struct 结构体名

{

   成员列表

}变量名列表;

例2.2 声明结构 employee 的同时创建变量。

```
struct employee
{int num;
char name[20];
char sex;
int age;
float salary;
char addr[30];
}employee1, employee2;
```

它的作用与第一种方法相同,即定义了两个 struct employee 类型的变量 employee1、employee2。

(3)直接定义结构的体类型变量。

直接定义结构体类型变量就是指不出现结构体名。这种定义的一般形式为:

struct

{

   成员列表

}变量名列表;

(4)结构体变量的引用。

不能将一个结构体变量作为一个整体进行输入和输出。例如,已定义 employee1 和 employee2 为结构体变量并且它们已有值,不能这样引用:

```
printf("%d,%s,%c,%d,%f,%s\n", employee1);
```

只能对结构体变量中的各个成员分别进行输入和输出。引用结构体变量中成员的方式为:

结构体变量名. 成员名

例如:employee1. num

表示 semployee1 变量中的 num 成员,即 employee1 的 num(工号)项。可以对变量的成员赋值,例如:

employee1. num = 10010;

"."是成员(分量)运算符,它在所有的运算符中优先级最高,因此可以把 employee1. num 作为一个整体来看待。上面赋值语句的作用是将整数 10010 赋给 employee1 变量中的成员 num。

2.3.2.7　指针

指针是 C 语言中的一个重要的概念,也是 C 语言的一个重要特色。正确而灵活地运用它,可以有效地表示复杂的数据结构;能动态分配内存;能方便地使用字符串;有效而方便地使用数组等,这对设计系统软件是很必要的。每一个学习和使用 C 语言的人,都应当深入地学习和掌握指针。

C 语言对变量的访问有两种方式:直接访问和间接访问。

(1)直接访问。

假设整型变量 x 在内存中的地址为 3000,有以下程序:

x = 10;

printf("x = % d\n",x);

由于变量 x 为整型变量,在内存中占用 2 个字节,所以内存单元编号从 3000 到 3001。执行格式输出语句输出变量 x 的值时是根据变量名和地址的对应(这个对应关系是在编译时确定的)来找到变量 x 的地址 3000,然后从 3000 开始的两个字节中读出数据 10,并将其输出。这种按变量名存取变量值的方式称为"直接访问"方式。

(2)间接访问。

变量的间接访问就是当要读取变量 x 中的值时,先找到变量 x 的地址,然后根据地址再读取变量 x 中的值。此时还应该定义一个变量(如 p),让该变量存放在变量 x 的地址 3000 中,如图 2.11 所示。于是变量 p 和变量 x 之间就建立起一种联系,即通过变量 p 就能知道变量 x 的地址,从而找到变量 x 的内存单元。这种通过变量地址存取变量值的方式称为"间接访问"方式。

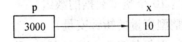

图 2.11　p 指向 x 对应关系图

如果在程序中定义了一个变量,在编译时就给这个变量分配了内存单元。系统根据程序中定义的变量类型,分配一定长度的空间。例如,一般微机使用的 C 语言编译系统对整型变量分配 2 个字节,对实型变量分配 4 个字节,对字符型变量分配 1 个字节。内存区的每一个字节有一个编号,这就是"地址",它相当于学生宿舍中的房间号。在地址所标志的内存单元中存放数据,这相当于学生宿舍的各个房间中居住的学生。利用指针访问变量实际就是对变量的间接访问。

指针就是变量地址,仅表示对象在内存中的地址。变量只要存在就有地址,地址用二进制编码表示,因此可以成为程序处理的数据。地址一旦成为数据,程序就可以通过地址处理相关对象。

定义指针变量的一般形式:

基本类型　　 *指针变量名;

指针变量的基本类型是用来指定该指针变量可以指向的变量类型。

例如:

int　* pointer1;(pointer1 是指向整型变量的指针变量)

float ＊pointer2;(pointer2 是指向实型变量的指针变量)

要使一个指针变量指向另一个变量可以用赋值语句来实现,例如,将整型指针变量 pointer1 指向整型变量 i,可以表示成:

int i;

pointer1 = &i;

将变量 i 的地址存放到指针变量 pointer1 中,因此 pointer1 就指向了变量 i。

注意 指针变量前面的"＊"表示该变量的类型为指针型变量。指针变量名是 pointer1,而不是＊pointer1;在定义指针变量时必须指定基本类型。

请牢记,指针变量中只能存放地址(指针),不要将一个整型变量或任何其他非地址类型的数据赋给一个指针变量。下面的赋值是不合法的。

pointer1 = 100;(pointer1 是指针变量,100 是整数)

有两个有关的运算符:& 为取地址运算符;＊为指针运算符。

例如:&a 为变量 a 的地址,＊p 为指针变量 p 所指向的存储单元。

2.3.2.8 数组和指针

一个变量有地址,一个数组包含若干元素,每个数组元素都在内存中占用存储单元,它们都有相应的地址。指针变量既然可以指向变量,当然也可以指向数组元素。于是,引用数组元素既可以用下标法(如 a[3]),也可以用指针法,即通过指向数组元素的指针找到所需的元素。

定义一个指向数组元素的指针变量的方法,与以前介绍的指向变量的指针变量相同。例如:

int a[10];(定义 a 为包含 10 个整型数据的数组)

int ＊p;(定义 p 为指向整型变量的指针变量)

注意 如果数组为 int 型,则指针变量也应指向 int 型。

下面是对该指针变量赋值:

p = &a[0];

把 a[0]元素的地址赋给指针变量 p。也就是说,p 指向 a 数组的第 0 号元素。C 语言规定数组名代表数组中的第一个元素的地址。因此下面两个语句是等价的:

p = &a[0];

p = a;

注意 数组名 a 不代表整个数组,上述"p = a"的作用是把 a 数组的首元素的地址赋给指针变量 p,而不是把数组 a 个元素的值赋给 p。

如果 p 的初值为 &a[0],则:

(1)p+i 和 a+i 就是 a[i]的地址,或者说,它们指向 a 数组的第 i 个元素。这里需要说明的是,a 代表数组首元素的地址,a+i 也是地址,它的计算方法同 p+i,即它的实际地址为 a+i＊d。例如,p+9 和 a+9 的值是 &a[9],它指向 a[9]。

(2)＊(p+i)或＊(a+i)所指向的数组元素,即 a[i]。例如,＊(p+5)或＊(a+5)就是 a[5],即＊(p+5) = ＊(a+5) = a[5]。实际上,在编译时,对数组元素 a[i]就是处理成＊(a+i),即按数组首元素的地址加上相对位移量得到要找的元素地址,然后找出该单元中的内容。

(3)指向数组的指针变量也可以带下标,如 p[i]与 * (p+i)等价。

根据以上叙述,引用一个数组元素,可以用以下两种方法:

(1)下标法,如 a[i]形式。

(2)指针法,如 * (a+i)或 * (p+i)。其中,a 是数组名;p 是指向数组元素的指针变量,其初值 p=a。

2.3.2.9　指向结构体类型数据的指针

一个结构体变量的指针就是该变量所占据的内存段的起始地址。可以设一个指针变量用来指向一个结构体变量,此时该指针变量的值是结构体变量的起始地址。下面通过一个简单例子来说明指向结构体变量的指针变量的应用。

```
struct employee
{long num;
char name[20];
char sex;
float salary;
};
struct employee emp_1;
struct employee * emp;
p=&stu_1;
```

该程序先声明了 struct employee 类型,然后定义一个 struct employee 类型的变量 emp_1,同时又定义了一个指针变量 emp,它指向一个 struct employee 类型的数据。在函数的执行部分将结构体变量 emp_1 的起始地址赋给指针变量 emp,也就是使 emp 指向 emp_1,然后对 emp_1 的各成员赋值。

```
emp_1. num=89101;
strcpy(emp_1. name, "Li Lin");
emp_1. sex='M';
emp_1. salary=3800;
printf("No. : % ld\nname: % s\nsex: % c\nscore: % f\n", emp_1. num, emp_1. name, emp_1. sex, emp_1. salary);
printf("No. : % ld\nname: % s\nsex: % c\nscore: % f\n", ( * emp). num, ( * emp). name, ( * emp). sex, ( * emp). salary);
```

第一个 printf 函数是利用结构体变量名输出各成员值,第二个 printf 函数是利用结构体指针变量名输出各成员值,两种方式的输出结果是完全相同的。

注意　p 两侧的括弧不可省,因为成员运算符"."优先于" * "运算符,因此, * p. num 就等价于 * (p. num)了。

在 C 语言中,为了方便和直观,可以把(* p). num 改用 p->num 来代替。它表示 * p 所指向的结构体变量中的 num 成员。同样,(* p). name 等价于 p->name。也就是说,以下三种形式等价:

（1）结构体变量.成员名。

（2）(＊p).成员名。

（3）p->成员名。

上面程序中最后一个 printf 函数中的输出项表列可以改写为：

p->num,p->name,p->sex,p->score

其中,->称为指向运算符。

2.3.3 结构化程序设计的基本过程

1976 年 N. Wirth 出版名为《Algorithm+Data Structure=Programs》的著作,明确提出算法和数据结构是程序的两个要素,即程序设计主要包括这两方面的内容。算法设计是指完整地描述问题求解过程,并精确地定义每个解题步骤;而数据结构的设计是指在问题求解过程中,计算机所处理的数据及数据之间联系的表示方法,所以传统的程序设计方法可以定义为处理数据的一系列过程。

结构化程序设计方法的着眼点是"面向过程",它的设计特点是将程序中的数据与处理数据的方法分离。结构化程序设计方法的核心就是算法设计,其一般的设计过程可以分为以下四步：

（1）针对具体问题建立相应的求解模型。

（2）设计相应的算法。

（3）编程实现算法。

（4）测试与调试。

下面通过求两个整数 x 和 y 的最大公约数为例来说明结构化程序设计的过程。

第一步,首先确定求解问题的数学模型,令变量 x 为被除数,y 为除数,z 为余数,利用计算机中的求余运算,则：

$$z=x \% y$$

如果 z 为 0,则表示 x 和 y 的最大公约数就是 y,这就是求两个整数最大公约数的数学模型;若余数不为 0,就要设计相应的算法求解两个整数的最大公约数。

第二步,根据数学模型设计算法。算法描述了解决问题的具体步骤,是程序设计的基础和精髓,也是最关键的一步。

第三步,根据算法用某种计算机语言编写出相应的程序,将已设计好的算法表达出来,使得非形式化的算法转变为形式化的由程序设计语言表达的算法,这个过程称为编码。程序编写过程中需要经过反复调试,才能得到可以运行且结果正确的程序。辗转相除算法的 C 语言代码如下：

```
main( )
{
int x,y,z;
scanf("%d,%d",&x,&y);
if(y>x)
{
```

```
z = y;
y = x;
x = z;
}
while(z! =0)
{
x = y;
y = z;
z = x % y;
}
printf("最大公约数为:%d!",y);
}
```

算法描述通常有以下几种方式:

(1)自然语言。

自然语言描述就是用人们日常使用的语言来描述算法实现过程。以自然语言方式描述的算法风格不定,但符合人们的自然习惯,通俗易懂。但是大型的程序不宜采用此方法,因为它描述的层次结构不清晰,文字冗长。例如,上例求两个整数的最大公约数就采用辗转相除算法,即用大数除以小数,若余数不为零,则用原来的除数做被除数,余数做除数继续求余,直到余数为 0 所对应的除数就是最大公约数。

(2)程序流程图方式。

程序流程图直观性强,简单清晰,便于阅读,特别有利于初学者理解分析所描述算法的确切含义,其主要特点是容易产生非结构化程序。美国国家标准协会(ANSI)所规定的基本流程图符号如图 2.12 所示,利用流程图符号设计辗转相除算法的程序流程图如图 2.13 所示。

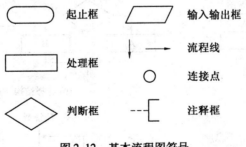

⬭	起止框	▱	输入输出框
▭	处理框	↓	流程线
		○	连接点
◇	判断框	--- ⌐	注释框

图 2.12 基本流程图符号

(3)N-S 结构流程图。

N-S 结构流程图是由美国的 Nassi 和 Shneiderman 于 1973 年提出的一种结构化流程图,简称 N-S 图。N-S 图直观、醒目,符合结构化程序设计的要求,也易于将其转化成高级语言程序。有时若设计的算法不符合 N-S 图的基本结构要求,应该加以修改。N-S 图具有以下特点:

①功能明确,可以从 N-S 图上清晰看出程序功能。

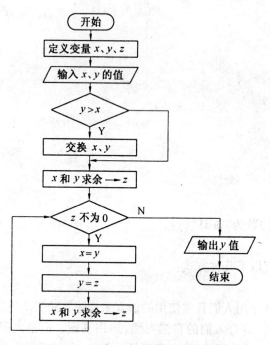

图 2.13　辗转相除算法的程序流程图

②不可能任意转移控制。

③很容易确定局部和全局数据的作用域。

④很容易表示嵌套关系和模块的层次结构关系。

传统流程图与 N-S 结构流程图的对应关系如图 2.14 所示。利用 N-S 结构流程图设计辗转相除算法的 N-S 图如图 2.15 所示。

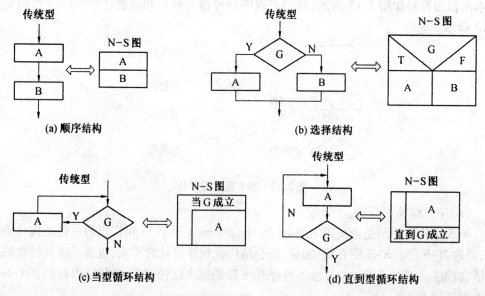

图 2.14　传统流程图与 N-S 结构流程图的对应关系

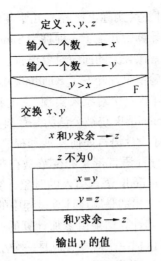

图 2.15　辗转相除算法的 N-S 图

（4）伪代码方式。

伪代码是一种算法描述语言，使用伪代码的目的是为了使被描述的算法可以很容易地以任何一种编程语言来实现，因此，伪代码必须结构清晰、代码简单、可读性好，并且类似自然语言，它是一种介于自然语言和编程语言之间的一种语言。

伪代码可以像流程图一样用在程序设计初期，帮助写出程序流程。简单的程序一般都不用写流程或写思路，但是复杂的代码最好写出流程，总体上考虑整个功能如何实现。写完后不仅可以用来作为以后测试维护的基础，还可用来与他人交流。比如，辗转相除算法的伪代码表示如下：

大数除以小数；

WHILE 余数不为 0 DO

　　　更新除数和被除数；

　　　求余；

ENDDO

第四步，选择有代表几组数据进行测试。

2.4　面向对象程序设计

2.4.1　面向对象程序设计方法的形成与发展

面向对象方法的形成最初是从面向对象程序设计语言开始的，随后才逐渐形成了面向对象的分析和设计。面向对象技术是一种按照人们对现实世界习惯的认识和思维方式来研究和模拟客观世界的方法学。面向对象方法克服了传统的一些缺点，如传统的功能分解方法只能单纯反映管理功能的结构状态，数据流程模型只侧重反映事物的信息特征，流程、信息模拟只能被动地迎合实际问题的需要等。构成以系统对象为研究中心，为信息管理系统的分析与设计提供了一种全新的方法。

面向对象并非是一个新的概念,实际上已经有几十年的历史,其起源可以追溯到 20 世纪 60 年代的挪威,当时挪威计算中开发了一种称为 Simula 67 的仿真语言,首次引入了类、协同程序和子类的概念,非常像今天的面向对象语言。到了 20 世纪 70 年代中期,Alan Kay 在施乐公司的 PARC 实验室设计开发了 Smalltalk 语言,这个名字取自"少说话"的含义。该语言的每个元素都被作为一个对象来实现,它的程序设计环境及其相关方面都是面向对象的,即使到了今天,Smalltalk 仍被公认为是最典型的面向对象语言。

无论程序设计思想以及程序设计语言如何发展和提高,最终所使用的底层计算数学模型并没有改变。但高级程序设计语言带来的变革是在其语言环境中构建起一个全新的、更抽象的虚拟计算模型。Smalltalk 语言引入的对象计算模型从根本上改变了以前传统的计算模型,以前的计算模型突出的是顺序计算过程中的机器状态,而现在的对象计算模型突出的是对象之间的协作,其计算结果由参加计算的所有对象的状态总体构成。由于对象本身具有自身状态,也可以把一个对象看成是一个小的计算机器。这样,面向对象的计算模型就演变成了许多小的计算机器的合作计算模型。面向对象程序设计为程序员提供了一种更加抽象和易于理解的新的计算模型,但其本身并没有超越冯·诺依曼体系模型,所以不能期望面向对象能解决更多的问题或者减少问题运算复杂度,但面向对象却能用一种更容易被人们所理解和接受的方式去描述和解决问题。

目前,面向对象的概念已经渗透到几个不同的领域:编程语言、用户接口、人工智能和数据库开发等方面。编程语言的研究者沿着两种路径开发面向对象编程方法:一种是新的面向对象语言的开发;另一种是传统语言的扩充。如 LISP 扩充的 Common Loops、PASCAL 扩充的 CPASCAL 以及 C 语言扩充的 Objective C 和 C++。

注意 C++语言与其他的面向对象语言相比有许多独到之处,因为 C++语言与 C 语言完全兼容,并保证内部一致性、高效率等,这使得已经大量采用 C 语言开发的编程人员、系统、环境很容易向 C++语言扩展。大量实践证明,在源程序和连接等阶段都没有出现过严重地与 C 语言不兼容的情况,也未出现程序运行时间或空间过载现象。因此,C++语言在短短几年就获得了广泛应用。

2.4.2 面向对象的基本概念和特征

在面向对象系统中,世界被看成是独立对象的集合,对象之间通过消息相互通信,对象之间具有"智能化"的结构,它将数据和消息"封装"在一起,对一个对象的存取或修改仅通过其外部接口的子程序,而内部的实现细节、数据结构及对它的操作等,对外部是不可见的。

采用对象为中心的开发方法能更自然、更直接地反映真实世界的问题空间,因此按面向对象的方法进行系统分析和设计时,由于对象、类、子类都自然对应与实际问题的物理或逻辑实体,其编程工作量仅是将问题译成代码,这样就使问题转换工作量达到最小程度。事实上,采用面向对象方法相比结构化方法在编程量方面可降低 40% ~90%。

2.4.2.1 面向对象的基本概念

面向对象的基本概念体现了面向对象程序设计方法的一些核心思想,准确理解这些概念的含义是深刻理解面向对象程序设计方法的一个重要途径。例如,将"对象"作为基本的逻辑单元与现实世界中的客体直接对应;用"类"描述具有相同属性特征的一组对象;利用"继承"实现类之间的数据和方法的共享;对象之间以"消息"传递的方式进行"通信"等,下面就将说明这些基本概念和术语。

(1)对象。

世界上一切事物都是对象,小到一粒米,大到一所学校,从哲学概念上讲,它们都是客观对象。一个对象无非是这样一个实体:它具有一个名字标识,并具有自身的状态和自身的功能。世界上所有的事物就是如此简单,这恰是面向对象技术所追求的目标,即将世界上的问题求解尽可能地简单化。一个对象之所以能够独立存在,就是因为它具有自身的状态。到目前为止,关于对象还没有一个统一的定义,在程序设计领域可以用一个公式来表示:

$$对象 = 数据 + 作用于这些数据上的操作$$

对象的数据就表示对象的属性,而作用于数据上的操作就是对象的方法,也就是对象的行为方式。因此,对象中的数据记录了客体的属性状态,方法决定了客体所能够实施的操作行为和其他对象进行通信的接口方式。利用这个公式我们可以定义客观世界的对象,比如,汽车 = (颜色、型号) + (启动、刹车);窗口 = (大小、颜色) + (打开、关闭)等。换言之,对象是一个有着各种特殊属性(数据)和行为方式(方法)的逻辑实体。对象是一个封闭体,它向外界提供一组接口界面,外界通过这些接口与对象进行交互,这样对象就具有较强的独立性、自制性和模块性,从而为软件的重用奠定了坚实基础。

(2)类和实例。

"类"是日常生活中的一个常见术语,"物以类聚,人以群分"就是分类的意思。所谓类就是具有相同数据格式和相同操作功能的集,因此,类是对一组客观对象的抽象,它将该组对象所具有的共同特征集中起来,用以说明该组对象的能力与性质。类中一个具体的对象则是其对应类的一个实例。类和实例之间的关系是抽象和具体的关系,也相当于结构化程序设计语言中的变量类型和变量的关系。实例(即对象)是类的具体事物,类是多个实例的综合抽象。

一个类的所有实例既具有共性又具有个性。对象是系统运行时将类作为生成对象实例的模板,通过分配私有存储空间,然后对相应的属性赋初值而创建的,这个过程在面向对象程序设计中称为"实例化"。

(3)消息。

一个人生活在社会中,总是要和其他人交往,请求他人帮助解决一些问题,这里的"请求"就是一个人与其他人进行交往的手段。在面向对象技术的专业术语中,将这些请求称之为"消息"。消息是对象之间交互的手段,是外界能够引用对象操作及获取对象状态的唯一方式。这个特征保证了对象的实现只依赖于它本身的状态所能接受的消息,而不依赖于其他对象。

消息是一个对象要求另一个对象实施某项操作的请求。在一条消息中,需要包含消息的接收者和要求接收者执行某项操作的请求,但具体的操作过程由接收者自行决定,这样可以很好地保证系统的模块性。例如,一个汽车对象具有行驶操作功能,那么要让汽车以时速 60 千米行驶就需要传递给汽车对象"行驶"操作,并以"时速 60 千米"的参数来操作,这样一组消息用来触发汽车这一接收对象。

2.4.2.2 面向对象的基本特征

利用面向对象思想设计和实现的系统应该具有以下特点：

（1）抽象性。

抽象是指忽略事物的非本质特征，只注意那些与当前目标有关的本质特征，从而找出事物的共性。简单地说，抽象就是对某个系统简化的描述，也就是说，抽象并不打算了解全部问题，而只是选择其中的一部分。在理解复杂的现实世界和解决复杂的特定问题时，如何能从复杂的信息集中抽取出有用的，能够反映事物本质的东西，降低其复杂程度是解决问题的关键，而抽象正是降低复杂度的最佳途径。

抽象包括过程抽象和数据抽象两部分。过程抽象指功能抽象，即舍弃个别的功能，抽取共同拥有的功能。例如，手机作为一个类来说，当人们提到手机就认为它是一种移动通信工具，这就是对手机类的抽象。手机主要是用来通话的一种移动通信工具，它可以接打电话，这是它的基本功能特征。有些手机能够视频通话，这一功能不是所有手机都具备，抽象就将这一附加功能忽略掉了。数据抽象是一种更高级的抽象，它将现实世界中存在的客体作为抽象单元，其抽象内容既包括客体的属性特征，也包括行为特征。它是面向对象程序设计所采用的核心方法。模块化和信息隐蔽是数据抽象过程的两个主要概念。

模块化是将一个复杂的问题分解成几个相对简单的子问题，子问题还可以进一步分解，直到所得到的子问题足够简单为止，一般将分解后的子问题称为模块。模块化可以降低求解过程的复杂度，提高程序的可维护性。在面向对象程序设计方法中，模块以类为单位，其中封装了对象的属性和行为。信息隐蔽是程序设计的基本原则和方法。在大型程序设计中，利用可见性控制访问范围，可以使得某些内容在模块内可见，在模块外不可见，从而实现信息隐蔽。信息隐蔽可以提高整个系统的安全性和可靠性，为日后软件维护工作奠定良好的基础。

（2）继承性。

继承是对象类之间的一种关联关系，指对象继承它所在类的结构、操作和约束，也指一个类继承另一个类的结构、操作和约束，继承体现了类与类之间不同的抽象级别。根据继承与被继承的关系，可分为子类和基类（也称父类）。子类可以从父类那里获得所有的属性和方法，并且可以对这些获得的属性和方法加以改造，使之具有自己的特点。一个父类可以派生出若干个子类，每个子类都可以通过继承和改造获得自己的一套属性和方法。因此，父类表现出的是共性和一般性，子类表现出的是个性和特殊性，父类的抽象级别高于子类。继承具有传递性，子类可以再派生出下一代子类。

继承机制能清晰地体现相似类之间的层次结构关系，减小代码和数据的重复冗余度，大大增强程序的重用性，还能够通过增强一致性来减小模块间的接口和界面，从而有效提高程序的易维护性。如果没有继承机制的支持，则 OOP 中所有的类都是各自为政，彼此独立，每次软件开发都要从"一无所有"开始，这无疑增加了程序开发的复杂性，同时也在无形当中增加了很多重复性劳动。

（3）封装性。

封装是指将现实世界中某个客体的属性和行为集成在一个逻辑单元内部的机制。这种机制可以将客体的属性信息隐藏起来，要访问或改变该客体的属性状态，只能通过该客体提供的特定的行为接口来实现。例如,硬件工程师将电路板封装在一个接插件里面,只露出接口,别人要用这个接插件时,只要连接接口就可以,根本不必关心接插件内部的实现。

在面向对象程序设计中,封装就是将对象的属性和方法分别用适当的数据结构和操作函数来描述,并将它们绑定在一起形成一个可供访问的基本逻辑单元。用户对数据结构的访问只能通过特定的操作接口来实施。封装可以保证软件具有较好的模块性,可以说,封装性是所有主流信息系统方法学中的共同特征,它对提高软件清晰性和可维护性具有重要意义。我们可以从以下两个方面来理解封装的含义:

a. 当设计一个程序的总体结构时,程序的每个成分应该封装或隐藏为一个独立的模块,定义每一模块时应主要考虑其实现的功能,而且要尽可能少地显露其内部处理逻辑。

b. 封装表现在对象的概念上。对象是一个很好的封装体,它把数据和服务封装于一个内在的整体,对象向外提供某种接口,而把内部的实现细节(函数体)隐藏起来。当外部需要该对象时,只需要了解它的接口,即只能通过特定方式才能使用对象。这样使得对象本身既提供服务,又保护自己不会轻易受外界的影响。

(4)多态性。

多态是指相同的操作可以作用于多种类型的对象并获得不同的结果。发送给不同类型对象的同一个消息表现出许多不同的形式,这就是"多态"名称的由来。在面向对象方法中,可给不同类型的对象发送相同的消息,而不同的对象分别作出不同处理。例如,给整数对象和复数对象定义不同的数据结构和加法运算,也可以给它们发送相同的消息"做加法运算",整数对象接收此消息后做整数加法运算,复数对象则做复数加法运算,产生不同的结果。多态性增强了软件的灵活性、重用性和可理解性。

2.4.3　C++面向对象设计的有关概念

目前,无论是国内还是国外,C 语言编程都成为计算机开发人员的一项基本功,大多数系统软件和许多应用软件都是用 C 语言编写的。面向程序设计方法的变革,最好的办法不是另外发明一种新的语言去替代它,而是在它原有的基础上加以发展,于是 C++语言应运而生。C++语言对 C 语言的改进主要体现在 C++增加了适用于面向对象程序设计的类,因此被称为"带类的 C",后来为了强调它是 C 语言的增强版,用了 C 语言中的自加运算符"++",就改称为"C++"。

C++语言是 C 语言的超集,它保留并扩充了 C 语言中面向过程的功能,同时增加了面向对象的功能,但 C++语言并不是 C 语言的简单改进版,而是支持面向对象程序设计思想的一个新的程序设计语言。下面介绍 C++语言面向对象设计的有关概念。

2.4.3.1　类和对象

(1)类的声明。

C++语言的类就是对 C 语言中结构体的扩充。C 语言的结构体只有数据成员,而 C++语言的类不仅有数据成员,还有对数据进行处理的成员函数(方法)。类在 C++语言中就是一种定义对象的抽象数据类型,它的性质和其他基本数据类型(如 int、float 等)相同,而对象就是类的实例。在 C++语言中声明一个类的语法形式如下:

```
class 类名
{
private：
    私有数据成员和成员函数；
public：
    公有数据成员和成员函数；
protected：
    保护数据成员和成员函数；
};
```

class 是类定义的关键字，类名由用户自定义，但必须是 C++语言的有效标识符，且一般首字母要大写。花括号中就是类体，最后以一个分号";"结束。private、public 和 protected 称为成员访问说明符，对应的成员分别称为私有成员、公有成员和保护成员（包括数据成员和成员函数）。在成员访问说明符 private 之后以及到下一个成员访问说明符之前声明的数据成员或成员函数只能由类内的成员函数来访问。在成员说明符 public 之后以及在下一个成员访问说明符之前声明的任何数据成员或成员函数，既可以在类的内部，也可以在类的外部进行访问。protected 之后声明的数据成员和成员函数既可以在类内部被成员函数访问，也可以被子类的成员函数访问，但不能在类的外部被访问。protected 访问提供了一种介于 public 和 private 访问之间的中间保护层次。这三种访问说明符的访问权限见表 2.5。

表 2.5　访问权限说明

访问权限 \ 访问标识 \ 访问位置	类本身	子类（公有继承）	类外部
public	√	√	√
protected	√	√	×
private	√	×	×

注意　公有类型成员主要为类提供一些外部接口，从而允许外部成员访问，而且公用类型成员是必须存在的。

例2.3　定义一个描述点的类。

代码编写如下：

```
class Point
{
private：
    int x,y;
public：
    void output( )
    {
```

```
        cout<<x<<endl;
        cout<<y<<endl;
    }
    void init()
    {
        x=0;
        y=0;
    }
};
```

注意 (1)cout 是 C++语言中的标准输出语句,它与<<(插入符)配合共同完成输出操作;类似地还有 cin,它是 C++语言中的标准输入语句,它与>>(提取符)配合共同完成输入操作。

(2)endl(end of line)等价于 C 语言中的"\n"。

在此声明了一个类 Point,封装了私有数据成员和公有成员函数。两个成员函数 output()和 init()分别完成数据成员的输出和初始化工作。一般来说,类体中只给出成员函数原型,而把函数体的实现放在类体外实现,其具体操作将后续讨论。

从类的定义可以看出,类是实现封装的工具。封装就是将类的成员按使用或存取方式分类,从而有条件地限制对类成员的使用。

(2)对象的定义和引用。

类描述了对象的共同属性和行为,是一个用户自定义的数据类型,实现了封装和数据隐藏功能。但是类作为一种类型在程序中只有通过定义该类型的变量,即对象,才能发挥作用。对象是类的实例或实体,对象的定义也称对象的创建,在 C++语言中可以用两种方式定义对象。

a. 在声明类的同时定义对象。即在声明类的右花括号后面直接写出属于该类的对象名表。例如:

```
class Point
{
private:
    int x,y;
public:
    void output()
    {
        cout<<x<<endl;
        cout<<y<<endl;
    }
    void init()
    {
        x=0;
```

```
        y=0;
    }
} pt1,pt2;
```

b.声明类之后在使用时再定义对象。其定义格式与 C 语言定义一般变量的格式相同：

类名 对象名；

也可以像 C 语言那样定义指针对象,格式如下：

类名 ＊指针对象名；

例如：Point pt1,pt2;

在声明类的同时定义对象是一种全局对象,在它的生命期内任何函数都可以使用它。但有时使用它的函数只在极短的时间内对它进行操作,而它却总是存在,直到整个程序运行结束,因此容易导致程序混乱和错误。而采用使用时再定义对象的方法可以消除这一弊端,建议尽量使用这种方法来定义对象。另外,声明一个类就是声明了一种类型,它是抽象的,只作为生成具体对象的"模板",只有定义了对象后,系统才为对象分配存储空间。

不论是数据成员还是成员函数,只要是公有成员,定义了对象之后,就可以在类外部进行访问。其访问方式有两种,即圆点访问形式和指针访问形式。

圆点访问方式,就是使用成员运算符"."来访问类的成员,格式如下：

对象名.成员名 或（＊指针对象名）.成员名

在类定义的内部,所有成员之间可以互相直接访问;在类定义的外部,只能以上述格式访问类的公有成员。主函数 main() 也在类的外部,所以,在主函数中定义的类对象,在操作时只能访问其公有成员。

指针访问形式,就是使用成员访问运算符"->"来访问类的成员,该运算符前面必须是一个指向对象的地址,格式如下：

指针对象名->成员名

例2.4 分别利用类的对象名和指针对象名访问类的内部成员。

代码编写如下：

```
void main()
{
    Point pt,＊pPt;
    pt.init();
    pPt->output();
}
```

在此例中分别用对象 pt 和指针对象 pPt 引用类 Point 中公有成员函数 init() 和 output() 完成对象初始化和输出操作。此处如果输入 pt.x=5,则为非法输入,因为 x 为私有成员,不允许在类外部被引用。

一般在两种访问成员的形式中,如果通过对象来访问成员,则采用圆点访问形式,如果通过指向对象的指针来访问成员,则采用指针访问形式。

（3）成员函数的实现。

前面提到过类体中的成员函数一般只给出原型，而其具体的实现是放在类体外实现的。这种方式非常适合成员函数的函数体比较大的情况，但要求在定义成员函数时，在函数名称之前加上其所属的类名以及作用域运算符"::"，以此来表示该成员函数属于哪个类。这种成员函数在类体内的声明格式如下：

函数返回值类型　成员函数名（形参列表）；

在类外定义的一般格式如下：

函数返回值类型　类名::成员函数名（形参列表）
｛
　　函数体；
｝

例 2.5　在类的外部实现成员函数 output( )和 init( )。

代码编写如下：

```
class Point
{
private:
    int x,y;
public:
    void output( );
    void init( );
};
void Point::output( )
{
        cout<<x<<endl;
        cout<<y<<endl;
}
void Point::init( )
{
    x=0;
    y=0;
}
```

在这个例子中，虽然函数 output( )和 init( )的函数体写在类的外部，但它们属于类 Point 的成员函数，它们可以直接使用类 Point 中的私有数据成员 x 和 y。

（4）构造函数。

当定义一个类的对象时，编译程序需要根据其所属类的类型为对象分配存储空间。在声明一个对象的时候，也可以同时给它的数据成员赋初值，称为对象的初始化。在 C++语言中，这部分工作由特殊的成员函数来完成，即构造函数。构造函数实际上就是与类名相同的特殊的成员函数，而且无返回值，当定义该类的对象时，构造函数被系统自动调用，用来实现该对象的初始化。

例 2.6 编程实现 Point 类的构造函数。

代码编写如下：

```
class Point
{
private:
    int x,y;
public:
    void output( );
    Point( )
    {
        x=0;
        y=0;
    }
};
void main( )
{
    Point pt;
    pt. output( );
}
```

程序运行结果：

0

0

构造函数 Point( )与原来的 init( )函数的函数体相同,都是完成数据成员的初始化工作。此时,构造函数 Point( )完全取代了 init( ),并且可以在对象创建的同时自动调用,无需显示调用即可完成初始化工作。所以在主函数中,虽然没有明显的初始化语句,但是 pt 对象一产生就完成初始化,所以输出结果就是初始化的结果。

构造函数说明：

a. 构造函数被声明为公有函数,但它不能像其他成员函数那样被显式调用,构造函数的作用就是初始化对象,它是在对象创建的同时由系统自行调用。C++语言的这种设置方式避免了程序员由于疏忽,忘记初始化工作而造成的致命错误。

b. C++语言规定每个类都必须有一个构造函数,否则不能创建对象。如果一个类中没有提供构造函数,C++编译器将提供一个默认的构造函数,该默认的构造函数是一个不带参数的函数,只负责创建对象,不提供任何初始化工作。一旦类中定义了一个构造函数,C++语言就不再提供默认的构造函数。

c. 构造函数可以重载,即一个类中可以定义多个参数个数和参数类型不同的构造函数,这样就可以通过参数区分到底调用哪个构造函数。

注意 在 C++语言中,如果在一个类中出现了两个以上的同名函数,则称为函数重载。函数重载的构成条件是函数名相同,但参数个数和参数类型不同。

例 2.7　编程实现 Point 类构造函数的重载。

代码编写如下:

```
class Point
{
private:
    int x,y;
public:
    void output( );
    Point( )
    {
        x=0;
        y=0;
    }
    Point(int a,int b)
    {
        x=a;
        y=b;
    }
};
void Point::output( )
{
    cout<<x<<endl;
    cout<<y<<endl;
}
void main( )
{
    Point pt1,pt2(5,6);
    pt1.output( );
    pt2.output( );
}
```

上例中有两个同名的构造函数,但由于参数个数不同,所以可以构成重载。主函数中定义的两个对象,其中 pt1 未给出参数列表,于是自动调用无参的构造函数 Point( );而 pt2 给出了两个实参,于是自动调用有参构造函数 Point(int a,int b),所以程序运行结果为:

0

0

5

6

（5）析构函数。

析构函数同构造函数一样也是一种特殊的成员函数，它执行与构造函数相反的操作，通常用于撤销对象时的一些清理任务，如释放分配给对象的内存空间等。析构函数的函数名称是在类名前面加上"～"。析构函数没有返回值和参数，不能随意调用，也没有重载，只是在类对象生存周期结束时，系统自动调用。

例 2.8 编程实现 Point 类的析构函数。

代码编写如下：

```
class Point
{
private:
    int x,y;
public:
    void output( );
    Point( )
    {
        x = 0;
        y = 0;
    }
    ~Point( )
    {
    }
};
```

该例中的析构函数没有任何函数体，它只是负责对象的一些后台清理工作。

析构函数说明：

a. 如果类在定义时没有为类提供默认的析构函数，则系统就会自动创建一个默认的析构。对于一个简单的类来说，可以直接使用系统提供的默认析构函数。但是，如果在类的对象中分配有动态内存，如用 new 申请分配的内存时，就必须为该类提供适当的析构函数，以完成清理工作。

b. 一个类中只能拥有一个析构函数，不允许重载。

2.4.3.2 继承性

继承机制是面向对象技术的另一种解决软件复用问题的途径，即在定义一个新的类时，先把一个或多个已有类的功能全部包含进来，然后再给出新功能的定义或对已有类的某些功能重新定义。继承不需要修改已有的软件代码。它很好地体现了程序的相关性，又实现了程序的可扩充性，是一种基于目标代码的复用机制。

继承在已有类的基础上创建的新类就是派生类。派生类自动包含了基类的成员，包括所有的数据和操作，而且它还可以增加自身新的成员，也可以定制从基类继承而来的行为。派生类显式继承的基类称为直接基类，经两级或多级类层次继承的类称为间接基类。单继承指派生类由继承一个基类而得到，而多继承指派生类由多个基类派生得到。单继承简单、明了,多继承则较为复杂,容易出错。

C++语言提供了三类继承方式:公有继承、保护继承和私有继承。这三种继承方式的区别见表2.6。以公有继承为例,当子类以公有继承方式从基类派生时,基类中的公有类型成员在子类中仍是公有类型,基类中的保护类型成员在子类中仍是保护类型,而基类中的私有类型成员在子类中不能被访问。在这三种继承方式中,保护继承在实际工作中很少用到。在公有继承中,每个派生类的对象同时也是基类的对象,但是基类的对象却不是派生类的对象。例如,将交通工具作为基类,汽车类作为派生类,那么所有的汽车都是交通工具,但交通工具并不都是汽车。

表2.6 三种继承方式的区别

子类继承方式	基类访问类型	子类访问特性
公有继承(Public)	Public	Public
	Protected	Protected
	Private	不能访问
保护继承(Protected)	Public	Protected
	Protected	Protected
	Private	不能访问
私有继承(Private)	Public	Private
	Protected	Private
	Private	不能访问

(1)派生类的声明。

在 C++语言中,类的继承关系语法表示如下:

class 派生类名:继承方式 基类名

{

　　派生类成员说明

};

在派生类的声明中,要求基类名必须是一个已经声明的类,其中{}内的部分用来定义派生类新增加的成员,或者是基类中原来已有但是在派生类中作了一定修改的成员。如果没有在继承方式上显式指定三个关键字之一进行声明,则系统默认为私有继承。

注意 基类的构造函数和析构函数不能被派生类继承,所以,派生类若要初始化基类的数据成员,就必须在自身的构造函数中初始化。

例2.9 定义一个动物类作为基类,再利用 C++语言的继承机制派生出鱼类。

代码编写如下:

```
class Animal
{
public：
    void breath( )；
```

```
            void sleep( );
            void eat( );
        protected:
            bool isfeather;
        private:
            float weight;
            float length;
    };
    class Fish:public Animal
    {
    public:
        void init( )
        {
            isfeather = 0;
            //weight = 12;              //错误,无法访问基类的私有成员
        }
    };
    void main( )
    {
        Animal an;
        Fish fh;
        an. breath( );
        fh. breath( );
        fh. init( );
        //an. isfeather = 1;            //错误,无法在类外访问对象的保护成员
        //fh. isfeather = 0;
    }
```

  动物类中定义了三个公有成员,是所有动物都具备的,同时定义了一个保护成员变量,用于在子类继承中被使用,两个私有成员只能在类的内部被使用。派生类鱼类以公有继承的方式从动物类派生出来,不仅具备动物类所有公有类型的特征,而且可以使用保护类型成员,对其进行初始化。在主函数中,基类和派生类对象都可以引用基类的公有类型成员,派生类中的新生成员只能由派生类的对象引用。

  (2)派生类的构造函数和析构函数。

  在继承机制中,基类的构造函数和析构函数是不能继承的,派生类的构造函数负责对来自基类的数据成员和新增加的数据成员进行初始化,所以在执行派生类的构造函数时,需要调用基类的构造函数。因此,当派生类的对象产生时,其构造函数的调用顺序如下:

  a. 基类的构造函数;

  b. 派生类的构造函数。

析构函数与构造函数的调用顺序正好相反,当派生类的对象撤销时,其析构函数的调用顺序如下:

a. 派生类的析构函数;

b. 基类的析构函数。

例 2.10 分别在动物类和鱼类中创建构造函数和析构函数,观察调用顺序。

代码编写如下:

```cpp
class Animal
{
public:
    Animal()
    {
        cout<<"Animal construct!"<<endl;
    }
    ~Animal()
    {
        cout<<"Animal deconstruct!"<<endl;
    }
};
class Fish:public Animal
{
public:
    Fish()
    {
        cout<<"Fish construct!"<<endl;
    }
    ~Fish()
    {
        cout<<"Fish deconstruct!"<<endl;
    }
};
void main()
{
    Fish fh;
}
```

程序运行结果:

Animal construct!

Fish construct!

Fish deconstruct!

Animal deconstruct!

（3）函数覆盖。

当派生类中定义了与基类中同名的成员时，则从基类中继承得到成员被派生类的同名成员函数覆盖，派生类对基类成员的直接访问将被派生类中的该成员取代。为访问基类成员，可以采用两种方法：

a. 基类对象访问，即通过定义一个基类对象来访问基类的成员函数。

b. 子类对象限定法访问，即通过子类对象引出其基类，于是基类的同名成员函数就可以利用作用域标识符来指明基类，其格式如下：

子类对象名.基类名::成员名

例2.11　分别在动物类和鱼类中创建同名函数，从实现函数覆盖。

代码编写如下：

```
class Animal
{
public:
    void breathe()
    {
        cout<<"Animal breathe!"<<endl;
    }
};
class Fish:public Animal
{
public:
    void breathe()
    {
        cout<<"Fish bubble!"<<endl;
    }
};
void main()
{
    Animal an;
    Fish fh;
    an.breath();
    fh.Animal::breathe();
    fh.breathe();
}
```

程序运行结果：

Animal breathe!

Animal breathe!

Fish bubble!

基类和子类中都存在 breathe( )函数,这两个函数的返回值、函数名、参数个数和参数类型都是完全一致的,这种情况就是 C++语言中的函数覆盖。

注意　函数覆盖不同于函数重载,原因是:函数重载的同名函数的参数个数或参数类型不同,而函数覆盖的同名函数完全相同;函数重载的同名函数发生在同一个类中,而函数覆盖的同名函数发生在子类和父类之间。

从程序运行结果可以看出,语句 an. breath( );与 fh. Animal∷breathe( );的运行结果完全一致,证明两种方法都可以引用基类的同名成员函数,而派生类的同名成员函数就需要采用派生类对象来引用。函数覆盖的好处:当子类继承父类时,父类某些行为不太适合子类,就可以采用函数覆盖。

2.4.3.3　多态性

多态性是指不同的对象对于同样的消息会产生不同的行为;而消息在 C++语言中指的就是函数的调用。不同的函数可以具有多种不同的功能,而多态就是允许用一个函数名的调用来执行不同的功能。

考虑下面一个多态性的例子。假设一个基类 Animal 类派生出鱼类(Fish)、蛙类(Frog)和鸟类(Bird),基类中包含了一个 move 函数控制动物的运动,每个派生类都由 move 函数来实现。为了模拟这些动物的运动,程序每隔一定的时间就会向每个对象发送一条相同的消息,即 move。然而,每个特定类型的 Animal 对象对 move 消息有自己与众不同的响应:Fish 对象可能游动 2 英尺,Frog 对象可能跳跃了 3 英尺,而 Bird 对象可能飞行了 10 英尺。程序向每个动物对象发送相同的消息(即 move 消息),但是每个对象都知道怎样根据自己具体的类别适当地调整自己的运动位置。对于同样的函数调用,依赖每个对象自己作出恰当的响应,这就是多态性的关键思想。于是同样的消息(本例中就是 move)在发送给不同对象时会产生多种形式的结果,这就是多态性。

对于多态性,一个要解决的主要问题就是何时把具体的操作和对象进行绑定,也称联编、关联。绑定指的是程序如何为类的对象找到执行操作函数的程序入口的过程。从系统实现的角度看,多态可以分为两类:编译时多态和运行时多态。

编译时多态是在程序编译过程中决定同名操作与对象的绑定关系,也称静态绑定、静态联编,典型的技术就是函数重载。由于这种方式是在程序运行前就确定了对象要调用的具体函数,因此程序运行时,函数调用速度快、效率高,缺点就是编程不够灵活。

运行时多态是在程序运行过程中动态地确定同名操作与具体对象的绑定关系,也称动态绑定、动态联编等,主要通过使用继承和虚函数来实现。在编译、连接过程中不能确定绑定关系,程序运行之后才能确定。动态绑定的优点是编程更加灵活,系统易于扩展。由于内部增加了实现虚函数调用的机制,因此要比静态绑定的函数调用速度慢些。

(1)虚函数。

虚函数必须存在于类的继承环境中才有意义,声明虚函数的方法很简单,只要在基类的成员函数名前加关键字 virtual 即可,格式如下:

virtual 类型名 函数名(参数列表);

当一个类的成员函数被声明为虚函数后,就可以在该类的派生类中定义与其基类虚函数原型完全相同的函数。当用基类指针指向这些派生类对象时,系统会自动用派生类中的同名函数来代替基类中的虚函数。也就是说,当用基类指针指向不同派生类对象时,系统会在程序运行中根据所指向对象的不同,自动选择适当的函数,从而实现运行时的多态性。这就是通过虚函数实现动态绑定的一种典型方式。

在派生类中重新定义的虚函数必须与基类中的函数原型完全相同,包括函数名、返回类型、参数个数和参数类型的顺序。而不论派生类的相应成员函数前是否加上关键字virtual,都将其作为虚函数看待,如果函数原型不同,只是函数名相同,C++语言就将其看作一般的函数重载,而不是虚函数。

例 2.12 在动物类中创建虚函数,然后在其派生类中分别实现多态性。

代码编写如下:

```cpp
class Animal
{
public:
    virtual void move()
    {cout<<"Animal can move!"<<endl;}
};
class Fish:public Animal
{
public:
    void move()
    {cout<<"Fish could swim 2 feet!"<<endl;}
};
class Frog:public Animal
{
public:
    void move()
    {cout<<"Frog could leap 3 feet!"<<endl;}
};
class Bird:public Animal
{
public:
    void move()
    {cout<<"Bird could fly 10 feet!"<<endl;}
};
void main()
{
    Animal an, * pAn;
    Fish fh;
```

```
    Frog fg;
    Bird bd;
    pAn=&an;              //基类指针利用取地址运算符 & 指向基类对象
    pAn->move();
    pAn=&fh;              //基类指针指向派生类 Fish 的对象
    pAn->move();
    pAn=&fg;              //基类指针指向派生类 Frog 的对象
    pAn->move();
    pAn=&bd;              //基类指针指向派生类 Bird 的对象
    pAn->move();
}
```

程序运行结果：

Animal can move!

Fish could swim 2 feet!

Frog could leap 3 feet!

Bird could fly 10 feet!

在以上程序中,当把基类的 move( )函数声明为虚函数后,只要定义一个基类的指针然后指向派生类对象,就会调用派生类的虚函数。例如,基类指针 pAn 分别指向不同的对象,然后调用虚函数 move( ),就会得到不同的输出结果。可见,通过虚函数实现可以动态绑定的过程。

注意　当一个基类中声明了一个虚函数,则虚函数特性会在其直接派生类和间接派生类中一直保持下去,并且其派生类不必再用 virtual 关键字声明。

(2)纯虚函数。

在某些场合,基类中将某一成员函数声明为虚函数,并不是类本身的要求,而是考虑到派生类的需要,在基类中只定义一个函数名,具体功能留给派生类根据需要再去实现。对这种虚函数只在基类中说明函数原型,用来定义继承体系中的统一接口形式,然后在派生类的虚函数中重新定义具体实现代码,而这种基类中的虚函数就是纯虚函数。其声明的一般形式为：

virtual 函数类型 函数名(参数列表)= 0;

注意　纯虚函数没有函数体,最后面的“=0”并不表示函数返回值为 0,它只起形式上的作用,告诉编译系统“这是纯虚函数”。另外,纯虚函数只有函数的名字而不具备函数的功能,不能被调用,它只是通知编译器在这时声明了一个虚函数,留待派生类中定义。在派生类中对此函数提供定义后,它才能具备函数的功能,可以被调用。

包含纯虚函数的类是抽象类,由于抽象类常用做基类,通常也称为抽象基类。抽象基类的主要作用是通过它为一个类族建立一个公共的接口,使它们能够更有效地发挥多态特性。抽象基类声明了一组派生类的共同接口,而接口的具体实现代码即纯虚函数的函数体要由派生类自己定义。

抽象类不能实例化,即不能定义一个抽象类的对象,但是可以声明一个抽象类的指针,通过指针就可以指向并访问派生类对象,进而访问派生类的成员,这种访问是具有多态特性的。

抽象类派生出新的类之后,如果派生类给出所有纯虚函数的函数实现,这个派生类就可以定义自己的对象,因而不再是抽象类;反之,如果派生类没有给出全部纯虚函数的实现,这时的派生类就仍然是一个抽象类。

例如,在上例的 Animal 类中,虚函数 move( )声明为纯虚函数,则编写代码如下:

```
class Animal
{
public：
    virtual void move( )= 0;
};
```

而其余的三个派生类保持不变,即完成对抽象基类中的纯虚函数的实现,所以三个派生类不是抽象类,可以实例化对象。

例 2.13 纯虚函数的调用实现。

主函数代码编写如下:

```
void main( )
{
    Animal  * pAn1 , * pAn2 , * pAn3;        //定义抽象基类的指针变量
    Fish fh;
    Frog fg;
    Bird bd;
    pAn1 =&fh;
    pAn2 =&fg;
    pAn3 =&bd;
    pAn1 ->move( );
    pAn2 ->move( );
    pAn3 ->move( );
}
```

程序的运行结果为:

Fish could swim 2 feet!

Frog could leap 3 feet!

Bird could fly 10 feet!

在以上程序中,基类 Animal 由于包含了纯虚函数 move( )而称为抽象类,而纯虚函数 move( )的定义分别在派生类 Fish,Frog,Bird 中进行了定义。主函数中声明了抽象类的指针,通过抽象类的指针指向派生类对象,在运行时调用派生类对象的虚函数,实现了运行时多态性。

2.5　程序设计语言的选择

对程序设计语言知识的掌握可以允许程序员针对特定的项目,恰当地选取合适的语言,从而减少编码的工作量。对每种语言的长处和特性的了解和掌握有利于程序员做出广泛而正确的选择。每一种程序都有其发展的历程,没有任何一种程序是万能的,比如我们熟悉的 C 语言,开发 C 语言的初衷就是为了让程序员能脱离那种原始的汇编环境,可以在高级程序设计语言环境中对内存地址进行控制,所以 C 语言在底层操作上来讲要优越于其他高级预言;再如,Pascal 语言的开发初衷就是为了程序设计中的教学使用,所以 Pascal 语言的语法结构很严谨;还有 Fortran 语言开发的初衷是为了工程计算,所以它的数学逻辑、工程逻辑功能模块就相当强大等。一般影响选择程序设计语言的因素有很多种,面对目前市场上不胜枚举的程序设计语言,应主要考虑以下因素去选择程序语言:

(1)当前所使用的开发环境。

(2)采用的目标应用平台。

(3)软件开发的方法、进度、成本。

(4)算法和数据结构的复杂性。

(5)软件开发人员的知识水平以及需要附加的培训。

(6)与现有软件的集成。

选择程序设计语言的根本目的是为了保证应用软件在不同平台间的可移植性,从而达到提高工作效率和减少成本的目的。近年来,计算机硬件的迅猛发展和操作系统所经历的一些重大变化都预示着软件开发者将面临软件运行环境多样化的挑战,随着竞争的加剧和客户需求的多样化,企业对软件在多种平台上运行的能力提出了更高的要求。作为解决这些问题最理想的策略,软件可移植性也成为近年来理论界和工程领域共同关注的研究方向。

所谓可移植性是允许代码在不同平台上创建和运行的一种性质。对于应用软件在各个不同平台间的真正可移植性。其实质是:程序设计语言在平台上有效地运行;程序设计语言即使在不同的平台上也能以相同方式运行,不影响计算结果。若要真正达到应用可移植性,一个应用程序就必须用可移植的程序设计语言编写,并且使用的服务界面也是可移植的。

通常,人们所说的“可移植性”概念是一种绝对化的概念,即某一技术要么是可移植的,要么是不可移植的,而不应是这两者之间的一种似是而非的概念。事实上,当前确实存在着一些具有这一绝对可移植性概念的技术与应用。例如,Windows 95 程序能够在不进行任何修改的情况下,运行在所有 Intel 的 PC 机上。相类似,MVS 应用也可运行在所有兼容的大型机上。在这两个例子中,代码是可移植的,因为它们是针对一个具有可移植性的操作系统而编写的,设备驱动程序弥补了每个供应商的硬件和这一操作系统之间的不相容性。总体说来,可移植性的特点主要有以下三个方面:

(1)可移植性的承载者是软件产品。

(2)可移植性是软件的一种性能属性,通过软件的运行来表现可移植性的强弱。

（3）可移植性的表现与软件应用环境密切相关,而软件的应用环境不应该是只由软件和硬件组成的环境,还应该包括组织环境。

从实现可移植性角度来看,一个应用程序的源程序可能存在两种表示形式,即源码可移植性或二进制码可移植性。源码可移植性是指应用源程序能在具有相同开发环境的不同平台上运行的编译器(或解释器)间移植,而不需修改应用源程序。二进制码可移植性表示一个二进制应用能在不同的平台上移动,而不需修改应用源程序。如果一个应用程序是二进制码可移植的,就不影响应用程序在其所支撑的平台间的移植,可是,如果一个应用是源码可移植的,则应用开发和运行时间环境包括程序语言在其支撑平台间必须是可移植的,否则,该应用源码是不可移植的。

当移植前后运行的环境非常相似时,二进制码的可移植性一般来说要优于源码的可移植性,但源码的可移植性适应范围更广的环境。有些时候,移植一种中间形式的产品(介于源码和可执行级)成为更优的第三种选择。

程序有不同类型和级别,如功能程序、源程序、中间代码、解释代码和二进制码等。从可移植性观点看,在源码级和源码级以上(如功能级等)的程序可以较方便地在最广泛的平台范围内进行移植,花的代价少,可移植性的适应性、重用性和协调安全环境均较好,而源程序级以下的代码,往往是依赖于特定的硬件平台和翻译程序,所以我们应把应用程序可移植放在源码级上。

为了说明开放程序语言与开放系统环境的相关性,程序员一定要充分了解应用平台的依赖性以及克服依赖性的方法。一个应用所要求的界面和服务必须由运行应用的平台提供,为了支持应用可移植性,应用平台必须具备下列特征:

（1）应用程序界面接口和界面提供的服务应尽可能封装在由应用平台指定的和标准所定义的硬件和软件中,以便于用户能透明地使用。

（2）应用平台支持由标准定义的外界环境界面,并为界面提供服务。

（3）应用平台应具有下列可移植性的特征,如用户特征,包括技术成熟度、负面因素、人员因素等;请求命令特征,包括性能、恢复、安全、透明性、国际性、多用户应用、实时性等;系统功能特征,包括用户界面、存储信息访问、通信访问、事务处理、并发、计时服务等;数据表示特征,包括数据类型、数据表示、映象描述、控制功能表示等;硬件体系特征,包括算法行为、目标大小、统一性和硬件资源等。

有时候在某一个开发环境下为一个特定的运行时间环境所开发的一个应用,需要进行变化,才能使其能适用于其他开发或运行时间环境的应用平台,这主要是因为在不同的运行时间环境下以不同方式去运行不同的应用,编写应用过程时要充分考虑进程调度和由基本操作系统所使用的应用资源管理的类型。应用有时候是可以以不同的方式与不同的运行环境服务界面接口,一个应用源程序依赖于操作系统所提供的服务界面,并与其涉及的其他相关应用的服务界面密切相关。不同开发环境可以要求不同应用源程序产生一个等效的可执行的应用,应用源程序与创建它的开放环境同样密切相关。因此,我们在解决应用可移植性时,首先要克服应用对应用平台的依赖性,因此,选用可移植的标准程序设计语言是成功地实现这个任务的关键点之一。

针对目前流行的程序设计语言,编者根据应用环境和语言的特点,对各种程序设计语言的选择总结如下：

编写对系统要求苛刻,或者与操作系统结合紧密的程序适合选用 C 语言;编写应用范围广的程序适合选用 Java 语言;编写大型程序,可能的话就尽量使用脚本语言程序,如 Python、Ruby,因为脚本语言可以带来生产力,如果这些脚本语言不适合可以考虑选用 C 语言和 Java;编写文本处理程序适合选用 Perl 或 Ruby;编写知识的处理程序适合选用 Prolog;编写服务器终端程序适合选用 PHP、ASP、JSP 等;编写数据库程序适合选用 VB 或 Delphi;如果要追求性能和程序处理能力,完全发挥操作系统能力就适合选用 C 语言或 C++语言;如果编写游戏同时有跨平台选择可以选用 SDL 或 Java;如果不在乎跨平台,在 Windows 平台下可以选择 C#;在 Unix 下最方便的工具语言就是 Perl,它有强大的社区和代码库支持;如果只是作为简单应用的工具语言,Python 和 Ruby 是更好的选择,它们的跨平台移植性好,应用也比较广泛,其中 Python 更适合入门和交流,而 Ruby 是对 Python 不满意的另一个选择,它提供了很多额外的功能;如果要选择一个程序的嵌入语言,可以选用 Lisp、Basic 和 Java。

总之,对程序设计语言的选择只要遵循一个简单的道理:选择方向,即用于数据库、应用软件还用底层开发,选择好方向后,在具体语言的选择上就要看市场占有、发展前景以及利润回报等因素。对程序员来说,如果希望能跨越各种平台实现程序开发,就不要只学习一种语言。

2.6 习题

1.选择题

(1)算术运算符、赋值运算符和关系运算符的运算优先级按从高到低依次为(   )。

A.算术运算、赋值运算、关系运算

B.算术运算、关系运算、赋值运算

C.关系运算、赋值运算、算术运算

D.关系运算、算术运算、赋值运算

(2)表达式! x||a = =b 等效于(   )。

A.！((x||a)= =b)   B.！(x||a)= =b

C.！(x||(a= =b))   D.(！x)||(a= =b)

(3)C++源程序的扩展名是(   )。

A..cpp   B..c   C..dll   D..exe

(4)C++语言对 C 语言做了很多改进,C++语言相对于 C 语言的最根本的变化是(   )。

A.增加了一些新的运算符

B.允许函数重载,并允许设置缺省参数

C.规定函数说明符必须用原型

D.引进了类和对象的概念

(5)下列关于类和对象的叙述中错误的是(　　)。

A. 一个类只能有一个对象

B. 对象是类的具体实例

C. 类是对某一类对象的抽象

D. 类和对象的关系是一种数据类型和变量的关系

(6)下面关于构造函数的描述中正确的是(　　)。

A. 构造函数可以带有返回值

B. 构造函数必须带有参数

C. 构造函数的名字和类名完全相同

D. 构造函数必须定义,不能缺省

(7)下面关于析构函数的描述正确的是(　　)。

A. 一个类中可以定义多个析构函数

B. 析构函数名与类名完全相同

C. 析构函数不能指定返回类型

D. 析构函数可以有一个或多个参数

(8)有如下类声明:

Class Sample

{ int x;}

则 Sample 类的成员 x 是(　　)。

A. 公有数据成员　　　　　　　　B. 公有成员函数

C. 私有数据成员　　　　　　　　D. 私有成员函数

(9)对于任意一个类,析构函数的个数为(　　)。

A. 0　　　　　　　B. 1　　　　　　　C. 2　　　　　　　D. 3

(10)派生类的对象可以访问它的(　　)。

A. 公有继承的公有成员　　　　　B. 公有继承的私有成员

C. 公有继承的保护成员　　　　　D. 私有继承的公有成员

(11)下列关于基类和派生类关系的叙述中,正确的是(　　)。

A. 每个类最多只能有一个直接基类

B. 派生类中的成员可以访问基类中的任何成员

C. 基类的构造函数必须在派生类的构造函数体中调用

D. 派生类除了继承基类的成员,还可以定义新的成员

(12)下列关于对象初始化的叙述中,正确的是(　　)。

A. 定义对象的时候不能对对象进行初始化

B. 定义对象之后可以显式地调用构造函数进行初始化

C. 定义对象时将自动调用构造函数进行初始化

D. 在一个类中必须显式地定义构造函数实现初始化

(13)在面向对象方法中,不属于"对象"基本特点的是(　　　　)。

A. 一致性 　　　　　　　　　　B. 封装性

C. 多态性 　　　　　　　　　　D. 标识唯一性

2. 填空题

(1)程序设计语言的发展经历了 _____、_____ 和_____ 三个阶段。

(2)从翻译的方式上高级语言可以分为_____的高级语言和_____的高级语言两种。

(3)结构化程序设计方法遵循四条基本原则是_____、_____、_____ 和_____。

(4)系统默认的 C 语言源程序文件的扩展名是_____,经过编译后生成的目标文件的扩展名是_____,经过连接后生成的可执行文件的扩展名是_____。

(5)C 语言中逻辑值"真"是用表示_____的,逻辑值"假"是用表示_____的。

(6)判断变量 a、b 的值均不为 0 的逻辑表达式为_____。

(7)C++语言中的多态性分为_____时的多态性和_____时的多态性。

(8)下列程序计算 1 000 以内能被 3 整除的自然数之和,请补充完整:

```
#include <iostream. h>
void main( )
{   int x=1, sum;
    _____;
    while (true)
    {   if (x>1000)   break;
        if (x%3==0) sum+=x;
        x++;
    }
    cout<<sum<<endl;
}
```

(9)如果一个派生类只有一个直接基类,则该类的继承方式称为_____继承;如果一个派生类同时有多个直接基类,则该类的继承方式称为_____继承。

(10)_____是指忽略事物的非本质特征,只注意那些与当前目标有关的本质特征,从而找出事物的共性。它包括_____和_____两部分。

(11)对象之间交互的手段是利用_____,这是外界能够引用对象操作及获取对象状态的唯一方式。

3. 简答题

(1)程序设计语言有哪两种实现方式? 各有什么优缺点?

(2)结构化程序设计语言有哪几种基本控制结构?

(3)简述面向对象程序设计语言的基本特点。

（4）函数重载构成的条件是什么？

（5）对于单继承的派生类来说，当派生类对象产生时，派生类和基类构造函数的调用顺序是什么？当派生类对象撤销时，派生类和基类析构函数的调用顺序是什么？

（6）函数覆盖和函数重载都发生在同名函数之间，它们之间的区别是什么？

（7）C++语言在运行过程中是如何实现多态性的？

第**3**章

算法和数据结构

3.1 引言

3.1.1 数据结构的定义

在计算机发展初期,计算机主要用于处理数值计算问题,程序设计人员的精力主要集中在程序设计的方法和技巧上,但随着计算机应用领域的扩大和软、硬件的发展,计算机也从简单的信息处理发展到大量的解决非数值计算问题。计算机的主要功能是处理数据,非数值计算中的数据绝不是杂乱无章的,而是有着某种内在联系。只有分清楚数据的内在联系,合理地组织数据,才能对它们进行有效地处理。尤其是目前大型程序的出现,软件的相对独立,结构化程序设计方法的应用,使人们越来越重视数据的有效组织和处理,程序设计的实质就是对确定的问题选择出一种好的数据结构和一种好的算法。由此可见,数据结构是计算机学科和相关应用学科在学习中的一项必不可少的内容。

用计算机解决一个问题要经过以下三个步骤:

(1)分析实际问题,从中抽象出一个适当的数学模型。

(2)设计或选择一个解此数学模型的算法。

(3)编程、调试、测试、修改,直至得到最终的解答。

寻求数学模型的实质是分析问题,从中提取操作的对象,并找出这些操作对象之间含有的关系,然后用数学的语言加以描述。例如,"鸡兔同笼"问题的数学模型是二元一次方程组,结构静力分析计算的数学模型是线性代数方程组。然而,如今更多的计算机应用是非数值计算问题,对其操作也不再是单纯的数值计算,而更多的是需要对其进行组织、管理和检索。这类问题无法用数学方程加以描述。下面请看三个例子。

例3.1 学籍档案管理问题。假设一个学籍档案管理系统应包含表3.1所示的学生信息。如果有新生入学,需要将该学生的信息插入表中,有学生毕业,则需删除毕业学生的信息,如某学生转专业或留级,则需修改该学生的信息,除此之外,更多的操作是按条件检索某个学生的信息,等等。这类问题的数据特点是每个学生的信息占据一行,所有学生的信息按学号顺序依次排列构成一张表格,表中每个学生的信息依据学号的前后顺序存在着一种前后关系,这就是我们所说的线性结构。在这类问题的数学模型中,计算机处理的对象之间通常存在着一种最简单的线性关系,该表构成的文件及其之间的"线性"关系就构成该类问题的数学模型,这类数学模型可称为线性的数据结构。

表3.1　学籍档案管理表

学　号	年　级	姓　名	性　别	专　业
0803020101	2008 级	赵甲	男	电力电子
0803020102	2008 级	钱乙	女	高电压
0803020103	2008 级	孙丙	男	电机
0903020104	2009 级	李丁	男	机械设计

例3.2　组织结构图问题。要查找某位教师,可顺着"学校→学院→教研室→个人"的路线进行查找,该问题的模型如图3.1所示。从图3.1可以看出,这类问题的数学模型可归结为一种"树"形的数据结构。

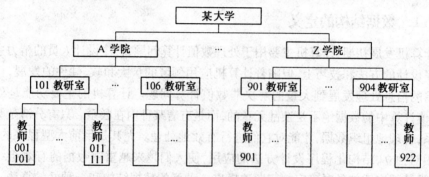

图3.1　某大学的组织结构图

例3.3　教学计划编排问题。教学计划编排问题及其模型如图3.2所示。在教学计划编排问题中,排课必须考虑到课程的先后关系,某门课可能需要学完几门先行课程后才能开设,如数据结构的先导课程有离散数学和程序设计语言;而同时这门课又可能是其他课程的先导课程,如数据结构是数据库原理的先行课。如何排课才可行呢?

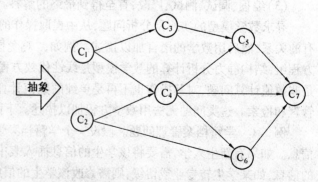

课程编号	课程名称	先导课程
C_1	高等数学	无
C_2	计算机导论	无
C_3	离散数学	C_1
C_4	程序设计语言	C_1、C_2
C_5	数据结构	C_3、C_4
C_6	计算机原理	C_2、C_4
C_7	数据库原理	C_4、C_5、C_6

图3.2　教学计划编排问题及其模型图形结构

通常,这类问题的数学模型可归结为一种称为"图"的数据结构,它反映的是数据之间多对多的关系。例如,在此例题中,可以用图中的一个顶点表示一门课程,而课程之间的关系以用个顶点之间的带箭头的连线表示,如 $C_1 \rightarrow C_3$ 表示 C_1 是 C_3 的先导课程。排课的问题转化为在有向图中寻求一条可以通行的路径。

诸如此类的问题很多,在此不再一一列举。总的来说,这些问题的数学模型都不是用通常的数学分析的方法得到的,无法用数学的公式或方程来描述,这就是计算机求解问题过程中的"非数值计算",而这些非数值问题抽象出的模型是诸如表、树、图之类的数据结构,而不是数学方程,非数值问题求解的核心是数据处理,而不是数值计算。数据结构正是讨论这类问题在求解过程中所涉及的现实世界实体对象的描述、信息的组织方法及其相应操作的实现。

3.1.2　数据结构的基本概念

数据(Data)是对客观事物的符号表示。在计算机科学中,数据是指能输入到计算机中并被计算机程序处理的符号的总称。由于如字符、图像、声音等都是能被计算机接受和处理的符号,因此都是数据。

数据项(Data Item)是具有独立含义的标识单位,是数据不可分割的最小单位。如学生信息表中的姓名、学号、分数等。

数据元素(Data Element)是数据的基本单位,即数据这个集合中的一个客体。数据元素在计算机中通常作为一个整体进行考虑。每一个数据元素可以只有一个数据项(内存中称为域(Field)),也可以由若干数据项组成。只有一个数据项的称为简单型数据元素,含有多个数据项的称为复杂型数据元素。

数据元素的同义语有:结点(Node)、顶点(Vertex)和记录(Record)等。例如,顺序结构中多用"元素",链式结构中多用"结点",而在图和文件中又分别使用"顶点"和"记录"。它们的名称虽然不同,但所表示的意义却是一样的,都代表着数据的基本单位。

如一个整数"6"或一个字符"A"都是简单型数据元素,只有一个数据项,而在表 3.1所示的学籍管理问题中,每个学生的情况都用一个复杂型数据元素表示,其中的学号、年级、姓名、性别、专业则分别为一个数据项。

(1)一般来说,能独立、完整地描述客观世界的一切实体都是数据元素。例如,一个通讯录、一场球赛、一场报告会等。

(2)数据元素是讨论数据结构时涉及的最小数据单位,其中的数据项一般不予考虑。

(3)数据、数据元素、数据项之间是包含关系,数据由数据元素组成,数据元素由数据项组成。

数据对象(Data Object)是性质相同的数据元素的集合,它是数据的一个子集。例如,整数数据对象是集合 $\{0, \pm1, \pm2, \cdots\}$。例如,在表 3.1 所示的学籍管理中所有学生的信息。数据对象可以是有限的,也可以是无限的。

关系指的是数据元素之间的某种相关性。例如,教师和学生之间存在"教学"关系,在某两个学生之间存在"互为同桌"关系等。在表示每个关系时,用尖括号表示有向关系,如<a,b>表示存在结点 a 到结点 b 之间的关系,也就表示了 a 相对于 b 的"顺序"关系;用圆括号表示无向关系,如 (a,b) 表示存在结点 a 与结点 b 之间的关系,但这一关系是没有方向性的。

数据结构(Data Structure)是相互之间存在一种或多种特定关系的数据元素的集合。在任何问题中,数据元素不是孤立存在的,而是存在着某种关系,这种数据元素之间的相互关系称为结构。因此,数据结构是带"结构"的数据元素的集合。

数据结构的形式定义为:数据结构是一个二元组。

Data_Structure = (D,R)

其中, D 是数据元素的有限集; R 是 D 上关系的有限集,即 R 是由有限个关系所构成的集合,可以看出,数据结构是由两部分构成:数据元素的集合 D;数据元素之间关系的集合 R。

例 3.4 一个学生小组见表 3.1,就是一个数据结构,它由很多记录(这里的数据元素就是记录)组成,每个元素又包括多个字段(数据项)。那么这个表的数据结构可以表示如下:

Group = $\{D,R\}$

D = $\{0803020101 , 0803020102 , 0803020103 , 0903020104\}$

R = $\{r\}$

r = $\{<zhaojia, qianyi>, <qianyi, sunbing>, <sunbing, liding>\}$

例 3.5 再看一个复杂点的例子:设计一个数据结构,要求每个课题组由 1 位教授、1~4 名研究生和 1~8 名本科生组成,在小组中,一位教授指导 1~4 名研究生,每位研究生指导 1~2 名本科生,得到如下数据结构:

Group = (D,R)

其中, D 表示数据元素,包括教授、研究生、本科生,即 $D = \{T, G_1, G_2, \cdots, G_n; S_{11}, S_{12}, \cdots, S_{nm}\}$ $(1 \leq n \leq 4, 1 \leq m \leq 2)$。 R 表示小组成员的关系,它们的关系有两种:教授和研究生,即 $R_1 = \{<T, G_i>|1 \leq i \leq n, 1 \leq n \leq 4\}$;研究生和本科生: $R_2 = \{<G_i, S_{ij}>|1 \leq i \leq n, 1 \leq j \leq m, 1 \leq n \leq 4, 1 \leq m \leq 2\}$。

从以上例子可以看出,数据的逻辑结构是相互之间存在一种或多种特定关系的数据元素的集合,这个关系描述的是数据元素之间的逻辑关系。数据的逻辑关系也称数据的逻辑结构,它与数据的存储无关,是独立于计算机的。因此,数据的逻辑结构可以看成是从具体的问题中抽象出来的数学模型。

数据的逻辑结构一般分为以下四类。

(1)集合。结构中的数据元素之间除了"同属于一个集合"的关系外,别无其他关系。

(2)线性结构。结构中的元素之间存在一对一的关系,有且仅有一个开始结点和终止结点,除开始结点外,每个结点有且仅有一个前趋结点,除终止结点外,每个结点有且仅有一个后续结点。

(3)树形结构。结构中的元素之间存在一个一对多的关系。

(4)图形结构。结构中的数据元素之间存在多对多的关系,也称网状结构。

图 3.3 即为上述四类基本结构的关系图。

数据的存储结构(Physical Structure)又称为物理结构,数据结构在计算机中的表示

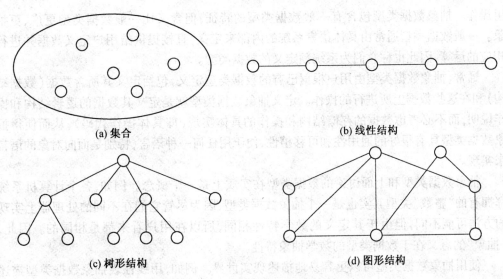

(a) 集合　　(b) 线性结构

(c) 树形结构　　(d) 图形结构

图3.3　四类基本结构的关系图

(映象)包括数据结构中元素的表示及元素间关系的表示。数据的存储结构是数据的逻辑结构在计算机存储器里的实现,它是依赖于计算机的。数据存储结构有顺序和链式两种不同的方式。

(1)顺序存储结构。把逻辑上相邻的元素存储在物理位置相邻的存储单元里。一般用程序设计语言的数组来实现此存储结构。其特点是逻辑上相邻的元素其物理位置相邻。例如,$L=\{$元素1,元素2,…,元素$n\}$的顺序存储结构如图3.4所示。

(2)链式存储结构。用一组任意的存储单元存储结点数据,将每个结点所占的存储单元分为两个部分:一部分存放结点本身的信息,即数据项;另一部分存放该结点的后继结点所对应的存储单元的地址,即指针项。数据元素之间逻辑上的联系由指针来体现,其特点是逻辑上相邻的元素不要求其物理位置相邻,元素间的逻辑关系通过附设的指针字段来表示。例如,$L=\{$元素1,元素2,…,元素$n\}$的链式存储结构,如图3.5所示。

	info	link
2000	a_1	2008
2002		
2004	a_4	2014
2006	a_3	2004
2008	a_2	2006
2010		
2012		
2014	a_5	NULL

2000	a_1
2002	a_2
2004	a_3
2006	a_4
2008	a_5

图3.4　数据的顺序存储结构

图3.5　数据的链式存储结构

数据类型(Date Type)就是一个值的集合和定义在这个值集上的一组操作的总称。例如,C语言中的整型变量,其值集为某个区间上的整数(区间大小依赖于不同的机器),定义在其上的操作为加、减、乘、除和取模等算术运算。

抽象数据类型(Abstract Data Type,ADT)是一个数学模型以及定义在该模型上的一组操作。抽象数据类型包含有一般数据类型的特征,但含义比一般数据类型更广、更抽象。一般数据类型通常由具体语言系统的内部来定义,直接提供给用户定义数据并进行相应的运算,因此也称它们为系统预定义的数据类型。

通常,抽象数据类型由用户根据已有的数据类型定义,包括定义其所含数据(数据结构)和在这些数据上所进行的操作。定义抽象数据类型就是定义其数据的逻辑结构和操作说明,而不必考虑数据的存储结构和操作的具体实现(即具体操作代码),从而使得抽象数据类型具有很好的通用性和可移植性,便于用任何一种语言,特别是面向对象的语言来实现。

抽象数据类型和上面讨论的数据类型在实质上是一个概念。例如,各个计算机系统都拥有的"整数"类型其实也是一个抽象数据类型,因为尽管它们在不同的处理器上实现的方法可能不同,但由于其定义的数学特性相同,所以在用户看来都是相同的。因此,"抽象"的意义在于数据类型的数学抽象特性。

使用抽象数据类型可以更容易地描述现实世界。例如,用线性表抽象数据类型描述学生成绩表,用树或图抽象数据类型描述遗传关系以及城市道路交通图等。抽象数据类型的特征是使用与实现相分离,实行封装和信息隐蔽。也就是说,在进行抽象数据类型设计时,把类型的定义与其实现分离开来。

和数据结构的形式定义相对应,抽象数据类型可用三元组表示:(D,R,P)。其中,D 是数据对象,即具有相同特性的数据元素的集合;R 是 D 上的关系集合;P 是对 D 的基本操作集合。

抽象数据类型的定义格式如下:

ADT 抽象数据类型名

{数据对象:<数据对象的定义>

数据关系:<数据关系的定义>

基本操作:<基本操作的定义>

}ADT 抽象数据类型名

其中,数据对象和数据关系可用伪代码描述,例如,线性表的抽象数据类型可定义如下:

ADT List

{数据对象:$D = \{a_i | a_i \in \mathrm{ElemSet}, i = 1,2,\cdots,n, n \geq 0\}$

数据关系:$R = \{ < a_{i-1}, a_i > | a_i, a_{i-1} \in D, i = 2,\cdots,n\}$

基本操作:

线性表初始化:$\mathrm{ListInit}(L)$;

求线性表的长度:$\mathrm{ListLength}(L)$;

取表元素:$\mathrm{ListGet}(L,i)$;

定位查找:$\mathrm{ListLocate}(L,x)$;

清空线性表:$\mathrm{ListClear}(L)$;

判空线性表:$\mathrm{ListEmpty}(L)$;

求前趋:$\mathrm{ListPrior}(L,e)$;

求后继：ListNext(L,e)；

插入：ListInsert(L,i,e)；

删除：ListDelete(L,i)；

} ADT List

抽象数据类型 ADT 中的基本操作的定义格式如下：

基本操作名(参数表)

初始条件：<初始条件描述>

操作结果：<操作结果描述>

"初始条件"描述了操作执行之前数据结构和参数应满足的条件。"操作结果"说明操作正常完成之后，数据结构的变化状况和应返回的结果。若初始条件为空，则可省略。例如，上述线性表的抽象数据类型中的求线性表的长度操作可定义如下：

ListLength(L)

初始条件：线性表 L 存在。

操作结果：返回线性表 L 中所含元素的个数。

3.1.3　数据结构与算法的关系

下面我们通过一个例子来讲述数据结构与算法之间的关系。辅导员要想通过通讯录找到某一个同学的联系方式，就是对此数据结构做"查找"操作，当给定一位学生姓名时，计算机能查出该同学的电话号码，若查不到，则报告"查无此人"。

可以用两种算法来解决此问题，但算法的设计依赖于通讯录中同学的姓名和相应电话号码在计算机内的存储方式。

结构 1　一种存储方式是通讯录中同学的姓名是随意排列的，其次序没有任何规律。根据这种方式设计算法 1：当给定一个姓名时，就只能从通讯录中第一个姓名开始，逐个查找，若找到，则打印他的电话号码，若查完整个通讯录还没找到，则给出相应的标志。显然，这种方法的缺点就是效率太低。

结构 2　另一种存储方式是，按学生的学号顺序排列姓名和相应的电话号码，而且还可以再造一个索引表(字典)，用这个表来登记每个班级的第 1 个同学在通讯录中的起始位置。根据这种方式设计算法 2：若查找某个同学，可先从索引表中找到该同学班级的第一个学生，然后就从此处开始查找，而不用去查找其他班级学生的数据。这样大大提高了查找效率。

上面只是对同学通讯录进行查找运算，但在实际生活中，通讯录是会有变动的，如学生的转入转出、联系方式的改变等，这就需要对通讯录进行插入、删除、修改等操作。同时插入、删除、修改等操作都与具体的存储结构有关，在不同的存储结构上需要设计不同的算法，而且在链式存储结构上进行插入和删除操作的效率远高于在顺序存储结构上的操作。

由此可见，计算机的算法与数据结构密切相关——每一个算法不无依赖于具体的数据结构，数据结构直接影响着算法的选择和效率。

3.2 算　法

3.2.1 算法的定义与要求

3.2.1.1 算法的定义

算法(Algorithm)是对特定问题求解步骤的一种描述,是指令的有限序列。其中每一条指令表示一个或多个操作。简单地说,算法就是解决特定问题的方法。此外,算法还必须具有下列五个重要特性。

(1)有穷性。一个算法必须总是在执行有穷步之后结束,且每一步都可在有穷时间内完成。在这里,合法的输入值是其前提条件。另外,有穷的概念不是数学含义中的有穷,而是实际应用中合理、可接受的数据。

算法 3.1

```
loopforever
{while(1)
printf("do nothing");
}
```

以上算法不符合有穷性。

(2)确定性。在任何条件下,算法只有唯一的一条执行路径,即对于相同的输入,只能得到相同的输出。同时,算法中的每一条指令必须有确切的含义,读者理解时不会产生二义性。

(3)可行性。一个算法是可行的,是指在算法中描述的操作都可以通过已经实现的基本运算执行有限次来实现。

(4)输入。算法具有零个或多个输入,也就是说,算法必须有加工的对象。输入取自特定的数据对象的集合。输入的形式可以是显示的,也可以是隐式的,有时候输入可能被嵌入在算法中。

(5)输出。算法有一个或多个输出。这些输出与输入之间有某种确定的关系。这种确定的关系就是算法的功能。无输出的算法没有任何意义。

算法 3.2

```
int getsum(int num)
{int sum=0;
for(i=1;i<=num;i++)
sum+=i;
return sum;
}
```

3.2.1.2 算法的设计要求

要设计一个好的算法,通常要考虑满足以下四条要求:

（1）正确性。

首先，算法应当满足具体问题的需求。对于算法的正确性，可从四个层次来理解：①程序中不含语法错误；②程序对于几组输入数据能够得出满足要求的结果；③程序对于精心选择的、典型的、苛刻的且带有刁难性的几组输入数据能够得出满足要求的结果；④程序对于一切合法的输入数据都能得出满足要求的结果。事实上，第④层是不可能达到的，通常以第③层意义的正确性作为衡量一个算法是否合格的标准。

（2）可读性。

算法主要是为了人的阅读与交流，其次才是为计算机执行。因此算法应易于人的理解，晦涩难读的程序会隐藏较多错误，难以调试。

（3）健壮性。

算法应对非法输入的数据作出恰当的反映或进行相应处理。在一般情况下，应向调用它的函数返回一个表示错误或错误性质的值，并通过与用户的对话来纠正错误。

（4）高效率与低存储量需求。

通常，效率指的是算法执行时间；存储量指的是算法执行过程中所需的最大存储空间。前者称为算法的时间代价，后者称为算法的空间代价，两者都与问题的规模大小有关。

3.2.1.3　算法的描述方式

算法的描述方式有自然语言、程序流程图、程序设计语言、伪代码等。在第 2 章中已经阐述过这一问题，在此不再重复。

3.2.2　算法的性能分析

除了之前介绍的正确性、可读性、健壮性等要求外，一个好的算法，还应当能有效地使用内部存储器和外部存储器，并且执行时间应该是可接受的，这就涉及对算法的性能进行评价。性能评价大致可以分为两类：第一类关注的是获得与机器无关的时间和空间的估计，该领域通常称为性能分析，而其主题是计算机科学的一个重要分支——复杂性理论（Complexity Theory）的核心内容。第二类称为性能测量（Performance Measurement），是测量特定机器下的运行时间，这些时间用来确定代码的效率。本节将对性能分析进行讨论。

3.2.2.1　算法的空间复杂度

算法的空间复杂度（Space Complexity）或称为空间复杂性，是指解决问题的算法在执行时所占用的存储空间。它也是衡量算法有效性的一个指标，记作

$$S_p(n) = O(g(n))$$

其中，P 为程序的名称；n 为问题的规模（或大小）。该式表示随着问题规模 n 的增大，算法运行所需存储量的增长率与函数 $g(n)$ 的增长率相同。

程序所需的存储空间是下列部分的总和：

（1）固定的空间需求。这部分主要是指那些不依赖于程序输入、输出数量和大小的空间需求。固定空间需求包括指令存储空间（存储代码所需的存储空间），存储简单变量、固定大小的结构变量（如结构体等）和常量的存储空间。

(2)可变的空间需求。这部分包括结构变量所需要的存储空间,这些结构变量的大小依赖于所求问题的特定实例 I,同时还包括函数递归调用时所需的额外存储空间。程序 P 在实例 I 上所需的可变存储空间表示为 $S_P(I)$。$S_P(I)$ 通常为实例 I 中某些特征的函数。通常使用的特征包括与实例 I 相关的输入和输出的数量、大小和值。

程序 P 的总的空间需求 $S(P)$ 就可以表示为:

$$S(P) = c + S_P(I)$$

如果输入的是一个由 n 个数组成的数组,那么,n 就成为这样的一个实例特征。如果 n 是计算 $S_P(I)$ 时所使用的唯一的实例特征,那么就可以用 $S_P(n)$ 来表示 $S_P(I)$。上式就可表示为:

$$S(P) = c + S_P(n)$$

其中,c 是一个常数,表示固定的存储空间需求。在分析程序的空间复杂性,特别是在比较几个程序的空间复杂性时,通常只关心可变的空间需求。下面来考察几个例子。

例 3.6 算法 3.3 描述的是 sv 函数:对 3 个输入变量进行相乘,计算立方体的体积。根据上面给出的分类标准,该函数只有固定的存储空间需求,因此 $S_{sv}(n) = 0$。

算法 3.3 计算立方体的体积。

```
float sv(float a, float b, float c)
{
    return a * b * c;
}
```

例 3.7 计算函数 $f(x) = a_0 + a_1 x + a_2 x^2 + \cdots + a_n x^n$ 的结果。该算法临时开辟的存储空间单元数为算法规模 n 的倍数,因此 $S_{evaluate}(n) = n$。

算法 3.4 函数计算举例。

```
#define N 100
float evaluate(float coef[ ], float x, int n)
{
    float power[N], f;
    int i;
    for(power[0] = 1, i = 1; i <= n; i++)
        power[i] = x * power[i-1];
    for(f = 0, i = 0; i <= n; i++)
        f = f + coef[i] * power[i];
    return(f);
}
```

算法 3.5 将上一算法进行优化后,其 $S_{evaluate}(n) = 0$。

```
#define N 100
float evaluate(float coef[ ], float x, int n)
{
```

```
    float f;int i;
    for(i=n-1;i>=0;i--)
        f=f * x+coef[i];
    return(f);
}
```

3.2.2.2　算法的时间复杂度

程序运行所需的时间,称为算法的时间复杂度(Time Complexity)。$T(n)$ 是其编译时间和运行(或执行)时间的总和。要精确地计算出 $T(n)$,需要有关编译器特征的深入知识。而且程序编译过一次以后,就可以多次执行,不需要重复编译,因此我们可将程序运行时间视作 $T(n)$。

这里我们考虑的是程序的运行时间,主要是计算所执行操作的数量,即在计算过程中,程序经过了多少程序步。一个程序步(Program Step)是一个在语法或语义上有意义的程序片段,该程序段的执行时间与程序的实例特征无关。

注意　一个程序步所表示的计算量可能与另一个程序步所表示的计算量不同。因此,可以把一个简单的赋值语句 a=2 看成是一个程序步,也可以将一个复杂的赋值语句,如 a=2 * b-3 * c/d+e/f/g 看成一个程序步。对程序步的唯一要求是,程序步中每条语句的执行时间必须与程序的实例特征无关。

例 3.8　数列求和函数。计算从 1 到 n 的和,其程序步数计算见表 3.2。

表 3.2　数列求和函数程序步计数表

语　　句	程序步数	频　率	程序步数合计
float sum(float list[ ],int n)	0	0	0
{	0	0	0
float tempsum=0;	1	1	1
int i;	0	0	0
for(i=0;i<n;i++)	1	$n+1$	$n+1$
tempsum+=list[i];	1	n	n
return tempsum;	1	1	1
}	0	0	0
总　　计			$2n+3$

例 3.9　二维数组加法函数。将数组 a 和 b 相加,结果返回数字 c,每个数组都是 $m \times n$ 的,其程序步数计算见表 3.3。

我们也可以通过定义一个全局变量计数器 count 来统计一个程序或函数在解决一个问题时所需的程序步数。count 首先初始化为 0,然后在每条可执行语句所对应的程序步所在的地方,插入一个 count 加 1 语句。函数执行后返回的 count 值即为未加入计数器时程序的执行步数。

表 3.3　矩阵加法函数的程序步计数表

语句	程序步数	频率	程序步数合计
void add(int a[ ][max_size] , int b[ ] 　　　[max_size] , int c[ ][max_size] , 　　　int m, int n)	0	0	0
{	0	0	0
int i, j;	0	0	0
for(i=0; i<m; i++)	1	$m+1$	$m+1$
for(j=0; j<n; j++)	1	$m\times(n+1)$	$m\times(n+1)$
c[i][j]=a[i][j]+b[i][j];	1	$m\times n$	$m\times n$
}	0	0	0
总　　　计			$2m\times n+2m+1$

算法 3.6　对例 3.8 加上计数语句,程序运行完毕,计数器数值即为程序的执行步数。

```
float sum( float list[ ], int n)
{
    float tempsum=0;    count++;              /* 赋值计数 */
    int i;
    for( i=0; i<n; i++)
      { count++;                              /* for 循环体执行的次数 */
      tempsum+=list[ i];    count++;          /* 赋值计数 */
      }
    count++;                                  /* 最后一次 for 循环计数 */
    count++;                                  /* return 语句计数 */
    return tempsum;
}
```

计算结果:count 为 $2n+3$。

算法 3.7　带计数语句的例 3.9。

```
void add( int a[ ][ max_size] , int b[ ][ max_size] , int c[ ][ max_size] , int m, int n)
{
    int i, j;
    for( i=0; i<m; i++)
      {
      count++;          /* i 循环体执行的次数 */
      for( j=0; j<n; j++)
        {
          count++;          /* j 循环体执行的次数 */
```

```
        c[i][j]=a[i][j]+b[i][j];
        count++;        /* 加法计算进行计数 */
      }
    count++;           /* 最后一次 j 循环计数 */
    }
  count++;             /* 最后一次 i 循环计数 */
}
```

计算结果:count 为 $2m \times n + 2m + 1$。

通过以上例子可以看出,算法的时间复杂度是该算法的时间耗费,是该算法所求解问题规模 n 的函数。当问题规模 n 趋向无穷大时,时间复杂度 $T(n)$ 的数量级(阶)称为算法的渐近时间复杂度(Asymptotic Time Complexity),可记作

$$T(n) = O(f(n))$$

它表示随问题规模 n 的增大,算法执行时间的增长率和函数 $f(n)$ 的增长率是相同的。具体的算法分析往往对算法的时间复杂度和和渐近时间复杂度不予区分,经常将渐近时间复杂度 $T(n) = O(f(n))$ 简称为时间复杂度。

例 3.10　赋值语句。

```
{i++;
m=1;}
```

该算法的时间复杂度为 $O(1)$,即为常数阶。

例 3.11　双重循环语句。

```
for(i=1;i<=n;i++)
    for(j=1;j<=m;j++)
    {a++;
     pi=3.14*a*a;
    }
```

算法的时间复杂度 $O(n^2)$ 为平方阶。在算法 3.4 中,for 循环有两个,但是两个循环是先后执行而不是嵌套循环,因此其时间复杂度为 $O(n*m)$

并不是所有双重循环的时间复杂度都是平方阶,请看下面的例子。

例 3.12　双重循环语句。

```
for(i=1;i<=n;i*=2)
    for(j=1;j<=n;j++)
    {a++;
     pi=3.14*a*a;
    }
```

外层循环执行的次数并不是 n 次,而是 $\log_2 n$ 次,因此,该算法的时间复杂度为 $O(n\log_2 n)$。

例 3.13　百元买百笔问题。已知钢笔 8 元一只,圆珠笔 2 元一只,铅笔 0.5 元一只。可以用穷举的方法求出。

```
for(i=1;i<=100;i++)
  for(j=1;j<=100;j++)
    for(k=1;k<=100;k++)
      if((i+j+k==100)&&(8*i+2*j+0.5*k==100))
        printf("i=%d,j=%d,k=%d",i,j,k);
```

事实上,百元最多只能买到 12 只钢笔,或者 50 只圆珠笔,每增加 1 只钢笔,圆珠笔的最大数量就要减少 4 只,而铅笔的数量应该是 100 减去钢笔和圆珠笔的数量。因此将上面的算法改写如下:

```
for(i=1;i<=12;i++)
  for(j=1;j<=50-4*i;j++)
    if((8*i+2*j+(100-i-j)*0.5==100))
      printf("i=%d,j=%d,k=%d",i,j,100-i-j);
```

对上述算法进行测试,第一个算法的循环次数超过了 100 万次,而第二个算法的循环次数仅为 288 次,相差了 3 000 多倍。由此可以看出,好的算法对求解问题有多么重要。

3.3 线性表

3.3.1 线性表的定义和抽象数据的类型

线性表是最常用且最简单的一种数据结构,也是应用最为广泛的一种数据结构。一般的,一个线性表可以表示成一个有限序列$(a_1,a_2,\cdots,a_n)$,其中每个a_i代表一个数据元素。a_1称为第一个数据元素,a_n称为最后一个数据元素。a_i是第 i 个数据元素,把 i 称为a_i在线性表中的位序。对任意一对相邻数据元素$a_i,a_{i+1}(1\leqslant i<n)$,则$a_i$称为$a_{i+1}$的直接前趋,$a_{i+1}$称为$a_i$的直接后继。线性表中数据元素的个数 n 为线性表的长度,当 $n=0$,时称该线性表为空表,线性表的结构如图 3.6 所示。

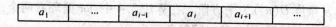

a_1	$\cdots$	a_{i-1}	a_i	a_{i+1}	$\cdots$

图 3.6 线性表

显然,线性表中的元素具有如下特点:

(1)表中元素属于同一类数据对象。

(2)有且仅有一个数据元素a_1,它没有直接前趋,而且仅有一个直接后继a_2。

(3)有且仅有一个数据元素a_n,它没有直接后继,而且仅有一个直接前趋a_{n-1}。

(4)其余元素a_i有且仅有一个直接后继a_{i+1}和一个直接前趋a_{i-1}。

线性表的抽象数据类型定义如下:

ADT List{

数据对象:$D=\{a_i\mid a_i\in \text{ElemSet},i=1,2,\cdots,n,n\geqslant 0\}$

数据关系:$R=\{<a_{i-1},a_i>\mid a_{i-1},a_i\in D,i=l,2,\cdots,n\}$

基本操作:

InitList(L)

　　操作结果:构造一个空的线性表 L。

DestroyList(L)

　　初始条件:线性表 L 已存在。

　　操作结果:销毁线性表 L。

ClearList(L)

　　初始条件:线性表 L 已存在。

　　操作结果:将 L 重置为空表。

ListEmpty(L)

　　初始条件:线性表 L 已存在。

　　操作结果:若 L 为空表,则返回 TRUE,否则返回 FALSE。

ListLength(L)

　　初始条件:线性表 L 已存在。

　　操作结果:返回 L 中数据元素个数。

GetElem(L,i,e)

　　初始条件:线性表 L 已存在,$1 \leqslant i \leqslant \text{ListLength}(L)$。

　　操作结果:用 e 返回 L 中第 i 个数据元素的值。

LocateElem(L,e)

　　初始条件:线性表 L 已存在。

　　操作结果:返回 L 中第 1 个与 e 相等元素的位序,若这样的数据元素不存在,则返回值为 0。

PriorElem($L,\text{cur\_e},\text{pre\_e}$)

　　初始条件:线性表 L 已存在。

　　操作结果:若 cur_e 是 L 中的数据元素,且不是第一个数据元素,则用 pre_e 返回它的前趋,否则操作失败。

NextElem($L,\text{cur\_e},\text{next\_e}$)

　　初始条件:线性表 L 已存在。

　　操作结果:若 cur_e 是 L 中的数据元素,且不是最后一个数据元素,则用 next_e 返回它的后继,否则操作失败。

ListInsert(L,i,e)

　　初始条件:线性表 L 已存在,$1 \leqslant i \leqslant \text{ListLength}(L)+1$。

　　操作结果:在 L 中第 i 个位置之前插入新的数据元素 e,L 的长度加 1。

ListDelete(L,i,e)

　　初始条件:线性表 L 已存在且非空,$1 \leqslant i \leqslant \text{ListLength}(L)$。

　　操作结果:删除 L 的第 i 个数据元素,并用 e 返回其值,L 的长度减 1。

ListTraverse(L)

　　初始条件:线性表 L 已存在。

　　操作结果:依次输出 L 中的每个数据元素。

⟩ADT List

在以上线性表的抽象数据类型中定义的运算,是一些常用的基本运算。还可以定义一些更复杂的运算,例如,将两个或多个线性表合并成一个线性表;将一个线性表拆分成两个或两个以上的线性表;复制线性表;将线性表中元素按某个数据项的递增或递减重新排列等。另外,抽象数据类型中定义的线性表 L 是一个抽象在逻辑结构层次的线性表,逻辑结构定义后,就可以设计算法。下面举例说明。

例3.14 遍历线性表 L:访问线性表中的每一个元素,并且每个元素只访问一次。访问的方式包括查询、输出和修改等。从线性表的第一个元素开始逐一向后扫描,访问每个元素。利用线性表的判空操作决定是否开始遍历,利用线性表求长度运算确定循环的次数;用 GetElem(L,i,e) 取出表中元素,我们假设用 visit( ) 函数访问元素。

算法3.8 线性表的遍历操作。

```
void ListTraverse( List L, visit( ))
{/ * 遍历线性表 * /
    if( ListEmpty( L)) printf( "空表\n");
    else
        for( i = 1;i < = ListLength( L);i++)
            visit( GetElem( L,i,e));
}
```

该算法的基本操作是用 GetElem 和 visit 两个运算函数。线性表的长度是多少,算法就执行了多少次基本操作,所以算法的时间复杂度为 $O(\text{ListLength}(L))$。

例3.15 设 L_1 和 L_2 是元素属于同一数据对象的两个线性表,试将线性表 L_2 合并到线性表 L_1 中。要求 L_1 中元素和 L_2 中元素相同的不再合并。

算法思路:将 L_2 中元素逐个取出,到 L_1 中去查找,若 L_1 中无此元素,则将此元素插入到 L_1 尾部。利用线性表的取元素运算,可以取出 L_2 中的每个元素,利用线性表的求长度运算,可以确定取 L_2 的元素个数,利用定位查找可以确定 L_2 中的元素是否在 L_1 中,利用插入运算可将 L_2 中元素插入到 L_1 中。

算法3.9 线性表的合并操作。

```
List ListMerge( List L1, List L2)
    / * 将线性表 L2 合并到线性表 L1 中,L2 和 L1 中相同的元素不再合并 * /
    {
        m = ListLength( L1);           / * 线性表 L1 中元素的个数 * /
        n = ListLength( L2);           / * 线性表 L2 中元素的个数 * /
        for( i = 1;i < = n;i++)
            {
                GetElem( L2,i,e)        / * 逐个取出线性表 L2 中的元素 * /
                k = LocateElem( L1,e);  / * 查元素 e 是否在 L1 中 * /
                if( k = = 0)
                    ListInsert( L1,++m,e);  / * 将元素 e 插入到 L1 的尾部 * /
```

```
    }
  return L1;
}
```

算法分析:此算法主要是到 L_1 中查找 L_2 中的元素,算法的时间复杂度是 $O($ ListLength$(L_1) *$ ListLength$(L_2))$。

3.3.2　线性表的顺序存储

3.3.2.1　顺序表的概念

线性表在计算机内部的表示有多种方法,最简单和最常用的方法是用顺序存储方式表示,即在内存中用地址连续有限的一块存储空间顺序存放线性表中的各个元素,用这种存储形式存储的线性表称为顺序表。

因为 C 语言、C++语言中数组的下标是从 0 开始的,因此,线性表中的第 i 个元素存储在数组标为 $i-1$ 的位置,即数组元素的序号和存放它的数组下标之间存在对应关系。

用数组存储线性表,意味着要分配固定长度的数组空间,而线性表可以进行插入和删除操作,即线性表的长度是可变的,因此在描述顺序表时,一方面分配的数组空间要大于线性表的长度,另一方面,还必须设立一个变量(或成员)表示线性表的当前长度,如图3.7所示(其中 L 为顺序表的类型)。

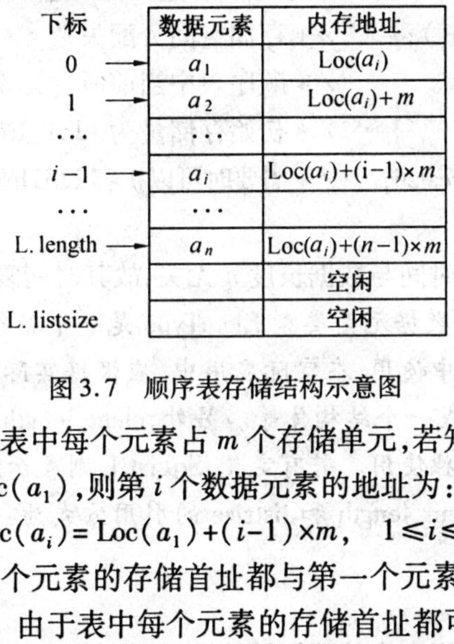

下标	数据元素	内存地址
0	a_1	Loc(a_i)
1	a_2	Loc(a_i)+m
...	...	
$i-1$	a_i	Loc(a_i)+$(i-1)\times m$
...	...	
L. length	a_n	Loc(a_i)+$(n-1)\times m$
		空闲
L. listsize		空闲

图 3.7　顺序表存储结构示意图

在图3.7中,假定线性表中每个元素占 m 个存储单元,若知道第一个元素的地址(称为顺序表首地址),设为 Loc(a_1),则第 i 个数据元素的地址为:

$$Loc(a_i) = Loc(a_1) + (i-1) \times m, \quad 1 \leqslant i \leqslant n$$

此式表明,线性表中每个元素的存储首址都与第一个元素的存储首址 Loc(a_1)相差一个与序号成正比的常数。由于表中每个元素的存储首址都可由上面的公式计算求得,且计算所需的时间也是相同的,所以访问线性表中任意元素的时间都相等,例如,"求线性表中元素个数"(L. length)或"取第 i 个元素"(L. elem($i-1$))等算法的时间复杂度都是 $O(1)$。具有这一特点的存储结构称为随机存储结构。

注意　线性表的长度和数组的长度是两个不同的概念,如图 3.7 所示。数组的长度是存放线性表的存储空间的长度,一旦存储空间分配后,这个量是确定不变的,除非重新向系统申请空间;而线性表的长度是线性表中数据元素的个数,随着线性表插入和删除操作的进行,这个量是变化的。

此外,存储结构和存取结构是两个不同的概念:存储结构是数据及其逻辑结构在计算机中的表示;而存取结构是在某种数据结构上对查找操作时间性能的描述。

3.3.2.2 顺序表的基本操作

在线性表的抽象数据类型中,定义了线性表的一些基本运算。下面我们讨论这些基本运算在顺序存储结构下是如何实现的。

(1)初始化操作。

顺序表的初始化就是构造一个空的顺序表 L,也就是给顺序表 L 在内存单元中分配一定的相邻空间,但目前无数据元素。因此,首先要按需要为其动态分配一个存储区域,并让指针成员 elem 指向它。采用顺序表的动态分配方式,可以更有效地利用系统的资源,当不需要该线性表时,使用撤销操作以释放掉占用的存储空间。在顺序表类型 SqList 中,目前允许的最大容量为 LIST_INIT_SIZE,需要扩容时的增量为 LISTINCREMENT。

算法 3.10 顺序表的初始化算法。

```
void InitList_Sq(SqList L,int maxsize=LIST_INIT_SIZE,
        int incresize=LISTINCREMENT,)       /*构造一个空线性表 L*/
{
    L.elem=(ElemType *)malloc(LIST_INIT_SIZE * sizeof(ElemType));
            /*为顺序表分配一个最大容量为 LIST_INIT_SIZE 的数组空间*/
    if(! L.elem)    exit(1);        /*存储空间分配失败*/
    L.length=0;            /*顺序表中当前所含元素个数为 0*/
    L.listsize=maxsize;            /*初始存储量为 LIST_INIT_SIZE*/
    L.incrementsize=incresize;        /*需要时可以扩容 LISTINCREMENT 个元素空间*/
}
```

算法分析:该算法运行时间与数据长度 n 无关,故其时间复杂度为 $O(1)$。

注意 在上述定义中,数据元素类型 ElemType 是一个抽象的类型,而不是一个标准类型,不能直接在程序设计中使用,在实际应用中,应根据实际问题中出现的数据元素的特性具体定义,如 int、char 或一个结构体等。另外,elem、length、listsize 和 incrementsize 都是结构体中的成员,不能单独使用。若有定义,SqList L 则表示定义了一个顺序表 L,其数据结构的类型为 SqList。elem、length 和 listsize 的引用方式为:L.elem、L.length、L.listsize 和 L.incrementsize。

(2)顺序表的撤销操作。

与初始化操作相反,当程序中的数据结构不再需要时,应当及时进行撤销,并释放它所占的全部空间,以便使存储空间得到充分利用。

算法 3.11 顺序表的撤销算法。

```
void DestoryList_Sq(SqList L)   /*释放顺序表 L 所占的存储空间*/
{
    free(L.elem);
    L.listsize=0;
```

```
        L. length = 0;
    }
```

算法分析:与初始化操作类似,撤销操作的时间复杂度为 $O(1)$。

(3)求表长操作。

此操作是求出顺序表 L 当前存储元素的个数。

算法 3.12 顺序表的求表长算法。

```
int ListLength_Sq( SqList L)
    {
        return L. length;
    }
```

算法分析:该算法运行时间与数据长度 n 无关,其时间复杂度为 $O(1)$。

(4)取元素操作。

即取出顺序表 L 中第 $i(0 \leqslant i \leqslant L. length-1)$ 个元素,进行取元素操作之前,应当首先判断 i 的位置是否合理及表是否为空这两种情况。

算法 3.13 顺序表的取元素算法。

```
bool GetElem_Sq( SqList L, int i, ElemType e)
    {                           /* 取出顺序表 L 中第 i 个元素,并用 e 返回其值 */
        if(i<0||i>L. length) return false;   /* i 值不合法,返回 false,标记 */
        if(L. length<=0)    return false;    /* 表空,无数据元素可取,返回 false,标记 */
        e = L. elem[i];                      /* 被取元素的值赋给 e */
        return true;
    }
```

算法分析:该算法的运行时间与数据长度 n 无关,故其时间复杂度为 $O(1)$。

(5)查找元素操作。

要在顺序表 L 中查找与给定值 e 相等的数据元素的位置,最简单的方法是,从第一个元素起,依次和 e 比较,直至找到第一个其值与 e 相等的数据元素,则函数返回该元素在 L 中的位序;否则函数的返回值为-1,表明查找失败。返回值为-1 而不是0,是因为数组下标是从 0 开始的,查表失败时,应该返回一个有效下标之外的整数。

算法 3.14 顺序表的元素定位算法。

```
int LocateElem_Sq( SqList L, ElemType e)
    {
        for( int i=0;i<L. length;i++)
            if(L. elem[i]==e) return i;   /* 找到满足判定的数据元素为第 i 个元素 */
        return -1;                        /* 该线性表中不存在满足判定的数据元素 */
    }
```

算法分析:该操作的主要运算是比较,显然比较的次数与给定的查找值 e 在表中的位置和表长有关。最少比较次数为1,最多比较次数为数据个数 n。因此,平均比较次数为

$(n+1)/2$,其时间复杂度为 $O(n)$。

（6）插入元素操作。

插入操作的过程归纳如下：①找到插入元素的位置（插入位置可能由参数 i 决定,也可能通过比较查找来确定）；②将从插入位置到顺序表最后位置的所有元素后移一个位置,以空出待插位置；③将待插元素 e 插入到指定位置。插入操作可以是在第 i 个元素前插入一个元素,也可以是在顺序表的第 i 个元素之后插入一个元素,本书选取的插入方式是在顺序表的第 i 个元素之前插入一个元素。

算法思想：假设顺序表中已有 L.length 个数据元素,在第 $i(0 \leqslant i \leqslant L.length)$ 个元素之前插入一个新的数据元素 e 时,须将第 L.length−1 个到第 i 个存储位置（共 L.length−i 个）的数据元素依次后移,然后把 e 插入到第 i 个存储位置,并使顺序表当前长度 L.length 加 1,最后返回 true 值；若插入位置 $i<0$ 或 $i>$L.length,则无法插入,此时返回 false 值。插入操作的具体过程如图 3.8 所示。

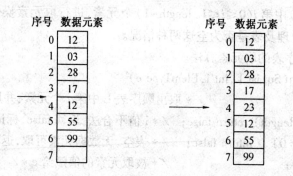

图 3.8 在顺序表中插入元素 23 的过程

算法 3.15 顺序表的插入算法。

```
bool ListInsert_Sq(SqList L,int i,ElemType e)
{                                    /* 在顺序表 L 的第 i 个元素之前插入新的
                                        元素 e */
    int j;
    if(i<0||i>L.length)  return false;   /* i 值不合法 */
    if(L.length>=L.listsize)             /* 当前存储空间已满,增补空间 */
    {
        L.elem=(ElemType * )realloc(L.elem(L.listsize+L.incrementsize)
               * sizeof(ElemType));
        if(! L.elem) exit(1);            /* 存储空间分配失败 */
        L.listsize+=L.incrementsize;     /* 当前存储容量增加 */
    }
    for(j=L.length;j>i;j--)              /* 被插入元素之后的元素左移 */
        L.elem[j]=L.elem[j-1];
```

```
        L. elem[i] = e;                    /* 插入元素 e */
        L. length++;                       /* 表长增 1 */
    }
```

算法分析：该操作的主要时间消耗在数据的移动上，在第 i 个位置上插入数据，从 a_i 到 a_n 都要向后移动一个位置，共需要移动 $n-i+1$ 个元素。设在第 i 个位置上做插入的概率为 p_i，则平均移动数据元素的次数为 $C_i = \sum_{i=1}^{n+1} p_i(n-i+1) = \frac{1}{n+1} \sum_{i=1}^{n} p_i = \frac{n}{2}$，故其时间复杂度为 $O(n)$。

(7) 删除元素操作。

与插入操作的过程类似，删除操作的过程归纳如下：①找到删除元素的位置（删除位置可能有参数 i 决定，也可能通过比较查找来确定）；②将从删除位置到顺序表最后位置的所有元素前移一个位置，以覆盖待删元素的位置。

算法思想：假设顺序表中已有 L. length 个元素，要删除第 $i(0 \leqslant i \leqslant$ L. length$-1)$ 个数据元素，需将第 i 至 L. length-1 存储位置（共 L. length$-i$ 个）的数据元素依次前移，并使顺序表当前长度减 1，然后返回 ture 值；若删除位置 $i<0$ 或 $i>$L. length-1，则无法删除，返回 false 值。

删除操作的具体过程如图 3.9 所示。

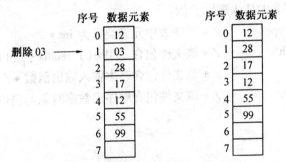

图 3.9 在顺序表中删除元素 03 的过程

算法 3.16 顺序表的删除算法。

```
bool ListDelete_Sq(SqList L, int i, ElemType e)
{              /* 在顺序表 L 中删除第 i 个元素，并用 e 返回其值 */
    int j;
    if(i<0||i>=L. length) return false;
    if(L. length<=0) return false;
    e=L. elem[i];
    for(j=i+1;j<=L. length-1;j++)
        L. elem[j-1] = L. elem[j];
    L. length--;
```

```
    return true;
}
```

算法分析:与插入操作类似,删除元素操作的时间消耗也是在数据的移动上,其时间复杂度同样为 $O(n)$。

(8)顺序表的遍历操作。

顺序表的遍历操作就是从头到尾扫描顺序表,输出顺序表中的各个数据元素的值。

```
void ListTraverse_Sq(SqList L)
{
    int i;
    for(i=0;i<L. length;i++)
        printf("elem i % d = % d\n",i,L. elem[i]);
}
```

算法分析:该操作将顺序表的所有元素搜索、输出一次,显然,其时间复杂度为 $O(n)$。

在实际应用中,可以把数据对象及所有操作放在一个文件中,如 SqList. h,任何软件一旦需要使用顺序表,就可以通过包含命令#include 把该文件包含在自己的文件中,从而直接调用已经实现的函数完成程序设计。我们可以通过下面的程序了解完整的顺序表操作的实现过程。

算法 3.17 顺序表的插入删除实例。

```
typedef int ElemType;          /* 顺序表中元素类行为 int */
#include"stdlib. h"            /* 该文件包含 malloc( )、realloc( )和 free( )等函数 */
#include"stdio. h"             /* 该文件包含基本输入输出函数 */
#include"SqList. h"            /* 该文件包含顺序表数据对象的描述及相关操作 */
void main( )
{
    SqListL1;
    int i,x,a[ ]={13,6,88,23,3,11,44,10,25,87};
    initList_Sq(L1,50,10);/* 初始化顺序表 L1 */
    for(i=0;i<10;i++)
        if(! ListInsert_Sq(L1,i,a[i]))
                              /* 将 a[i]插入到顺序表 L1 中第 i+1 个元素之前 */
        printf("插入失败! \n");
        return;
    }
printf("删除前的顺序表为:")
ListTraverse_Sq(L1);          /* 调用遍历函数显示 L1 */
if(! ListDelete_Sq(L1,4,x)Y/* 删除顺序表中的第 5 个元素 */
{printf("删除失败! \n");
```

```
    return;
}
printf("被删除元素是:%d\n",L.elem[4]);
printf("删除后的顺序表为:");
ListTraverse_Sq(L1);          /*调用遍历函数显示删除后的顺序表 L1 */
DestoryList_Sq(mylist);       /*调用撤销函数撤销 mylist,以释放空间 */
}
```

程序执行输出结果如下:

删除前的顺序表为:13　6　88　23　3　11　44　10　25　87。

被删除的元素是:3。

删除后的顺序表为:13　6　88　23　11　44　10　25　87。

注意　(1)在调用初始化函数 InitList_Sq 时,应该给出顺序表的初始分配的最大空间量和增补空间量,在本例中,最大空间量为50,增补空间量为10。

(2)在设计抽象数据类型时,使用 ElemType。但在设计程序时,必须定义 ElemType 为具体定义的数据类型,否则,系统将因 ElemType 未定义而出错。

(3)程序设计语言要求所有标识符(包括数据类型和变量)要先定义后再使用,所以在主函数的预处理命令中,语句 typedef int ElemType;必须放在语句 #include"SqList. h"前面,且语句 #include"SqList. h"必须放在所有预处理命令的后面,否则,系统将因某些标识符未定义而出错。

3.3.3　线性表的链式存储

线性表的顺序存储结构在逻辑上相邻的元素在物理存储位置上也相邻。即用物理上的相邻实现了逻辑上的相邻,于是顺序表要求用连续的存储空间顺序存储线性表中的各元素。这种存储结构具有随机存取、有些运算相对简单的优点。但是,顺序存储结构也有如下缺点:首先,插入、删除时需要大量移动数据元素;其次,要预先分配存储空间,很难恰当预留空间,分配大了则造成浪费,分配小了则对有些运算会造成溢出;最后,顺序表的容量虽然可以增补,但是当数据量较大时,其运算量还是相当大的,实现起来有一定的困难。

线性表的链式存储结构不要求用连续的地址存储单元来实现存储,因此,它没有上面顺序存储结构的缺陷。以链式结构存储的线性表称为线性链表。线性表中的数据元素可以用任意的存储单元来存储,逻辑相邻的两个元素的存储空间可以是连续的,也可以是不连续的。为表示元素间的逻辑关系,对表的每个数据元素除存储本身的信息之外,还需存储指示其后继的信息。这两部分信息组成数据元素的存储映象,称为结点。

3.3.3.1　单链表

(1)单链表的表示。

单链表是最简单的一种链式结构。表中每个元素结点包括两部分:数据域和后继结点的地址域。在每个数据元素中,除了存放数据元素自身的信息 a_i 之外,还需要存放其后继结点,也就是数据 a_{i+1} 所在的存储单元的地址,数据和地址两部分信息组成一个结点,结点的结构如图 3.10 所示,每个元素都是这样的。由链表的类型定义我们可以看出,在结点结构体中,包含两部分内容,存放数据元素信息的域称为数据域,存放其后继地址的域称为指针域。这样的 n 个元素的线性表通过每个结点的指针域连成了一个"链子",故称为链表。因为每个结点中只有一个指向后继的指针,所以称为单链表。

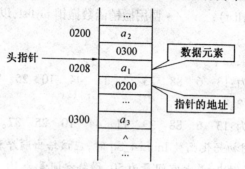

图 3.10 单链表中结点的结构

链表的类型定义如下:

```
typedef struct LNode
{ ElemType data;
    structLNode  * next;
} LNode, * LinkList;
```

对于链表这种存储结构,我们关心的是结点间的逻辑结构,而对每个结点的实际地址并不关心。所以通常用图 3.11 表示单链表。

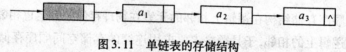

图 3.11 单链表的存储结构

单链表结构有带头结点结构和不带头结点结构两种。本书中的单链表结构为带头结点结构。头结点的数据域通常不存储任何信息(也可以做监视哨或存放线性表的长度等附加信息),指针域中存放的是第一个数据结点的地址,空表时为空,用"∧"或"NULL"表示。对链表的任何操作都必须从头结点开始,头结点的地址存放在一个指针变量中,这个指针变量指向头结点,因此这个指针变量常称为头指针。头指针具有标识一个链表的作用,所以经常用头指针代表链表的名字,如链表 L 既是指链表的名字 L,也是指链表的第一个结点的地址存储在指针变量 L 中。

加入头结点的目的完全是为了方便运算。"第一个结点"的问题在很多操作中都会遇到,如在链表中插入结点时,将结点插在第一个位置,这个位置与其他位置是不同的,将结点插在第一个结点之前会改变链表的指针。同样,在链表中删除结点时,删除第一个结点和其他结点的处理也是不同的,删除第一个结点也会改变链表的指针。"头结点"的加入将使这些操作方便、统一。头结点的类型与数据结点一致,在标识链表的头指针变量 L 中存放该结点的地址,这样即使是空表,头指针变量 L 也不为空。图 3.12(a)和图

3.12(b)分别是带头结点的空单链表和非空单链表的示意图。

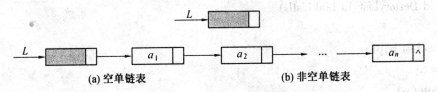

(a) 空单链表　　　　　　　　　(b) 非空单链表

图 3.12　带头结点的单链表

需要进一步指出的是,上面定义的 LNode 是结点的类型,LinkList 是指向 LNode 类型结点的指针类型。为了增强程序的可读性,通常将标识链表的头指针说明为 LinkList 类型的变量,如 LinkList L;将操作中用到指向某结点的指针变量说明为 LNode ∗,如 LNode ∗p。假设 p 是指向线性表中第 i 个数据元素(结点 a_i)的指针,则该结点的数据域为 p->data = a_i,指针域为 p->next,是指向第 $i+1$ 个数据元素(结点 a_{i+1})的指针。

链表的任何操作都必须从第一个结点开始,从第一个结点中的地址域找到第二个结点,从第二个结点中的地址域找到第三个结点,直到找到最后一个结点,若最后一个结点的地址域为空,此结点就是链表表尾。由此可以看出,链表没有顺序存储结构中随机存取的特点,在查找等算法中要比顺序存储结构慢,但随着后面的介绍会发现,链表的插入、删除要比顺序表方便得多。

(2)单链表的基本操作。

①初始化操作。

单链表的初始化操作就是构造一个带有表头结点的空单链表 L。因此,首先要申请一段存储空间,以存放表头结点,并让表头指针指向头结点,同时把表头指针的地址返回给调用函数。

算法 3.18　构造单链表的算法。

```
void InitList_L( LinkListL)
{
    L = ( LNode ∗ ) malloc( sizeof( LNode ) ) ;    /∗申请存放一个节点所需存储空间 ∗/
    if( ! L) exit(1) ;                          /∗存储空间分配失败 ∗/
    L->next = NULL;                            /∗表头节点的指针域置空 ∗/
}
```

算法分析:该算法运行时间与数据长度 n 无关,故其时间复杂度为 $O(1)$。

注意　L->next 的含义与 L. next 相同,这两种表示方式都可以用来引用结构体中的成员。

②单链表的撤销操作。

撤销操作与初始化操作相反,就是释放单链表中每个结点的空间,因为单链表中占用的不一定是一整块内存空间,各个结点的存储位置不一定相邻,所以撤销单链表比撤销顺序表复杂,必须遍历每个结点,释放其空间,直到表尾结点。

算法 3.19 撤销单链表的算法。

```
void DestoryList_L( LinkListL)
{
LinkList p,p1;
p=L;
while( p)
  { p1 =p;
  p=p->next;
  free(p1);
  }
L=NULL;
}
```

算法分析:该操作将单链表的所有元素执行一次释放操作,显然其时间复杂度为 $O(n)$。

③创建单链表操作。

单链表的存储结构是动态的,与顺序表不同,单链表中每个结点占用的存储空间不需要预先分派划定,而是在运行时由系统根据需求即时生成。因此,建立单链表的过程是一个动态生成的过程,即从"空表"起,依次建立每个结点,并逐个插入单链表。创建单链表有两种插入结点的方法:一种是将新结点作为表尾结点的后继插入,称之为"尾插法";另一种是将新结点作为首结点的后继插入,称之为"头插法"。下面分别对这两种方法进行介绍和分析。

算法 3.20 利用尾插法创建单链表的算法。

```
void CreatList_L_Rear( LinkList L,ElemType a[ ],int n)
{  /*已知一维数组 a[n]中存有线性表的数据元素,利用尾插法创建单链表 L */
  LinkList p,q;int i;
  L=( LinkList * )malloc( sizeof( LNode) );   /*创建头结点 */
  q=L;              /* q 始终指向尾结点,开始时尾结点也是头结点 */
  for( i=0;i<n;i++)
  {p=( LinkList * )malloc( sizeof( LNode) );  /*创建新结点 */
  p->data=a[ i];                /*赋元素值 */
  q->next=p;                 /*插入在尾结点之后 */
  q=p;                    /*指向新的表结点 */
  }
  q->next=NULL;                /*表尾结点 next 域置空 */
}
```

算法 3.21 利用头插法创建单链表的算法。

```
void CreateList_L_Front( LinkList L,ElemType a[ ],int n)
```

```
{   /*已知一维数组 A[n]中存有线性表的数据元素,利用头插法创建单链表 L   */
    LinkList p;inti;
    L=(LinkList * )malloc(sizeof(LNode));   /*创建头结点*/
    L->next=NULL;
    for(i=n-1;i>=0;i--)
    { p=(LinkList * )malloc(sizeof(LNode))   /*创建新结点*/
      p->data=a[i];                          /*赋值元素*/
      p->next=L->next;                       /*插入在头结点和第一个结点之间*/
      L->next=p;
    }
}
```

算法分析:无论是利用尾插法还是头插法建立单链表,操作时间都与单链表中元素个数有关,逐一插入,故其时间复杂度均为 $O(n)$。

(4)求表长操作。

在顺序表中,线性表的长度是它的一个属性,因此很容易求得。但当以链式结构作为线性表的存储结构时,整个链表由一个"头指针"来表示,线性表的长度即是链表中节点的个数,只能通过遍历链表来实现,由此需要一个指针 p 从表头顺连向后扫描,同时设一个整形变量 k 进行"计数",p 的初值是第一个节点的地址。若 p 非空,则 k 增 1,p 指向其后继,如此循环直至 p 为"空",此时的 k 值即为表长。

算法 3.22　单链表的求表长算法。

```
int ListLength_L(LinkList L)
{   /*L 为带头节点的单链表的头指针,函数返回 L 所指单链表的长度*/
    LinkList p;
    int k=0;
    p=L->next;                /*p 指向单链表中的第一个结点*/
    while(p)
    { k++;                    /*k 为非空结点数*/
      p=p->next;}
    return k;
}
```

算法分析:与顺序表中求表长操作可通过元素 L->length 获得不同,利用链表求表长的操作必须对各个元素逐一扫描,因此操作时间与单链表中元素的个数有关,其时间复杂度为 $O(n)$。

注意　在单链表中,p++操作只能指向相邻的下一个存储位置,而不能指向其后继,要使指针指向其后继,只能通过操作 p=p->next;来实现,如图 3.13 所示。

(5)取元素操作。

取数据元素操作即取出单链表中第 i 个元素,需要从单链表的表头出发,沿 next 域往后搜索,找到第 i 个结点,并让指针变量 p 指向它。

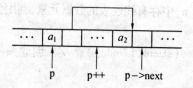

图 3.13　p++ 与 p=p->next 的执行结果

算法 3.23　单链表的取元素算法。

bool GetElem_L(LinkList L, int i, ElemType e)

{　　　　/ * 取出单链表 L 中第 i 个元素,并用 e 返回其值 * /

　　LinkList p;

　　int j;

　　p=L;

　　j=0;

　　while(p->next&&j<i)　　　　/ * 寻找第 i 个结点,并让 p 指向此结点 * /

　　{ p=p->next;

　　 j++; }

　　if(j! =i)　return false;　　　　/ * i 的位置不合理 * /

　　e=p->data;　　　　　　　　/ * 存储空间分配失败 * /

　　return true;

}

算法分析:显然,该操作消耗时间与 i 的取值有关。while 语句执行次数最少为 1,最多次数为数据个数 n。因此,平均比较次数为 $(n+1)/2$,故其时间复杂度为 $O(n)$。

(6)查找元素操作。

查找元素操作就是在单链表 L 中查找具有特定值的结点,若查找成功,则返回该结点的指针;否则继续向后比较。若查遍整个链表都不存在这样的元素,则返回空指针(NULL)。要在单链表 L 中查找其值与给定值 e 相等的数据元素,最简单的方法是,设置一个指针变量 p 顺链扫描,直至 p 为 NULL,或者 p->data 和 e 相同为止。

算法 3.24　单链表的查找元素算法。

LNode * LocateElem_L(LinkList L, ElemType e)

{　　　　　　　　/ * 在 L 所指的单链表中查找第一个数据域值与 e 相等的节点 * /

　　LinkList p;

　　p=L->next;　　　/ * p 指向链表中的第一个节点 * /

　　while(p&&p->data! =e)　　p=p->next;

　　return p;

}

算法分析:与取元素操作类似,程序运行时间与给定的查找值 e 在表中的位置和表长有关。最少比较次数为 1,最长比较次数为数据个数 n。因此,平均比较次数为 $(n+1)/2$,

故其时间复杂度为 $O(n)$。

（7）插入元素操作。

插入元素操作就是在单链表 L 中第 i 个数据元素之前插入一个数据元素,这个数据元素的数据域为 e。由于在单链表中不要求两个互为"前趋"和"后继"的数据元素紧挨着存放,则在单链表中插入一个数据元素时,不需要移动数据元素,而只需要在单链表中添加一个新的结点,并修改相应的指针连接,改变其前趋和后继的关系。

算法思想:a. 在单链表中寻找到第 $i-1$ 个结点,并用指针 p 指示;b. 申请一个由指针 s 指示的结点空间,并置 e 为其数据域值;c. 修改结点 p 的指针域,使结点 s 成为其后继(原来是在 a_i 所在的结点),并使第 i 个结点成为结点 s 的后继。其插入过程如图 3.14 所示。

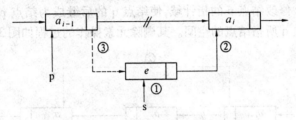

图 3.14　单链表中插入元素操作的过程

在图 3.14 中,修改指针的链接的主要操作语句为:

s->next=p->next;　　　　　　　/* 把结点 p 的后继作为结点 s 的后继 */

p->next=s;　　　　　　　　　　/* 把结点 s 作为结点 p 的后继 */

注意　这两个语句的先后顺序不能改变,否则不但不能进入插入操作,而且会丢失单链表中 a 结点的地址,从而丢失 a 及其后面所有结点的信息。

算法 3.25　单链表的插入算法。

```
bool ListInsert_L(LinkList L, int i, ElemType e)
{  /* 在带有头结点的单链表 L 中的第 i 个结点之前插入数据域为 e 的新结点 */
   LinkList p, s;
   int j;
   p=L;
   j=0;
   while(p->next&&j<i-1)          /* 寻找 i-1 个结点,并让 P 指向此结点 */
      {p=p->next;
      j++;}
   if(j! =i-1) return false;       /* i 的位置不合理 */
   if((s=(LNode * )malloc(sizeof(LNode)))= =NULL)  exit(1);
                                   /* 存储空间分配失败 */
   s->date=e;
   s->next=p->next;   p->next=s;
   return true;                    /* 插入新结点 */
}
```

注意 while 中的条件表达式:p->next&&j<i-1 不能写成:p&&j<i-1,这主要是保证第 i-1 个结点存在,否则当 i 大于表长加 1 时容易出错。

算法分析:该算法的关键是找到第 i 个结点,因此其时间复杂度与查找元素操作相同,也是 $O(n)$。

(8)删除元素操作。

删除元素操作就是删除表头指针指向的单链表 L 中第 i 个数据元素,和插入操作类似,在单链表中删掉一个结点时,不需要移动元素,仅需修改相应的指针链接,改变其前趋和后继的关系。

算法思想:a. 在单链表中寻找到第 $i-1$ 个结点并用指针 p 指示,同时让指针变量 q 指向待删除的结点;b. 修改结点 p 的指针域,使结点 q 的后继成为结点 p 的后继;c. 去除被删元素的值,并释放 q 所指结点的空间。其删除元素操作的过程如图 3.15 所示。

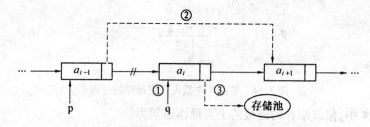

图 3.15　单链表中删除元素操作的过程

在图 3.15 中,主要操作语句为:

```
p->next=q->next；     /*结点 q 的后继成为结点 p 的后继 */
e=q->date；           /*被删元素的值赋给 e */
free(q)；             /*释放被删除结点的空间 */
```

算法 3.26　单链表的删除算法。

```
bool ListDelete_L( LinkList L, int i, ElemType e)
{       /*删除带有头结点的单链表 L 中的第 i 个结点,并用 e 返回其值 */
    LinkList p,q;
    int j;
    p=L;
    j=0;
    while( p->next->next&&j<i-1)     /*寻找第 i-1 个结点,并让 p 指向此结点 */
        if(j! =i-1)    return false;    /* i 的位置不合理 */
        q=p->next;                      /* q 指向其后继 */
        p->next=q->next;                /*删除 q 所指结点 */
        e=q->data;
        free(q);
    return true;
}
```

注意 在 while 条件表达式中,"p->next->next"是为了保证第 i 个结点存在。

算法分析:与单链表的插入操作类似,该算法的关键是找到第 i 个结点,因此其时间复杂度与插入操作相同,也是 $O(n)$。

(9)单链表的遍历操作。

同遍历顺序表操作一样,遍历单链表就是从头到尾扫描单链表,输出单链表中各个数据元素的值。

算法 3.27 单链表的遍历算法。

```
void ListTraverse_L( LinkList L)
{
    LinkList p = L->next;
    while( p)
      { printf( " % d" , p->data) ;
        p = p->next;
      }
    printf( " \n" ) ;
}
```

与顺序表一样,为了方便在相关程序设计中使用以上描述的操作,可以把以上描述的数据对象及所有操作放在文件 LinkList. h 中,则任何软件一旦需要使用单链表,就可以通过包含命令#include 把该文件包含在自己的文件中,从而直接调用已经实现的函数完成程序设计。我们可用下面的程序测试单链表的有关操作。

算法 3.28 单链表的插入和删除操作实例。

```
typtdef int ElemType;        /* 单链表中元素类型为 int */
#include" stdlib. h"         /* 该文件包含 malloc( )、realloc( )和 free( )等函数 */
#include" stdio. h"          /* 该文件包含基本的输入、输出函数 */
#include" LinkList. h"       /* 该文件包含单链表数据对象的描述及相关操作 */


void main( )
{
    LinkList head;
    int i,x,a[ ] = {13,6,88,23,3,11,44,10,25,87};
    InitList_L( head)        /* 初始化单链表 */
    for( i = 1;i< =10;i++)
        if( ! ListInsert_L( head,i,a[i-1]))
                    /* 将 a[i-1]插入到单链表中第 i 个元素之前 */
        { printf( "插入失败! \n") ;
          return;
        }
```

```
    printf("删除前的单链表为:");
    ListTraverse_L(head);          /*显示单链表中的数据元素 */
    if(! ListDelete_L(head,4,x))   /*删除第4个元素 */
    { printf("删除失败! \n");
      return;
    }
    printf("被删除元素是:%d \n",L.elem[4]);
    printf("删除后的单链表为:");
    ListTraverse_L(head);          /*显示单链表中的数据元素 */
    DestroyList_L(head);           /*撤销单链表 */
}
```

程序执行后输出结果如下:

删除前的单链表为:13 6 88 23 3 11 44 10 25 87。

被删除的元素为:3。

删除后的单链表为:13 6 88 23 11 44 10 25 87。

3.3.3.2 循环链表

循环链表(Circular Linked List)是另一种形式的链式存储结构。它将单链表中最后一个结点的指针指向链表的头结点,使整个链表头、尾相接,形成一个环形。这样,从链表中任意一个结点出发,都可找到表中其他结点。循环链表的最大特点是不增加存储量,只须简单地改变最后一个结点的指针指向,就可以使操作更加方便、灵活。

可以想象的是,对于循环链表,假设访问一个表是一个空表或表中不存在结点,如果不采取措施,则会导致"死"循环。为此,通常在循环链表的第一个结点前边附加一个特殊的结点来做标记,这个结点就是循环链表的头结点。头结点的数据域为空或按照需要设定。当从一个结点出发,依次对每个结点执行某种操作,如果第二次回到头结点,则表示该操作已经对循环链表中所有结点都访问过了。

图3.16是循环链表的存储结构示意图。

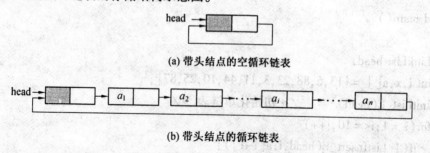

(a) 带头结点的空循环链表

(b) 带头结点的循环链表

图3.16 循环链表的存储结构

例3.16 将两个循环链表首、尾相接进行合并,用 L_1 作为第一个循环链表表尾指针,用 L_2 作为第二个循环链表表尾指针,合并后 L_2 为新链表的尾指针,用指针 head 指向整个合并后的链表。其连接过程如图3.17所示。其实现方式如算法3.29所示。

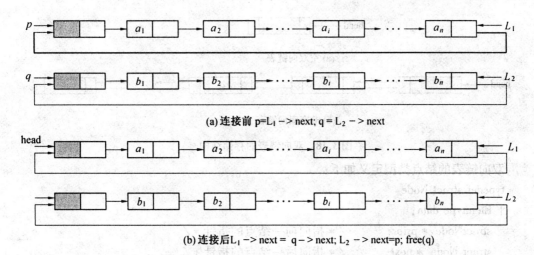

(a)连接前 p=L₁ –> next; q = L₂ –> next

(b)连接后L₁ –> next = q –> next; L₂ –> next=p; free(q)

图 3.17　用表、尾指针指示的单向循环链表

算法 3.29　循环链表的合并。

LinkList list_merge(LinkList head,LinkList L1,LinkList L2)
```
{
    LNode * p, * q;
    p=(LNode * )malloc(sizeof(LNode));/* 为 p 申请空间
    q=p
    p=L1->next;              /* 指针 p 指向 L1 链表头 */
    q=L2->next;              /* 指针 q 指向 L2 链表头 */
    L1->next=q->next;
              /* 使链表 L2 链接到 L1 的尾部,并去掉 L2 链表中的头结点 */
    L2->next=p;              /* 设置 L2 为链表的尾指针 */
    head=p;
    free(p);
    return   head;
}
```

算法分析:对两个单循环链表 L_1,L_2 进行的合并操作,是将 L_2 的第一个数据结点接到 L_1 的尾部。因此要从 L_1 的头指针开始找到 L_1 的尾结点,其时间复杂性为 $O(n)$。而在本例中,循环链表中采用尾指针 L_1、L_2 来标识,则时间性能将变为 $O(1)$。

3.3.3.3　双向链表

以上讨论的链表都是单链表,每个结点只有一个指针域,指针域中存放的是该结点的后继结点。因此,从某个结点出发查找其后继结点比较方便,但要找到其前趋结点则很麻烦,需要从表头结点开始,顺链找寻。

双向链表(Double Linked List)中每个结点都包含两个指针域,一个指针域指向其前趋结点,另一个指针域指向其后继结点,尽管这种存储方式消耗空间稍大,但是可以使链表很方便地进行双方向查找。双向链表的存储结构如图 3.18 所示。

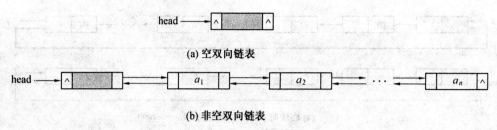

(a) 空双向链表

(b) 非空双向链表

图 3.18 双向链表的存储结构

双向链表的结点类型定义如下：

```
typedef struct Node
{ Elemtype data;
  structNode * prior;        /* 指向前一结点的指针 */
  struct Node * next;        /* 指向后一结点的指针 */
}DLNode, * DLinkedList;
```

下面讨论线性表的基本操作在双向链表中的实现。凡是涉及一个方向的指针时，如求表长、取元素或元素定位等，其算法的描述与单链表基本相同，但是在进行插入和删除结点操作时，一个链表要修改两个指针域，因此要比单链表的插入和删除操作麻烦一些。

（1）双向链表中的插入结点操作。

假设要在结点 * p 的前面插入一个结点 * s，该结点的值为 x，其插入的过程如图 3.19 所示，插入操作关键语句如下：

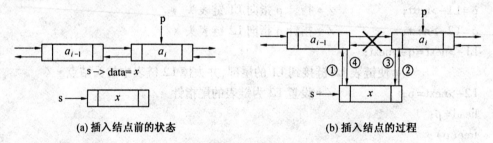

(a) 插入结点前的状态   (b) 插入结点的过程

图 3.19 双向链表的插入操作示意图

①s->prior = p->prior；

②s->next = p；

③p->prior = s；

④s->prior->next = s。

（2）双向链表中的删除结点操作。

假设要在双向链表中删除结点 * p，其删除的过程如图 3.20 所示，删除操作关键语句如下：

①p->next = q->next；

②p->next->prior = p；

③free(q)。

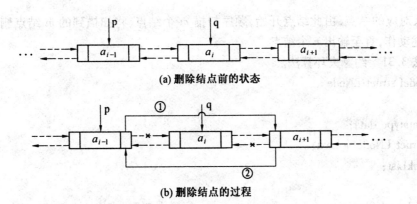

(a) 删除结点前的状态

(b) 删除结点的过程

图 3.20　双向链表的删除操作示意图

3.3.4　线性表设计应用举例

例 3.17　编写一个函数,将一个顺序表 A(有多个元素且元素不为 0)拆分成两个顺序表,使 A 中大于 0 的元素存放在 B 中,小于 0 的元素存放在 C 中。

算法 3.30　顺序表的拆分算法。

```
void Listsplit(SeqList A,SeqList B,SeqList C)
{  / *拆分 A,将大于 0 的元素存放在 B 中,小于 0 的元素存放在 C 中*/
   int i;
   B. length=C. length=0;
   for(i=0;i<A. length;i++)
     {
       if(A. elem[i]>0)
         {
           B. elem[B. length]=A. elem[i];
           B. length++;
         }
       else
         {
           C. elem[C. length]=A. elem[i];
           C. length++;
         }
     }
}
```

例 3.18　约瑟夫问题:设有 n 个人坐在圆桌周围,从第 s 个人开始报数,数到 m 的人出列,然后再从下一个人开始报数,数到 m 的人又出列,如此重复,直到所有的人都出列为止。要求按出列的先后顺序输出每个人的信息。

算法分析:可以设圆桌周围的 n 个人的信息构成一个带表头结点的单链表。先找到

第 s 个人对应的结点,由此结点开始,顺序扫描 m 个结点,将扫描到的 m 结点删除,然后重复上述动作,直至输出 n 个结点。

算法 3.31 约瑟夫环算法。

```
typedef struct LNode
{
    datatype data;
    struct LNode * next;
}LinkList;


void Joseph(int n,int s,int m)            /* 约瑟夫问题 */
{
    int i,j;
    LinkList   * creatlinklist(int n);
    LinkList   * h, * p, * q, * r;
    if(n<s)    return ERROR;
    h=creatlinklist(n);                   /* 建立一个带头结点的单链表 */
    q=h;
    for(i=1;i<s;i++)   q=q->next;         /* 找出 s 结点 */
    p=q->next;
    for(i=1;i<n;i++)
    {
        for(j=1;j<m;j++)                  /* 报数,找出数 m 的结点 */
        if(q->next! =NULL) &&(p->next! =NULL)
        {
            q=q->next;
            p=p->next;
        }
        else
        if(p->next= =NULL)
        {
            q=q->next;
            p=h->next;
        }
        else
        {
            q=h->next;
            p=p->next;
        }
```

```
    printf("%c\n",p->data);            /* 一个元素出列 */
    r=p;
    if(p->next==NULL)                  /* 删除该元素的操作 */
    {
        p=h->next;
        q->next=NULL;
    }
    else
    {
        p=p->next
        if(q->next! =NULL) q->next=p;
        else   h->next=p;
    }
    free(r);
}
    printf("%c\n",(h->next)->data);
}
```

3.4　栈

3.4.1　栈的定义

3.4.1.1　栈的类型定义

栈(Stack)是只允许在表尾进行插入、删除操作的线性表。对栈来说,表尾有其特殊的含义,称为栈顶(top),相应的,表的另一端称为栈底(bottom)。不含元素的空表称为空栈。对栈进行插入元素称为进栈(PUSH),取出元素称为出栈(POP)。

栈就是一种类似摆盘子的结构,洗好的盘子放在上边,一个一个地叠上去,而取盘子的顺序则是从上面往下取。从栈的定义可以看出,最先进入栈的元素最后才能出栈,因此栈又称为后进先出(Last In First Out,LIFO)的线性表。

如图 3.21 所示的栈中有四个元素,进栈的顺序是 $a_1,a_2,$ a_3,a_4。其中 a_4 是栈顶元素,用 top 指向栈顶元素,a_1 是栈底元素,用 bottom 指向它。在这种状态下,出栈的顺序为 $a_4,a_3,$ a_2,a_1。每执行一次进栈操作,top 加 1,每执行一次出栈操作,top 减 1。假设栈的容量为 n,则当 top$=n$ 时表示栈满,若再有元素进栈,则发生上溢。当 top$=-1$ 时表示栈空,若再进行出栈操作,则发生下溢。

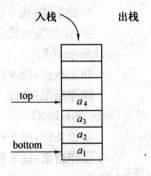

图 3.21　栈结构示意图

3.4.1.2 栈的抽象数据类型

堆栈的操作可以看作是线性表操作的子集,常见的操作除了在栈顶插入和删除外,还有栈的初始化、判空及栈顶元素等。

ADT Stack {

Data:

堆栈中的数据元素具有相同类型及先进后出的特性,相邻元素具有前趋和后继的关系。

Operation:

StackInit(S,maxsize,incresize)

　　操作结果:构造一个容量为 maxsize,增补容量为 incresize 的空栈 S。

ClearStack(S)

　　初始条件:栈 S 已存在。

　　操作结果:将 S 清为空栈。

StackLength(S)

　　初始条件:栈 S 已存在。

　　操作结果:返回 S 的元素个数,即栈的长度。

Push(S,e)

　　初始条件:栈 S 已存在。

　　操作结果:插入元素 e 为新的栈顶元素。

Pop(S,e)

　　初始条件:栈 S 已存在且非空。

　　操作结果:删除 S 的栈顶元素并用 e 返回其值。

GetTop(S,e)

　　初始条件:栈 S 已存在且非空。

　　操作结果:用 e 返回 S 的栈顶元素。

StackTraverse(S)

　　初始条件:栈 S 已存在且非空。

　　操作结果:从栈底到栈顶依次输出 S 中的各个数据元素。

StackEmpty(S)

　　初始条件:栈 S 已存在。

　　操作结果:若栈 S 为空栈,则返回 ture,否则,返回 false。

DestroyStack(S)

　　初始条件:栈 S 已存在。

　　操作结果:栈 S 被撤销。

} ADT Stack

3.4.2 栈的顺序存储结构

栈是一种特殊的线性表,所以前面讨论的线性表的各种存储结构都可以作为栈的存储结构。因此,栈也可有两种存储表示方法:顺序存储和链式存储。

采用顺序存储,就是用一个固定大小的数组来表示栈,其优点是处理起来比较方便,但如果进出栈的数据量不确定,就很难确定数组的大小,而且数组声明过大会浪费存储空间,声明过小可能会不够用。采用链式存储,可以随时改变链栈的大小,从而有效地利用资源,但处理起来不如顺序栈方便。

3.4.2.1　栈的顺序存储结构

栈的顺序存储结构简称顺序栈,是利用一组地址连续的存储单元依次存放自栈底到栈顶的数据元素,用指针 top 指示栈顶元素在顺序栈中的位置。一般习惯以 top＝0 表示空栈,但由于 C 语言中数组的下标约定从 0 开始,top＝0 表示空栈就会带来很多不方便,因此用 top＝-1 表示栈空。每当插入新的栈顶元素时,指针 top 增 1,删除栈顶元素时,指top 减 1。顺序栈的数据结构可以表示为:

```
#define  MAXSIZE  100          /＊用户需要的最大栈容量＊/
typedef datatype int;          /＊栈中元素的数据类型,如整型变量＊/
typedef  struct
    ｛datatype data［MAXSIZE］;  /＊栈中元素＊/
     int  ＊top;               /＊栈顶指针,指向栈顶元素＊/
    ｝SeqStack;                /＊顺序栈的类型定义＊/
SeqStack  ＊S                  /＊S 是顺序栈类型指针＊/
```

图 3.22 展示了顺序栈中数据元素和栈顶指针之间的对应关系。

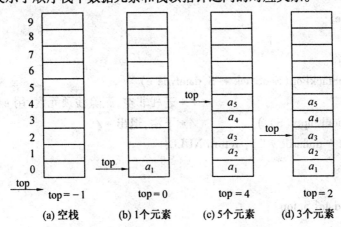

图 3.22　栈顶指针与数据元素之间的关系

3.4.2.2　顺序栈的基本操作

下面讨论栈的基本操作在顺序栈中的实现。

(1)置空栈(栈的初始化)操作。

```
void SeqStackInit(SeqStack ＊S)  /＊构造一个空栈＊/
{
   S.top＝-1;
}
```

（2）判栈空操作。

```
int SeqStackEmpty(SeqStack * S)   /*判断栈 S 是否为空*/
{
    if(S. top = = -1)  return true;
    else  return false;
}
```

（3）进栈操作。

```
bool SeqStackPush(SeqStack * S, datatype x) /*将元素 x 插入顺序栈 S 的顶部*/
{
    if(S. top = = maxsize-1)   /*栈满,退出*/
    {
        printf("overflow");
        return NULL;
    }
    else
    {
        S. top++;
        S. data[S. top]=x;
    }
    return true;
}
```

（4）出栈操作。

```
datatype SeqStackPop(SeqStack * S, datatype e)
{                                /*若栈非空,删除栈顶元素,用 e 返回其值*/
    if(SeqStackEmpty(S))         /*下溢,退出*/
    {printf(" underflow "); return NULL;
    else
    {
        e = S. data[S. top];
        S. top--;
        return(e);
    }
}
```

（5）取栈顶操作。

```
datatype SeqStackGetTop(SeqStack * S)   /*取顺序栈 S 的栈顶元素*/
{
    if(SeqStackEmpty(S))
    {
```

```
                printf("stack is empty");        /*空栈,退出*/
                return NULL;
            }
        else
            return(S. data[S. top]);
}
```

在实际工作中可能会用到多个栈,在使用一个数组存储栈时,数组中一般都会有剩余的空间,如果给每个栈都定义一个数组,则有时会出现一个栈上溢,而另一个栈剩余很多空间的情况。为了合理地使用这些存储单元,可以采用将多个栈存储于同一数组中的方法,即多栈共享空间。

假定有两个栈共享一个一维数组 s[0,…,maxsize-1],根据栈操作的特点,可使第一个栈使用数组空间的前面部分,并使栈底在前;而使第二个栈使用数组空间的后面部分,并使栈底在后。其空间分配示意图如图 3.23 所示。

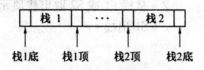

图 3.23　两个栈共享空间的示意图

下面给出这种共享空间的存储结构的定义:

```c
#define maxsize   100          /*栈的最大容量*/
typedef   datatype   int;      /*栈元素的数据类型*/
typedef   struct
{
    datatype data[maxsize];
    int top1,top2;
}DStack;
```

其中,栈 S1 从前向后存放,S2 从后向前排放,top1 和 top2 分别是 S1 和 S2 的栈顶指针。在这种存储结构中,基本操作在顺序栈中的实现算法如下。

①初始化操作。

```c
void DStackInit(DStack  * S)
{
    S. top1 =0;
    S. top2 =maxsize-1;
}
```

②进栈操作。

```c
bool DstackPush(DStack  * S,char ch,datatype x)
{    /* 把数据元素 x 压人栈 S 的左栈或右栈 */
    if(S. top1>=S. top2-1) return false;  /* 栈已满,退出 */
```

```
        if( ch = = 'S1' )    /* 进栈 S1 */
        {   S. data[ S. top1 ] = x;
            S. top1 = S. top1 +1;
            return true;
        }
        if( ch = = 'S2' )    /* 进栈 S2 */
        { S. data[ S. top2 ] = x;
            S. top2 = S. top2 -1;
            return true;
        }
    }
```

③出栈操作。

```
datatype DStackPop( DStack    * S, char ch)
{                               /* 从栈 S1 或 S2 取出栈顶元素并返回其值 */
    if( char = = 'S1' )         /* S1 出栈 */
    {
        if( S. top1 = =0)
            return NULL;        /* 栈 S1 已空 */
        else
            {
            S. top1 = S. top1 -1;
            return( S. data[ S. top1 ] );
            }
    }
    if( char = = 'S2' )             /* S2 出栈 */
    {
        if( S. top2 = =0)
            return NULL;            /* 栈 S2 已空 */
        else
            {
            S. top2 = S. top2 -1;
            return( S. data[ S. top2 ] );
            }
    }
}
```

关于三个及三个以上的栈共享一个数组空间的情况,由于可能需要移动中间某个栈在数组中的相对位置,处理起来不是很方便,因而一般采用链栈存储方式。

3.4.3 栈的链式存储结构

3.4.3.1 存储方式

用链式存储结构实现的栈称为链栈。链栈中结点的结构与单链表中结点的结构相同,含有数据域和指针域两部分存储数据。在实现链栈时,用指针变量来代替数组实现中的下标整型变量,但不需要开辟存储单元,因为链式存储结构是动态的。由于链栈只能在链表的头部进行操作,因此没有必要再附加头结点,链表的栈顶指针就是链表的头指针。

链栈可以看作是单链表的一种形式,所以其类型和变量的说明和单链表相同。

```
typedef struct StructNode
{
    datatype data;
    struct  node * next;
} StructNode, * LinkStack;        /* 链栈节点的类型 */
```

3.4.3.2 链栈的基本操作

栈的基本操作在链栈中实现如下。

(1)链栈的初始化。

```
LinkStack    LinkStackInit()        /* 构造一个空栈 */
{
    LinkStack top;                  /* 栈顶指针为 top */
    top = NULL;
    return top;
}
```

(2)进栈操作。

算法思想:当需将一个新元素 x 插入链栈时,可动态地向系统申请一个结点 p 的存储空间,将新元素 x 写入新结点 p 的数据域,将栈顶指针 top 的值写入 p 结点的指针域,使原栈顶结点成为新结点 x 的直接后继结点,栈顶指针 top 改为指向 p 结点。

```
LinkStack    LinkStackPush( LinkStack * top, datatype x)
                                /* 将元素 x 插入链栈 top 的栈顶 */
{
    LinkStack   * p;
    p = ( LinkStack  * ) malloc( sizeof( LinkStack ) );    /* 生成新结点 * p */
    p. data = x;
    p. next = top;
    top = p;
    return top; /* 返回新栈顶指针 */
}
```

(3)出栈操作。

算法思想:当栈顶元素出栈时,先取出栈顶元素的值,将栈顶指针 top 指向栈顶的直接后继结点,释放原栈顶结点。

```
LinkStack   LinkStackPop( LinkStack  * top, datatype  * x)
    {      /* 删除链栈 top 的栈顶结点,让 x 返回栈顶结点的值,返回新栈指针 */
       LinkStack   * p;
       if( top = = NULL)
          {  printf( "空栈,下溢" ); return   NULL; )
       else
             {

              * x = top. data;         /* 将栈顶数据存入 * x */
              p = top;                 /* 保存栈顶结点地址 */
              top = top. next;         /* 删除原栈顶结点 */
              free( p);                /* 释放原栈顶结点 */
              return top;              /* 返回新栈顶指针 */

             }
    }
```

(4)置栈空。

```
void InitLinkStack( LinkStack    * S)
{

   S = NULL;

}
```

(5)判栈空。

```
int LinkStackEmpty( LinkStack    * S)
{

   if( S = NULL)  return 1;
   else    return 0;
}
```

(6)取栈顶元素。

```
datatype LinkStackTop( LinkStack  * S )
{ if( LinkStackEmpty( S) )
    { Error( "LinkStack is empty" );
      return NULL;
    }
   return S. data;
}
```

注意 (1)实现顺序栈和链式栈的所有操作的时间相同,都是常数级的时间,但初始化一个顺序栈必须首先声明一个固定长度,这样在栈不满时,必然会有一部分存储空间被浪费,而链栈不存在这个问题。

(2)可以利用顺序栈同时实现两个栈,即使用一个数组存储两个栈,每个栈从各自的端点向中间延伸,这样就节省了空间。只有当整个向量空间被两个栈占满(即两个栈顶相遇)时,才会发生上溢,因此,两个栈共享一个长度为 m 的向量空间和两个分别占用两个长度为 $m/2$ 的向量空间比较,前者发生上溢的概率比后者要小得多。

(3)链表相对于顺序表,避免了插入、删除操作时数据元素的大量移动;也不需要预先分配存储空间,但是链表的查找、取元素等操作,需要对链表中的元素逐一查找,时间耗费也较大,当每次查找、取元素等操作都是针对链表中的首元素时,问题就转化成为链表的一种特例——链栈,其算法时间复杂度为 $O(1)$。

3.4.4 栈的设计应用举例

数制间的转换问题是计算机实现计算的基本问题,其解决方法很多,其中一个简单算法基于下列原理:

$$N = (N \text{ div } d) \times d + N \text{ mod } d$$

其中,div 为整除运算;mod 为求余运算。

例 3.19 给定一个十进制 215,将其转换为一个八进制数并输出。

通过计算可以得到:$(215)_{10} = (327)_8$。实际上,我们可以把十进制数每次除以 8 所得的余数放到一个顺序栈中,直到商为 0 时,再将顺序栈中的元素依次出栈,就得到了对应的八进制数,余数的入栈过程如图 3.24 所示。

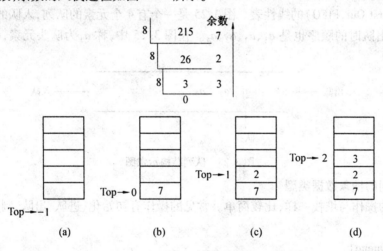

图 3.24 余数的入栈过程

算法 3.32 数制转换问题。

```
void conversion( )
{   /*对于输入的任意一个非负十进制整数,打印输出与其等值的八进制数*/
    InitStack(S)
    Scanf("%d",n);
    While(n)
    {
        Push(S,n%8);
        n=n/8;
```

```
        }
    while( ! StackEmpty(s))
    {
        Pop(S,e);
        printf("%d",e);
    }
}
```

3.5　队列

3.5.1　队列的定义

1. 队列的类型定义

队列(Stack)是只允许在表的一端进行插入操作、在另一端进行删除操作存取受限的线性表。允许插入的一端称为队尾,允许删除的一端称为队头。队列就像是排队一样,不允许插队,后来的只能排在队尾,先进入队列的元素先出队列,因此队列是一种先进先出(First In First Out,FIFO)的线性表。图 3.25 是一个有 4 个元素的队列,入队的顺序是 a_1、a_2、a_3、a_4,出队时的顺序也是 a_1、a_2、a_3、a_4。在图 3.25 中,称 a_1 为队头元素,a_4 为队尾元素。

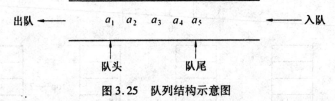

图 3.25　队列结构示意图

2. 队列的抽象数据类型

队列的操作与堆栈一样,比较简单。常见的操作有初始化、进队、出队、判空和取队首元素等。

ADT Queue{

Data:

队列中的数据元素具有相同类型及先进先出的特性,相邻元素具有前趋和后继的关系。

Operation:

QueueInit(Q,maxsize)

　　初始条件:队列不存在。

　　操作结果:构造一个容量为 maxsize 的空队列 Q。

ClearQueue(Q)

　　初始条件:队列 Q 已存在。

　　操作结果:将 Q 清为空队列。

QueueLength(Q)

    初始条件：队列 Q 也存在。

    操作结果：返回 Q 的元素个数，即队列的长度。

QueueIn(Q,e)

    初始条件：队列 Q 已存在。

    操作结果：插入元素 e 为 Q 的新的队尾元素。

QueueOut(Q,e)

    初始条件：Q 为非空队列。

    操作结果：删除 Q 的队首元素，并用 e 返回其值。

GetGetHead(Q,e)

    初始条件：Q 为非空队列。

    操作结果：用 e 返回 Q 的队首元素。

QueueTraverse(Q)

    初始条件：队列 Q 存在且非空。

    操作结果：从队首到队尾依次输出 Q 中各个数据元素。

QueueEmpty(Q)

    初始条件：队列 Q 已存在。

    操作条件：若 Q 为空队列，则返回 TRUE；否则返回 FALSE。

DestroyQueue(Q)

    初始条件：队列 Q 已存在。

    操作结果：队列 Q 被撤销，不在存放。

}ADT Queue

3.5.2　队列的顺序存储结构

与线性表、栈相似，队列也分为顺序存储结构和链式存储结构两种方式。

队列的顺序存储结构称为顺序队列，我们可以以用一维数组来表示队列的顺序存储结构。和顺序栈相似，顺序队列除了用一组地址连续的存储单元依次存放从队头到队尾的元素之外，因为队列的队头和队尾的位置是变化的，所以需附设两个指针 front 和 rear，用 front 指针指向队头元素的位置，称为头指针；相应的 rear 指针指向队尾元素的位置，称为尾指针。

由于 C 语言中数组的下标约定从 0 开始，因此在初始化队列时，令 front = rear = -1，即队列为空，每当插入新的队尾元素时，"尾指针加 1"，每当删除队头元素时，"头指针加 1"。在非空队列中，头指针 front 总是指向当前队头元素的前一个位置，而尾指针 rear 指向队尾元素的位置，按照这一思想建立的队列操作如图 3.26 所示。

顺序队列的数据类型可以用下面的形式说明：

typedef datatype int;

#include MAXSIZE 100　　　　/ * 队列的最大长度 * /

```
typedef struct
{
    datatype data[MAXSIZE];
    int fornt,rear;              /*确定队头队尾位置的两个变量 */
} SeqQueue;                      /*顺序队列的类型 */
SeqQueue * q;
```

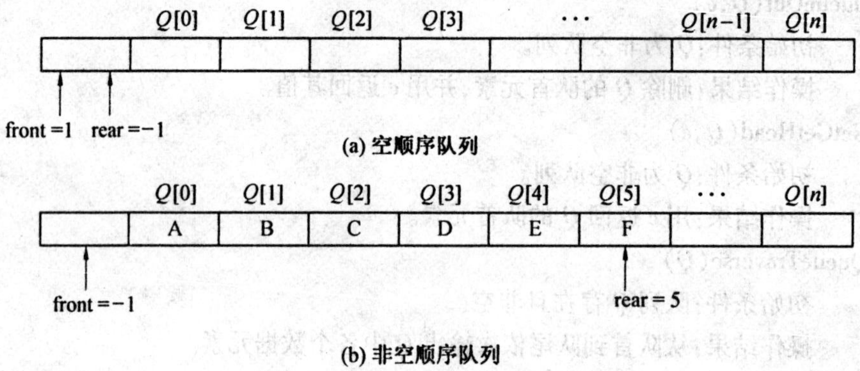

(a) 空顺序队列

(b) 非空顺序队列

图 3.26 队列的顺序存储结构

注意 在这里,头指针 front 和尾指针 rear 并非声明为指针变量,是因为 front、rear 都是数组中的下标,即它们都是相对指针。

3.5.2.1 顺序队列的基本操作

(1)初始化操作。

```
SeqQueue SeqQueueInit(SeqQueue * q)    /*初始化队列 q */
{
    datatype data[MAXSIZE];
    q. fornt = -1;   q. rear = -1;              /*队列为空 */
    return q;
}
```

(2)出队操作。

删除队列的队头元素,只要将 front 指针加 1 即可,如图 3.27(a)所示;出队后的结果如图 3.27(b)所示。

```
datatype SeqQueueOut(SeqQueue * q)
{
    if( q. front = = q. rear)
        {printf("SeqQueue empty! \n"); return NULL; }
    else
    {
        q. front++;
        return( q. data [ q. front ] );
```

```
    }
}
```

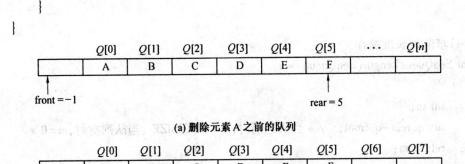

(a) 删除元素 A 之前的队列

(b) 删除元素 A 之后的队列

图 3.27　出队操作的过程

通过这个操作我们可以看出，front 是数组中的下标，这与链式结构指针域中的指针是不同的。

（3）入队操作。

在队列的队尾插入结点，就是把 rear 指针加 1，然后将数据存入到当前 rear 指针指向的位置，如图 3.28（a）所示，入队后的结果如图 3.28（b）所示。

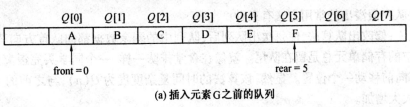

(a) 插入元素 G 之前的队列

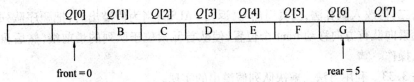

(b) 插入元素 G 之后的队列

图 3.28　入队操作的过程

```
bool SeqQueueIn( SeqQueue  * q,int x )
{
    if( q. rear>=MAXSIZE−1 )
    returnFALSE;  / * 队列已满 * /
    else
    {
        ( q. rear)++;
        q. data[ q. rear] = x;
        return TURE;
```

```
    }
}
```

(4)求队列长度操作。

```
int SeqQueueLength(SeqQueue * q)
  {
    int m;
    m=q. rear-q. front；   /* 当队列满时,m= MAXSIZE ,当队列空时,m=0 */
    return m;
  }
}
```

算法分析:以上几个操作,耗费时间与队列中元素个数无关,算法的时间复杂度均为 $O(1)$。

3.5.2.2　假溢出现象及解决方法

从图 3.27 和图 3.28 中可以看到,随着入队、出队的操作,整个队列相当于在向前移动,当元素被插入到数组中下标最大的位置后,队列的空间就用尽了。即使此时数组的低端还有空闲的空间,但如果此时有元素入队,就会发生"溢出"。显然,队列的实际可用空间并未占满,这种情况并不是真正的溢出,而是"假溢出"。此时,q. rear = MAXSIZE,而 q. front>-1。

解决队列假溢出的常用方法有三种:

方法一:修改出队算法,使每次出队列后,队列中的剩余数据都向队首方向移动一个位置,让空的存储单元总是留在队尾。就像在食堂排队一样,一个同学买完饭离开,后面的同学都向前移动一个位置。显然,该算法的时间复杂度度为 $O(n)$,与之前的 $O(1)$ 相比,显然大大增加。

方法二:修改入队算法,当真溢出时,返回 FALSE;当为假溢出时,把顺序队列中的所有数据元素向队首方向移动 front 个位置,使队首元素位于队列的最前端,然后再进行元素的入队操作。

算法 3.33　利用方法二解决队列假溢出的实现。

```
void SeqQueueOverflow(SeqQueue * q,int x)
{
  int i;
  if(q. rear-q. front= =MAXSIZE)
  {
    printf("SeqQueue overflow!! ");   /* 真溢出 */
    return FALSE;
  }
  else                          /* 所有数据向前移 front 个位置 */
  {
    for(i=0; i(q. rear-q. front);i++)
```

```
        q. data[ i ] = q. data[ q. front+i+1 ] ;
    q. rear = q. rear-q. front-1 ;
    q. front = -1 ;
        }
}
```

算法分析:从这个程序本身来看,该算法的时间复杂度度为 $O(n)$,但与方法一相比,程序执行的概率要小得多:方法一每次出队,其余的元素都要移动一个位置;而方法二则是只有出现假溢出时才移动元素,每次移动,使元素一次性移动到最前端。因此,方法二的运行效果要好于方法一。

方法三:尽管方法二优于方法一,但仍然需要移动元素。有一个较巧妙的解决方法是将顺序队列臆造为一个环状的空间,称之为循环队列,如图 3.29 所示。

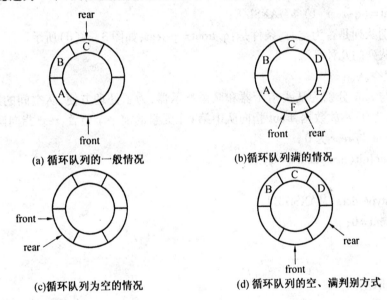

(a) 循环队列的一般情况　　　　(b)循环队列满的情况

(c)循环队列为空的情况　　　　(d) 循环队列的空、满判别方式

图 3.29　循环队列的存储方式

3.5.2.3　循环队列及其算法

构造一个循环队列后,指针和队列元素的关系不变。在插入操作时,循环队列的尾指针加 1 可描述为:

if(q. rear+1 >= MAXSIZE) q. rear = 0 ;

else q. rear++;

如果运用"模运算",上述循环的队列尾指针加 1 操作可描述为:

q. rear = (q. rear+1)% MAXSIZE ;

类似地,对于循环队列对头进行删除操作时,对头指针的变化可描述为:

q. front = (q. front+1)% MAXSIZE ;

在如图 3.29(a)所示的循环队列中,队头元素是 A,队尾元素是 C,之后是 D,E 和 F 相继插入,则队列空间均被占满。如图 3.29(b)所示,此时 front = rear;反之,若 A,B,C 相

继从图 3.29(a)的队列中删除,使队列呈"空"的状态。如图 3.29(c)所示,此时也存在关系式 front=rear。由此可见,只根据等式 front=rear 无法判别队列是"空"还是"满",解决这个问题有两种处理方法:

(1)另设一个标志位来区别队列是"空"还是"满"。假设此标志的名称为 flag,当操作为入队,遇到 front=rear 时,表示队列已满,flag=1;当操作为出队,遇到 front=rear 时,则表示队列为空,flag=0。这样,当发生 front=rear 时,根据 flag 标记变量是 0 还是 1,就可以判断队列目前是"空"还是"满"。

(2)少用一个元素空间,约定以"队头指针在队尾指针的下一位置(指环状的下一位置)上"作为队列呈"满"状态的标志。这样一来,队列存放的数据最多为 MAXSIZE −1 个,即牺牲数组的一个存储空间来避免无法分辨空队列或非空队列的问题。因此,当 rear 指针指向 front 的位置时,就认定队列已满,无法再让数据插入,即:

q. front=(q-rear+1)% MAXSIZE;

当判别队列是否为空时,条件是:q. front=q-rear,如图 3.29(d)所示。

循环队列的几种算法。

(1)置空队。

front 与 rear 分别为队头指示器和队尾指示器,为了处理方便,队空间的第一个元素(元素下标为 0)不放数据,front 指向队中第 i 个元素的前一个位置,rear 指向队尾元素,初始时,令 front 与 rear 为 0。

```
SeQueueInit(SeqQueue * q)
{
    datatype data[MAXSIZE];
    q. front=0;
    q. rear=0;
}
```

(2)判队空。

```
bool SeQueueEmpty(SeqQueue * q)
{
    if(q. rear==q. front)
        returnTURE;
    else
        returnFALSE;
}
```

(3)取队头元素。

```
datatype SeQueueGetHead(SeqQueue * q)
{
    if(SeQueueEmpty(q))
        {printf("SeQueue is empty"); return NULL}
    else
```

```
    return q. data[ ( q. front+1 ) % MAXSIZE ] ;
}
```

(4)入队操作。

```
int SeQueueIn( SeqQueue * q,datatype x)/ * 将新元素 x 插入队列 * q 的队尾 * /
{
    if( q. front = = ( q. rear+1 ) % MAXSIZE )
    {
    printf( " queue is full" ) ;
    return NULL ;
    }
    else
    {
    q. rear = ( q. rear+1 ) % MAXSIZE ;
    q. data[ q. rear ] = x ;
    }
}
```

(5)出队操作。

删除队列队头元素,并返回该元素的值。

```
datatype SeQueueOut( SeqQueue * q)
{
    if( QueueEmpty( q) )
    return NULL ;
    else
    {
    q. front = ( q. front+1 ) % MAXSIZE ;
    return( q. data[ q. front ] ) ;
    }
}
```

算法分析:以上几个操作,耗费时间与队列中元素个数无关,算法的时间复杂度均为 $O(1)$。

3.5.3　队列的链式存储结构

3.5.3.1　链队列

用链表存储结构表示的队列简称为链队列,它是仅可以在表头删除和表尾插入的单链表。一个链队列要求在表头删除和在表尾插入,显然需要两个分别指示队头和队尾的指针(分别称为头指针和尾指针)。与单链表的存储结构类似,通常对链队列添加一个头结点,队列的头指针指向队头结点,尾指针指向队尾结点。因此,一个表头和一个表尾唯一地确定了一个队列。

链队列的结构类型描述如下：

```
typedef struct LQNode        /＊链表结点类型定义＊/
    {
        datatype data；
        structLQNode ＊next；
    } LQNode，＊linkedQueue；
typedef struct              /＊将头指针和尾指针封装在一起的链队列＊/
    {
        struct LQNode ＊front，＊rear；
    }LQueue，＊LinkQueue；
LinkQueue ＊q；
```

当一个队列 q 为空时（即 front＝rear），其头指针和尾指针都指向头结点，如图 3.30（a）所示，非空链队列如图 3.30(b)所示。

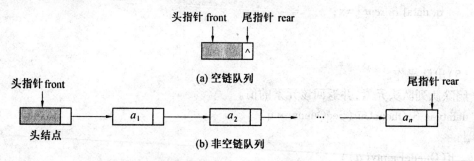

头指针 front　　　尾指针 rear

(a) 空链队列

头指针 front　　　　　　　　　　　　　　　　尾指针 rear

头结点

(b) 非空链队列

图 3.30　链队列的存储结构

对链队列的入队和出队等操作，只需修改尾指针和头指针，链队列在进行插人、删除基本操作时指针变化如图 3.31 所示。

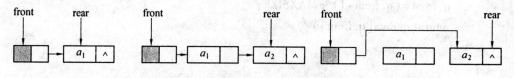

图 3.31　链队列的人队和出队操作

3.5.3.2 链队列运算的算法说明

（1）置空链队（初始化）。

```
void LinkQueueInit( LinkQueue ＊q)        /＊生成空链队列＊/
{
    q.front＝( LinkQueue ＊)malloc( sizeof( LQueue) )；
    q.front.next＝NULL；
    q.rear＝q.front；
}
```

（2）判链队为空。

```
bool LinkQueueEmpty(LinkQueue * q)
{
  if( q. front = = q. rear)
    return TURE;
  else
    return FALSE;
}
```

（3）取链队队头元素。

```
datatype LinkQueueGethead(LinkQueue * q)
{
  if(LinkQueueEmpty(q))
  {
    printf("LinkQueue is empty");
    return NULL;
  }
  else
    return(q. front. next. data);
}
```

（4）入链队操作。

```
void LinkQueueIn(LinkQueue * q,datatype x)/*将结点 x 插入队列 * q 的尾端*/
{
  q. rear. next = (LQueue * )malloc(sizeof(LQueue));
  q. rear. next. data = x;
  q. rear = q. rear. next;
  q. rear. next = NULL;
}
```

（5）出链队操作。

```
datatype LinkQueueOut(LinkQueue * q)    /*删除队头元素,并返回该元素的值*/
{
  LQueue * s;datatype e;
  if(LinkQueueEmpty(q)) return NULL;
  s = q. front. next;
  e = s. data;                         /*用 e 保存返回值*/
  if(s = = q. rear)
    q. front = q. rear;               /*如果只有一个结点,出队后队列为空*/
  else q. front. next = s. next;
  free(s);
```

```
    return e;                        /*用e返回队头元素值*/
}
```

注意　与队列的顺序存储不同,在链式存储中,头指针 front 和尾指针 rear 都是绝对指针,而不是数组中的下标。

3.5.3.3　循环链队

令链队列队尾结点的指针指向队头结点,该链队就成为一个循环链队。因为通过尾指针 rear 可以找到队首结点,头指针即可省略。循环链队的存储方式如图 3.32 所示。

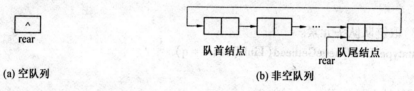

（a）空队列　　　　　　　　　　（b）非空队列

图 3.32　循环链队的存储方式

通过图 3.33 可以看到,以循环链表存储方式表示的队列,可使队列的队头删除和队尾插入的动作变得比较容易;当删除队头结点时,相当于删除队尾结点(rear 结点)的下一个结点;同样,要向队尾插入一个结点也就相当于在 rear 结点的下一个结点位置添加一个结点。

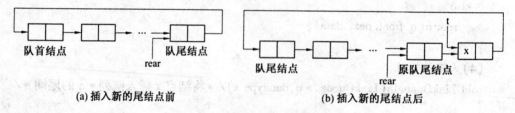

（a）插入新的尾结点前　　　　　　　　（b）插入新的尾结点后

图 3.33　循环链队的插入过程

（1）入循环链队操作。

算法 3.34　循环链队的入队算法。

```
void CLinkQueueIn(LinkQueue * rear,datatype x)
{                     /*在结点 rear 后面插入一个结点,其数据域为 x */
    LinkQueue * t;
    t = (LQueue * )malloc(sizeof(LQueue))
    t. data = x;          /*生成一个结点 t */
    if(rear = = NULL)     /*若结点 t 入队前为空队,则结点 t 为新队的唯一结点*/
    {
        rear = t;
        rear. next = rear;
    }
    else
    {
        t. next = rear. next;
```

```
        rear. next = t;

        rear = t;

    }

}
```

（2）出循环链队操作。

算法 3.35　循环链队的出队算法。

```
datatype CLinkQueueOut( LinkQueue * rear)

{                          /* 删除队列中的头结点,即结点 rear 的下一个结点 */

    LinkQueue * front;     /* 结点 rear 的下一个结点就是省去的队头结点 front */

    datatype e;

    if( rear = = NULL)

        printf( "LinkQueue empty! " );return NULL;

    else

    {

        front = rear. next;     /* 将指向头结点的指针赋给 front */

        if( front = = rear)

            r = NULL;

        else

            rear. next = front. next;

        e = front. data;

        free( front) ;

        return( e) ;

    }

}
```

注意　（1）链队列和链栈类似,无需考虑判断队满的运算及上溢;在出队算法中,一般只需修改队头指针,但当原队中只有一个结点时,该结点既是队头也是队尾,故删去此结点时也需修改队尾指针,且删去此结点后队列变空。

（2）无论是普通的链队列还是循环链队列,由于队列的特有存取方式,入队、出队等算法的时间耗费均与队列中元素个数无关,算法的时间复杂度均为 $O(1)$。

3.5.4　队列的设计应用举例

例 3.20　用队列计算并打印杨辉三角。

从杨辉三角的输出图（图 3.4）可以看到,每行的第一个数和最后一个数都是 1,从第二行开始,中间数是上一行对应位置的两数之和。如第二行的第二个数是 2,是第一行上两个数 1 和 1 相加的结果;第四行上的第二个数 4,是第三行上的两个数 1 和 3 相加的结果;第四行上的第三个数 6,是第三行上两个数 3 和 3 相加的结果,以此类推。

现在用一个队列来存放杨辉三角形的数据,首先把第一行上的第一个 1 放入队列中,然后把第一行上的最后一个 1 放入队列中；从第二行开始，每出队一个数据就和前一个出队数据相加，若是第一次，和 0 相加，若是最后一次，直接把 1 放入队列中，具体算法如下。

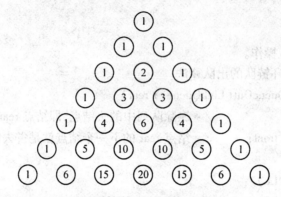

图 3.34　杨辉三角实例

算法 3.36　杨辉三角算法的实现。

```
void Out_Number( int n)        /*利用队列 Q 打印 n 行杨辉三角形*/
{
    Init_Queue(Q);             /*初始化队列，即给出一个空队列*/
    En_Queue(Q,1);             /*把第一行上的 1 放入队列中*/
    for(i=1;i<=n+1;i++)        /*输出第 i 行上的数据,计算第 i+1 行上的数据*/
    {
        s=0;                   /*为了存放前一个出队数据而设置的一个参数*/
        En_Queue(Q,1);         /*把每行上的最后一个 1 放入队列中*/
        for(j=1;j<=i+1;j++)
          T=Queue_Front(Q);    /*取队头元素*/
          printf(t);           /*输出队头元素*/
          Out_Queue(Q);        /*出队*/
          En_Queue(Q,s+t);     /*把当前出队数据和前一个数据相加,结果入队*/
          s=t;                 /*把当前出队数据放入参数 s 中*/
    }
    Printf('\n');              /*输完一行后换行*/
}
```

3.6　串

串是字符串的简称，是一种特殊的线性表，它的每个数据元素都由一个字符组成。

在早期的程序设计语言中就引入了串的概念。随着计算机技术的发展，计算机越来越多地用于解决非数值处理问题，这些问题所涉及的主要操作对象是字符串。例如，在管理信息系统中，用户的姓名、地址、商品的名称、规格等都是字符串，字符串已成为数据处理中不可缺少的数据对象。信息检索系统、中文信息处理系统、学习系统、自然语言翻译系统以及音乐分析处理系统等都是基于串的基本运算而设计和开发的软件系统。

3.6.1　串的基本概念

3.6.1.1　串的概念

串(String)是字符串的简称,它是由 $n(n \geq 0)$ 个字符组成的有限序列。一般记为:

$$S = 'a_1 a_2 a_3 \cdots a_n'$$

其中:S 是串名;单引号括起来的字符序列 $'a_1 a_2 a_3 \cdots a_n'$ 是串的值; $a_i(1 \leq i \leq n)$ 可以是英文字母、数字字符或其他字符,其值均取自某个字符集;串中字符的个数 n 称为串的长度。需要注意的是,单引号是定界符,不属于串的内容。

(1)主串与子串。

串中任意个连续的字符组成的子序列称为该串的子串,包含子串的串相应地称为主串。通常称字符在串中的序号为该字符在串中的位置。空串是任何串的子串。一个串 S 也可以看成是自身的子串,除本身之外的其他子串都称为真子串。

(2)空串。

空串是由零个字符组成的串。空串中不包含任何字符,它的长度是 0。

(3)空格串。

由一个或多个空格符组成的串称为空格串,空格串的长度为串中空格字符的个数。为了表示清楚,有时用"□"表示实际的空格。空串和空格串是两个不同的概念。空串的串长为 0,即串中不包含任何字符,而空格串的串长大于或等于 1,即空格串中含有若干个空格符。

(4)子串的定位。

子串在主串中的位置指的是该子串的第一个字符在主串中第一次出现的位置。

(5)串的比较。

通过组成串的字符之间的编码,串与串之间可以进行比较。所谓字符的编码,是指字符在对应字符集中的序号。

计算机上常用的字符集是标准 ASCII 码,由 7 位二进制数表示一个字符,总共可以表示 128 个字符。扩展 ASCII 码由 8 位二进制数表示一个字符,总共可以表示 256 个字符,足够表示英语和一些特殊符号,但无法满足国际需要。Unicode 由 16 位二进制数表示一个字符,总共可以表示 2^{16} 个,即 65 536 个字符,能够表示世界上所有语言的所有字符,包括亚洲各国的表意字符,因此,它是目前国际统一使用的一种编码。为了保持兼容性,Unicode 字符集中的前 256 个字符与扩展 ASCII 码完全相同。

给定两个串: $S = 'a_1 a_2 a_3 \cdots a_m'$, $T = 'b_1 b_2 b_3 \cdots b_n'$,则当 $m = n$ 且 $a_1 = b_1, a_2 = b_2, \cdots, a_m = b_n$ 时,称 $S = T$。

当下列条件之一成立时,称 $S < T$。

(1) $m < n$,且 $a_i = b_i(i = 1, 2, \cdots, n)$;

(2)存在某个 $k \leq min(m, n)$,使得 $a_i = b_i(i = 1, 2, \cdots, k-1)$, $a_k < b_k$。

例 3.21 有如下一些串：

$S_1 = {}'$I am a student$'$；

$S_2 = {}'$child$'$；

$S_3 = {}'$a$'$；

$S_4 = {}'$student$'$；

$S_5 = {}'$student $'$；

$S_6 = {}'$child$'$；

$S_7 = {}'$chald$'$；

通过串的比较操作可以得出，S_1 是 S_3 和 S_4 的主串，S_3 和 S_4 都是 S_1 的子串，S_3 在主串 S_1 中的位置为 3，S_4 在主串 S_1 中的位置为 8，S_5 不是 S_1 的子串。S_4 的长度是 7，S_5 的长度是 8，$S_2 = S_6$，S_4 和 S_5 不相等，$S_4 < S_5$。另外，$S_2 > S_7$，这是因为在扩展 ASCII 码中，字符 $'i'$ 在字符 $'a'$ 的后边，而且串中英文字母有大小写之分，如 $'AB'$ 和 $'ab'$ 是两个不同的串。

3.6.1.2 串的抽象数据类型

串是数据元素固定为字符型的线性表，因此串的抽象数据类型与线性表类似，只不过是对串的操作常常是以"串的整体"或"子串"作为操作对象，而线性表的操作大多以"单个数据元素"为操作对象。

ADTString

{Data：

串中的数据元素仅由一个字符组成，相邻元素具有前趋和后继的关系。

operation：

串赋值 StringAssign(S,chars)

初始条件：chars 是字符串变量或字符串常量。

操作结果：把 chars 赋为串 S 的值。

串复制 StringCopy(S,T)

初始条件：串 T 存在。

操作结果：由串 T 复制得串 S。

判串空 StringEmpty(S)

初始条件：串 S 存在。

操作结果：若 S 为空串，则返回 TURE；否则返回 FALSE。

求串长 StringLength(S)

初始条件：串 S 存在。

操作结果：返回 S 的元素个数，即串的长度，空串返回 0。

串比较 StringCompare(S,T)

初始条件：串 S 和 T 存在。

操作结果：若 $S = T$，则返回值 $= 0$；若 $S < T$，则返回值 < 0；若 $S > T$，则返回值 > 0。

串连接 StringConcat(S,T)

初始条件：串 S 和 T 存在。

操作结果:用 S 返回由 S 和 T 连接而成的新串。

求子串 SubString(S, start, Length)

初始条件:串 S 存在,$1 \leqslant$ start $\leqslant$ StringLength(S)$+1$,且 $1 \leqslant$ Length $\leqslant$ StringLength(S)$-$pos$+1$。

操作结果:返回串 S 的第 start 个字符起,长度为 Length 的子串。

子串定位 Index(S, T)

初始条件:串 S 和 T 存在,且 T 值非空串。

操作结果:若主串 S 中存在和串 T 值相同的子串,则返回它在主串 S 中第一次出现的位置,若定位失败,返回 FALSE。

插入子串 StringInsert(S, start, T)

初始条件:串 S 和 T 存在,$1 \leqslant$ start $\leqslant$ StringLength(S)$+1$。

操作结果:在串 S 的第 start 个字符之后插入串 T。

删除子串 StringDelete(S, start, Length)

初始条件:串 S 存在,$1 \leqslant$ pos $\leqslant$ StringLength(S)$-$Length$+1$。

操作结果:从串 S 中删除第 start 个字符起长度为 Length 的子串。

替换子串 Replace(S, T, V)

初始条件:串 S、T 和 V 存在,T 是非空串。

操作结果:用 V 替换主串 S 中出现的所有与 T 相等的不重叠的子串。

串遍历 StringTraveres(S)

初始条件:串 S 已存在。

操作结果:依次输出串 S 中的每个字符。

串撤销 DestroyString(S)

初始条件:串 S 存在。

操作结果:串 S 被撤销。

} ADT String

3.6.2 串的静态存储结构

串作为线性表的一个特例,既适用于线性表的存储结构,也适用于串。但是,由于串中数据元素是单个字符,其存储表示有其特殊之处。

对串的存储可以有两种处理方式:一种是静态存储结构,用一段连续的存储单元来存储串的字符序列,按照定义的大小,为每个定义的串变量分配一个固定大小的存储区,也就是说,串的存储空间分配是在编译时完成的,不能更改;另一种是动态存储结构,串的存储空间在程序运行时动态分配。动态存储结构又可以分为链式存储结构和堆存储结构。

串的静态存储结构即串的顺序存储结构。和线性表的顺序存储结构相同,可以用一组连续的存储单元依次存储串中的各个字符。逻辑上相邻的字符,在物理上也是相邻的。在 C 语言中,字符串的顺序存储可用一个字符型数组和一个整型变量表示,其中字符型数组存储串值,整型变量存储串的长度。

```
#define   MAXSIZE   256          /* 用户需要的最大串容量 */
typedef   struct
{      chardata[MAXSIZE];        /* 串中字符数组 */
       intlength;                /* length 为串的当前长度 */
} STring;                        /* 顺序栈类型定义 */
SeqStack  * S                    /* S 是顺序栈类型指针 */
```

串的实际长度小于等于定义的最大长度,超过最大长度的串值将被舍去,这一现象称为截断。当计算机以字节(Byte)为单位编址时,一个机器字(存储单元)刚好存放一个字符,串中相邻的字符顺序存储在地址相邻的存储单元中;当计算机以单词(Word)为单位编址时,一个存储单元由若干个字节组成。

算法 3.37 顺序串的连接运算。

```
void StringConcat( string s,string t)
{/* 将串 t 的第一个字符紧接在串 s 的最后一个字符之后 */
   string ch;
   int i;
   ch. length  =s. length+t. length;     /* s. data[0] ~ s. data[s. length-1]复制到 ch */
   for( i=0 ;i<s. length;i++)
      ch. data[i] =s. data[i];           /* t. data[0] ~ t. data[s. length-1]复制到 ch */
   for( i=0 ;i<t. length;i++)
      ch. data[s. length+i] =t. data[i];
   return ch;
}
```

很明显,串的静态存储结构有两个缺点:

(1)需要预先定义一个串允许的最大字符个数,当该值估计过大时,存储密度就会降低,较多的空间就会被浪费。

(2)由于限定了串的最大字符个数,使串的某些操作,如置换、连接等操作受到很大限制。

3.6.3 串的动态存储结构

3.6.3.1 链式存储结构

串的链式存储结构是结点包含字符域和指针域的存储结构。其中,字符域用来存放串中的字符;指针域用于存放指向下一结点的指针。这样,一个串可用一个单链表表示。用单链表存放串,链表中结点的数目等于串的长度。如 S ='I am a student'采用链式存储结构,如图 3.35 所示。

链式存储串的最大优点是插入、删除等操作很方便,但是从图 3.35 中可以发现一个问题:每个结点仅存放一个字符,而每个结点的指针域所占空间比字符域所占空间大数倍,这样的存储结构其有效空间利用率就可想而知了。

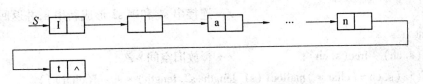

图 3.35　链式存储结构示例

为了提高链式存储结构的有效空间利用率,可采用一种称为块链结构的存储方式:使每个结点存放若干个字符,以减少链表中的结点数量,从而提高空间的使用效率。例如,每个结点存放 4 个字符,字符串 $S = 'I\ am\ a\ student'$ 的存储结构如图 3.36 所示。

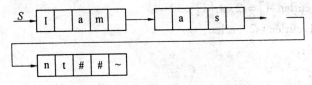

图 3.36　块链结构的存储方式

图 3.36 中最后一个结点没有全部被串值填满,一般用不属于串值的某些特殊字符来填充,上例中采用的就是"#"符号。

显然,块链结构的存储密度高于一个结点存放一个字符的单链结构,大大提高了有效空间的利用率。通常,串的链式存储结构多采用块链结构。在采用块链结构的文本编辑软件系统中,一个结点可存放 80 个字符。但是,块链存储结构对字符串的插入和删除极不方便。例如,在图 3.36 中的第一个字符前插入或删除一个字符,则所有结点中的所有字符都须移动。因此,由于串的特殊性,采用链式存储结构来存储串不太实用,所以并不常用链式存储结构存储串。

3.6.3.2　堆结构的存储方式

堆结构存储表示仍是以一组地址连续的存储单元存放串值字符序列。其实现方法是:系统开辟一个足够大且地址连续的存储空间供串使用,每建立一个新串时,系统就从这个可利用空间中划分出一个大小和串长度相等的空间存储新串的串值。每个串的串值各自存储在一组地址连续的存储单元中。它与顺序存储表示的区别就是它们的存储空间是在程序执行过程中动态分配的。因此,堆存储结构也可以认为是另一种半动态存储结构。

串的堆存储定义形式为:

```
typedef struct
{
    char * ch;
    int length;
} HString;
```

算法 3.38　堆串的连接运算。

```
bool Hstring Concat(HString s, HString s1, HString s2)
```

```
{                                      /* 连接串 s1 和串 s2 形成新串 s,并返回 */
    int i;
    if(s. ch)   free(s. ch);           /* 释放旧空间 */
    if(! (s. ch = (char * ) malloc((s1. length+s2. length) * sizeof(char))))
        exit(overflow);
    for(i=0;i<s1. curlen;i++)          /* 非空子串 */
        s. str[i] = s1. str[i];
    for(i=0;i<s2. curlen;i++)          /* 非空子串 */
        s. str[s1. curlen+i] = s2. str[i];
    s. curlen = s1. curlen+s2. curlen;
    return TRUE;
}
```

3.6.4　串的设计应用举例

例 3.22　设计算法:采用串的顺序存储结构,实现两个串的比较运算 strcmp(s,t)。
该问题主要是两个字符串的比较,算法设计思路如下:
(1)当 $s=t$ 时,返回值为 0。
(2)当 $s \neq t$ 时,如果 $s>t$,则输出正数;如果 $s<t$,则输出负数。
算法 3.39　串的比较运算算法。

```
int strcmp( string s, string t)
{
    int   i,st_len;
    if(s. length <t. length) st_len=s. length;      /* 求取 s 和 t 中较短的 */
    else    st_len=t. length;
    for(i=0;(i<st_len)&&(s. data[i] == t. data[i]); i++);
        if(i=st_len)
        {
            if(s. curlen == t. length)               /* s==t */
                return 0;
            else if(s. curlen<t. length)             /* s<t */
                return  - 1;
            else                                    /* s>t */
                return 1;
        }
        else
            return s. data[i] -t. data[i];          /* s>t 或 s<t */
}
```

3.7 树

数据结构可分为线性数据结构和非线性数据结构两大类。线性表、栈、队列和串都属于线性结构,而树和图均属于非线性结构。所谓非线性结构,是指在结构中至少存在一个数据元素,它具有两个或两个以上的直接后继或直接前趋。

树型结构是一类非常重要的非线性结构,它用于描述数据元素之间的层次关系,其特点是任意结点的前趋如果存在则一定是唯一的,如果有后继则可以有多个。

树型结构在客观世界中广泛存在。如人类社会的族谱和各种社会组织机构都可用树来表示。树在计算机领域中也得到广泛应用,例如在编译程序中,可用树来表示源程序的语法结构;在编译程序中,树状结构在语法分析、语义分析等方面得到了很好的应用;在操作系统中,可以用树型结构组织文件。

3.7.1 树

3.7.1.1 树的概念

树(Tree)是 $n(n \geq 0)$ 个结点(元素)的有限集合。当 $n=0$ 时,称这棵树为空树。任何一个非空树均满足以下两个条件:

(1)有且只有一个特殊的结点称为树的根结点(Root),根结点没有前趋结点。

(2)当 $n>1$ 时,除根结点之外的其余结点被分成 $m(m>0)$ 个互不相交的子集 T_1, $T_2, \cdots, T_m$,其中每一个集合 $T_i(1 \leqslant i \leqslant m)$ 本身又是一棵树。树 $T_1, T_2, \cdots, T_m$ 称为这个根结点的子树。

在树的定义中用了递归的概念,即用树来定义树。因此,递归方法是树结构算法的基本特点。图3.37 给出了一棵树型结构。

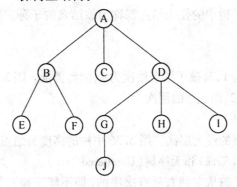

图 3.37 树型结构示意图

图3.37 中结点 A 为树 T 的根结点,其余结点分为三个不相交的集合: $T_1 = \{B, E, F\}$, $T_2 = \{C\}$ 和 $T_3 = \{D, G, H, I, J\}$, T_1、T_2 和 T_3 构成了结点 A 的三棵子树, T_1、T_2 和 T_3 本身也分别是一棵树。子树 T_1 的根结点为 B,其余结点又分为两个不相交的集合: $T_{11} = \{E\}$, $T_{12} = \{F\}$。 T_{11}、T_{12} 为子树 T_1 的根结点 B 的两棵子树。直到 T_{11}、T_{12} 都只有一个根结点,无法继续向下分成更小的树。

3.7.1.2 树的术语

（1）结点（Node）。

结点是数据元素在树中的别名，它包含数据项及指向其他结点的分支。图3.37中的树有10个结点。

（2）结点的度（Degree）。

结点的度指结点所拥有的子树的个数。图3.36中结点A的度为3，结点B的度为2，结点C的度为0，结点D的度为3。

（3）叶子结点（Leaf）。

叶子结点指树中度为0的结点，又称终端结点，图3.36中的E、F、C、J、H和I为叶子结点。

（4）孩子（Child）。

孩子指一个结点的直接后继称为该结点的孩子。图3.36中B是A的孩子，G是D的孩子。

（5）双亲。

一个结点的直接前趋结点称为该结点的双亲结点。图3.36中A是结点B、C、D的双亲，B是E、F的双亲。

（6）兄弟（Sibling）。

兄弟同一双亲结点的孩子结点互称为兄弟。图3.36中B、C、D互为兄弟，E、F互为兄弟。

（7）祖先（Ancestor）。

从根结点到该结点所经分支上的所有结点，称为该结点的祖先。图3.36中结点J的祖先为A、D、G。

（8）子孙（Descendant）。

以某一结点为根的子树中的任一结点都称为该结点的子孙。图3.36中结点D的子孙为G、H、I、J。

（9）层次（Level）。

将根结点的层次设为1，其孩子结点层次为2，依此类推。图3.37中结点A的层次为1，结点B、C、D的层次为2，结点J的层次为4。

（10）树的高度（Depth）。

树的高度指树中结点的最大层次。图3.36中树的高度为结点J的层次数4。

（11）有序树（Ordered Tree）和无序树（Unordered Tree）。

如果树中结点的各子树从左到右是有次序的（即不能互换），则称该树为有序树，否则称为无序树。

（12）森林（Forest）。

森林指$m(m \geq 0)$棵互不相交的树的集合。删除一棵树的根就会得到一个森林，反之，若给森林增加一个统一的根结点，森林就变成了一棵树。

3.7.1.3 树的基本操作

ADT Tree{

数据对象 D:具有相同特性的数据元素的集合。

数据关系 R:若 D 为空集,则称空树;否则 $R=\{H\}$,H 有如下关系:

(1)在 D 中存在唯一成为根的数据元素 root。

(2)D 除了根结点外 D 中还有其他结点,则其余结点可分为 $m(m>0)$ 个互不相交的有限集 $T_1,T_2,\cdots,T_m$,其中每一棵子集本身又是一棵符合本定义的树,称为根 root 的子树。

基本操作:

TreeInit(T);

　　操作结果:构造一棵空树 T。

TreeChild(T,x,i);

　　初始条件:树 T 存在,x 为 T 的结点。

　　操作结果:返回 x 的第 i 棵子树,若无第 i 棵子树,返回空值。

TreeBuild(T,F);

　　初始条件:F 给出树 T 的定义。

　　操作结果:按 F 构造树 T。

TreeTraverse(T);

　　初始条件:树 T 存在。

　　操作结果:按某种次序对 T 中的每个结点访问一次且仅一次。

TreeRoot(T);

　　初始条件:树 T 存在。

　　操作结果:返回树 T 的根。

TreeParent(T,x);

　　初始条件:树 T 存在,x 是 T 的某个结点。

　　操作结果:若 x 是 T 的非根结点,则返回双亲,否则值为"空"。

TreeLeftBrother(T,x);

　　初始条件:树 T 存在,x 是 T 的某个结点。

　　操作结果:若 x 有左兄弟,返回结点 x 的左兄弟,否则为空。

TreeRightBrother(T,x);

　　初始条件:树 T 存在,x 是 T 的某个结点。

　　操作结果:若 x 有左兄弟,返回结点 x 的右兄弟,否则为空。

TreeInsert(T,y,i,x);

　　初始条件:树 T 存在,y 是指向某个结点,i 为待插入的子树序号。

　　操作结果:插入以 x 为根的子树是 T 中 y 所指结点的第 i 棵子树。

TreeClear(T);

　　初始条件:树 T 存在。

　　操作结果:将树 T 清为空树。

　$\}$ADT Tree

3.7.2 二叉树

二叉树是树型结构的一个重要类型,许多实际问题抽象出来的数据结构往往是二叉树的形式,普通的树也能简单地转换为二叉树的形式,而且二叉树的存储结构及其算法都比较简单,因此,二叉树显得特别重要,应用也特别广泛。

3.7.2.1 二叉树的概念

二叉树(Binary Tree)是指树的度不大于2的有序树。也就是说,在二叉树中,每个结点最多有两个孩子,分别称其为该节点的左孩子和右孩子;子树的次序不能颠倒,即使只有一棵子树,也必须说明是左子树还是右子树。由此我们可以得出二叉树的五种基本形态,如图3.38所示。

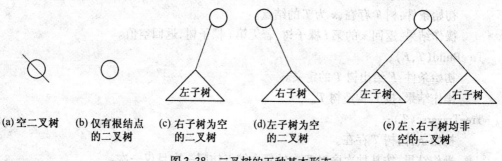

(a)空二叉树　(b)仅有根结点　(c)右子树为空　(d)左子树为空　(e)左、右子树均非
　　　　　　　的二叉树　　　的二叉树　　　的二叉树　　　　　空的二叉树

图3.38　二叉树的五种基本形态

注意 二叉树是树型结构的一个重要类型,同时又与普通的树有很大不同,体现在以下几点:

(1)二叉树与无序树不同,二叉树中每个孩子结点都有左右之分。

(2)二叉树与度数为2的有序树不同。在有序树中,虽然一个结点的孩子之间有左、右次序,但是若该结点只有一个孩子,就无须区分其左、右次序。而在二叉树中,即使是一个孩子也有左、右之分。

二叉树的抽象数据类型定义:

ADT BinTree{

数据对象 D:具有相同特性的数据元素的集合。

数据关系 R:

若 $D=\varnothing$,则 $R=\varnothing$,称 BinaryTree 为空二叉树;

若 $D\neq\varnothing$,则 $R=\{H\}$,H 是如下的二元关系:

(1)在 D 中,存在唯一的称为根的数据元素 root,它在关系 H 下无前趋;

(2)若 $D-\{\text{root}\}\neq\varnothing$,则存在 $D-\{\text{root}\}=\{D_1,D_r\}$,且 $D_1\cap D_r=\varnothing$;

(3)若 $D_1\neq\varnothing$,则 D_1 中存在唯一的元素 x_1,$<\text{root},x_1>\in H$,且存在 D_1 上的关系 $H_1\subset H$;若 $D_r\neq\varnothing$,则 D_r 中存在唯一的元素 x_r,$<\text{root},x_r>\in H$,且存在 D_r 上的关系 $H_r\subset H$;$H=\{<\text{root},x_1>,<\text{root},x_r>,H_1,H_r\}$;

(4)$(D_1,\{H_1\})$ 是一棵符合本定义的二叉树,称为根的左子树;$(D_r,\{H_r\})$ 是一棵符合本定义的二叉树,称为根的右子树。

二叉树的基本操作:

BinTreeInit(BT);

操作结果:构造一棵空二叉树 BT。

BinTreeRoot(BT);

初始条件:二叉树 BT 存在。

操作结果:返回树 BT 的根。

BinTreeParent(BT,x);

初始条件:二叉树 BT 存在,x 是 BT 的某个结点。

操作结果:若 x 是 BT 的非根结点,则返回双亲,否则值为"空"。

BinTreeBuild(BT,LBT,RBT);

初始条件:二叉树 LBT、RBT 存在。

操作结果:用 LBT、RBT 构造二叉树 BT。

BinTreeTraverse(BT);

初始条件:二叉树 BT 存在。

操作结果:按某种次序对 BT 中的每个结点访问一次且仅一次。

BinTreeLeftChild(BT,x);

初始条件:二叉树 BT 存在,x 为 BT 的结点。

操作结果:返回 x 的左子树;若无,则返回空值。

BinTreeRightChild(BT,x);

初始条件:二叉树 BT 存在,x 为 BT 的结点。

操作结果:返回 x 的右子树;若无,则返回空值。

BinTreeInsertLeft(BT,x,y);

初始条件:二叉树 BT 存在,x 是 BT 的某个结点。

操作结果:将子树 y 作为结点 x 的左子树插入。

BinTreeInsertRight(BT,x,y);

初始条件:二叉树 BT 存在,x 是 BT 的某个结点。

操作结果:将子树 y 作为结点 x 的右子树插入。

BinTreeDeleteLeft(BT,x);

初始条件:二叉树 BT 存在,x 是 BT 的某个结点。

操作结果:将结点 x 的左子树删除。

BinTreeDeleteRight(BT,x);

初始条件:二叉树 BT 存在,x 是 BT 的某个结点。

操作结果:将结点 x 的左子树删除。

BinTreeClear(BT);

初始条件:二叉树 BT 存在。

操作结果:将树 BT 清为空树。

} ADT BinTree

3.7.2.2 二叉树的性质

二叉树具有以下重要性质。

性质1 在二叉树的第 i 层上至多有 2^{i-1} 结点 $(i \geqslant 1)$。

证明 利用数学归纳法很容易进行证明。

当 $i=1$ 时,只有一个根结点。显然结论成立。

假设 $j=i-1$ 时,命题成立,即第 j 层上至多有 2^{j-1} 个结点。那么,因为第 $i-1$ 层上至多有 2^{i-2} 个结点,又由于二叉树的每个结点的度至多为2,故在第 i 层上的最大结点数为第 $i-1$ 层上的最大结点数的2倍,即 $2 \times 2^{i-2} = 2^{i-1}$。因此当 $j=i$ 时,命题也成立。

性质2 深度为 k 的二叉树至多有 2^k-1 个结点 $(k \geqslant 1)$。

由性质1可得到,深度为 k 的二叉树的最大结点数为

$$\sum_{i=1}^{k} \text{第 } i \text{ 层上的最大结点数} = 2^k - 1$$

性质3 对任何一棵二叉树 T,如果其叶子结点数为 n_0,度为2的结点数为 n_2,则

$$n_0 = n_2 + 1$$

证明 二叉树 T 有 n 个结点,其中叶子结点数为 n_0,n_1 为二叉树 T 中度为1的结点数。度为2的结点数为 n_2,因为二叉树中所有结点的度均小于或等于2,所以其结点总数为:

$$n = n_0 + n_1 + n_2 \tag{3.1}$$

再看二叉树中的分支数。除了根结点外,其余结点都有一个分支进入,设 B 为分支总数,则 $n = B + 1$。由于这些分支是由度为1或2的结点射出的,所以又有 $B = n_1 + 2 \times n_2$。于是得到:

$$n = n_1 + 2 \times n_2 + 1 \tag{3.2}$$

由式(3.1)和式(3.2)可得到:

$$n_0 = n_2 + 1$$

下面介绍两种特殊的二叉树。

满二叉树 最后一层都是叶子结点,其他各层的结点都有左、右子树的二叉树。图3.39(a)是一棵深度为4的满二叉树,这种树的特点是每一层上的结点数都是最大结点数。

完全二叉树 深度为 k,节点数为 n 的二叉树,如果其结点 $1 \sim n$ 的位置序号分别与满二叉树结点 $1 \sim n$ 的位置序号一一对应,则称此二叉树为完全二叉树。显然,满二叉树也是完全二叉树。图3.39(b)所示为一棵深度为4的完全二叉树。

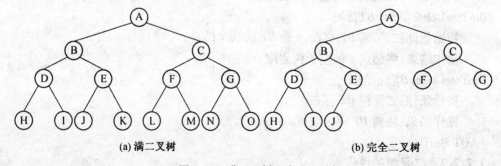

(a) 满二叉树　　　　　　　　　　(b) 完全二叉树

图3.39 满二叉树和完全二叉树

根据二叉树的以上性质,可以得出满二叉树的另一个定义:一棵深度为 k 且有 2^k-1 个结点的二叉树称为满二叉树。而完全二叉树可视作将一棵满二叉树自右至左删除若干叶子结点而得到的二叉树。

从以上的定义可以得出完全二叉树的特点:

(1)叶子结点只可能在层次最大的两层上出现。

(2)对任一结点,若其右分支下的子孙的最大层次为 k,则其左分支下的子孙的最大层次必为 k 或 $k+1$。

性质4 具有 n 个结点的完全二叉树的深度为 $\lfloor 1 + \log_2 n \rfloor + 1$。

证明 假设深度为 k,则根据性质2和完全二叉树的定义有:

$$2^{k-1} - 1 < n \leqslant 2^k - 1$$

即

$$2^{k-1} \leqslant n < 2^k$$

对不等式取对数,有:

$$k - 1 \leqslant \lfloor \log_2 n \rfloor < k$$

由于 k 是整数,所以有:

$$k = \lfloor \log_2 n \rfloor + 1$$

性质5 如果对一棵有 n 个结点的完全二叉树的结点按层次自上而下,每层从左到右进行编号。则对任一结点 $i(1 \leqslant i \leqslant n)$ 有:

(1)如果 $i=1$,结点 i 是根结点,无双亲;如果 $i>1$,则其双亲 PARENT(i)的编号是 $\lfloor i/2 \rfloor$。

(2)如果 $2i>n$,则结点 i 无左孩子;否则其左孩子 LCHILD(i)是结点 $2i$。

(3)如果 $2i+1>n$,则结点 i 无右孩子;否则其右孩子 RCHILD(i)是结点 $2i+1$。

证明:此性质可以用归纳法证明,先来证明其中的(2)和(3),然后可以从(2)和(3)中导出(1)。

当 $i=1$ 时,由完全二叉树的定义可知,其左孩子是结点2。如果 $2>n$,说明二叉树中不存在结点2,此时结点 i 的左孩子不存在。同理,结点 i 的右孩子只能是结点3,若二叉树中结点3不存在,即 $3>n$,此时结点 i 无右孩子。

当 $i>1$ 时,可分以下两种情况来讨论。

①设第 $j(1 \leqslant j \leqslant \lfloor \log_2 n \rfloor)$ 层的第1个结点的编号为 i,由二叉树的定义和性质2可知 $i=2^{j-1}$,则其左孩子必为第 $j+1$ 层的第1个结点,编号为 $2^j = 2(2^{j-1}) = 2i$,若 $2i>n$,说明其结点没有左孩子;同理,其右孩子必为第 $j+1$ 层的第2个结点,其编号为 $2i+1$,若 $2i+1>n$,说明其结点没有右孩子。

②假设第 $j(1 \leqslant j \leqslant \lfloor \log_2 n \rfloor)$ 层上某结点的编号为 $i(2^{j-1} \leqslant i \leqslant 2^j - 1)$,且有 $2i+1<n$,则其左孩子编号为 $2i$,右孩子编号为 $2i+1$。编号为 $i+1$ 的结点是编号为 i 的结点的右兄弟或者堂兄弟,如果它有左孩子,其编号为 $2i+2 = 2(i+1)$,如果它还有右孩子,则其编号必为 $2i+3 = 2(i+1)+1$。

因此性质5的(2)、(3)得证,由上述(2)和(3)就可以证出性质(1)。

3.7.2.3 二叉树的存储结构

（1）顺序存储结构。

采用顺序存储结构存储二叉树，就是用一组地址连续的存储单元依次自上而下、自左而右地存储二叉树中的各个结点。对于完全二叉树，将完全二叉树上编号为 i 的结点存储在如上定义的一维数组中下标为 i 的分量中，如图 3.40(a) 所示。对于一般的二叉树，为了能够很容易地找到某一结点的双亲、孩子、兄弟等具有一定关系的结点，则需要将二叉树先展开为完全二叉树，新增加的结点全部记为" $\wedge$ "，表示该结点不存在。然后将其每个结点存在一维数组分量中，如图 3.40(b) 所示。

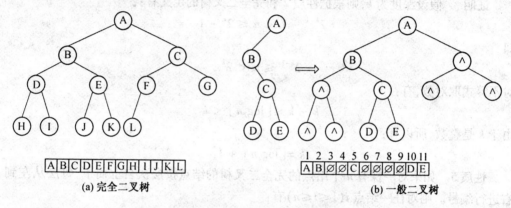

(a) 完全二叉树　　　　　　　　　(b) 一般二叉树

图 3.40　二叉树的顺序存储结构

由图 3.40 可以看出，这种顺序存储结构比较适用于完全二叉树。因为对一般的二叉树来说，在最坏的情况下，一个深度为 k 只有 k 个结点的二叉树（单支树），却需要 2^k-1 个存储单元，这显然造成存储空间的极大浪费。

（2）链式存储结构。

由二叉树的定义可知，二叉树的每个结构最多有两个孩子，因此可采用这样的方法来存储二叉树：每个结点除存储元素本身的信息外，再设置两个指针域 lchild 和 rchild 分别指向该结点的左孩子和右孩子，当结点的某个孩子为空时，则相应的指针为空。结点的形式如图 3.41(a) 所示。若要在二叉树中经常寻找结点的双亲，每个结点还可以增加一个指向双亲的指针域 parent，如图 3.41(b) 所示。

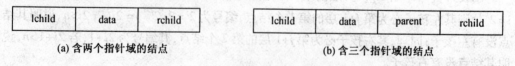

(a) 含两个指针域的结点　　　　　　　　　(b) 含三个指针域的结点

图 3.41　二叉树链式存储方式的结点结构

利用这两种结点结构所构成的二叉树的存储结构分别称为二叉链表和三叉链表。对于图 3.42(a) 的二叉树，其二叉链表存储方式如图 3.42(b) 所示，三叉链表存储方式如图 3.42(c) 所示。

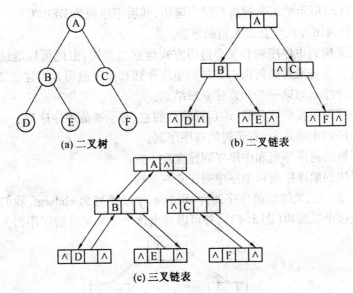

(a) 二叉树　　　　　　(b) 二叉链表

(c) 三叉链表

图 3.42　二叉树的链式存储结构

3.7.2.4　二叉树的遍历

(1)遍历二叉树的概念。

遍历二叉树就是按照某种次序访问二叉数中的每个结点,每个结点被访问一次且只被访问一次。遍历的含义包括输出结点的值、对节点进行运算和修改等。二叉树的遍历运算是二叉树各种运算的基础,学习二叉树的遍历,有利于掌握二叉树运算的实现和算法设计。

由二叉树的定义可知,一棵二叉树由根结点、左子树、右子树组成,因此,只要依次遍历这三部分,就可以遍历整个二叉树。事实上,二叉树是递归定义的,其遍历最好也采用递归方式进行,若分别用 L、D、R 来表示遍历左子树、访问根结点、遍历右子树,则有 DLR、LDR、LRD、DRL、RDL、RLD 六种次序的遍历方案,前三种是按照从左到右的次序遍历整个二叉树,后三种是按照从右到左的次序遍历整个二叉树,出于习惯,我们只对前三种进行讨论。

①前序遍历二叉树(DLR)。

若二叉树为空,则空操作,否则执行过程如下:访问根结点→前序遍历左子树→前序遍历右子树。

对图 3.42(a)所示的二叉树进行前序遍历,其前序序列为 ABDECF。

②中序遍历二叉树(LDR)。

若二叉树为空,则为空操作,否则执行过程如下:中序遍历左子树→访问根结点→中序遍历右子树。

对图 3.42(a)所示的二叉树进行中序遍历,其中序序列为 DBEACF。

③后序遍历二叉树(LRD)。

若二叉树为空,则空操作,否则执行过程如下:后序遍历左子树→后序遍历右子树→访问根结点。

对图 3.42(a)所示的二叉树进行后序遍历,其后序序列为 DEBFCA。

(2)由两种遍历方式建立二叉树的方法。

可以由二叉树的中序序列和某个遍历方式建立二叉树,由此可以继续推导出另外的一种遍历方式。首先来看如何由二叉树的中序序列和前序遍历方式建立二叉树:

①根据前序序列的第一个元素建立根结点。

②在中序序列中找到该元素,确定根结点的左、右子树的中序序列。

③在前序序列中确定左、右子树的前序序列。

④由左子树的前序序列和中序序列建立左子树。

⑤由右子树的前序序列和中序序列建立右子树。

例 3.23 某一二叉树的前序序列为 abcdefg,中序序列为 cbdaegf,我们就可以按照上边的步骤建立这个二叉树(图 3.43),并可以求出这个二叉树的后序序列为 cdbgfea。

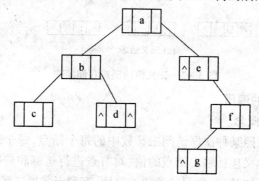

图 3.43　例 3.23 建立的二叉树

类似的,我们也可以通过二叉树的中序序列和后序遍历方式建立二叉树,其方法是:

①根据后序序列的最后一个元素建立根结点。

②在中序序列中找到该元素,确定根结点的左、右子树的中序序列。

③在后序序列中确定左、右子树的前序序列。

④由左子树的后序序列和中序序列建立左子树。

⑤由右子树的后序序列和中序序列建立右子树。

例 3.24 某一二叉树的后序序列为 dbgefca,中序序列为 bdaegcf,我们就可以按照上面的步骤建立这个二叉树,如图 3.44 所示,并可以求出这个二叉树的前序序列为 abd-cegf。

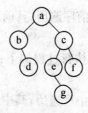

图 3.44　例 3.24 建立的二叉树

(3)遍历二叉树的算法。

①前序遍历二叉树的算法。

二叉树的定义是递归的,对其进行遍历操作,采用递归算法是我们首先想到的实现方式。

算法 3.40　前序遍历二叉树的递归算法。

```
void PreOrderTraverse( BinTree T)
{/* 采用二叉链表存储结构,Visit 是对结点操作的应用函数 */
  /* 前序递归遍历 T,对每个结点调用函数 Visit 一次且仅一次 */
  if(T)
    { Visit(T. data) ;              /* 先访问根结点 */
      PreOrdertraverse(T. lchild) ; /* 再前序遍历左子树 */
      PreOrderTraverse(T. rchild) ; /* 最后前序遍历右子树 */
    }
}
```

算法分析:递归方式遍历二叉树,每个结点都被访问一次,所以算法的时间复杂度为 $O(n)$。

递归程序虽然简洁,可读性好,正确性也容易证明,但该方法消耗的时间和空间较多,运行效率低。那么,如何把一个递归算法转化为非递归算法呢?

前序遍历的路线是从根结点开始沿左子树深入下去,当深入到最左端,无法再深入下去时,则返回。再逐一进入刚才深入时遇到结点的右子树,再进行如此深入和返回,直到最后从根结点的右子树返回到根结点为止。在这一过程中,返回结点的顺序与深入结点顺序相反,即后深入先返回,正好符合栈结构后进先出的特点。因此,可以用栈来实现非递归遍历算法。

算法 3.41　前序遍历二叉树的非递归算法。

```
void PreOrderTraverse( BinTree T)
{  /* 采用二叉链表存储结构,Visit 是对结点操作的应用函数,前序遍历二叉树 T
*/
    StackInit(S) ;BinTree p =T;
    while(p||! StackEmpty(S))
      {
        if(p)
          { Visit(p. data) ;
            push(S,p) ;
            p =p. lchild ;   /* 当前指针指向左孩子 */
          }
        else
          { pop(s,p) ;
            p =p. rchild ;   /* 当前指针指向右孩子 */
          }
```

　　　　}
　　}
　　算法分析:采用栈结构实现非递归遍历算法,其时间复杂度为 $O(n)$。但是与递归算法不同的是不需要反复自我调用,因此耗费时间实际优于递归方式,占用的存储空间也更少。

　　②中序遍历二叉树的算法。

　　根据遍历二叉树的定义知,前序、中序和后序遍历二叉树都是从根结点开始,且在遍历过程中经过结点的路线也相同,只是访问的时机不同而已。因此可以仿照前序遍历二叉树,求出中序和后序遍历二叉树的算法。

　　算法 3.42　中序遍历二叉树的递归算法。

```
void InOrderTraverse( BinTree T)
{   /*采用二叉链表存储结构,Visit 是对结点操作的应用函数 */
    /*中序递归遍历 T,对每个结点调用函数 Visit 一次且仅一次。 */
    if(T)
    { InOrderTraverse(T. lchild,);       /*先中序遍历左子树*/
      Visit(T. data);                     /*再访问根结点*/
      InOrderTraverse(T. rchild);        /*最后中序遍历右子树*/
    }
}
```

　　算法 3.43　中序遍历二叉树的非递归算法。

```
void InOrderTraversel( BinTree T)
{ /*采用二叉链表存储结构,Visit 是对数据元素操作的应用函数。中序遍历二叉树
T */
    StackInit(S);BinTree p=T;
    while(p||! StackEmpty(S))
    {
      if(p)    /*根指针进栈,遍历左子树*/
      { push(S,p);
        p=p. lchild;
      }
      else    /*指针退栈,访问根结点,遍历右子树*/
      {
        pop(s,p);
        Visit(p. data);
        p=p. rchild;
      }
    }
}
```

算法分析:对含 n 个结点的二叉树,其时间复杂度为 $O(n)$。

③后序遍历二叉树的算法。

算法 3.44 后序遍历二叉树的递归算法。

```
void PostOrderTraverse( BinTree T)
{/*采用二叉链表存储结构,Visit 是对结点操作的应用函数*/
  /*后序递归遍历 T,对每个结点调用函数 Visit 一次且仅一次*/
  if(T)
  { PostOrderTraverse(T. lchild);        /*先后序遍历左子树*/
    postOrderTraverse(T. rchild);        /*再后序遍历右子树*/
    Visit(T. data);                      /*最后再访问根结点*/
  }
}
```

算法 3.45 后序遍历二叉树的非递归算法。

```
void InOrderTraversel( BinTree T)
{/*采用二叉链表存储结构,Visit 是对数据元素操作的应用函数。后序遍历二叉树
T */
    int tag[ MaxSize] ,top = -l;
    StackInit(S); BinTree p = T;
    do {
      while(p)            /*扫描左孩子,入栈*/
      { Push(S,p);
        tag[ ++top] = 0;   /*右孩子还未访问过标志*/
        p = p. lchild;
      }
      if( top>-1)
      {
        if( tag[ top] = = 1) /*右孩子已被访问过*/
        { Visit( GetTop(s). data);pop(s);top--;}
        else
        { p = GetTop(s);p = p. rchild;tag[ top] = 1;}
      }
    } while(p! = NULL||(top! = -1));
}
```

算法分析:对含 n 个结点的二叉树,其时间复杂度为 $O(n)$。

3.7.3 树和森林

就逻辑结构而言,任何一棵树都是一个二元组 Tree = (root,F),其中 root 是一个数据元素,称为树的根结点;F 是 $m(m \geqslant 0)$ 棵树的森林,$F = (T_1, T_2, \cdots, T_m)$,其中 $T_i = (r_i, F_i)$,

称为根 root 的第 i 棵子树,显然,当 $m \neq 0$ 时,r_i 为树根 root 的孩子结点。理解这一点将为森林和树与二叉树之间转换的递归定义提供帮助。

3.7.3.1 树的存储结构

树的存储方式有多种,既可以采用顺序存储结构,也可以采用链式存储结构。但不管采用何种存储方式,都要求存储结构不但能存储本身的数据信息,还要能唯一地反映出树中的逻辑关系。下面介绍几种基本的树的存储结构。

(1)双亲表示法。

由树的定义可知,树中的每个结点都有唯一一个双亲结点,根据这一特性,可以用一组连续的空间(一维数组)存储树中的各个结点,同时在每个结点中附设一个指示器指向其双亲结点在链表中的位置,树的这种存储方法称为双亲表示法。具体描述如下:

```
#define MAX_NODE 256        /*结点数目的最大值*/
typedef struct PTNode
{
    TelemType data;          /*数据域*/
    int parent;              /*双亲位置域*/
}PTNode;
typedef struct
{
    PTNode node[MAX_NODE];
    int n;                   /*树中的结点数*/
}PTree;
```

例如,图 3.45 是一棵树及其双亲表示的存储结构示意图。

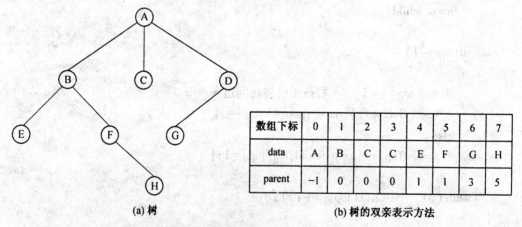

数组下标	0	1	2	3	4	5	6	7
data	A	B	C	C	E	F	G	H
parent	-1	0	0	0	1	1	3	5

(a) 树 　　　　　　　　　　(b) 树的双亲表示方法

图 3.45　树及其双亲表示的存储结构

这种存储结构利用了每个结点(除根结点以外)只有唯一双亲的性质。反复调用求双亲操作,直到遇见无双亲的结点时,便找到了树的根。但是,在这种表示法中,求结点的孩子时需要遍历整个结构。另外,这种存储方式不能反映各兄弟结点之间的关系。

(2)孩子表示法。

因为树中每个结点都有零个或多个孩子结点,所以可用多重链表,即每个结点有多个指针域,其中每个指针指向一棵子树的根结点,可以定义如下的结点格式,在这个结点格式中,多重链表中的结点是同构的,其中 d 为树的度。

data	child1	child2	...	child$d$

但是,当采用多重链表表示结点及其孩子的关系时,每个结点内要设置多少个指向其孩子的指针是难以确定的,由于树中很多结点的度小于 d,所以链表中有很多空链域,造成空间浪费。可以推算出,在一棵有 n 个结点,度为 k 的树中必有 $n×(k-1)+1$ 个空链域。如果按照每个节点实际的孩子个数设置指针,则可采用如下的结点格式:

data	degree	child1	child2	...	child$d$

显然第二种结点格式的多重链表的结点是不同构的,其中 degree 域的值同与结点的度 d 相等。此时,虽能节约存储空间,但操作不方便。

上述两种结点格式均不可取,较好的办法是为树中每一个结点建立一个孩子链表。把每个结点的孩子结点排列起来,形成一个线性链表,且以单链表做存储结构,则 n 个结点有 n 个孩子链表(叶子的孩子链表为空表),而 n 个头指针又组成一个线性表,为了便于查找,可以在结点中增加一个指针域,指向其孩子链表的表头。其算法如下:

```
typedef struct CTNode        /*孩子结点*/
{
    int child;               /*孩子结点的序号*/
    struct CTNode * next;
} * ChildPtr;                /*孩子链表的结点*/
typedef struct              /*头结点*/
{
    TelemType data;          /*孩子链表头结点的数据域*/
    ChildPtr firstchild;     /*孩子链表头结点*/
} CTBox;
typedef struct              /*树的孩子链表存储表示*/
{
    CTBox nodes[MAX_NODE];
    int n;                   /*结点数*/
    int r;                   /*根的位置*/
} CTree;
```

图3.46(a)是图3.45中的树的孩子链表表示法。与双亲表示法相反,孩子表示法虽然便于涉及孩子的操作的实现,却不适用于与双亲有关的操作。可以把双亲表示法和孩子表示法结合起来,即将双亲表示和孩子链表合在一起。图3.46(b)就是这种存储结构表示的图3.45中树的例子。

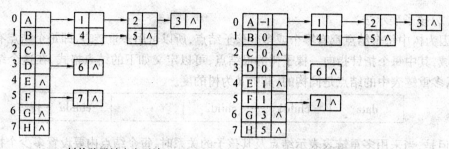

(a) 树的孩子链表示法　　　　　　　　　(b) 树的双亲孩子链表示法

图 3.46　树的孩子链表示法和双亲孩子链表示法

（3）孩子兄弟表示法。

在树中每个结点除信息域外,再增加两个分别指向该结点的第一个孩子结点和下一个兄弟结点的指针域,树的这种存储结构称为孩子兄弟表示法,又称二叉树表示法,是以二叉链表做树的存储结构。链表中结点的两个指针域分别指向该结点的第一个孩子结点和下一个兄弟结点,分别命名为 firstson 域和 nextsibling 域。

```
typedef struct CSNode
{
    ElemType data;
    Struct CSNode * firstson;
    Struct CSNode * nextsibling;
} * CSTree;
```

图 3.47 是图 3.45 中树的孩子兄弟链表。利用这种存储结构便于实现各种树的操作。首先易于实现找结点孩子等操作。例如:若要访问结点 x 的第 i 个孩子,则只要先从 firstson 域找到第 1 个孩子结点,然后沿着孩子结点的 nextsibling 域连续走 $i-1$ 步,便可找到 x 的第 i 个孩子。更重要的是,这种存储结构和二叉树的二叉链表在本质上是一致的,由此,树和二叉树可以相互转换,树也可以采用二叉树的某些算法。

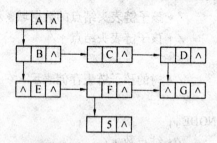

图 3.47　树的孩子兄弟链表示法

3.7.3.2　树、森林与二叉树的转换

（1）树与二叉树的转换。

通过前面的学习已经知道,如果要存储孩子结点,有两种不同的结点结构:一种是可变大小的结点结构,其优点是存储空间的利用率高,缺点是操作不方便;另一种是固定大小的结点结构,其优点是操作方便,但树中链域的总利用率低,即存储空间的利用率低。

容易证明:一棵有 $n(n \geqslant 1)$ 个结点的 d 度树,若用多重链表表示,树中每个结点都有 d 个链域,那么在树的 $n \times d$ 个链域中,有 $n \times (d-1)+1$ 个是空链域,只有 $n-1$ 个是非空链域。可见,d 度树的链域利用率为 $\dfrac{n-1}{n \times d}$,仅约为 $1/d$。由此可知,随着树的度的降低,其链域的利用率升高。除 1 度树外,2 度的树的链域利用率最高,约为 $1/2$。因此,用二叉树来表示树,对提高存储空间的利用率有很大意义。

实际上,一棵树如采用孩子兄弟表示法建立其存储结构,与这棵树所对应的二叉树的二叉链表存储结构是完全相同的,只是两个指针域的名称及解释不同而已。也就是说,给定一棵树,可以找到唯一的一棵二叉树与之对应。因此,可以以二叉链表作为媒介,找到树与二叉树之间的一个对应关系,将树转换为二叉树。这样,对树的操作可助二叉树存储,利用二叉树上的操作来实现。

将一棵树转换成二叉树的方法如下:

①在树的所有相邻兄弟之间加一条连线。

②对于任一结点,除保留它与最左孩子之间的连线外,删去它与其余孩子之间的连线(分支)。

③以树的根结点为轴心,将整棵树按顺时针方向旋转一定角度,使其结构层次分明。

图 3.48 给出了一棵树转换为二叉树的过程。

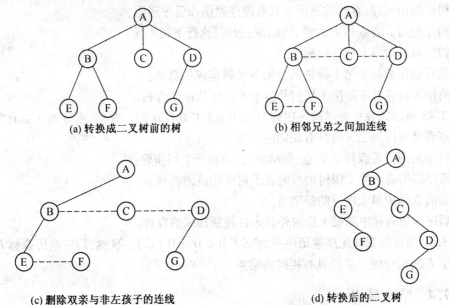

(a) 转换成二叉树前的树　　(b) 相邻兄弟之间加连线

(c) 删除双亲与非左孩子的连线　　(d) 转换后的二叉树

图 3.48　树转化为二叉树的过程

(2)森林与二叉树的转换。

将森林转换成一棵二叉树的方法如下:

①先把森林中的每一棵树依次转换成相应的二叉树。

②将第 2 棵二叉树作为第 1 棵二叉树的根结点的右子树连接起来,将第 3 棵树作为第 2 棵树的根结点的右子树连接起来,以此类推,直至把所有的二叉树连接成为一棵二叉树。

图 3.49 给出了森林转换为二叉树的过程。

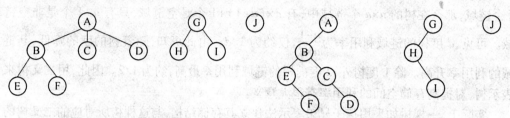

(a) 转换成二叉树前的森林　　　　　　　　(b) 森林中每一棵树依次转换成相应的二叉树

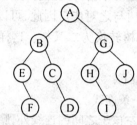

(c) 所有的二叉树相连成为一棵二叉树

图 3.49　将森林转化为二叉树的过程

(3)森林的遍历。

与树的遍历一样,森林的遍历也只有前序遍历和后序遍历。

①前序遍历。若森林 F 为空,则结束;否则,执行下列步骤:

a. 访问森林中第 1 棵树的根结点。

b. 前序遍历森林中第 1 棵树的根的各子树构成的森林。

c. 前序遍历森林中除第 1 棵树外其余各树所构成的森林。

图 3.48 所示的森林先序遍历序列为:A B E F C D G H I J。显然,前序遍历森林和前序遍历该森林对应的二叉树具有相同的结果。

②后序遍历。若森林 F 为空,则结束;否则执行下列步骤:

a. 后序遍历森林第 1 棵树的根的各子树所构成的森林。

b. 访问森林中第 1 棵树的根结点。

c. 后序遍历森林中除第 1 棵树外其余各树所构成的森林。

图 3.48 所示的森林先序遍历序列为:E F B C D A H I G J。显然,后序遍历森林 F 与中序遍历 F 所对应的二叉树具有相同的结果。

3.7.4　哈夫曼树

树形结构是一种应用非常广泛的结构,许多算法中常常利用树形结构作为中间结构,以解决问题、确定对策等。哈夫曼树(Huffman)又称最优二叉树,是指对于一组带有确定权值的叶子结点,构造的具有带权路径长度最短的二叉树,有着广泛的应用。

3.7.4.1　哈夫曼树的基本术语及定义

(1)路径。

路径是指从树中一个结点到另一个结点之间的分支构成两结点之间路径。

（2）路径长度。

路径长度是指路径上的分支数目。

（3）树的路径长度。

树的路径长度是指从树根到树中每一个结点的路径长度之和。

（4）结点的带权路径长度。

结点的带权路径长度从结点到根之间的路径长度与结点上权值的乘积。

（5）树的带权路径长度。

树的带权路径长度树中所有叶子结点的带权路径长度之和记为 $WPI = \sum_{i=1}^{n} w_i l_i$。其中 n 为树中叶子结点的个数；w_i 为第 i 个叶子结点的权值；l_i 为第 i 个叶子结点的路径长度。

（6）哈夫曼树。

假设有 n 个数值 $\{w_1, w_2, \cdots, w_n\}$，构造一棵有 n 个叶子结点的二叉树，每个叶子结点带权为 w_i，则带权路径长度 WPI 最小的二叉树称哈夫曼树或最优二叉树。

例如，图 3.50 中的 3 棵二叉树，都有 4 个叶子结点 a、b、c、d，分别带权 8、5、7、4，它们的带权路径长度分别为：

$$WPI = 8 \times 2 + 5 \times 2 + 7 \times 2 + 4 \times 2 = 48$$
$$WPI = 8 \times 3 + 5 \times 3 + 7 \times 1 + 4 \times 2 = 54$$
$$WPI = 8 \times 1 + 5 \times 3 + 7 \times 2 + 4 \times 3 = 49$$

其中以 a 树的 WPL 为最小，则可以验证，a 树恰好是 Huffman 树。

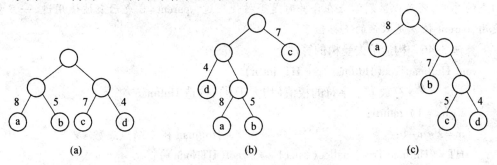

图 3.50　具有不同带权路径长度的二叉树

3.7.4.2　哈夫曼树的构造

对于给定的 n 个权值 $\{w_1, w_2, \cdots, w_n\}$，如何才能构造最优二叉树呢？直观地看，权值越大的叶子，结点应该离根越近，权值越小的叶子，结点应该离根越远，才能使二叉树的带权路径长度达到最小。按照哈夫曼树的定义，哈夫曼最早提出了构造最优树的方法：

（1）根据给定的 n 个权值 $\{w_1, w_2, \cdots, w_n\}$ 构成 n 棵二叉树的集合 $F = \{T_1, T_2, \cdots, T_n\}$，其中每棵二叉树 T_i 中只有一个带权为 w_i 的根结点，左、右子树均为空。

（2）在 F 中选取两棵根结点的数值最小的树作为左、右子树构造一棵新的二叉树，且置新的二叉树的根结点的权值为其左、右子树上根结点的权值之和。

（3）在 F 中删除这两棵树，同时将新得到的二叉树加入 F 中。

（4）重复（2）、（3），直到 F 只含一棵树为止。

这样得到的树便是哈夫曼树。

图 3.51 给出了按照权值{8,5,7,4}构造哈夫曼树的过程。

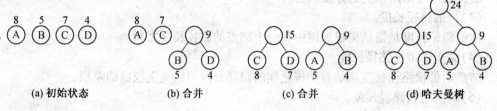

(a) 初始状态   (b) 合并   (c) 合并   (d) 哈夫曼树

图 3.51   构造哈夫曼树的过程

哈夫曼树的存储结构为：

typedef struct
{
    int weight;
    int parent,lchild,rchild;
}HTNode   * HuffmanTree;

其中,weight 域保存结点的权值;lchild 域和 rchild 域分别表示该结点的左、右孩子在数组 HuffmanTree 中的序号;parent 域用来保存结点的双亲结点在数组哈夫曼树中的序号。

注意   初始时,lchild、rchild 和 parent 域均为 0。因此,parent 域除了保存结点的双亲结点的序号,还可以区别结点在合并时是否被使用过,parent=0 表示未被使用过,一旦被使用,parent 值就是双亲的下标值了。

算法 3.46   构造哈夫曼树的算法。

```
void HuffmanTree(HuffmanTree HT,int n)
{       /*存放 n 个字符的权值(均大于 0),构造 Huffman 树 */
    if(n<=1) return;
    m=2*n-1;                        /* Huffman 树中结点总数 */
    HT=(HuffmanTree)malloc((m+1) * sizeof(HTNode));
    for(p=HT,j=1;i<=m;++i,++p)     /* 数组 HT 初始化,0 号单元未用 */
    {
        p. weight=0;
        p. parent=0;
        p. lchild=0;
        p. rchild=0;
    }
    for(p=HT,i=1;i<=n;++i,++p,++w) /* 读入叶子结点的权值 */
        p. weight=w;
    for(i=n+1;i<=m;++i)             /* 建哈夫曼树 */
    {
        select(HT,i-1,p1,p2);/* 在 HT[1,…,i-1]中选择 parent 为 0 且 weight 最小
```

的两个结点，其序号分别为 p1 和 p2 */

```
        HT[ p1 ]. parent = i;HT[ p2 ]. parent = i;
        HT[ i ]. lchild = p1 ;HT[ i ]. rchild = p2 ;
        HT[ i ]. weight = HT[ p1 ]. weight+HT[ p2 ]. weight;
    }
}
```

按照构造哈夫曼树算法的执行过程，图 3.50 中的哈夫曼树的存储结构如图 3.51 所示。

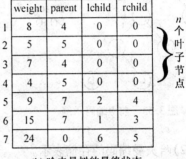

(a) 哈夫曼树的初始状态

	weight	parent	lchild	rchild
1	8	0	0	0
2	5	0	0	0
3	7	0	0	0
4	4	0	0	0
5	0	0	0	0
6	0	0	0	0
7	0	0	0	0

(b) 哈夫曼树的最终状态

	weight	parent	lchild	rchild
1	8	4	0	0
2	5	5	0	0
3	7	4	0	0
4	4	5	0	0
5	9	7	2	4
6	15	7	1	3
7	24		5	6

图 3.52 由图 3.51 中的树构造哈夫曼树的存储结构

3.7.4.3 哈夫曼树的编码

哈夫曼树被广泛应用到各种技术中，最典型的应用就是编码技术方面的应用。

在数据通信过程中，通常需要将传送的文字转换成由二进制字符 0、1 组成的字符串来进行传输。在发送报文时，总是希望传送时间尽可能地短，这就要求电文代码尽可能地短。如需传送的电文为"ABACCDA"，它只有 4 种字符，只需两个字符的串便可分辨。设 A、B、C、D 的编码分别为 00、01、10 和 11，则上述 7 个字符的电文便为"00010010101100"，总长 14 位，对方接受时，可按二位一分进行译码。如果设计 A、B、C、D 的编码分别为 0、00、1、01，则上述传送的字符的总长就变为 9，即"000011010"，但这样的电文无法译码，例如，前 4 个字符的子串"0000"就可能有多种译法，或是 AAAA，或是 ABA，也可能是 BB。因此，若要设计长短不等的编码，则必须是任意一个字符的编码都不是另一个字符的编码的前缀，这种编码称为前缀编码。

利用哈夫曼树可构造前缀编码。因为，在哈夫曼树中，每个字符结点都是叶子结点，它们不可能在根结点到其他字符结点的路径上，所以一个字符的哈夫曼编码不可能是另一个字符的哈夫曼编码的前缀。

(1)哈夫曼编码。

为了获得传送电文的最短长度，可将字符出现的次数(频率)作为权值赋予该结点，构造一棵 WPL 最小的哈夫曼树，由此得到的二进制前缀编码就是最优前缀编码，也称哈夫曼编码。可以验证，用这样的编码传送电文可使总长最短。

上例中报文的字符集 $D = \{A, B, C, D\}$，各字符对应的使用频率(权值)$W = \{3, 1, 2, 1\}$。利用权值 W 构造哈夫曼树，按照左孩子为 0，右孩子为 1 的规则构造哈夫曼编码，如

图 3.53 所示,可得到各字符的哈夫曼编码是:A:0,B:110,C:10,D:111

构造了哈夫曼树后,求哈夫曼编码的实现过程是:在已建的哈夫曼树中,从叶子结点开始,沿结点的双亲链域回退到根结点,每回退一步,就走过了一个分支,从而得到一位哈夫曼码值,由于一个字符的哈夫曼编码是从根结点到相应叶子结点所经过的路径上各分支所组成的 0、1 序列,因此先得到的分支代码为所求编码的低位码,后得到的分支代码为所求代码的高位码,如图 3.54 所示。

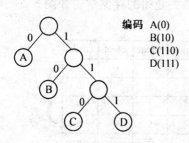

图 3.53　前缀编码示例

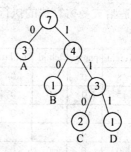

图 3.54　哈夫曼编码树

(2)哈夫曼编码的存储表示。

```
typedef struct
{
    char ch;
    char bits[n+1];
}CodeNode;
typedef CodeNode HuffmanCode[n];
```

(3)哈夫曼编码的算法。

算法 3.47　哈夫曼编码的算法。

```
void HuffmanCoding(HuffmanTree HT,HuffrnanCode HC,int n)
{                                        /*从叶子结点到根结点逆向求每个字符
的 Huffman 编码*/
    HC=(HuffmanCode)malloc((n+1)*sizeof(char*));
                                         /*分配 n 个字符编码的头指针向量*/
    cd=(char*)malloc(n*sizeof(char));    /*分配求编码的工作空间*/
    cd[n-1]='\0'                          /*编码结束符*/
    for(i=1;i<=n;i++)                     /*求每个叶子结点的 Huffman 编码*/
        { start=n-1;
        for(c=i,f=HT[i].parent;f! =0;c=f,f=HT[f].parent)
                                         /*由叶子结点到根逆向求编码*/
            { if(HT[f].lchild==c)
                cd[--start]='0';
            else cd[--start]='1';
```

```
        }
        HC[i] = ( char * ) malloc( ( n−start) * sizeof( char) );
                                      /* 为第 i 个字符编码分配空间 */
        StringCopy( HC[i],cd[start] );    /* 从 cd 复制编码(串)到 HC */
    }
    free( cd) ;                           /* 释放工作空间 */
}
```

3.8　图

图也是一种非线性结构,但它比线性表和树的结构更复杂。在线性结构中,数据元素之间仅有顺序关系,即一对一的关系;在树形结构中,数据元素之间存在层次关系,即一对多的关系;而在图中,数据元素之间的关系没有限制,任意两个数据元素之间都可以相邻,每个数据元素既可以有多个前趋,也可以有多个后继,也就是说,在图结构中数据元素之间是多对多的关系。图适用于表达数据元素之间存在着的复杂关系,可以用图将这种关系描绘为网状结构。图的应用十分广泛,在计算机、通信工程、管理学、语言学及情报学等领域中的很多问题都可以抽象为图结构。

3.8.1　图的基本概念和术语

3.8.1.1　图的基本概念

图(Graph)由两个集合组成,可以定义为:

$$G = (V,E)$$

其中,G 表示一个图;V 是图 G 中顶点(Vertex)的集合;E 是图 G 中边(Edge)的集合。即:

$$V = \{v_i \mid v_i \in \text{VertexType}\}$$

$$E = \{(v_i,v_j) \mid v_i,v_j \in V\} \text{ 或 } E = \{<v_i,v_j> \mid V_i,V_j \in V\}$$

其中,VertexType 为顶点值的类型,代表任意类型。边的形式有两种:(v_i,v_j) 表示从顶点 v_i 到 v_j 的一条双向通路,即 (v_i,v_j) 没有方向,通常称之为无向边;$<v_i,v_j>$ 表示从顶点 v_i 到 v_j 的一条单向通路,即 $<v_i,v_j>$ 是有方向的,在这种情况下,有向边又称为弧(Arc),此时 v_i 称为弧尾,v_j 称为弧头。

对于一个图 G,若边集 $E(G)$ 中为有向边,则称此图为有向图(Directed Graph);若边集 $E(G)$ 中为无向边,则称此图为无向图(Undi-rected Graph)。如图 3.55 所示,G_1 和 G_2 分别为一个无向图和一个有向图,G_1 中每个顶点里的数字为该顶点的序号(序号从 0 开始),顶点的值没有在图形中给出,G_2 中每个顶点里表示的是该顶点的值或关键字。G_1 和 G_2 对应的顶点集和边集分别如下所示。

$$V(G_1) = \{v_1,v_2,v_3,v_4,v_5,v_6\}$$

$$E(G_1) = \{(v_1,v_2),(v_1,v_3),(v_1,v_4),(v_1,v_5),(v_2,v_5),(v_3,v_5),(v_3,v_6),(v_4,v_6),(v_5,v_6)\}$$

$$V(G_2) = \{v_1,v_2,v_3,v_4,v_5\}$$

$$E(G_2) = \{ <v_1, v_2>, <v_1, v_3>, <v_2, v_3>, <v_2, v_5>, <v_3, v_2>, <v_3, v_4>, <v_5, v_4> \}$$

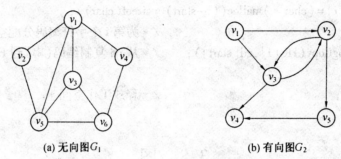

(a) 无向图 G_1 (b) 有向图 G_2

图 3.55   有向图和无向图

3.8.1.2   图的基本术语

（1）邻接点和相关边。

对于无向图 $G=(V, E)$，若 $<v_1, v_2> \in E$，则称 v_1 和 v_2 互为邻接点，即 v_1 和 v_2 相邻接，而边 $<v_1, v_2>$ 则是与顶点 v_1 和 v_2 相关边。例如，在图 3.55（a）中，v_1、v_2 互为邻接点。与 v_1 相关联的边有 $<v_1, v_2>$、$<v_1, v_3>$ 和 $<v_1, v_4>$。

（2）完全图。

我们用 n 表示图中顶点数目，用 e 表示边或弧的数目。不考虑顶点到其自身的弧或边，即若 $<v_i, v_j> \in E$，则 $v_i \neq v_j$，那么，对于无向图，e 的取值范围是 0 到 $\dfrac{n(n+1)}{2}$。有 $\dfrac{n(n+1)}{2}$ 条边的无向图称为完全图。对于有向图，e 的取值范围是 0 到 $n(n-1)$。且有 $n(n-1)$ 条弧的有向图称为有向完全图。当一个图接近完全图时，则称它为稠密图，当一个图含有较少的边（即 $e \ll n\log n$）时，则称它为稀疏图。

（3）顶点的度、入度和出度。

顶点的度（Degree）是和 v 相关联的边的数目，记为 $TD(v)$。例如在图 3.55（a）中，v_1 的度为 4，v_3 的度为 3。在有向图中，以顶点为弧尾的弧的数目称为该顶点的出度，记为 $ID(v)$；以顶点为弧头的弧的数目称为该顶点的入度，记为 $OD(v)$。顶点的度为 $TD(v)= ID(v)+OD(v)$。例如，在图 3.55（b）中，顶点 v_2 的出度为 2，顶点 v_5 的入度为 1。一个有 n 个顶点、e 条边或弧的图，满足如下关系：

$$e = \frac{1}{2} \sum_{i=1}^{n} TD(v_i)$$

（4）路径和回路。

在无向图 $G=(V, E)$ 中，如果存在一个顶点序列 $v_1, v_2, \cdots, v_n$ 满足 $(V_i, V_j) \in E (1 \leqslant i < n)$，则称从顶点 v_1 到顶点 v_n 存在一条路径（Path）。如果 G 是有向图，则路径也是有向的，顶点序列应满足 $(v_i, v_{i+1}) \in E (l \leqslant j < n)$。路径的长度是路径上的边或弧的数目。第一个顶点和最后一个顶点相同的路径称为回路或环，序列中顶点不重复的路径称为简单路径。除了第一个顶点和最后一个顶点外，其余结点不重复的回路，称为简单回路或简单环。

（5）子图。

假设存在两个图 $G=(V, (E))$ 和 $G'=(V', (E'))$，如果 $V' \in V, E' \in E$，则称 G' 是 G 的

子图。例如,图 3.56(a)的部分子图如图 3.55(b)所示。

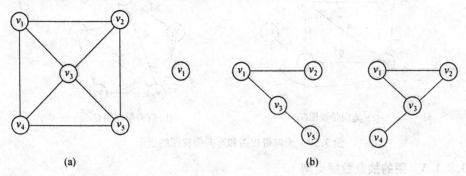

图 3.56 图与子图

(6)连通和强连通。

在无向图 G 中,若从 v_i 到 $v_j(i\neq j)$ 有通路,则称 v_i 到 v_j 是连通的。若 $V(G)$ 中每一对不同顶点 v_i 和 v_j 都连通,则称 G 是连通图。在无向图中,极大的连通子图称为连通的分量。图 3.57(a)中是不连通的,但有两个连通分量,如图 3.57(b)所示。

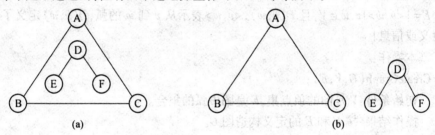

图 3.57 图与图的连通分量

在有向图中,若对于 $V(G)$ 中的每一对不同的顶点 v_i,v_j,都存在从 v_i 到 v_j 及 v_j 到 v_i 的路径,则称 G 是强连通图。有向图中极大的强连通子图称为它的强连通分量。强连通图和强连通分量的例子如图 3.58 所示。

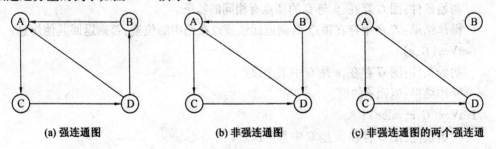

(a) 强连通图   (b) 非强连通图   (c) 非强连通图的两个强连通

图 3.58 有向图的连通与其连通分量

(7)权和网。

在一个图中,每条边上可以标上具有某种含义的数值,此数值称为该边的权(Weight)。带有权的图称作带权图,也常称为网(Network)。图 3.59 为无向带权图和有向带权图的表示。

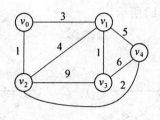
(a) 无向带权图 G_3

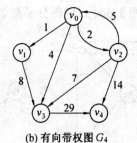
(b) 有向带权图 G_4

图 3.59　无向带权图和有向带权图的表示

3.8.1.3　图的抽象数据类型

将图的数据结构与图的基本操作结合起来,就构成了图的抽象数据类型。

ADT Graph

｛

数据对象 V:V 是具有相同特性的数据元素的集合,称为顶点集。

数据关系 R:$R=\{E\}$

$E=\{<v,w>|v,w\in V,$ 且 $P(v,w)\}$,$<v,w>$ 表示从 v 到 w 的弧,$P(v,w)$ 定义了弧 $<v,w>$ 的意义或信息｝

基本操作:

CreateGraph(G,V,E);

　　初始条件:V 是图的顶点集,E 是图中弧的集合。

　　操作结果:按 V 和 E 的定义构造图 G。

DestroyGraph(G);

　　初始条件:图 G 存在。

　　操作结果:销毁图 G。

LocateVex(G,u);

　　初始条件:图 G 存在,u 与 G 的顶点有相同的特征。

　　操作结果:若 G 中存在顶点 u,则返回该顶点在图中的位置;否则返回其他信息。

GetVex(G,v);

　　初始条件:图 G 存在,v 是 G 中某个顶点。

　　操作结果:返回 v 的值。

PutVex$(G,v,$value$)$;

　　初始条件:图 G 存在,v 是 G 中某个顶点。

　　操作结果:对 v 赋值 value。

FirstAdjVex(G,v);

　　初始条件:图 G 存在,v 是 G 中某个顶点。

　　操作结果:返回 v 的第一个邻接顶点。若顶点在 G 中没有邻接顶点,则返回"空"。

NextAdjVex(G,v,w);

　　初始条件:图 G 存在,v 是 G 中某个顶点,w 是 v 的邻接顶点。

操作结果:返回 v 的(相对于 w 的)下一个邻接顶点。若 w 是 v 的最后一个邻接点,则返回"空"。

InsertVex(G,v);

　　初始条件:图 G 存在,v 和图中顶点有相同特征。

　　操作结果:在图 G 中增添新顶点 v。

DeleteVex(G,v);

　　初始条件:图 G 存在,v 是 G 中某个顶点。

　　操作结果:删除 G 中顶点 v 及其相关的弧。

InsertAcr(G,v,w);

　　初始条件:图 G 存在,v 和 w 是 G 中两个顶点。

　　操作结果:在 G 中增添弧 $<v,w>$,若 G 是无向的,则还增添对称弧 $<w,v>$。

DeleteArc(G,v,w);

　　初始条件:图 G 存在,v 和 w 是 G 中两个顶点。

　　操作结果:在 G 中删除弧 $<v,w>$,若 G 是无向的,则还删除对称弧 $<w,v>$。

DFSTraverser(G,v,Visit());

　　初始条件:图 G 存在,v 是 G 中某个顶点,Visit 是顶点的应用函数。

　　操作结果:从顶点 v 起深度优先遍历图 G,并对每个顶点调用函数 Visit 一次。一旦 Visit()失败,则操作失败。

BFSTRaverse(G,v,Visit());

　　初始条件:图 G 存在,v 是 G 中某个顶点,Visit 是顶点的应用函数。

　　操作结果:从顶点 v 起广度优先遍历图 G,并对每个顶点调用函数 Visit 一次。一旦 Visit()失败,则操作失败。

}ADT Graph

3.8.2　图的存储结构

图是一种比线性结构和层次结构更为复杂的数据结构。在图中由于任意两个顶点之间都可能存在联系,所以依据数据元素在存储区中的物理位置来表示元素之间的关系是比较困难的。图是由顶点集和边集组成的,因此,存储图结构就应当考虑如何存储顶点和边。

可以采用多种存储结构存储顶点集和边集,下面介绍几种常用的存储结构:邻接矩阵、邻接表、十字链表和邻接多重表。

3.8.2.1　邻接矩阵

邻接矩阵是表示图中结点间关系的矩阵。设图 $G=(V,E)$ 含 n($n \geqslant 1$)个顶点,当用二维数组表示时,需要存放 n 个顶点信息以及 n^2 个边(或弧)的信息。对于一个 n 阶方阵,其邻接矩阵有如下性质:

$$A[i][j] = \begin{cases} 1 & (v,w) \text{ 或 } <v,w> \in E(G) \\ 0 & \text{其他} \end{cases}$$

例如,图 3.54 中 G_1 和 G_2 的邻接矩阵如图 3.60 所示。

行下标 0 1 2 3 4 5 列下标　　行下标 0 1 2 3 4 列下标

$$A_1=\begin{bmatrix}0&1&1&1&1&0\\1&0&0&0&1&0\\1&0&0&0&1&1\\1&0&0&0&0&1\\1&1&1&0&0&1\\0&0&1&1&1&0\end{bmatrix}\begin{matrix}0\\1\\2\\3\\4\\5\end{matrix}\qquad A_2=\begin{bmatrix}0&1&1&0&0\\0&0&1&0&1\\0&1&0&1&0\\0&0&0&0&0\\0&0&0&1&0\end{bmatrix}\begin{matrix}0\\1\\2\\3\\4\end{matrix}$$

图 3.60　图 3.55 中无相图 G_1 和有向图 G_2 的邻接矩阵

对于无向图，由于当 $(v,w)\in E(G)$ 时，必有 $(w,v)\in E(G)$，所以它的邻接矩阵是对称的（图 3.59(a)）。因此，无向图仅需存储下三角（或上三角）的元素，对含有 n 个顶点的无向图，其存储空间为 $\dfrac{n(n-1)}{2}$。

有向图的邻接矩阵则不一定对称，用邻接矩阵表示一个具有 n 个顶点的有向图所需的存储空间为 n^2。

通过邻接矩阵可以很容易地判定任意两个顶点之间是否有边相连，并易于求得各个顶点的度。对无向图而言，顶点 v_i 的度是矩阵中第 i 行非零元素之和，也是第 i 列非零元素之和，即 V。对于有向图，第 i 行元素之和为顶点 v_i 的出度，第 j 列元素的和为顶点 v_j 的入度。

网的邻接矩阵可以定义为：

$$A[i][j]=\begin{cases}w_{i,j}&(v,w)\ \text{或}\ <v,w>\in E(G)\\\infty&\text{其他}\end{cases}$$

其中，$w_{i,j}$ 表示权。例如，图 3.59 的带权图，图 3.61 给出了它们的邻接矩阵。

行下标 0 1 2 3 4 列下标　　行下标 0 1 2 3 4 列下标

$$A_3=\begin{bmatrix}\infty&3&1&\infty&\infty\\3&\infty&4&1&5\\1&4&9&2&\\\infty&1&9&6&\\\infty&5&2&6&\infty\end{bmatrix}\begin{matrix}0\\1\\2\\3\\4\end{matrix}\qquad A_4=\begin{bmatrix}\infty&1&2&4&\infty\\\infty&\infty&\infty&8&\infty\\5&\infty&\infty&7&14\\\infty&\infty&\infty&\infty&29\\\infty&\infty&\infty&\infty&\infty\end{bmatrix}\begin{matrix}0\\1\\2\\3\\4\end{matrix}$$

图 3.61　无向网 G_3 和有向网 G_4 的邻接矩阵

一个图中的顶点信息和顶点之间关系（边或弧）的信息分别用两个数组存放，其形式描述如下：

```
#define    MAXNODE  64                    /* 图中顶点的最大数 */
typedef  char  VertexType;                /* 顶点数据的类型 */
typedef  int  EdgeType;                   /* 边或弧的类型 */
typedef  struct
{ VertexType  vexs[MAXNODE];              /* 顶点向量 */
  EdgeType  arcs[MAXNODE][MAXNODE];       /* 邻接矩阵 */
  int  vexnum,arcnum;                     /* 图的顶点和弧数 */
```

}MGraph;

用邻接矩阵表示图,便于查找图中任一条边或边上的权,查找树中任一结点的度、邻接点或所有邻接点也很方便。图的邻接矩阵表示也有其缺点,所占存储空间只和顶点个数有关,和边(弧)的个数无关,表示稠密图时,能够充分地利用存储空间;但在表示稀疏图时,会造成空间的浪费。

3.8.2.2　邻接表

邻接表是将图的顶点的顺序存储结构和各顶点的邻接点的链式存储结构相结合的一种存储结构。

在邻接表表示法中,为图中每个顶点建立一个单链表。无向图的第 i 个链表将图中与顶点 v_i 有邻接关系的所有顶点链接起来。也就是说,第 i 个链表的每个结点表示了依附于表头结点 v_i 的一个边,称这个链表为 v_i 的边表(对于有向图则称为出边表)。有向图的第 i 个链表,链接了以顶点 v_i 为弧尾(射出)的所有弧头(射入)顶点,即链表中的每个结点表示了图中与表头结点 v_i 有关联关系的所有边,因而称边表中的结点为边结点。图 3.62 就是邻接表中结点的存储结构。

图 3.62　邻接表中结点的存储结构

每个边结点均由三个域组成:其一是邻接点域,它表示与顶点 v_i 相邻接的顶点在顶点向量中的序号;其二是链域,它指向与顶点 v_i 相邻接的下一个顶点的表结点;其三是信息域(对于网是有用的),它表示边的权值等。每个链表设立一个头结点,头结点有两个域:数据域存储顶点 v_i 的相关信息;链域则指向头结点的第一个邻接点(链表中的第一个结点)。为便于运算,将各顶点的头结点以顺序结构存储。

一个图的邻接表存储结构描述如下:

```
#define MAXNODE   64              /* 图中顶点的最大个数 */
typedef char VertexType;          /* 顶点的数据类型 */
typedef struct ArcNode            /* 边的表结点 */
{ int adjvex;                     /* 邻接点在顶点向量中的下标 */
  struct ArcNode   * next;        /* 指向下一邻接点的指针 */
  InfoType        * info;         /* 和弧(或边)相关的信息指针 */
}ArcNode;
typedef struct                    /* 顶点结点 */
{ VertexType   vertex;            /* 顶点信息 */
  ArcNode    * firstarc;          /* 指向第一邻接点的指针 */
}VerNode;
```

```
typedef struct
{ VerNode   vertices[MAXNODE];    /* 邻接表 */
  int   vexnum,arcnum;            /* 顶点和边的数目 */
}AlGraph;
```

例如,图 3.63 是图 3.59 中有向图的临界表。

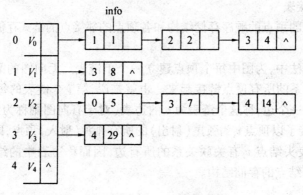

图 3.63   有向网 G_4 的临界表

临界表的表示图具有如下特点:

①便于查找任一顶点的出度、邻接点、边和边上的权值,这与邻接矩阵表示法是相同的。

②不便于查找一个顶点的入边或入边邻接点。

③不便于判定任意两个顶点之间是否有边或弧相连。

3.8.2.3   十字链表

当图的十字链表存储结构表示有向图时,不但需要存储顶点信息,还需要存储每条弧的信息。在十字链表中,对应于有向图的每个顶点有一个顶点结点,对应于有向图的每条弧有一个弧结点,相应结构如图 3.64 所示。

图 3.64   边结点的存储结构

弧结点中有五个域:tvex 和 hvex 分别表示该弧的弧尾顶点和弧头顶点在图中的位置,链域 hlink 指向以 hvex 为弧头的下一条弧,tlink 指向以 tvex 为弧尾的下一条弧,info 域含有该弧的相关信息。这样弧头相同的弧在同一链表上,弧尾相同的弧也在同一链表上,由弧结点构成了单链表。

顶点结点包含三个域:vertex 为顶点信息,如顶点的名称等;链域 firstin 和 firstout 分别指向以该顶点为弧头和弧尾的第一个弧结点,所有的顶点结点是顺序存储在一个一维向量(数组)中的。例如,图 3.65 给出了图 3.59 中有向图的十字链表。

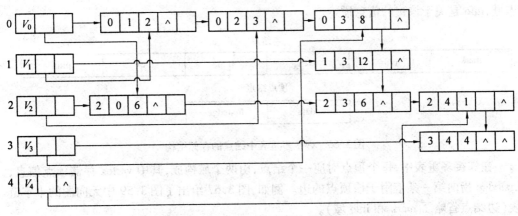

图 3.65 有向图 G_4 的十字链表

有向图的十字链表存储表示的形式描述如下：

#define MAXNODE 64	/* 图中顶点的最大个数 */
typedef struct arc	/* 弧结点 */
{ int hvex, tvex;	/* 弧尾顶点和弧头顶点的位置 */
struct arc * hlink, * tlink;	/* 分别为弧头相同和弧尾相同的

弧的链域指针 */

InfoType * info;	/* 和弧相关的信息 */
} OrArcNQde;	
typedef struct	/* 顶点结点 */
{ VertexType vertex;	/* 顶点信息 */
OrArcNode * firstin, * firstout;	/* 分别指向该顶点第一条入弧和

出弧 */

} OrVerNode;	
typedef OrVerNode OrthList[MAXNODE];	/* 十字链表 */

显然，在十字邻接表中指针域的个数是邻接表的 2 倍，因而空间开销相对要大一些。但因为存储了每个顶点的出边信息和入边信息，给图的某些操作带来了方便，因此，在某些有向图的应用中，十字邻接表是很有的工具。

3.8.2.4 邻接多重表

邻接多重表主要用于存储无向图。用邻接表存储无向图，每条边的两个顶点分别在以该边所依附的两个顶点的边表中，这种重复存储给图的某些操作带来了不便。例如，对已访问过的边做标记，或者要删除图中某一条边等，都需要找到表示同一条边的两个顶点。因此，在进行这一类操作的无向图中采用邻接多重表作为存储结构更为适宜。邻接多重表就是将每一条边的信息存储在一个边的结点中。

邻接多重表的存储结构和十字链表类似，也是由顶点表和边表组成，每一条边用一个边表结点表示，其顶点表结点结构如图 3.66 所示。从图 3.66 可以看出，在邻接多重表中，每条边对应的边结点由六个域构成，其中 ivex、jvex 是该边依附的两个顶点在图中的位置，ilink 指向与 ivex 相关联的下一条边，jlink 指向与 jvex 相关联的下一条边，mark 为标志域,info 是关于该边的信息描述。

弧结点

mark	info	ivex	ilink	jvex	jlink

顶点结点

data	firstedge

图 3.66 邻接多重表中结点的存储结构

在邻接多重表中,每个顶点对应一个结点,由两个域构成,其中 vertex 存储顶点信息,firstedge 指向第一条依附于该顶点的边。例如,图 3.67 给出了图 3.59 中无向图的十字链表(边结点省略了 mark 和 info 域)。

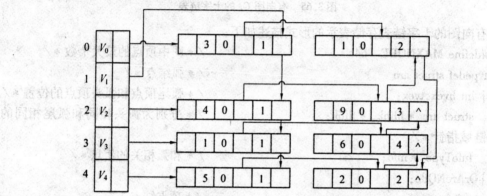

图 3.67 无向图 G_3 的邻接多重表

邻接多重表的存储表示形式描述如下:

```
#define MAXNODE    64                      /*图中顶点的最大个数*/
typedef struct ENode                       /*边结点*/
{int ivex,jvex;                            /*该边依附的两个顶点的位置*/
    struet ENode   *ilink,*jlink;          /*分别指向依附这两个顶点的下一
条边*/
    InfoType *info;                        /*和边相关的信息*/
}ENode;
typedef struct                             /*顶点结点*/
{ VertexType   vertex;                     /*顶点信息*/
    ENode   *firstedge;                    /*指向第一个邻接点的指针*/
}EVerNode;
typedef EVerNode AdjMuList[MAXNODE];       /*邻接多重表*/
```

在邻接多重表中,所有依附于同一顶点的边串联在同一链表中,由于每条边依附于两个顶点,则每个边结点同时链接在两个链表中,而不需要用两个边结点表示,因此给某些操作带来了方便。

3.8.3　图的遍历

给出一个图 G 和其中任意一个结点 V_i，以 V_i 出发系统地访问 G 中所有的顶点，而且使每个顶点被访问一次仅被访问一次，这一过程称为图的遍历。树的遍历是利用树求解各类问题的基础，是树的一个最基本运算。同样，图的遍历算法是求解图的连通性拓扑排序和求解关键路径的基础。由于图中任一顶点都有可能和其余顶点相邻，所以在它被访问之后，有可能在沿着某条路径的遍历过程中，再次回到该顶点。为了避免同一个顶点重复访问，我们必须对每一个已访问的顶点作标记。方法是设置一个标志辅助数组 visited[n]，用它的元素下标表示图中顶点的编号，开始时，它的各个数组元素为 0，表示未被访问过，一旦顶点被访问，就将 visited[i] 置 1，表示已被访问。通常图有两种遍历次序，即深度优先搜索（Depth First Search，DFS）和广度优先搜索（Breadth First Search，BFS）。这些方法既适用于无向图，又适用于有向图。

3.8.3.1　深度优先搜索

深度优先搜索（DFS）是一个递归的过程，它类似于树的前序遍历。以图中某一顶点 V_i 开始访问，然后选取一个与 V_i 邻接且没有被访问的任一顶点 W_i 进行访问。再由 W_i 出发，选取一个与 W_i 邻接且没有被访问的 W_j 进行访问，再由 W_j 出发，以此类推，直至到达所有的邻接顶点都被访问过为止。此时，若图是连通图，则所有顶点都已经被访问；若图是非连通图，则图中还有其他顶点未被访问到，再任选一个未被访问的顶点，重复以上的遍历过程，直到访问完所有顶点为止。

图 3.68 给出深度优先搜索的示例。以顶点 v_1 出发，开始一次深度优先搜索，可以到达连通图的所有顶点。图 3.68(b) 中的实线表示访问方向，虚线表示回溯方向，箭头旁边的数字代表遍历的顺序。图 3.68(c) 给出了此图的邻接表存储的形式。

对邻接表表示的图，其深度优先搜索算法如下：

算法 3.48　图的深度优先搜索算法。

```
int Visited[ MAXNODE ]              /*访问标志数组*/
void DFStravers( AlGraph G)
{
  for( v = 0;V<G. vexnum;v++)
    visited[ v ] = 0;                /*标志数组置未访问标志*/
  for( w = 0;w<G. vexnum;w++)
    if( !  visited[ w ] )
      DFS( G,w)
}
void DFS( Graph G,int V)            /*以第 V 个顶点出发进行深度优先遍历图 G*/
{
  visited[ V ] = 1;
  visit( V );                       /*访问顶点 V*/
  p = G. vertices[ v ]. firstarc;
```

```
    if(p! =NULL)
    {
        if(! visited[p. adjvex])
        DFS(G,p. adjvex);
        p=p. next;
    }
}
```

算法分析：对于有 n 个顶点、m 条边的图，如果用邻接表表示图，沿 next 指针可以找到某个顶点的所有邻接点。若图是连通的，则总共有 $2m$ 个边结点，所以扫描边的时间为 $O(m)$。对所有顶点递归访问 1 次，所以遍历图的时间复杂性为 $O(n+m)$。如果用邻接矩阵表示图，则查找每一个顶点的所有边，所需时间为 $O(n)$，则遍历图中所有的顶点所需的时间为 $O(n^2)$。

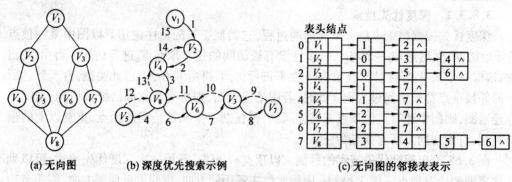

(a) 无向图   (b) 深度优先搜索示例   (c) 无向图的邻接表表示

图 3.68   图的深度优先搜索示例

3.8.3.2   广度优先搜索

广度优先搜索(BFS)类似于树的层次遍历。基本思想是：从图中的某一个顶点出发，首先访问与该顶点邻接的全部顶点，然后依次以这些顶点出发，逐次访问与它们邻接的未访问过的全部顶点，以此类推，直到所有的顶点都被访问过为止。为了实现上述要求，我们需要用到一个队列 queue(n)，和深度优先搜索遍历相同的是，遍历过程中也需要用到标志数组 visited[n]，以避免重复访问。

算法 3.49   图的广度优先搜索算法。

```
void BFStraverse(Graph G,int v)        /* 按广度优先遍历图 G */
{
    for(v=0;v<G. vemum;v++)
        visited[v]=0;                   /* 访问数组初始化 */
    QueueInit(Q);
    for(v=0;v<G. vemum;v++)
    {
        if(! visited[v])                /* v 未访问 */
        {
```

```
        QueueIn( Q,v );                    /* v 入队列 */
        while( ! QueueEmpty)( Q) )
        {
            Queueout( Q,u );               /* 队头元素出队 */
            visited[ u ] = 1 ; visit( u );
            for( w = Graphfirstadj( G,u ) ; w ; w = Graphnextadj( G,u,w ) )
                if( ! visited[ w ] ) QueueIn( Q,w );
        }
    }
}
```

算法分析:在图的广度优先搜索算法中,每一个顶点进队列一次且出队列一次,因此算法中的 while 循环的执行次数最多为 n 次。如果用邻接表表示图,用 d_i 表示顶点 i 的度,则该循环的总时间复杂度为 $d_0+d_1+d_2+\cdots+d_{n-1}=O(m)$。如果使用邻接矩阵作为图的表示,则对于每一个被访问过的顶点,循环要检测矩阵中的 n 个元素,则总的时间复杂度为 $O(n^2)$。

3.8.4 图的其他问题

3.8.4.1 图的连通性问题

(1)图的连通分量和生成树。

图的连通性问题实际上是图的遍历的一种应用。在对无向图进行遍历时,对于连通图,仅需从图中任一顶点出发,进行深度优先搜索或广度优先搜索,便可访问到图中所有结点。在连通图中,由深度优先搜索得到的生成树称为深度优先生成树;由广度优先搜索得到的生成树称为广度优先生成树。

对于非连通图,从图中任一顶点出发遍历图,不可能访问到该图的所有顶点,而需要依次对图中的每个连通分量进行深度优先搜索或广度优先搜索,即需从多个顶点出发进行 DFS 或 BFS。在非连通图中,由深度优先搜索得到的生成森林称为深度优先生成森林;由广度优先搜索得到的生成森林称为广度优先生成森林。

(2)最小生成树。

假设要在 n 个城市之间建立通信联络网,则连通 n 个城市只需要修建 n-1 条线路,如何在最节省经费的前提下建立这个通信网?利用图的知识可以将该问题等价于:构造网的一棵最小生成树,即:在 e 条带权的边中选取 n-1 条边(不构成回路),使"权值之和"为最小。

目前,比较流行的构造最小生成树的算法有普里姆算法和克鲁斯卡尔算法。下面对这两种算法的思想作一个简单的介绍。

普里姆(Prim)算法的基本思想是:取图中任意一个顶点 v 作为生成树的根,之后往生成树上添加新的顶点 w。在添加的顶点 w 和已经在生成树上的顶点 v 之间必定存在一条边,并且该边的权值在所有连通顶点 v 和 w 之间的边中取值最小。之后继续往生成树上添加顶点,直至生成树上含有 $n-1$ 个顶点为止。

克鲁斯卡尔(Kruskal)算法的基本思想是:为使生成树上边的权值之和达到最小,则应使生成树中每一条边的权值尽可能地小。具体地说,就是先构造一个只含 n 个顶点的子图 SG,然后从权值最小的边开始,若它的添加不使 SG 中产生回路,则在 SG 上加上这条边,如此重复,直至加上 $n-1$ 条边为止。

3.8.4.2 最短路径问题

除了连通网的最小生成树之外,有时还需要知道两个城市之间是否有通路;在有通路的情况下,走哪条路最短或最省时间或最经济? 如果仍然用顶点表示城市,带权的边表示城市之间的路,权值表示两城市之间的距离或者是表示从一个城市到另一个城市所花费的时间、代价等,那么上面提出的问题就引出了下面要讨论的带权图中求最短路径的问题。求最短路径时,所求的路径长度为路径上各边的权植总和。路径开始的顶点称为源点,最后的顶点称为终点。

求最短路径有两类:第一类是从一个顶点到其他各个顶点的最短路径;第二类是求每一对顶点间的最短路径。

一个顶点到其他各个顶点的最短路径又称为单源最短路径。关于单源最短路径,迪杰斯特拉(Dijkstra)提出了一个按路径长度递增的顺序产生最短路径的算法。它的基本思路是把图中的所有顶点集 v 分为两组,令 S 表示求出最短路径的顶点集合为第一组,其余尚未确定最短路径的顶点集合 T 为第二组。初始状态时,集合 S 中只包含源点 v,T 中含除源点之外的其余顶点,此时各顶点的当前最短路径长度为源点到该结点的弧上的权值。然后不断从集合 T 中选取到顶点 v 路径长度最短的顶点 u 加入到集合 S 中,集合 S 中每加入一个新的顶点 u,都要修改顶点 v 到集合 T 中剩余顶点的最短路径长度值,集合 T 中各顶点新的最短路径长度值为原来的最短路径长度值与顶点 u 的最短路径长度值,加上 u 到该顶点的路径长度值中的较小值。重复此过程,直到集合 T 中的顶点全部加入到集合 S 中为止。迪杰斯特拉算法的时间复杂度为 $O(n^2)$。

在一个顶点到其他顶点的最短路径的基础之上,解决一对顶点之间的最短路径的问题,可以每次以一个顶点为源点,重复执行迪杰斯特拉算法 n 次,这样,便可以求得每一对顶点之间的最短路径。这个算法的时间复杂度为 $O(n^3)$。除此之外,还有一种更为简便的算法,我们称为弗洛伊德(Floyd)算法。

弗洛伊德算法的基本思想是:递推产生一个矩阵序列 $A_0,A_1,\cdots,A_k,\cdots,A_n$,其中 $A_k[i][j]$ 表示从顶点 v_i 到顶点 v_j 的路径上所经过的顶点序号不大于 k 的最短路径长度,初始时,有 $A_0[i][j]=\text{cost}[i][j]$,$A_0$ 等于图的邻接矩阵 cost,$A_0[i][j]$ 表示从 i 到 j 不经过任何中间顶点的最短路径长度。当求从顶点 v_i 到顶点 v_j 的路径上所经过的顶点序号不大于 $k+1$ 的最短路径长度时,要分两种情况考虑:一种情况是该路径不经过顶点序号为 $k+1$ 的顶点,此时该路径长度与从顶点 v_i 到顶点 v_j 的路径上所经过的顶点序号不大于 k 的最短路径长度相同;另一种情况是从顶点 v_i 到顶点 v_j 的最短路径上经过序号为 $k+1$ 的顶点,那么,该路径可分为两段,一段是从顶点 v_i 到顶点 v_{k+1} 的最短路径,另一段是从顶点 v_{k+1} 到顶点 v_j 的最短路径,此时最短路径的长度等于这两段路径长度之和。这两种情况中的较小值,就是所要求的从顶点 v_i 到顶点 v_j 的路径上所经过的顶点序号不大于 $k+1$ 的最短路径。弗洛伊德算法的时间复杂度为 $O(n^3)$，但与重复执行迪杰斯特拉算法 n 次相比，实践起来要简单一些。

3.9　查找

查找又称检索，就是从一个数据元素集合中找出某个特定的数据元素。它是数据处理中经常使用的一种重要操作，尤其是当所涉及的数据量较大时，查找算法的优劣对整个软件系统的效率影响是很大的。

3.9.1　查找的基本概念

查找表（Search Table）是由同一类型的数据元素构成的集合。由于集合中的数据元素之间存在着完全松散的关系，因此查找表是一种非常灵便的数据结构。在通常情况下，对查找表进行的操作有以下四种：

（1）查询某个特定的数据元素是否在查找表中。

（2）检索某个特定的数据元素的各种属性。

（3）在查找表中插入一个数据元素。

（4）从查找表中删除某个数据元素。

若对查找表只做前两种操作，即只执行查找操作，则称此查找表为静态查找表（Static Search Sable）。

若在查找过程中同时插入查找表中不存在的数据元素，或者从查找表中删除已存在的某个数据元素，则称此类表为动态查找表（Dynamic Search Table）。

关键字（Key）是数据元素中某个数据项的值，用以标识一个数据元素。若此关键字可以识别唯一的一个记录，则称为主关键字（Primary Key）；若此关键字能识别若干记录，则称为次关键字（Secondary Key）。当数据元素只有一个数据项时，其关键字即为该数据元素的值。

查找（Searching）就是根据给定的某个值，在查找表中确定一个其关键字等于给定值的数据元素。若查找表中存在这样一个记录，则称"查找成功"，其查找结果为：给出整个记录的信息，或指示该记录在查找表中的位置；否则称为"查找不成功"，其查找结果为：给出"空记录"或"空指针"。

查找算法的优劣对系统的效率影响很大，好的查找方法可以极大地提高程序的运行速度。由于查找运算的主要操作是关键字的比较，所以通常把查找过程中对关键字需要执行的平均比较次数作为衡量一个查找算法效率的标准。将关键字与给定值进行比较的次数的平均值称为平均查找长度（Average Search Length，ASL），对于长度为 n 的查找表，查找成功时的平均查找长度为：

$$ASL = \sum_{i=1}^{n} P_i C_i$$

其中，n 是查找表中数据元素的个数；P_i 是查找第 i 个数据元素的概率，若无特别说明，则认为各结点的查找概率是相同的，即 $P_1 = P_2 = \cdots = P_n = 1/n$；$C_i$ 是找到第 i 个结点所需要的比较次数。

3.9.2 静态查找

集合中的数据元素是无序的,数据元素间不存在逻辑关系。为了查找方便,需在数据元素间人为地加上一些关系,以按某种规则进行查找。本小节所讨论的查找表是以顺序表作为组织结构,有关的类型说明如下:

```
typedef int KeyType;              /* KeyType 的类型由用户定义 */
typedef struct
    ｛ KeyType key;               /* 关键字域 */
      …                         /* 其他域 */
｝RecType;
```

3.9.2.1 顺序查找

顺序查找(Sequential Search)是经常使用的一种查找方法。这种方法既适用于顺序存储结构,又适用于链式存储结构。顺序查找的方法是:对于给定的关键字,从顺序表的一端开始按顺序扫描表中元素,依次与记录的关键字域相比较,如果某个记录的关键字与待查的关键字相等,则查找成功;反之,若已查找到表的另一端,仍未找到关键字值与给定值相等的记录,则查找失败。

算法 3.50 顺序查找的算法。

```
int searchseq( RecType r[n+1], keyType k )
｛/* 在顺序表 r[1…n]中顺序查找关键字为 k 的结点,成功返回结点位置,失败返回
0 */
    r[0]. key=k;                    /* 设置监视哨 */
    for(i=n;r[i]. key! =k;i--)      /* 从表尾向前查找 */
    return  i;
｝
```

这个算法在一开始就将数组 r 的第一个可用空间置成待查找的关键字 k。查找时,从后向前比较,最多比较到下标为 0 的位置上,一定会找到一个关键字等于 k 的记录。从而省去了每次都要判断表是否到尾,这里 r[0]起到监视哨的作用。当 n 较大时,监视哨的作用就体现出来了,大约可以节省一半的查找时间。

算法分析:对于含有 n 个记录的表,查找成功时的平均查找长度为:

$$ASL_{ss} = \sum_{i=1}^{n} P_i C_i = np_1 + (n-1)p_2 + \cdots + 2p_{n-1} + p_n$$

若每个记录的查找概率都相等,即 $p_i = 1/n$,则平均查找长度为:

$$ASL_{ss} = \sum_{i=1}^{n} P_i C_i = \frac{1}{n} \sum_{i=1}^{n} (n - i + 1) = \frac{n+1}{2}$$

顺序查找的最大比较次数与顺序表的表长相同,平均比较次数约为表长的一半。当查找不成功时与给定值进行比较的次数为 $n+1$。假设查找成功和不成功时的可能性相同,每个记录的查找概率相等,则顺序查找的平均查找长度为:

$$ASL_{ss} = \frac{1}{2n}\sum_{i=1}^{n}(n-i+1) + \frac{n+1}{2} = \frac{3(n+1)}{4}$$

顺序查找和其他查找方法相比,缺点是平均查找长度较长,特别是当 n 很大时,查找效率较低。然而,它也有很多优点:算法简单且适用面广。它对表的结构无任何要求,无论记录是否按关键字有序均可应用,而且上述所有讨论对线性链表也同样适用。

3.9.2.2 折半查找

折半查找(Binary Search)又称二分查找,它是一种效率较高的查找方法。折半查找要求表是有序存储的,即表中元素按关键字有序排列,而且只能是顺序存储方式。

折半查找的思想是:首先确定待查记录所在的区域。假设用变量 low 和 high 分别表示当前查找区域的首尾下标。将待查关键字 k 和该区域的中间元素,其下标为 mid = (low+high)/2 的关键字进行比较。比较的结果有如下三种情况:

(1)k == r[mid].key:查找成功,返回 mid 的值。

(2)k < r[mid].key:则由表的有序性可知,若表中存在关键字等于 k 的记录,则该记录必定是在位置 mid 左边的区域(下标从 low 到 mid-1)中。因此应在此区域继续取中间位置记录的关键字进行比较。

(3)k > r[mid].key:说明元素只可能在右边区域(下标从 mid+1 到 high)。因此,应在此区域继续取中间位置记录的关键字进行比较。

重复上述过程,直至查找成功或失败。

例 3.25 有序表中的关键字为(10,15,18,20,26,28,33,36,38,43,49),查找 18 的过程如图 3.69 所示。

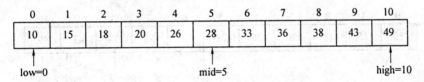

第一次比较:18<28; 调整到左半区 high=mid-1

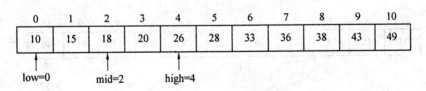

第二次比较:检索成功,返回位置 2

图 3.69 查找 18 的过程

例 3.26 有序表中的关键字为(10,15,18,20,26,28,33,36,38,43,49),查找 38 的过程如图 3.70 所示。

算法 3.51 折半查找的算法实现。

```
int SearchBin2(RecType r[n+l],keyType k,int  low,int  high)
{/*在有序表r[1…n]中递归折半查找关键字为k的结点,成功返回结点位置,失败
```

返回0*/

```
    int mid;
    if(low>high) return 0;
        mid=(low+high)/2;
    if(k==r[mid].key) return              /*找到待查元素*/
        else if(k>r[mid].key)
            return SearchBin2(r,k,mid+1,high);    /*递归地在后半区间查找*/
            else return SearchBin2(r,k,low,mid-1);    /*递归地在前半区间查找*/
    }
```

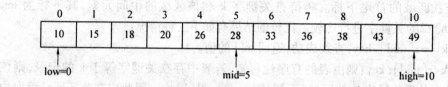

第一次比较：39 >28; 调整到右半区 low=mid + 1

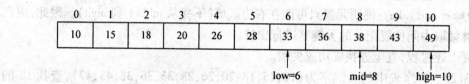

第二次比较：39 >28; 调整到右半区 low=mid + 1

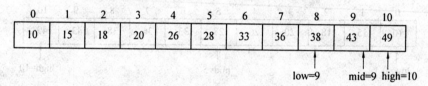

第三次比较：39 >43; 调整到左半区 high = mid - 1

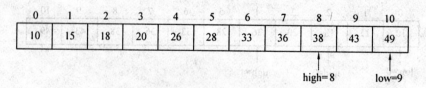

此时high < low, 查找区间为空，检索失败

图3.70 查找38 的过程

算法分析:折半查找算法的计算复杂性可以借用二叉树来进行分析。我们把当前查找区间的中间位置上的记录作为根。左子表和右子表中的记录分别作为根的左子树和右子树。由此得到的二叉树，就是描述折半查找的判定树或比较树。

具有 11 个记录的有序表可用图 3.71 所示的判定树来表示。树中每个结点表示一个记录,结点的编号为该记录在表中的位置。找到一个记录的过程就是走了一条从根结点到与该记录结点的路径。和给定值进行比较的次数正好是该结点所在的层次数。

在查找成功时,与给定值进行比较的关键字的个数至多为 $\log_2 n + 1$,即等于该树的深度。同理,查找不成功的过程也是走了一条从根结点到某一个终端结点的路径,其所用的比较次数也等于树的深度。

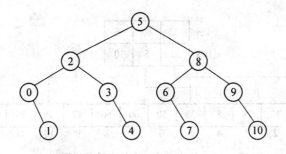

图 3.71　二叉判定树举例

假设每个记录查找的概率是相同的,即 $P_i = 1/n$。因此,查找成功的平均查找长度为:

$$ASL_{bs} = \sum_{i=1}^{n} P_i C_i = \frac{n+1}{n} \log_2(n+1) - 1 \approx \log_2(n+1) - 1$$

从以上的分析我们可以得出以下结论:

(1)折半查找算法比顺序查找算法平均查找长度为 $n/2$ 的比较次数少,查找速度快。

(2)折半查找的应用前提是表的关键字是有序排列的。而排序本身是一种很费时的运算,即使采用高效率的排序方法也要花费 $O(n\log_2 n)$ 的时间。

(3)折半查找只适用顺序存储结构,不适于线性链表结构。为了保持表的有序性,在顺序结构里插入和删除都必须移动大量的记录。

综上所述,折半查找特别适用于那种一经建立就很少改动,而又经常需要查找的线性表。

3.9.2.3　分块查找

分块查找(Blocking Search)又称为索引顺序查找,是一种将顺序查找与折半查找相结合的查找方法,在一定程度上解决了顺序查找速度慢及折半查找要求排序等问题。下面以关键字正序排列为例,说明分块查找的基本思想。

(1)首先,建立分块查找表。将查找表中的各记录按关键字值分成几块,每块都是一个顺序表或链表,块与块之间有序,即后一块中最小关键字值大于前一块中最大关键字值,但每块中各记录的关键字值可以无序。

(2)为这些块建立一个索引表,索引表中的每一索引项对应一个块。索引项中有两个值,一个值是块中所有记录的最大关键字值,另一个值是块中第一个记录在表中的存储位置。

(3)进行分块查找。对给定的关键字值 KeyValue,先在索引表中进行顺序或折半查找,以确定待查记录在哪一块中;之后根据索引项在相应的块中顺序查找,并确定待查记录的位置。

例 3.27　给定关键字序列为{10,28,50,42,83,33,38,66,59,78,18,8,60,70,99}。根据分块查找的基本思想,先建立分块查找表,将关键字不超过 33 的记录放在第一块内;将关键字不超过 66 的记录放在第二块内;将关键字不超过 66 的记录放在第三块内,并为这些块建立索引表,则分块查找表的存储结构如图 3.72 所示,它包括索引表与分块顺序表两部分。

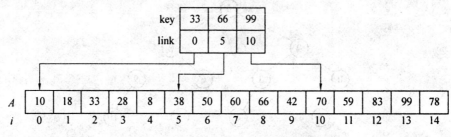

图3.72　分块查找的查找表及其索引表

当要求用分块查找的方法找出关键字 50 时,首先在索引表中查找,因为 33<50<66,所以,所查关键字在第二块中,且第 2 块的起始地址是 5;然后,在分块顺序表中从第 5 个单元中顺序查找,直至找到关键字 50 为止,返回查找位置,查找成功。如果在相应的块中没有找到该关键字,则返回,查找失败。

在索引表中已有每块的起始地址,除最后一块外,每块的终止地址则是下一块起始地址的上一个地址,最后一个块的终止地址是由顺序表的起始地址及表长共同决定。

与折半查找相比,可以看出分块查找的优点是不需查找表整体有序,只需块与块之间有序即可。这样,当需要在顺序表中插入或删除一个元素时,只要找到该元素所在的块,然后就能在块内进行插入或删除运算,由于块内结点的存放是任意的,所以插入或删除比较容易,不需要移动大量的结点。

根据分块查找的基本思想,索引表的存储结构可定义如下:

```
#define MaxIndex/ * 索引表的最大长度 * /
typedef struct
{
    KeyType key;
    int link;
}IdxType;
```

根据上述算法思想,整个查找过程可看做是两种查找算法的简单结合。在索引表中进行折半查找(假设索引表较长),在分块顺序表中顺序查找。这两种查找算法前面已讲,分块查找算法可描述如下:

算法 3.52　分块查找的实现。

```
int IdxSerch(SeqList A[ ],IdxType index[ ],int b,KeyType k,int n)
{/ * 分块查找关键字为 k 的记录,索引表为 index[0···b-1] * /
    int low=0,high=b-1,mid,i;
    int s=n/b;              / * 每块记录个数 * /
```

```
    while(low<=high)          /* 在索引表中进行二分查找,找到的位置放在 low 中 */
    {
        mid=(low+high)/2;
        if(index[mid].key<k) low=mid+1;
        else high=mid-1;
    }
    if(low<b)                 /* 在顺序表中顺序查找 */
    {
        for(i=index[low].link;i<=index[low].link+s-1&&i<n;i++)
        if(A[i].key==k) return i;
        return -1;
    }
    return -1;
}
```

算法分析:分块查找的平均查找长度 ASL_{IB} 由两部分构成,对索引表查找的平均查找长度 ASL_I 以及块内顺序查找的平均查找长度 ASL_B,即:

$$ASL_{IB} = ASL_I + ASL_B$$

如果将长度为 n 的查找表平均分成 b 块,则索引表长度是 b,每个块中含有 s 个记录,则 $s = \lceil n/b \rceil$,在等概率查找的前提下,分块查找的平均查找次数是:

$$ASL_{IB} = ASL_I + ASL_B = \frac{1}{b}\sum_{j=1}^{b}j + \frac{1}{s}\sum_{i=1}^{s}i = \frac{b+1}{2} + \frac{s+1}{2} = \frac{1}{2}(\frac{n}{s}+s) + 1$$

由此可见,当块中记录数 S 较大时,分块查找的平均查找长度要小于顺序查找的平均查找长度 $\frac{n+1}{2}$,但比折半查找的平均查找长度要大。由于分块查找只要求索引表有序,而索引表中的项数又比较少,因此,一旦因为插入记录而需要修改索引表时,索引表的排序代价会比较低,而记录只要插入到相应的块中即可,块内不需要排序,因此,这种查找方法也适用于动态查找。

上述介绍的顺序查找、折半查找和分块查找三种查找方法中,折半查找的效率最高,但折半查找要求顺序表中的记录按关键字有序,这就要求顺序表的元素基本不变,否则当在顺序表插入、删除操作时为保持表的有序性必须移动元素。顺序查找适用于任何顺序表,但顺序查找的效率较低。分块查找在插入、删除时,也需要移动元素,但是是在块内进行的,而块内元素的存放是任意的,所以插入和删除比较容易。分块查找的主要代价是增加一个辅助的存储空间和将初始表分块排序的计算。

3.9.3 动态查找

前面介绍的几种查找算法主要适用于顺序表结构,并且限定于对表中的记录只进行查找,而不做插入或删除操作,也就是说只进行静态查找。而如果要进行动态查找,即不但要查找记录,还要不断地插入或删除记录,那么就需要花费大量的时间移动表中的记录。显然,顺序表中的动态查找效率是很低的。动态查找一般在树结构中进行,其主要有二叉排序树、平衡二叉树、B-树和B+树等。本小节中将讲述二叉排序树中的动态查找。

3.9.3.1　二叉排序树的定义

二叉排序树(Binary Sort Tree)又称二叉查找树,是一种方便地实现动态查找表查找、插入和删除等操作的理想数据结构。二叉排序树如果非空,则有下列性质:

(1)若它的左子树非空,则左子树上所有结点的值均小于根结点的值。

(2)若它的右子树非空,则右子树上所有结点的值均大于根结点的值。

(3)左、右子树也都是二叉排序树。

从图3.73可以看出,对二叉排序树进行中序遍历,便可得到一个按关键字有序的序列。因此,一个无序序列,可通过构建一棵二叉排序树而成为有序序列。二叉排序树上常用的操作有三种:查找、插入和删除。

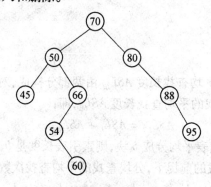

图3.73　二叉排序树

二叉排序树的链式存储结构,即二叉链表结点的结构类型定义为:

```
typedef int KeyType                    /* 关键字的类型为整型 */
typedef struct node
{ KeyType key;                         /* 关键字域 */
  …                                    /* 其他数据域,视具体情况而定 */
  struct node * lchild, * rchild;     /* 左、右孩子指针 */
}BSTNode, * BSTree;
```

3.9.3.2　二叉排序树的查找

二叉排序树可看做是一个有序表,因此在二叉排序树上进行查找与折半查找类似,也是一个逐步缩小查找范围的过程。从其定义可见,二叉排序树的查找过程为:若二叉排序树为空,将待插入的结点作为根结点。否则,若待插入结点的关键字值和根结点关键字值进行比较。若前者小于后者,则作为根结点左子树插入,否则作为右子树插入。

以二叉链表作为二叉排序树的存储结构,则查找过程如算法3.53所示。

算法3.53　二叉排序树的查找算法。

```
BSTree SearchBST( BSTree bst,KeyType k)
```

　　{ /* 在根指针bst所指二叉排序树中,递归查找某关键字等于k的元素,若查找成
　　　功,则返回指向该元素结点指针,否则,返回空指针 */

```
if( ! bst) return NULL;
else if( bst. key = = key) return bst;                /* 查找成功 */
    else if( key<bst. key)
        return SearchBST( bst. lchild,key);        /* 在左子树中继续查找 */
    else
        return SearchBST( bst. rchild,key);        /* 在右子树中继续查找 */
}
```

3.9.3.3　二叉排序树的插入操作

已知一个关键字为 key 的结点 s,若将其插入到二叉排序树中,只要保证插入后仍符合二叉排序树的定义即可。插入可以用下面的方法进行:若二叉排序树是空树,则 key 成为二叉排序树的根;若二叉排序树非空,则将 key 与二叉排序树的根进行比较;如果 key 的值小于根结点关键字的值,则将 key 插入左子树;否则,则将 key 插入右子树。相应的递归算法如算法 3.54 所示。

算法 3.54　二叉排序树的插入算法。

```
void InsertBstree( BsTree  * BST,KeyType k)
{
    BsTree * f, * p = * BST;/* p 的初值指向根记录 */
    while( p! = NULL)/* 查找插入位置 */
    {
        if( p. key = = k) return;/* 树中已有 k,无须插入 */
        f=p;/* f 保存当前查找的记录 */
        if( p. key>k) p =p. lchild;
        else p =p. rchild;
    }
    p = ( BsTree  * ) malloc( sizeof( BsTree) );
    p. key =k;
    p. lchild =p. rchild =NULL;/* 创建一个新记录 */
    if( * BST = =NULL)  * BST =p;/* 原树为空,新插入的记录为新的根 */
    else if( k<f. key) f. lchild =p;/* 原树非空时将 * p 作为 * f 的左孩子插入 */
    else f. rchild =p;
}
```

利用二叉排序树的插入算法,可以将一个给定的元素序列创建一棵二叉排序树。首先将二叉排序树初始化为一棵空树,然后逐个读入元素,每读入一个元素,就建立一个新的结点并插入到当前已生成的二叉排序树中,即调用上述二叉排序树的插入操作将新结点插入。

3.9.3.4　二叉排序树的删除操作

从二叉排序树中删除一个结点,不能把以该结点为根的子树都删去,而应使删除后的二叉树仍能保持二叉排序树的特性。基于这一条件,二叉排序树删除操作的基本思想是:

（1）若待删除的结点是叶结点，直接删去该结点，如图3.74(a)所示。

（2）若待删除的结点只有左子树而无右子树，则根据二叉排序树的特点，可以直接将其左子树的根结点放在被删结点的位置，如图3.74(b)所示。

（3）若待删除的结点只有右子树而无左子树，与（2）的情况类似，则可以直接将其右子树的根结点放在被删结点的位置，如图3.74(c)所示。

（4）若待删除的结点同时有左子树和右子树，则根据二叉排序树的特点，从其左子树中选择关键字最大的结点与右子树中关键字最小的结点相比较，较大者放在被删结点的位置上，如图3.74(d)所示。

算法3.55　二叉排序树的删除算法。

```
void DelBstree( BsTree  * BST, KeyType k)
{
   BsTree *p, *q, *s, *r;
   q=BstSearch( * BST,k,&p);
   if(q)                                    /*查找成功*/
   {
      if( q. lchild = =NULL && q. rchild = =NULL) /*待删除的是叶子结点*/
      {
         if(p)                             /*待删除结点有双亲*/
            if( p. lchild = =q) p. lchild =NULL;
            else p. rchild =NULL;
         else  * BST =NULL;                /*原来的树只有一个根结点*/
      }
      else if( q. lchild = =NULL)          /*不是叶子结点,且待删除结点的
                                             左子树为空*/
      {
         if(p)
            if( p. lchild = =q) p. lchild =q. rchild;
            else p. rchild =q. rchild;
         else  * BST =q. rchild;
      }
      else if( q. rchild = =NULL)          /*待删除结点的右子树为空*/
      {
         if(p)
            if( p. lchild = =q) p. lchild =q. lchild;
            else p. rchild =q. lchild;
         else  * BST =q. lchild;
      }
```

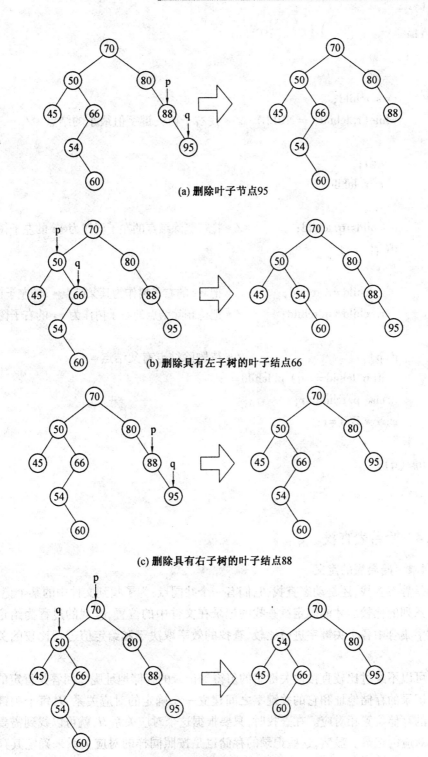

(a) 删除叶子节点95

(b) 删除具有左子树的叶子结点66

(c) 删除具有右子树的叶子结点88

(d) 删除具有右子树的叶子结点50

图 3.74　二叉排序树的删除操作

```
        else
          {
            s = q;
            r = s. rchild;
            while( r. lchild! =NULL)      / * 找右子树关键字值最小的结点 * /
              {
                s = r;
                r = r. lchild;
              }
            r. lchild = q. lchild;         / * 把待删除结点的左子树作为 * r 的左子树 * /
            if( q! =s)
              {
                s. lchild = r. rchild;     / * 把 * r 的右子树作为其父结点 * s 的左子树 * /
                r. rchild = q. rchild;     / * 把待删除结点的右子树作为 * r 的右子树 * /
              }
            if( p)                        / * 待删除结点有父结点 * /
              if( p. lchild = =q) p. lchild = r;
              else p. rchild = r;
            else  * BST = r;
          }
      free( q);
    }
  }
```

3.9.4　哈希表查找

3.9.4.1　哈希表的定义

不论是静态查找,还是动态查找,它们有一个共同点:为了找到文件中的某个记录,都要经过一系列的比较后才能确定欲查找的记录在文件中的位置,查找的过程为给定值依次和关键字集合中各个关键字进行比较,查找的效率取决于和给定值进行比较的关键字的个数。

是否可以不经过比较直接由关键字的值得到记录的存储地址呢? 回答是肯定的。这就需要在记录的存储地址和它的关键字之间建立一个确定的对应关系 H,每个关键字与一个唯一的存储位置相对应。在查找时,只要根据这个对应关系 H,就可以找到需要的关键字及其对应的记录。显然,这些记录的存储也是按照同样的对应关系来确定其存储地址,然后按其地址进行存储的。我们称对应关系 H 为哈希函数(Hash Function)或散列函数,按此思想建立的查找表为哈希表(Hash Table)或散列表。

哈希表存储的基本思想是:以数据表中的每个记录的关键字 key 为自变量,通过一种函数 H(key)计算出函数值。把这个值解释为一块连续存储空间(即数组空间)的单元地址(即下标),将该记录存储到这个单元中。查找时仍按确定的函数 H(key)进行计算,得到的就是待查关键字的记录的存储地址。假设一个文件中包含有 n 个记录,R_i 为文件中的某个记录,key 是其关键字的值。若在关键字值 key 与 R_i 的存储地址之间建立某种函数关系,则可通过这个函数把关键字的值转换成相应的记录的存储地址,即

$$addr(R_i) = H(key)$$

其中,函数 H 称为散列函数,H(key)的值称为散列地址。

例 3.28　为每年招收的 1 000 名新生建立一张查找表,其关键字为 xx000 ~ xx999(前两位为年份),则可以下标为 000 ~ 999 的顺序表表示它。由于关键字和记录在表中的序号相同,则不需要经过比较即可确定待查关键字。

例 3.29　要将关键字值序列(3,15,22,24),存储到编号为 0 到 4 且表长为 5 的哈希表中。

计算存储地址的哈希函数可取除 5 的取余数算法:H(k) = k% 5,则构造好的哈希表见表 3.4。

表 3.4　构造好的哈希表

散列地址	0	1	2	3	4
关键字	15		22	3	24

在理想情况下,哈希函数在关键字和地址之间建立了一个一一对应的关系,从而使得查找只需一次计算即可完成。但由于关键字的值的某种随机性,使得这种一一对应关系难以发现或构造。因而可能会出现不同的关键字对应一个存储地址,即 $k_1 \neq k_2$,但 H(k_1) = H(k_2),这种现象称为冲突。

例 3.30　对一张 C 语言关键字的符号表,按散列方法存储,先设定一个长度为 m 的教列表 HT,然后构造散列函数,按照关键字值 key 计算各个记录的散列地址 H(key)。设有 Zhao、Qian、Sun、Li、Wu、Chen 共六个记录。假设以关键字的首字母在英文字母中的序号作为其散列地址,即:

$$H(key) = ord(ch) - ord('A') + 1 \quad (设 ord 为计算首字母序号的函数)$$

其中,ch 是关键字的首字母,因此得到表 3.5 所示的散列表。若要访问查找记录,则需重新计算 H(key),得到散列地址后到该相应位置去存取。假设在上面的记录中,又增加了 Deng、Zhang、Liu,我们发现 H(Deng) = 4,H(Zhang) = 26,H(Liu) = 12。这样 deng 被放到 HT[4]中,而 Zhang 和 Liu 则不能存放到散列表中,因为那些位置上已经存放了 Zhao 和 Li。

表 3.5　例 3.30 对应的散列表

散列地址	Chen	Li	Qian	Sun	Wu	Zhao
关键字	3	12	17	19	23	26

在一般情况下,冲突只能尽量减少,而不能完全避免。所以,散列存储必须有解决冲突的方法。因此,设定一个实用的散列函数且应满足的条件是:①便于快速计算;②极少出现冲突。在建造散列表时不仅要设定一个"好"的散列函数,而且还要设定一种处理冲突的方法。

下面分别就散列函数和处理冲突的方法进行讨论。

3.9.4.2　构造散列函数的方法

(1)直接定址法。

取关键字或关键字的某个线性函数值为散列地址,即:

$$H(key) = key \quad 或 \quad H(key) = a×key+b \quad (a 和 b 为常数)$$

例如,表3.6所示的是一个新中国成立后出生的人口调查表,关键字是年份,散列函数取关键字的线性函数:$H(key) = key+(-1949)$,这样,若要查新中国成立后某年 y 出生的人数,只要查表中地址为 $y-1949$ 的那项即可。

表3.6　新中国成立后出生人口调查表

散列地址	0	1	⋯	62
年份	1949	1950	⋯	2011
人数	⋯	⋯	⋯	⋯

利用直接定址法构造的哈希函数很简单,并且对于不同的关键字,不会产生冲突。但在实际生活中,关键字集合中的元素是很少连续的,实际上能使用这种散列函数的情况很少。

(2)除留余数法。

除留余数法采用取模运算(%),把关键字除以某个不大于散列表表长的整数得到的余数作为散列地址。散列函数形式为:

$$H(key) = key\%p \quad (p \leq m)$$

函数的值域为 $0 \sim p-1$。因此,要求散列表的表长至少为 p。除留余数法是一种较简单、较常见的构造方法。这种方法的关键是选择好哈希表的长度 m。使得数据集合中的每一个关键字通过该函数转化后映射到哈希表的任意地址上的概率相等。理论研究表明,在 m 取值为素数(质数)时,冲突的可能性相对较少。

(3)平方取中法。

平方取中法是指取关键字平方后的中间几位(位数取决于散到表表长)作为散列地址。这也是一种较常用的构造散列函数的方法。通常在构造散列函数时,不一定能知道关键字的取值情况,取其中哪几位都不一定合适。而关键字平方后的中间几位数和关键字的每一位都有关,能反映关键字每一位的变化,使随机分布的关键字对应到随机的散列地址上去。

例如,把源程序中的标识符存储在一个散列表中。设有一组关键字 ABC、BCD、CDE、DEF,其对应的机内码见表3.7。假定地址空间的大小为1000,编号为 $0 \sim 999$。现按平方取中法构造哈希函数,则可取关键字机内码平方后的中间三位作为存储位置。

表 3.7 平方取中法的标识符及其散列地址

标识符	关键字	(关键字)	散列地址
ABC	010203	0104101209	101
BCD	020304	0412252416	252
CDE	030405	0924464025	464
DEF	040506	1640739036	739

（4）折叠法。

折叠法是将较长的关键字从左至右分割成位数相同的几段（最后一段的位数可以少一些），然后把这几段叠加并舍去进位，得到的结果作为散列地址。这种方法适用于关键字位数很多而且每一位的数字分布大致均匀的情况。

有两种叠加的方法。第一种方法是把各段的最低位对齐相加，这种方法称为移位叠加。第二种方法是从左至右沿分割界把各段来回折叠，然后对齐相加，这种方法称为间界叠加。

例如，对关键字 $x = 430104681015355$，从左到右按 4 个位数一段分割，共得到 4 个段：4301、0468、1015、355。采用移位叠加得到：

$$A(x) = 4301 + 0468 + 1015 + 355 = 14932$$

舍去高位，则 $H(430104681015355) = 4932$。

若采用间界叠加，则从左到右来回折叠中，第二、四段反转为 8640 和 533 得到：

$$B(x) = 4301 + 8640 + 1015 + 553 = 14509$$

舍去高位，则 $H(430104681015355) = 4509$。

（5）数字分析法。

数字分析法的思想是：假设关键字集合中的每个关键字都是由 n 位关键字组成（k_1, $k_2, \cdots, k_n$），分析关键字集中的全体，并从中提取分布均匀的若干位或它们的组合作为散列地址。这种方法仅限于能预先估计出全体关键字的每一位上各种数字出现频度的情况。假设这些关键字中的一部分如下所示：

```
关键字1：0 8 0 3 0 2 1 3 0 9
关键字2：0 8 0 5 0 3 3 4 1 0
关键字3：0 8 1 1 0 4 1 6 2 9
关键字4：0 8 2 7 1 7 5 1 6 9
关键字5：0 8 7 4 1 2 1 2 0 9
```

对关键字进行分析可以发现，第①、②位都是"0、8"，第⑤位只可能取 0 或 1，第⑩位只可能是 9 或 0，因此这四位都不可取。由于中间的几位可看成是近乎随机的，因此，可取其中任意两位，或取其中两位和另外两位相加求和后舍去进位为散列地址。

对于一些实际应用，例如，同一出版社出版的所有图书，它们的 ISBN 号的前几位数字都是相同的，因此，如果数据表只包含了同一出版社的书，构造散列函数时就应该在计算中排除 ISBN 号的开头几位数字。

在实际应用中，应根据具体情况，灵活采用不同的方法，并用实际数据测试它的性能，以便作出正确判定。要构造好的哈希函数，通常要考虑以下因素：①计算散列函数所需的时间;②关键字的长度;③散列表的长度;④关键字的分布情况;⑤记录的查找频率。

3.9.4.3 解决冲突的方法

上面介绍的是几种常用的哈希函数构造方法,尽管散列函数的目标是用关键字确定唯一地址,但是在实际应用中冲突仍然是无法避免的。所以散列存储必须包括某种解决冲突的策略。解决冲突的方法可分为两种:闭散列方法(也称开放地址法)和开散列方法(也称链地址法)。

所谓的"开放地址"是指原来的数组的空间对所有的元素包括发生冲突的元素都是开放的,而"开散列"是指需要另外开辟空间存储发生冲突的元素。下面分别对这两种方法进行说明。

(1)闭散列法。

用闭散列法处理冲突就是当冲突发生时,形成一个地址序列。沿着这个序列逐个探测,直到找出一个"空"的开放地址。将发生冲突的关键字的值存放到该地址中去。例如:

$$H_i = (H(k) + d_i) \% \ m \quad (i = 1, 2, \cdots, k; k \leqslant m - 1)$$

其中,$H(k)$为哈希函数;m为哈希表长;d_i为增量的序列。根据d_i取值的不同,可以分成以下三种常用的方法。

①线性探测法。

线性探测法的基本思想是:当发生冲突时,从冲突位置的下一个单元顺序寻找,只要找到一个空位,就把元素放入此空位中。顺序查找时,把哈希表看成一个循环表,即如果到最后一个位置也没有找到空位,则回到表头开始继续查找。此时,如果仍然未找到空位,则说明哈希表已满,需要进行溢出处理。

例 3.31 已知一组关键字为(12,28,19,23,39,57,76,51,84),散列表长$m = 13$,散列函数为$H(key) = key \% 11$,则利用线性探测法得到的散列表见表 3.8 ~ 表 3.13。

在线性探测法中,当数组的$i, i+1, i+2$位置上已有记录时,则地址为$i, i+1, i+2, i+3$的新元素都将填入$i+3$单元中。这种不同基地址的元素争夺同一个单元的现象称为"二次聚集"。聚集实际上是在处理同义词之间的冲突时引发的非同义词的冲突。显然,这种现象对查找不利。线性探测很容易出现聚集。小的聚集能汇合成大的聚集,最终导致很长的探测序列,降低散列表的运算效率。

②二次探测法。

如何减少二次聚集的产生呢? 可以用二次探测法替代线性探查法,如果在地址i产生冲突,不是探测$i + 1$地址,而是探测$i + 1^2, i - 1^2, i + 2^2, i - 2^2, \cdots$的地址,即以步长$d_i = 1^2, -1^2, 2^2, -2^2, \cdots, \pm k^2 (k \leqslant m/2)$进行探测。

例 3.32   已知哈希表地址区间为 0 ~ 10,给定关键字序列(20,30,70,15,8,12,18,61,19)。哈希函数为$H(k) = k \% 11$,采用二次探测法处理冲突得到的散列表见表 3.14 ~ 表 3.20。该方法的优点是减少二次聚集的产生,缺点是不易探测到整个散列空间。

③双重散列法。

双重散列法是以关键字的另一个散列函数值作为增量。设两个散列函数为H_1和H_2,则得到的探测序列为:

表 3.8 依次插入 12, 28, 19 后的散列表

	0	1	2	3	4	5	6	7	8	9	10	11	12
key		12					28		19				
H(key)		1					6		8				
比较次数		1					1		1				

表 3.9 依次插入 23, 39 后的散列表

	0	1	2	3	4	5	6	7	8	9	10	11	12
key		12	23				28	39	19				
H(key)		1	1				6	6	8				
比较次数		1	2				1	2	1				

表 3.10 插入 57 后的散列表

	0	1	2	3	4	5	6	7	8	9	10	11	12
key		12	23	57			28	39	19				
H(key)		1	1	1			6	6	8				
比较次数		1	2	3			1	2	1				

表 3.11 插入 76 后的散列表

	0	1	2	3	4	5	6	7	8	9	10	11	12
key		12	23	57			28	39	19		76		
H(key)		1	1	1			6	6	8		10		
比较次数		1	2	3			1	2	1		1		

表 3.12 插入 51 后的散列表

	0	1	2	3	4	5	6	7	8	9	10	11	12
key		12	23	57			28	39	19	51	76		
H(key)		1	1	1			6	6	8	7	10		
比较次数		1	2	3			1	2	1	3	1		

表 3.13 插入 84 后的散列表

	0	1	2	3	4	5	6	7	8	9	10	11	12
key		12	23	57			28	39	19	51	76	84	
H(key)		1	1	1			6	6	8	7	10	7	
比较次数		1	2	3			1	2	1	3	1	5	

$$(d + H_2(\text{key}))\%m, (d + 2H_2(\text{key}))\%m, (d + 3H_2(\text{key}))\%m \quad (1 \leqslant i \leqslant m-1)$$

由此可知,双重散列法探测下一个开放地址的公式为:

$$d_i = (d + i * H_2(\text{key}))\%m \quad (1 \leqslant i \leqslant m-1)$$

定义 H_2 的方法较多,但无论采用什么方法都必须使 H_2 的值和 m 互素,才能使发生冲突的同义词地址均匀地分布在整个散列表中,否则可能造成同义词地址的循环计算。若 m 为素数,则 H_2 取 $1 \sim m-1$ 之间的任何数均与 m 互素,因此我们可以简单地将 H_2 定义为 $H_2(\text{key}) = \text{key}\%(m-2) + 1$。

(2)开散列法。

开散列法的常见形式是将所有关键字为同义词的结点链接在同一个单链表中。每个

表3.14　依次插入20, 30, 70 后的散列表

	0	1	2	3	4	5	6	7	8	9	10
key					70				30	20	
H(key)					4				8	9	
比较次数					1				1	1	

表3.15　插入15 后的散列表

	0	1	2	3	4	5	6	7	8	9	10
key					70	15			30	20	
H(key)					4	4			8	9	
比较次数					1	2			1	1	

表3.16　插入 8 后的散列表

	0	1	2	3	4	5	6	7	8	9	10
key					70	15	8		30	20	
H(key)					4	4	8		8	9	
比较次数					1	2	3		1	1	

表3.17　插入 12 后的散列表

	0	1	2	3	4	5	6	7	8	9	10
key		12			70	15	8		30	20	
H(key)		1			4	4	8		8	9	
比较次数		1			1	2	3		1	1	

表3.18　插入 18 后的散列表

	0	1	2	3	4	5	6	7	8	9	10
key		12			70	15	18	8	30	20	
H(key)		1			4	4	7	8	8	9	
比较次数		1			1	2	3	3	1	1	

表3.19　插入 61 后的散列表

	0	1	2	3	4	5	6	7	8	9	10
key		12			70	15	18	8	30	20	61
H(key)		1			4	4	7	8	8	9	6
比较次数		1			1	2	3	3	1	1	4

表3.20　插入 19 后的散列表

	0	1	2	3	4	5	6	7	8	9	10
key	19	12			70	15	18	8	30	20	61
H(key)	8	1			4	4	7	8	8	9	6
比较次数	4	1			1	2	3	3	1	1	4

单链表中除了表头指针存储在哈希表数组中以外,所有元素都存储在数组以外的空间,哈希表没有"边界",这也是"开散列法"名称的来源。用开散列法解决冲突的散列表称为开散列表。

例 3.33 关键字为(12,19,23,28,39,51,56,76,84),哈希表长 $m=13$,哈希函数为 H(key) = key%11,如果使用开散列法进行存储,元素插入单链表时总是插在表头作为第一个结点。设插入顺序为(12,28,19,23,39,56,76,51,84),其结果如图 3.75 所示。

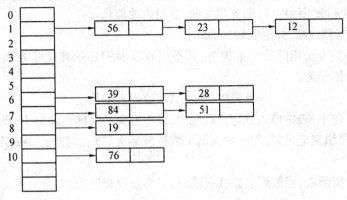

图 3.75 开散列法处理冲突得到的散列表

首先给出有关的类型说明：

```
typedef int KeyType;                    / * KeyType 的类型由用户定义 * /
typedef struct   CNodeType             / * 散列表结点类型 * /
{
    KeyType key;                        / * 关键字域 * /
    …                                  / * 其他数据域 * /
    struct CNodeType * next;
} CHashTable;
```

算法 3.56 开放散列法的查找算法。

```
CHashTable * ChainSearch( CHashTable * HT[m],KeyType k)
                            / * 在散列表 HT[m]中查找关键字为 k 的结点 * /
{
    p=HT[hash[k]];          / * 取 k 所在的表头指针 * /
    while(p&&(p->key! =k))p=p->next;
                            / * 依次向后查找 * /
    return p;               / * 查找成功返回结点指针,否则返回空指针 * /
}
```

3.9.3.4 散列表的查找性能分析

哈希表的查找过程与哈希表的构造过程基本一致,对于给定的关键字值 k,按照建表时设定的哈希函数求得哈希地址;若哈希地址所指位置已有记录,并且其关键字值不等于给定值 k,则根据建表时设定的冲突处理方法求得同义词的下一地址,直到求得的哈希地址所指位置为空闲或其中记录的关键字值等于给定值 k 为止;如果求得的哈希地址对应的内存空间为空闲,则查找失败;如果求得的哈希地址对应的内存空间中的记录关键字值等于给定值 k,则查找成功。

上述查找过程可以描述如下：

（1）计算出给定关键字值对应的哈希地址 addr=H（k）。

（2）while（（addr 中不空）&&（addr 中关键字值！＝k））

按冲突处理方法求得下一地址 addr。

（3）如果（addr 中为空），则查找失败，返回失败信息。

（4）否则查找成功，并返回地址 addr。

在处理冲突方法相同的哈希表中，其平均查找时间还依赖于哈希表的装填因子 α。哈希表的装填因子为：

$$\alpha = 表中的记录数/散列表的长度$$

装填因子越小，表中填入的记录就越少，发生冲突的可能性就会小；反之，表中已填入的记录越多，再填充记录时，发生冲突的可能性就越大，查找时进行关键字的比较次数就越多。

利用线性探测法，当散列表查找成功时，平均查找长度为：

$$S_{nl} \approx \frac{1 + \frac{1}{1-\alpha}}{2}$$

利用链地址法，当散列表查找成功时，平均查找长度为：

$$S_{nc} \approx 1 + \frac{\alpha}{2}$$

从以上分析可见，散列表的平均查找长度是 α 的函数，而不是 n（记录数）的函数。因此，不管 n 多大，总可以选择一个合适的装填因子使平均查找长度限定在一个范围内。

最后要说明的是，对于预先知道且规模不大的关键字集，有时也可以找到不发生冲突的散列函数，因此，对于频繁进行查找的关键字集，还是应尽量设计一个完美的散列函数。

3.10　排序

排序是数据处理领域中的一种重要操作，排序的方法很多，应用也十分广泛。其目的是将一组"无序"的记录序列调整为按关键字"有序"的记录序列。如何进行排序，特别是高效率地进行排序是计算机工作者学习和研究的重要课题之一。

按照待排序数据放置的位置，排序方法可分为内排序和外排序。内排序是指待排序的数据元素都存放在内存中，常用的内排序算法有插入排序、交换排序、选择排序、归并排序和基数排序等。外排序通常用于待排序的数据元素的数量较大的情况，此时不能将待排序的数据元素同时存放在内存中，整个排序过程需要在内外存之间多次交换数据才能进行，而外排序算法有多路平衡归并排序和最佳归并树等。本节将对内排序作为研究对象。

3.10.1　排序的基本概念

排序（Sort）就是把一组数据元素（记录）按其关键字的某种次序排列起来，使其具有一定顺序，便于进行查找。

假设待排序的 n 个数据元素的集合为 $\{A_0, A_1, \cdots, A_{n-1}\}$，其相应的关键字为 $\{K_0, K_1, \cdots, K_{n-1}\}$，则排序是确定一个排列 $\{K'_0, K'_1, \cdots, K'_{n-1}\}$，使得相应的关键字满足 $K'_0 \leqslant K'_1 \leqslant \cdots \leqslant K'_{n-1}$，即升序排序(或 $K'_0 \geqslant K'_1 \geqslant \cdots \geqslant K'_{n-1}$，即降序排序)，而得到 n 个数据元素的序列重新排列 $\{A'_0, A'_1, \cdots, A'_{n-1}\}$。本节所有排序算法均是按关键字升序排序设计的。

上述排序定义中的关键字 K_i 是待排序的数据元素集合中的一个域，排序是以关键字为基准进行的。关键字分为主关键字和次关键字两种。主关键字是能够唯一区分各个不同数据元素的关键字，否则称为次关键字。关键字 K_i 既可以是元素 $A_i (i=0,1,\cdots, n-1)$ 的主关键字，也可以是元素 A_i 的次关键字。

若是 K_i 为次关键字，则待排序的元素序列中可能存在两个或两个以上关键字相等的元素，在用某种排序方法排序后，若这些相同关键字的元素的相对次序仍然保持不变，即在排序前的序列中，$K_i = K_j (0 \leqslant i \leqslant n-1, 0 \leqslant j \leqslant n-1, i \neq j)$，且 A_i 领先于 A_j (即 $i < j$)，而在排序后的序列中，A_i 仍领先于 A_j，则称这种排序算法是稳定的；若经过排序，这些元素的相对次序发生了变化，则称这种排序算法是不稳定的。

例如，表3.21 是一个无序的员工情况表，如果按照关键字年龄用递增方式排列，将得到表3.22。

表3.21　无序的员工情况表

工号	姓名	年龄	性别
01	赵甲	27	男
02	钱乙	24	女
03	孙丙	33	男
04	李丁	24	女
05	周戊	26	女

表3.22　按年龄排序的员工情况表

工号	姓名	年龄	性别
02	钱乙	24	女
04	李丁	24	女
05	周戊	26	女
01	赵甲	27	男
03	孙丙	33	男

在本排序方式中，第2、4条记录保持原有顺序排列，因此此排序方法是稳定的，如果采用另外一种方式对按照关键字年龄用递增方式排列，得到表3.23。第2、4条记录顺序发生改变，因此这一排序方法就是不稳定的。

表 3.23　按年龄排序的员工情况表

工号	姓名	年龄	性别
04	李丁	24	女
02	钱乙	24	女
05	周戊	26	女
01	赵甲	27	男
03	孙丙	33	男

对一个数据元素序列进行排序有很多排序方法。如何判断哪种排序算法更好呢？评价排序算法的优劣标准有如下几方面：

（1）时间性能。

排序是数据处理中经常执行的一种操作，因此排序算法的时间耗费是衡量其好坏的重要标志。排序过程中时间主要耗费在两个方面：其一是比较两个关键字的大小；其二是将元素从一个位置移动至另一个位置。因而，高效率的排序算法应该具有尽可能少的关键字比较次数和尽可能少的元素移动次数。

（2）空间性能。

空间性能是指排序过程中所需要的辅助存储空间的大小。辅助存储空间是除了存放待排序的数据元素所占用的存储空间之外，执行算法所需要的其他存储空间。

（3）稳定性。

稳定的排序算法通常是应用问题所希望的，因此，排序算法的稳定性是衡量排序算法好坏的一个重要标准。

顺序存储结构具有随机存取特性，存取任意一个数据元素的时间复杂度为 $O(1)$；而链式存储不具有随机存取特性，存取一个链表结点的时间复杂度大约为 $O(n)$，所以，排序算法基本上是基于顺序表设计的。为方便起见，本节假设所有关键字域的数据类型均为整型，待排序记录按照顺序存储结构存储，因此，排序算法中数据元素的类型可定义如下：

```
typedef struct
{
    int key;            /* 关键字域 */
    …                   /* 其他域 */
} RecordNode;
```

3.10.2　插入排序

插入排序的基本思想是按关键字的大小将一个记录插入到一个有序的文件中的适当位置，并且插入后使文件仍然是有序的。因为插入记录时，要查找适当的插入位置，可以采用顺序查找法，也可以采用折半查找法。相应的，插入排序有直接插入排序法和折半插入排序法。另外，还可以对插入排序稍加以改进，产生一种排序方法——希尔排序。

3.10.2.1　直接插入排序

直接插入排序方法是最简单的排序方法之一。直接插入排序(Straight Insertion Sort)的基本思想是:每一次将一个待排序的记录按其关键字值的大小插入到已经排序的文件中的适当位置上,直到全部插入完成。

具体做法是,记录存放在数组 $r[1\cdots n]$ 之中,先把整个数组划分为两部分,$r[1\cdots i-1]$ 是已排好序的记录;$r[i\cdots n]$ 是没排序的记录。插入排序对未排序的 $r[i]$ 插入到 $r[1\cdots i-1]$ 之中,使 $r[1\cdots i]$ 成为有序,$r[i]$ 的插入过程就是完成排序一次。随着有序区的不断扩大,最终使 $r[1\cdots n]$ 全部有序。其算法描述如下:

算法 3.57　直接插入排序算法。

```
void InsertSort( RecordNode r[ ] , int n)
{
    for( i = 2 ; i <= n ; ++i)
    if( r[i] < r[i-1] )    /*如果待插记录比表中最后一个记录小,则将其插入表中*/
    {
        r[0] = r[i];
        for( j = i-1 ; r[0] < r[j] ; --j)
        r[j+1] = r[j];    /*记录后移*/
        r[j+1] = r[0];    /*插入到正确位置*/
    }
}
```

在算法中引进附加记录 $r[0]$ 作为监视哨,用来存放当前待插入的记录。直接插入排序为了在查找插入位置的过程中避免数组下标出界,这种做法可以大大节省循环的测试时间。

例 3.34　利用直接插入排序算法,对数据序列{12　03　28　17　12　55　99　11}进行插入排序,其过程如下。其中[…]为有序区,{…}为无序区。12_1 和 12_2 表示排序值相等的两个不同记录。

直接插入排序的过程:

初始序列:　　[12_1] {03　28　17　　12_2　55　99　11}

第一次:　　　[03　12_1] {28　17　12_2　55　99　11}

第二次:　　　[03　12_1　28] {17　12_2　55　99　11}

第三次:　　　[03　12_1　17　28] {12_2　55　99　11}

第四次:　　　[03　12_1　12_2　17　28] {55　99　11}

第五次:　　　[03　12_1　12_2　17　28　55] {99　11}

第六次:　　　[03　12_1　12_2　17　28　55　99] {11}

第七次:　　　[03　11　12_1　12_2　17　28　55　99]

从上面的例子可以看出,12_1 和 12_2 的相对位置没有变,所以直接插入排序是稳定的排序方法。

算法分析:对于有 n 个记录的文件来说,为了查找第 i 个记录的插入位置,最好的情况是若每个记录插入文件中只比较一次就能找到其相应的位置,则总共只需进行 n 次比较;最坏的情况是,第 i 个记录比较 i 次,此时,n 个记录要进行 $\dfrac{(n+1) \times n}{2}$ 次比较。因此,平均比较次数是 $\dfrac{\dfrac{(n+1) \times n}{2} + n}{2}$。该算法的平均时间复杂度是 $O(n^2)$。算法所需的辅助空间是一个监视哨,辅助空间复杂度为 $S(n) = O(1)$。

3.10.2.2 折半插入排序

插入排序的基本操作是在一个有序表中进行查找和插入,如果"查找"利用"折半查找"操作来实现,由此进行的插入排序称为折半插入排序(Binary Insertion Sort),又被称为二分法插入排序。

"折半查找"就是用所插入的记录的关键字和有序区间的中点处记录的关键字作比较,若二者相等则查找成功,否则可以根据比较的结果来确定下次的查找区间。若插入的记录关键字小于有序序列中点的记录关键字,那么下次查找的区间在中点记录的前半部分,否则在中点记录的后半部分。然后在新的查找区间进行同样的查找,经过多次折半查找,直到找到插入位置为止。

算法 3.58 折半插入排序算法。

```
void BinsertSort( RecordNode r[ ], int n)
{
  for(i=2;i<=n;++i)
  {
    r[0]=r[i];
    low=1;high=i-1;
    while(low<=high)
    {
      m=(low+high)/2;
      if(r[0]<r[m].key)   high=m-1;   /*插入点在前半区*/
      else low=m+1;                   /*插入点在后半区*/
    }
    for(j=i-1;j>=high+1;--j)
    r[j+1]=r[j];                       /*记录后移*/
    r[high+1]=r[0];                    /*插入*/
  }
}
```

例 3.35 利用折半插入排序算法,在序列[03 12_1 12_2 17 28 55 99]已排好序的基础上,将元素 11 插入到序列中,其过程如下。其中[…]为有序区,{…}为无序区。

初始序列: [03 12_1 12_2 17 28 55 99]{11}

$$\downarrow \qquad \downarrow \qquad\qquad\qquad \downarrow$$

$$\text{low}=1 \qquad 4 \qquad\qquad\qquad \text{high}=7 \quad (11<17,\text{high}=4-1=3)$$

第一次排序：$[03 \quad 12_1 \quad 12_2 \quad 17 \quad 28 \quad 55 \quad 99]\{11\}$

$$\downarrow \qquad \downarrow$$

$$\text{low}=1 \quad 2 \text{ high}=3 \qquad (11<12,\text{high}=2-1=1)$$

第二次排序：$[03 \quad 12_1 \quad 12_2 \quad 17 \quad 28 \quad 55 \quad 99]\{11\}$

$$\downarrow\downarrow$$

$$\text{low}=\text{high}=1 \qquad (11>03,\text{low}=1+1=2>\text{high} \quad 折半排序结束)$$

最后结果：　$[03 \quad 11 \quad 12_1 \quad 12_2 \quad 17 \quad 28 \quad 55 \quad 99]$

算法分析：与直接插入排序相比，折半插入排序在时间耗费上减少了关键字间的比较次数，而记录的移动次数不变。因此，折半插入排序的时间复杂度仍为 $O(n^2)$。另外，折半插入排序也是一个稳定的排序方法。所需附加存储空间和直接插入排序相同，辅助空间复杂度为 $S(n)=O(1)$。

3.10.2.3　希尔排序

希尔排序（Shell's Sort）又称为"缩小增量法排序"，是由希尔（D. L. Shell）在 1959 年对直接插入排序进行改进后提出的。

通过分析直接插入排序算法可以知道，当待排序的序列中记录个数比较少或者序列接近有序时，直接插入排序算法的效率比较高，希尔排序法正是基于这两点进行考虑的。希尔排序的算法思想是不断把待排序的一组记录按间隔值分成若干个小组，然后对同一组的记录进行排序。

具体的做法是首先设置一个记录的间隔值 d_1，把全部记录按此间隔值从第一个记录起进行分组，所有相隔为 d_1 的元素在同一小组中，再进行组内排序。然后再设置另一个间隔值 $d_2(d_1>d_2)$，重新将整个组分成若干个组，再对各组进行组内排序，多次重复以后，直到间隔值 $d_i<1$ 为止。各组的组内排序可以用直接插入排序，也可以用其他排序方法。

对间隔值的取法有多种方法。希尔提出的方法是：$d_1=[n/2]$，$d_{i+1}=[d_i/2]$。下面按希尔排序的方法举例说明。

例 3.36　对记录数 n 等于 8 的数据序列$\{12 \quad 03 \quad 28 \quad 17 \quad 12 \quad 55 \quad 99 \quad 11\}$进行希尔排序（由小到大），间隔值序列取 4、2、1。希尔排序过程示意如下：

序号：　　　 1　　 2　　 3　　 4　　 5　　 6　　 7　　 8

初始关键字：12_1　 03　 28　 17　 12_2　 55　 99　 11

$d=4$　 $\{12_1$　　　　　　　　　 $12_2\}$

　　　　 $\{03$　　　　　　　　　　 $55\}$

　　　　　　　 $\{28$　　　　　　　　　　 $99\}$

　　　　　　　　　 $\{17$　　　　　　　　　 $11\}$

第一次排序结果 $d=4$：12_1　 03　 28　 11　 12_2　 55　 99　 17

　 $d=2$　　　 $\{12_1$　　 28　　　 12_2　　 $99\}$

　　　　　　　　　 $\{03$　　　 11　　　 55　　　　 $17\}$

第二次排序结果 $d=2$：12_1　03　12_2　11　28_2　17　99　55

　　　　　　$d=1$　　　$\{12_1$　03　12_2　11　28_2　17　99　$55\}$

第三次排序结果 $d=1$：03　11　12_1　12_2　17　28　55　99

希尔排序的主要特点是每一次以不同的间隔距离进行插入排序。当 d 较大时,被移动的记录是跳跃式进行的。到最后一次排序时($d=1$),许多记录已经有序,不需要太多移动,所以提高了排序的速度。这里需要注意的是,应使增量序列中的值没有除 1 之外的公因子,并且最后一个增量值必须等于 1。

希尔排序算法可以通过三重循环来实现;外循环是以各种不同的间隔距离 d 进行排序,直到 $d=1$ 为止。中间循环是在某一个 d 值下对各组进行排序,若在某个 d 值下发生了记录的交换,则需要继续循环,直到各组内均无记录的交换为止。也就是说,这时各组内已完成了排序任务。内循环是从第一个记录开始,按某个 d 值为间距进行组内比较。若有逆序,则进行交换。

算法 3.59　希尔排序算法。

```
void ShellSort(RecordNode r[ ],int n)   /*用希尔排序法对一个记录r[ ]排序*/
{
    for(d=n/2;d>=1;d=d/2)
    {
        for(i=1+d;i<=n;i++)
        {
            r[0]=r[i];
            j=i-d;
            while(j>0&&r[0].key<r[j].key)
            {
                r[j+d]=r[j];
                j=j-d;
            }
            r[j+d]=r[0];
        }
    }
}
```

算法分析:希尔排序适用于待排序的记录数目较大的情况。开始排序时,由于选取的间隔值比较大,各组内的记录个数比较小,所以组内排序就比较快。在以后的排序中虽然各组中的记录个数增多,但是通过前面的多次排序使组内的记录越来越接近于有序,所以各组内的排序也比较快。1971 年斯坦福大学的彼德森和拉塞尔在大量实验的基础上推导出,希尔排序的时间复杂度约为 $O(n^{1.3})$。另外,希尔排序是一种不稳定的排序。

3.10.3　交换排序

交换排序(Exchange Sort)的主要思想是:通过比较待排序记录序列中元素的关键字,

如果元素的关键字与排列顺序相反,则将存储位置交换,从而达到排序的目的。本小节主要介绍两种交换排序方法:冒泡排序和快速排序。

3.10.3.1 冒泡排序

冒泡排序(Bubble Sort)是交换排序中一种简单的排序方法。它的基本思想是对所有相邻记录的关键字值进行比较,如果是逆序($r[j] > r[j+1]$),则将其交换,最终达到有序。

冒泡排序的处理过程为:

(1)将整个待排序的记录序列划分成有序区和无序区,初始状态有序区为空,无序区包括所有待排序的记录。

(2)对无序区从前向后依次将相邻记录的关键字进行比较,若逆序将其交换,从而使关键字值小的记录向上"飘浮"(左移),关键字值大的记录好像石块,向下"坠落"(右移)。

每经过一趟冒泡排序,都使无序区中关键字值最大的记录进入有序区,对于由 n 个记录组成的记录序列,最多经过 $n - 1$ 趟冒泡排序,就可以将这 n 个记录重新按关键字顺序排列。在一趟冒泡排序过程中,若在第 k 个位置之后就未发生记录交换,说明以后的记录已有序,若整趟排序只有比较而没有交换,说明待排序记录已全部有序,无须进行余下的冒泡操作。

例 3.37 利用冒泡排序算法,对数据序列 $\{12\ 03\ 28\ 17\ 12\ 55\ 99\ 11\}$ 进行排序,其过程如下。其中 […] 为有序区。12_1 和 12_2 表示排序值相等的两个不同记录。

冒泡排序过程示意:

```
初始序列:        12₁   03   28   17   12₂   55   99   11
第一趟排序结果:12₁   03   28   17   12₂   55   11  [99]
第二趟排序结果:12₁   03   28   17   12₂   11  [55   99]
第三趟排序结果:12₁   03   17   12₂   11  [28   55   99]
第四趟排序结果:12₁   03   12₂   11  [17   28   55   99]
第五趟排序结果:12₁   03   11  [12₂   17   28   55   99]
第六趟排序结果:03   11  [12₁   12₂   17   28   55   99]
第七趟排序结果:[03   11   12₁   12₂   17   28   55   99]
```

算法 3.60 冒泡排序算法。

```
void    BubbleSort( RecordNode r[ ],int n) /∗冒泡排序∗/
{
    i=n;                            /∗i指示无序序列中最后一个记录的位置∗/
    while(i>1)
      { int LastExchange=1;           /∗记最后一次交换发生的位置∗/
       for(j=1;j<i;j++)
          {if(r[j].key>r[j+1].key)
            { temp=r[j];r[j]=r[j+1];r[j+1]=temp;  /∗逆序时交换∗/
```

```
                    LastExchange = j;
                }
            i = LastExchange;
            }
        }
    }
```

算法分析：冒泡排序的比较次数和记录的交换次数与记录的初始顺序有关。假设在原始的序列中，记录已经是有序排列，则比较次数为 0；如果在原始序列中，记录是"反序"排列的，则总的比较次数为 $\frac{(n+1) \times n}{2}$，总的移动次数为 $\frac{(n+1) \times 3n}{2}$，因此总的时间复杂度为 $O(n^2)$。

3.10.3.2 快速排序

快速排序（Quick Sort）是对冒泡排序的改进，是一种分区交换的方法。在冒泡排序中，记录的比较和移动是在相邻的位置上进行的，每次交换记录只能消除一个逆序，因而总的比较和移动次数较多。在快速排序中，通过一次交换能消除多个逆序。实际上，快速排序名副其实，它是目前最快的内部排序算法。

快速排序的基本思想是：首先将待排序记录序列中的所有记录作为当前待排序区域，从中任选取一个记录（通常可选取第一个记录），以它的关键字作为枢轴（或支点，Pivot），凡其关键字小于枢轴的记录均移动至该记录之前；反之，凡关键字大于枢轴的记录均移动至该记录之后，这样一趟排序之后，记录的无序序列 $r[1 \cdots n]$ 将分割成两部分：$r[1 \cdots i-1]$ 和 $r[i+1 \cdots n]$，且 $r[j].key \leqslant r[i].key \leqslant r[k].key(1 \leqslant j \leqslant i-1, r[i].key$ 为枢轴，$i+1 \leqslant k \leqslant n)$。

一趟快速排序（或称一次划分）的具体做法是：设置两个指针 i、j，分别用来指示将要与枢轴进行比较的左侧记录位置和右侧记录位置，首先从 j 所指位置开始向前查找关键字小于枢轴关键字的记录，将其与枢轴交换，再从 i 所指位置开始向后查找关键字大于枢轴关键字的记录，将其与枢轴交换，反复执行以上步骤，直到 i 与 j 相等。在这个过程中，记录交换都是与枢轴之间发生的，每次交换要移动 3 次记录，我们可以先暂存枢轴，只移动要与枢轴交换的记录，直到最后再将枢轴放入适当位置，这种做法可减少排序中的记录移动次数。

例 3.38   利用快速排序算法，对数据序列{28 19 27 48 56 12 10 25 20 50}进行排序，其过程如下：

一趟快速排序过程为：

初始序列：　　　 [28]　 19　 27　 48　 56　 12　 10　 25　 20　 50

（选 28 作为基准）　 ↑　　　　　　　　　　　　　　　　　　　　 ↑

　　　　　　　　　 i　　　　　　　　　　　　　　　　　　　　　 j

进行一次交换后：　 20　 19　 27　 48　 56　 12　 10　 25　 [28]　 50

　　　　　　　　　　 ↑　　　　　　　　　　　　　　　　　　 ↑

进行两次交换后: 20   19   27   28   56   12   10   25   48   50

i ↑ j ↑

进行三次交换后: 20   19   27   25   56   12   10   28   48   50

i ↑ j ↑

进行四次交换后: 20   19   27   25   28   12   10   56   48   50

i ↑ j ↑

进行五次交换后: 20   19   27   25   10   12   28   56   48   50

i ↑ j ↑

进行六次交换后: 20   19   27   25   10   12   28   56   48   50

i ↑ j ↑

快速排序全过程为:

①以 28 为基准。

第一趟快速排序过程后:{20   19   27   25   10   12}   28   {56   48   50}

②分别以 20,56 为基准。

第二趟快速排序过程后:{12   19   10}   20   {25   27}   28   {50   48}   56

③分别以 12,25,50 为基准。

第三趟快速排序过程后:[10   12   19   20   25   27   28   48   50   56]

为了理解的方便,我们将进行一趟快速排序并使枢轴记录交换到正确位置的过程作为一个子程序,通过主程序的调用完成整个快速排序。

算法 3.61 进行一次快速排序,使一个枢轴记录到位。

```
int Partition(RecordNode r[ ],int l,int h)
{           /*交换记录子序列 R[l…h]中的记录,使枢轴记录交换到正确的位置,
             并返回其所在位置*/
    int i=l;i=h;  /*用变量主,i 记录待排序记录的首尾位置*/
    r[0]=r[i];  /*以子表的第一个记录作为枢轴,将其暂存到记录 R[0]中*/
    x=r[i].key;  /*用变量 x 存放枢轴记录的关键字*/
    while(i<j)
    {           /*从表的两端交替地向中间扫描*/
        while(i<j &&r[j].key>=x)   j--;
        r[i]=r[j];  /*将比枢轴小的记录移到低端*/
```

```
      while(i<j&&r[i].key<=x)   i++;
      r[j]=r[i];  /*将比枢轴大的记录移到高端*/
   }
r[i]=r[0];      /*枢轴记录到位*/
return i;       /*返回枢轴位置*/
}
```

算法 3.62   快速排序算法主程序。

```
void   QuickSort(RecordNode r[ ],int low,int high)
{                                  /*对记录序列 R[low…high]进行快速排序*/
   if(low<high)
     { k=Partition(r,low,high);
       QuickSort(r,low,k-1);
       QuickSort(r,k+l,high);
     }
}
```

算法分析:快速排序在系统内部需要用一个栈来实现递归。在最好的情况下,即每次划分比较平均,其递归树的高度为 $O(\log_2 n)$,则递归所需空间为 $O(\log_2 n)$;在最坏的情况下,递归树的高度为 $O(n)$,此时递归所需空间为 $O(n)$。

在通常情况下,快速排序有非常好的时间复杂度,它优于其他算法。经过计算,其平均时间复杂度为 $O(n\log_2 n)$。另外,快速排序是不稳定排序。

3.10.4   选择排序

所谓选择排序,就是从无序的记录序列中选择一个记录,并把它依次添加到有序的记录序列中。选择排序与插入排序不同的是,从无序序列中要经过选择才能取出一个记录,但添加到有序表中时,只要按次序即可,而无须再查找位置。本小节介绍直接选择排序、树形选择排序和堆排序三种选择排序算法。

3.10.4.1   直接选择排序

直接选择排序(Straight Selection Sort)也称为简单选择排序。它的基本思想是,将原记录序列分为有序与无序两个序列,初始的有序序列为空,无序序列中包括所有待排序的记录。每次通过对无序表的线性搜索,选择一个具有最小关键字值的记录,并把它添加到有序表中,称为一趟选择排序。

假设在排序过程中,有序序列为 $r[1\cdots i-1]$,待排序序列为 $r[i\cdots n]$。则第 i 趟直接选择排序,通过 $n-i$ 次关键字的比较,从 $n-i+1$ 个记录中的无序序列中,选择关键字值最小的记录,将其与第 i 个位置的数据交换。直至第 $n-1$ 趟,剩下的最后一个记录一定是关键字值最大的记录,它已在第 n 个位置,排序结束。

例 3.39   一组记录的关键字序列是 $\{12_1\ \ 03\ \ 28\ \ 17\ \ 12_2\ \ 55\ \ 99\ \ 11\}$,进行直接选择排序,其过程如下。其中[…]为有序区。

初始关键字序列：　12₁　03　28　17　12₂　55　99　11

第一趟排序后：　[03]　12₁　28　17　12₂　55　99　11

第二趟排序后：　[03　11]　28　17　12₂　55　99　12₁

第三趟排序后：　[03　11　12₁]　17　12₂　55　99　28

第四趟排序后：　[03　11　12₁　12₂]　17　55　99　28

第五趟排序后：　[03　11　12₁　12₂　17]　55　99　28

第六趟排序后：　[03　11　12₁　12₂　17　28]　99　55

第七趟排序后：　[03　11　12₁　12₂　17　28　55　99]

算法 3.63　直接选择排序。

```
void    SelectSort(SqList L,int n)
{                          /*对记录序列 L.r[1…n]作直接选择排序*/
  for(i=1;i<n;++i)
  {                        /*进行 n-1 趟的选择*/
    min=i;                 /*min 是最小关键字的位置*/
    for(j=i+l;j<=L.length;j++)
    {
      if(L.r[j].key<L.r[min].key)
        min=j;
    }
    if(i! =min)
      swap(L.r[i],L.r[min]); /*将第 j 个记录与第 i 个记录交换*/
  }
}
```

算法分析:直接选择排序的比较次数与记录的初始顺序无关,其比较次数为 $\sum_{i=1}^{n}(n-i)=\frac{n(n-1)}{2}$,交换次数最多为 $n-1$ 次。当待排序记录初始为正序时,不发生交换;当待排序记录初始为逆序时,交换的次数为 $n-1$ 次。因此,直接选择排序算法的时间复杂度为 $O(n^2)$ 。另外,直接选择排序是不稳定排序。

3.10.4.2　树形选择排序

直接选择排序的时间复杂度为 $O(n^2)$,如果能够减少比较的次数,就可以降低排序的时间耗费。直接选择排序在线性表中比较关键字,而树形选择排序(也称为选择树排序)则利用完全二叉树进行关键字比较,从而大大减少对关键字的比较次数。选择树排序也称为锦标赛排序。它的基本步骤是:

(1)建立一个完全二叉树,每个叶子结点对应一个待排序记录。

(2)叶子中互为兄弟的结点两两比较,选出 $\lceil\frac{n}{2}\rceil$ 个较小者作为它们的父结点。

(3)然后再对这 $\frac{n}{2}$ 个父结点中互为兄弟的结点两两比较,再选出 $\lceil\lceil n/2\rceil/2\rceil$ 个记

录,直至选出一个最小关键字记录,并把它放在根结点中为止。

(4)输出该记录,并将它从叶子结点中删除,这是第一趟排序的结果。

(5)沿着从根结点到输出结点的路径调整该二叉树,使得父结点仍是两个孩子中的较小者,即可找出次小关键字记录。

(6)重复(4)和(5)的过程,直至整个记录序列被排序为止。

注意 $\lceil \frac{n}{2} \rceil$ 表示对 $\frac{n}{2}$ 进行向上取整,若 $n = 8$,则 $\lceil \frac{n}{2} \rceil = 4$,若 $n = 9$,则 $\lceil \frac{n}{2} \rceil = 5$。

树形选择排序的示例如图 3.76 所示。

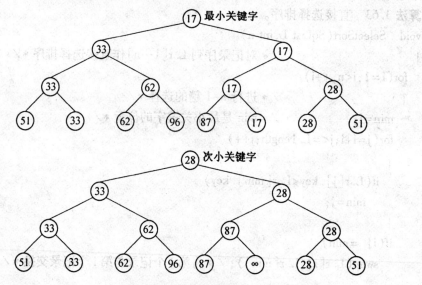

图 3.76　树形选择排序

算法分析:对 n 个记录的树形选择排序,每选择一个记录,比较的次数为 $\lceil \log_2 n \rceil$,因此,树形选择排序算法的时间复杂度为 $O(n\log_2 n)$。这种算法的缺点是需要较大的辅助存储空间,除需输出排序结果的 n 个单元之外,另外还需要 $n-1$ 个辅助存储单元。此外,树形选择排序需要与"最大值∞"进行多次多余比较。为解决这一缺点,J. williams 在1964 年发明了另一种形式的选择排序——堆排序。

3.10.4.3　堆排序

堆排序(Heap Sort)在时间性能与树形选择排序同一量级的基础上,避免了借助过多的辅助存储单元以及需要与"最大值∞"进行多余比较。

堆的概念:对于一个关键字序列 $\{k_1, k_2, \cdots, k_n\}$,满足:

$$\begin{cases} K_i \leqslant K_{2i} \\ K_i \leqslant K_{2i+1} \end{cases} \quad 或 \quad \begin{cases} K_i \geqslant K_{2i} \\ K_i \geqslant K_{2i+1} \end{cases} \quad (i = 1, 2, \cdots \lfloor \frac{n}{2} \rfloor)$$

注意 $\lfloor \frac{n}{2} \rfloor$ 表示对 $\frac{n}{2}$ 进行向下取整,若 $n = 8$,则 $\lfloor \frac{n}{2} \rfloor = 4$,若 $n = 9$,则 $\lfloor \frac{n}{2} \rfloor = 4$。

满足前一关系者,称小根堆(或小项堆);满足后一关系者,称大根堆(或大顶堆)。例如,序列 $\{91, 47, 85, 24, 36, 53, 30, 16\}$ 就是一个大根堆,序列 $\{12, 36, 24, 85, 47, 30, 53,$

91|就是一个小根堆,其对应的完全二叉树如图3.77所示。

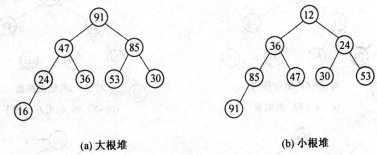

(a) 大根堆　　　　　　　　　　(b) 小根堆

图 3.77　大小根堆示例图

从堆的定义来看,堆就是一棵完全二叉树;在小根堆中,非终端结点的值不大于其左、右两个孩子的值,大根堆则相反,而且堆中任何一棵子树也是一个堆。

根据完全二叉树的性质,可采用顺序存储方式来存储该完全二叉树或二叉堆。下面以小根堆为例来讨论问题。

由于堆顶是最小关键字的记录,因此堆顶就可作为排序结果中的第一个记录;若能对所剩余的 $n-1$ 个记录通过调整再次建堆,则可产生排序结果中的第二个记录,以此类推,就可产生最终的排序结果。由此可得出堆排序的基本思想如下:

(1)建立初始堆。

(2)输出堆顶记录。

(3)调整堆,使剩余记录变成一个新的堆。

(4)重复上述(2)、(3)两个步骤,直至剩下一个记录为止。

堆排序的过程需要解决两个主要问题:①建立初始堆;②调整堆。

如何将一个无序序列建成一个堆? 具体做法是:

(1)把待排序记录存放在数组 $r[1 \cdots n]$ 之中,将 r 看作一棵二叉树,每个结点表示一个记录,将第一个记录 $r[1]$ 作为二叉树的根,以下各记录 $r[2 \cdots n]$ 依次逐层从左到右顺序排列,构成一棵完全二叉树,任意结点 $r[i]$ 的左孩子是 $r[2i]$,右孩子是 $r[2i+1]$,双亲是 $r[i/2]$。将待排序的所有记录放到一棵完全二叉树的各个结点中。

(2)从 $i=\lfloor n/2 \rfloor$ 的结点 $r[i]$ 开始,比较根结点与左、右孩子的关键字值,若根结点的值大于左、右孩子中的较小者,则交换根结点和值较小孩子的位置,即把根结点下移。

(3)已经下移的根结点继续和新的孩子结点比较,如此一层一层地递归下去,直到根结点下移到某一位置时,它的左、右子结点的值都大于它的值或者已成为叶子结点。这个过程称为"筛选"。

从一个无序序列建堆的过程就是一个反复"筛选"的过程,"筛选"需要从 $i=\lfloor n/2 \rfloor$ 的结点 $r[i]$ 开始,直至结点 $r[1]$ 结束。例如,有一个 8 个元素的无序序列|56,37,48,24,61,05,16,37|,它所对应的完全二叉树及其建堆过程如图3.78所示。因为 $n=8$,$n/2=4$,所以从第 4 个结点起至第一个结点止,依次对每一个结点进行"筛选"。

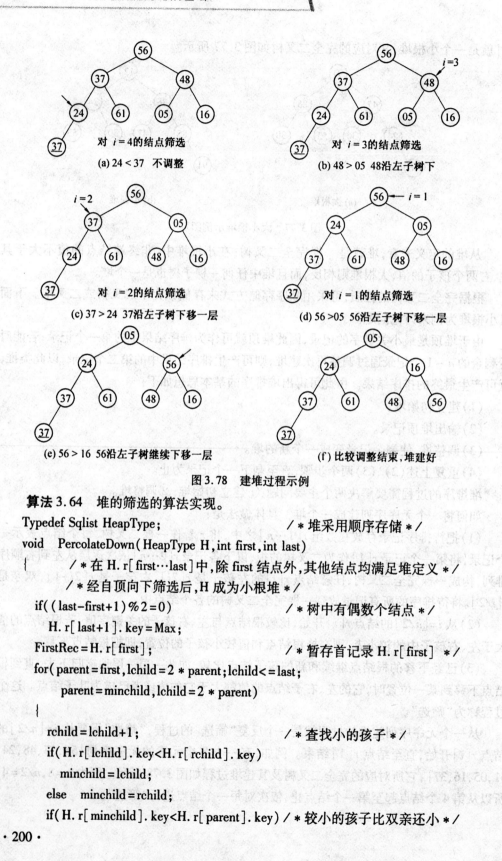

图3.78 建堆过程示例

算法3.64 堆的筛选的算法实现。

```
Typedef Sqlist HeapType;                        /* 堆采用顺序存储 */
void    PercolateDown( HeapType H, int first, int last)
{       /* 在 H. r[ first…last]中,除 first 结点外,其他结点均满足堆定义 */
        /* 经自顶向下筛选后,H 成为小根堆 */
    if((( last−first+1) % 2 = 0)                 /* 树中有偶数个结点 */
        H. r[ last+1]. key = Max;
    FirstRec = H. r[ first];                     /* 暂存首记录 H. r[ first] */
    for( parent = first, lchild = 2 * parent; lchild <= last;
        parent = minchild, lchild = 2 * parent)
    {
    rchild = lchild+1;                           /* 查找小的孩子 */
    if( H. r[ lchild]. key<H. r[ rchild]. key)
      minchild = lchild;
    else    minchild = rchild;
    if( H. r[ minchild]. key<H. r[ parent]. key) /* 较小的孩子比双亲还小 */
```

　　　　　H. r[parent] = H. r[minchild]　　　　/* 将小的孩子放入双亲结点中 */

　　　　else　break ;　　　　　　　　　　　　　/* 小的孩子比双亲还大,筛选结束 */

　　　}

　　L. r[parent] = FirstRec ;

}

　　在输出堆顶记录之后,如何调整剩余记录成为一个新的堆? 由堆的定义可知,在输出堆顶记录之后,以根结点的左、右孩子为根的子树仍然为堆。为了把剩余的记录建成一个新堆,可以将堆的最后一个记录放到堆顶位置作为根结点,形成一个新的完全二叉树。该完全二叉树不是一个堆,但根结点的左、右子树均为根。此时,只需将根结点由上至下"筛选"到合适的位置,使它的左、右孩子的关键字值都大于它的值,至此就完成了新堆的建立。

　　算法 3.65　建立堆的算法实现。

void BuildHeap(HeapType H)

{

　　for(i = H. length/2 ; i>0 ; i--)

　　　　PercolateDown(H, i, H. length) ;

}

对于已建好的堆,可以采用下面两个步骤进行排序:

(1) 输出堆顶元素:将堆顶元素(第一个记录)与当前堆的最后一个记录对调。

(2) 调整堆:将输出根结点之后的新完全二叉树调整为堆。

不断地输出堆顶元素,又不断地把剩余的元素建成新堆,直到所有记录都变成堆顶元素输出。

　　算法 3.66　堆排序的算法实现。

void HeapSort(HeapType H)　　　　　/* 对顺序表 H 进行堆排序 */

{

　　BuildHeap(H) ;　　　　　　　　　　/* 建立堆 H */

　　for(i = H. 1ength ; i>1 ; --i)

　　{

　　　　swap(H. r[1] , H. r[i]) ;　　　/* 将堆顶记录和堆中的最后一个记录交换 */

　　　　PercolateDown(H, 1, i-1) ;　　/* 对未排序记录序列 H. r[1…i-1] 进行筛选 */

　　}

}

算法分析:堆排序的时间复杂度分析:

(1) 对深度为 k 的堆,"筛选"所需进行的关键字比较的次数至多为 $2(k-1)$。

(2) 对 n 个关键字,建成深度为 $h(= \lfloor \log_2 n \rfloor + 1)$ 的堆,所需进行的关键字比较的次数至多为 $4n$。

(3) 调整"堆顶" $n-1$ 次,总共进行的关键字比较的次数不超过:

$$2\{ \lceil \log_2(n-1) \rceil + \lfloor \log_2(n-2) \rfloor + \cdots + \log_2 2 \} < 2n \lceil (\log_2 n) \rceil$$

因此,堆排序的时间复杂度为 $O(n\log_2 n)$。

因此,在最坏的情况下,堆排序的时间复杂度比快速排序更好些;另外,它也只用到一个辅助存储空间,所以空间复杂度为 $O(1)$。但由于建初始堆时要进行反复筛选,使得它不适合小文件的排序。另外,堆排序也是不稳定排序。

3.10.5 归并排序

归并是指将两个或两个以上有序表合并成一个新的有序表。归并排序(Merging Sort)是利用归并技术来进行的排序。在内部排序中,通常采用的是二路归并排序。其基本思想是:将一个具有 n 个待排序记录的序列看成是 n 个长度为 1 的有序序列,然后进行两两归并,得到 $[n/2]$ 个长度为 2 的有序序列,再进行两两归并,得到 $[n/4]$ 个长度为 4 的有序序列,如此重复,直至得到一个长度为 n 的有序序列为止。

例 3.40　利用二路归并排序算法,对数据序列{25 05 77 01 61 11 59 15 48 19}进行排序,其过程如下:

初始关键字序列: [25] [05] [77] [01] [61] [11] [59] [15] [48] [19]

一趟归并排序后: [05 25] [01 77][11 61] [15 59][19 48]

二趟归并排序后: [01 05 25 77] [11 15 59 61] [19 48]

三趟归并排序后: [01 05 11 15 19 25 48 59 61 77]

算法 3.67　一次二路归并的算法。

```
void Merge( RecordNode SR[ ], RecordNode TR[ ], int i, int m, int n)
{          /* 将有序的 SR[i…m] 和 SR[m+1…n] 归并为有序的 TR[i…n] */
  for(j=m+1, k=i; i<=m&&j<=n; ++k) /* 将 SR 中记录由小到大地并入 TR */
  {
    if( SR[i]. key<=SR[j]. key)
      TR[k] = SR[i++];
    else TR[k] = SR[j++];
  }
  if(i<=m)                         /* 将剩余的 SR[i…m] 复制到 TR */
    TR[k…n] = SR[i…m];
  if(j<=n)
    TR[k…n] = SR[j…n];
}
```

算法 3.68　一趟二路归并的算法。

```
void Msort( RecordNode SR[ ], RecordNode TR1[ ], int s, int t )
{  /* 将 SR[s…t] 进行二路归并排序为 TR1[s…t] */
  if(s==t)
    TR1[s] = SR[s];
```

```
    else
    {
        m = (s+t)/2;            /* 将 SR[s…t]平分为 SR[s…m]和 SR[m+1…t]
*/
        Msort(SR,TR2,s,m);      /* 递归地将 SR[s…m]归并为有序的 TR2[s…m]
*/
        Msort(SR,TR2,m+1,t);    /* 递归地 SR[m+1…t]归并为有序的 TR2[m+1…t]
*/
        Merge(TR2,TR1,s,m,t);   /* 将 TR2[s…m]和 TR2[m+1…t]归并到 TR1[s…
t] */
    }
}
```

算法 3.69　二路归并算法。

```
void MergeSort(RecordNode r[])    /* 对记录序列 r[1…n]作二路归并排序 */
{
    MSort(r,r,1,n);
}
```

算法分析:二路归并排序进行第 i 趟排序后,有序子序列长度为 2,具有 n 个记录的序列排序必须进行 $[\log_2 n]$ 趟归并,每趟所用时间为 $O(n)$,故二路归并排序的时间复杂度为 $O(n\log_2 n)$,空间复杂度为 $O(n)$。另外,二路归并排序是一种稳定的排序。

3.10.6　基数排序

基数排序(Radix Sort)是和前面所述各类排序方法完全不同的一种排序方法。基数排序是一种借助于多关键字排序的思想对单逻辑关键字进行排序的方法,即先将关键字分解成若干部分,然后对各部分关键字分别排序,最终完成对全部记录的排序。

基数排序算法的基本思想是:假设待排序的记录 $R[i]$ 的关键字 $R[i].key$ 是由 d 位数字组成(不足 d 位的关键字在高位补 0),即 $k^{d-1}k^{d-2}\cdots k^0$,每一个数字表示关键字的一位,其中 k^{d-1} 为最高位,k^0 是最低位,每一位的值都在 $0 \leqslant k_i < r$ 范围内,其中 r 称为基数。

当关键字为二进制数时,r 为 2;对于关键字为十进制数,则 r 为 10;对于关键字为字母串时,则 $r = 26$。基数排序有两种:最低位优先和最高位优先。最低位优先的过程是:先按最低位的值对记录进行排序,在此基础上,再按次低位进行排序,依此类推。由低位向高位,每趟都是根据关键字的一位并在前一趟的基础上对所有记录进行排序,直至最高位,即完成基数排序的整个过程。

例 3.41　将表 3.24 所示的学生成绩单按数学成绩的等级由高到低排序,数学成绩相同的学生再按英语成绩的高低等级排序。排序结果见表 3.25。

表 3.24 学生成绩表

学号	数学成绩	英语成绩
1101	B	C
1102	A	B
1103	C	D
1104	B	B
1105	A	A
1106	D	B
1107	E	A
1108	C	C

表 3.25 按照先数学后英语的成绩排序表

学号	数学成绩	英语成绩
1105	A	A
1102	A	B
1104	B	B
1101	B	C
1108	C	B
1103	C	D
1106	D	B
1107	E	A

实现多关键字排序通常有两种做法:第一种方法是先按高位关键字进行排序,被称之为"最高位优先"法,简称 MSD 法;第二种方法是先按低位关键字排序,被称之为"最低位优先"法,简称为 LSD。

基数排序的过程实际上是不断地进行关键字的"分配"和"收集"的过程。分配过程就是在开始时,把 $Q_0, Q_1, \cdots, Q_{r-1}$ 这 r 个队列置成空队列,然后依次考察线性表中的每一个结点 $a_j (j = 0, 1, \cdots, n-1)$,如果 a_j 的关键字 $k = k$,就把 a_j 放进 Q_k 队列中。收集过程就是把 $Q_0, Q_1, \cdots, Q_{r-1}$ 各个队列中的结点依次首尾相接,得到新的结点序列,从而组成新的线性表。

例 3.42 设待排序序列中有 10 个记录,其关键字分别 231,144,037,572,006,249,528,134,065,152,使用基数排序法进行排序。

算法分析:基数排序的时间耗费不仅与数据元素的个数 n 有关,而且与关键字的位数 d、关键字的基 r 有关。基数排序的算法进行循环的次数与关键字的位数相同,每次循环先要把 n 个数据元素分配到相应的 r 个队列中,然后再把各个队列中的数据元素收回,链式队列的进队算法和出队算法的时间复杂度均为 $O(1)$，所以，基于链式队列的基数排序算法的时间复杂度为 $O(d \times n)$。与数据元素的个数 n 相比，数据元素关键字的位数 d 通常很小，所以基于链式队列的基数排序算法的时间复杂度相当低。

基于链式队列的基数排序算法中要 d 次使用 n 个结点临时存放 n 个数据元素，所以，基于链式队列的基数排序算法的空间复杂度为 $O(n)$，如图 3.79 所示。

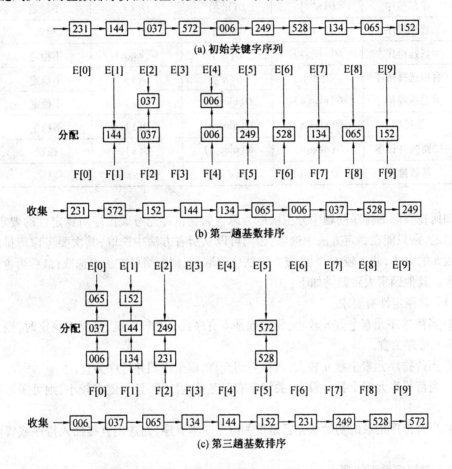

图 3.79　基数排序的过程

基于顺序队列的基数排序算法思想与基于链式队列的基数排序算法思想类似，其时间复杂度也为 $O(d \times n)$。但在基于顺序队列的基数排序算法中，每个队列的空间要按最坏的情况考虑，即在最坏的情况下，n 个待排序的数据元素分配到同一个队列中，所以，基于顺序队列的基数排序算法的空间复杂度为 $O(r \times n)$。另外，基数排序算法是一种稳定的排序算法。

3.10.7　各种内排序方法的比较

对各种内排序方法之间的性能比较，主要从时间复杂度、空间复杂度、稳定性、算法简单性等方面进行考虑，表 3.26 给出了各种内排序算法的时间性能、空间性能和稳定性。

表3.26　各种内排序方法之间的性能比较

排序方法	平均时间	最坏情况	辅助空间	稳定性
直接插入排序	$O(n^2)$	$O(n^2)$	$O(1)$	稳定
折半插入排序	$O(n^2)$	$O(n^2)$	$O(1)$	稳定
希尔排序	$O(n^{1.3})$	$O(n^{1.3})$	$O(1)$	不稳定
冒泡排序	$O(n^2)$	$O(n^2)$	$O(1)$	稳定
快速排序	$O(n\log_2 n)$	$O(n^2)$	$O(\log_2 n)$	不稳定
直接选择排序	$O(n^2)$	$O(n^2)$	$O(1)$	不稳定
树型选择排序	$O(n\log_2 n)$	$O(n\log_2 n)$	$O(n)$	不稳定
堆排序	$O(n\log_2 n)$	$O(n\log_2 n)$	$O(1)$	不稳定
二路归并排序	$O(n\log_2 n)$	$O(n\log_2 n)$	$O(n)$	稳定
基数排序	$O(d{\times}n)$	$O(d{\times}n)$	$O(r{\times}n)$	稳定

如何在实际的排序问题中分主次地考虑它们呢？首先考虑排序对稳定性的要求，若要求稳定，则只能在稳定方法中选取，否则可以从所有方法中选取；其次要考虑待排序元素个数 n 的大小，若 n 较大，则在复杂方法中选取，否则在简单方法中选取；最后再考虑其他因素。其他因素大致归纳如下：

（1）对稳定性有要求。

① 当待排序元素个数 n 较小，元素或基本有序或分布较随机，且要求稳定时，则采用直接插入排序为宜。

② 当待排序元素个数 n 较大，内存空间允许，则采用归并排序为宜。

③ 当待排序元素个数 n 较大，关键字有明显结构特征，且关键字较小，则可采用基数排序。

④ 当待排序记录的初始状态已是按关键字基本有序，则选用直接插入排序或冒泡排为宜。

（2）对稳定性不作要求。

① 当待排序元素个数 n 较小，则采用直接选择排序为宜，若关键字不接近逆序，也可采用直接插入排序。

② 当待排序元素个数 n 较大，关键字分布可能会出现正序或逆序的情况，且对稳定性不作要求时，则采用堆排序为宜，而且堆排序所需的辅助空间较少。

③ 当待排序元素个数 n 较大，关键字分布较随机，则采用快速排序为宜。快速排序是目前基于比较的内部排序中被认为是最好的方法，当待排序记录的关键字是随机分布时，快速排序的平均时间最短。

（3）对于以主关键字进行排序的记录序列，所用的排序方法是否稳定无关紧要，而用次关键字进行排序的记录序列，应根据具体问题慎重选择排序方法及描述算法。应该提出的是，稳定性是由方法本身决定的，对不稳定的排序方法而言，不管其描述形式如何，总能找出一个说明不稳定的实例来。反之,对稳定的排序方法,总能找到一种不引起不稳定的描述形式。

(4)本小节讨论的排序算法,大都是利用一维向量实现的。若记录本身信息量大,为避免移动记录耗费大量时间,可用链式存储结构。比如,插入排序和归并排序都易于在链表上实现。但像快速排序和堆排序这样的排序算法,却难在链表上实现,此时可以提取关键字建立索引表,然后对索引表进行排序。

综上所述,在前面讨论的内部排序方法中,没有哪一个是绝对最优的,应根据实际情况适当选用,甚至可将多种方法结合起来使用。

3.11　习题

1.选择题

(1)以下关于数据的存储结构的叙述中正确的是(　　)。

A.数据的存储结构是数据间关系的抽象描述

B.数据的存储结构是逻辑结构在计算机存储器中的实现

C.数据的存储结构分为线性结构和非线性结构

D.数据的存储结构对数据运算的具体实现没有影响

(2)下面关于线性表的叙述错误的一项是(　　)。

A.采用顺序存储的线性表,必须占用一片连续的存储单元

B.采用顺序存储的线性表,便于进行插入和删除操作

C.采用链接存储的线性表,不必占用一片连续的存储单元

D.采用链接存储的线性表,便于进行插入和删除操作

(3)关于线性表的叙述正确的一项是(　　)。

A.线性表的每个元素都有一个直接前趋和直接后继

B.线性表中至少要有一个元素

C.线性表中的元素必须按递增或递减的顺序排列

D.除第一个元素和最后一个元素外,其余每个元素都有一个且仅有一个直接前趋和直接后继

(4)在一个单链表中,若要删除 p 结点的后继结点,则执行(　　)。

A. p ->next = p ->next ->next;

B. p=p ->next; p ->next=p ->next ->next;

C. dispose(p ->next);

D. p= p ->next ->next;

(5)在栈中,由顶向下已存放元素 c、b、a,在第四个元素 d 入栈前,栈中元素可以出栈,试问 d 入栈后,不可能的出栈序列是(　　)。

A. d c b a　　　　　　　　B. c b d a

C. c a d b　　　　　　　　D. c d b a

(6)设数组 data[0…m]作为循环队列 SQ 的存储空间,front 为队头指针,rear 为队尾

指针,则执行出队操作的语句为( )。

A. front = front+1　　　　　　B. front = (front+1) mod m

C. front = (rear+1) mod m　　 D. front = (front+1) mod (m+1)

(7)假定一棵二叉树的结点数为18,则它的最小高度为( )。

A. 18　　　　　B. 6　　　　　C. 5　　　　　D. 4

(8)已知一棵二叉树的先根序列为 ABDGCFK,中根序列为 DGBAFCK,则结点的后根序列为( )。

A. ACFKDBG　　B. GDBFKCA　　C. KCFAGDB　　D. ABCDFKG

(9)设有一个已按各元素的值排好序的顺序表(长度大于2),现分别用顺序查找法和二分查找法查找与给定值 k 相等的元素,比较的次数分别是 s 和 b,在查找不成功的情况下,s 和 b 的关系是( )。

A. $s=b$　　　　B. $s>b$　　　　C. $s<b$　　　　D. $s \geq b$

(10)用冒泡排序法对序列 18,14,6,27,8,12,16,52,10,26,47,29,41,24 从小到大进行排序,共要进行( )次比较。

A. 33　　　　　B. 45　　　　　C. 70　　　　　D. 91

2.填空题

(1)数据结构包括三个方面的内容是数据的_____、数据的存储结构、数据的运算。

(2)算法就是解决问题的基本方法,一个算法应具备_____、_____、_____、_____和_____五个特性。

(3)线性表的两种存储结构分别为_____和_____。

(4)如果要在一个单链表中指针 p 指向的结点之前插入一个指针 s 指向的结点,可执行以下操作:

(1)s->next = _____;

(2)p->next = s;

(3)t = p->next;

(4)p->data = _____;

(5)s->data = _____;

(5)在双向链表中,每个结点都含两个指针域,它们一个是指向其_____结点,另一个指向其_____结点。

(6)设栈 S 的初始状态为空,队列 Q 的初始状态为

$$a_1 a_2 a_3 a_4$$
$$↑ \quad ↑$$
队首　队尾

对栈 S 和队列 Q 进行下列两部操作:

(1)删除 Q 中的元素,将删除的元素插入 S 中,直到 Q 为空。

(2)依次将 S 中的元素插入 Q,直到 S 为空。

在上述两步操作后,队列 Q 的状态是_____。

(7)队列是一种操作有限的线性表,视不同的应用需要,通常采用顺序存储结构。在顺序存储结构中,为了克服操作中的"假溢出"现象,引入所谓的循环队列的概念,在循环队列中判定队列空和满的条件是_____和_____。

(8)一棵深度为 h 的完全二叉树上的结点总数最少为_____个,最多为_____个。若按自上而下,从左到右次序给结点编号(从 1 开始),则编号最小的叶子结点的编号为_____。

(9)树和二叉树的三个主要差别是_____、_____及_____。

(10)在顺序表(6,10,16,18,25,28,30,48,50,52)中,用折半查找法查找关键码值20,则需要进行关键码比较次数为_____。

(11)设有关键码序列(17,8,3,25,16,1,13,19,4,6,21),要按关键码值递增的次序排序,用初始增量为 4 的希尔排序法,扫描一趟后的结果是_____。

(12)在对一组记录(54,38,96,23,15,72,60,45,83)进行冒泡排序时,第一趟需进行相邻记录交换的次数为_____,在整个冒泡排序的过程中共需进行_____趟后才能完成。

3. 简答题

(1)在顺序表中插入和删除一个结点需平均移动多少个结点? 具体的移动次数取决于哪两个因素?

(2)在单链表、双向链表和单循环链表中,若仅知道指针 p 指向某结点,不知道头指针,能否将结点 p 从相应的链表中删去?

(3)有哪些链表可仅由一个尾指针来唯一确定,即从尾指针出发能访问到链表上任何一个结点?

(4)何时选用顺序表、何时选用链表作为线性表的存储结构?

(5)简述栈与队列的不同之处。

(6)设将整数 1、2、3、4 依次进栈,但只要出栈时栈非空,则可将出栈操作按任何次序压入其中,请回答下述问题:

①若入、出栈次序为 Push (1)、Pop( )、Push (2)、Push (3)、Pop ( )、Pop ( )、Push (4)、Pop ( ),则出栈的数字序列应如何?

②能否得到出栈序列 1423 和 1432 ,并说明为什么不能得到或者如何得到?

③请分析 1、2、3、4 的各种排列中,哪些序列是可以通过相应的入、出栈操作得到的?

(7)循环队列的优点是什么? 如何判别它是空还是满?

(8)假定用一维数组 a [7]顺序存储一个循环队列,队首和队尾指针分别用 front 和 rear 表示,当前队列中已有 5 个元素 : 23、45、67、80、34,其中 23 为队首元素,front 的值为 3,请画出对应的存储状态,当连续进行 4 次出队运算后,再让 15、36、48 元素依次进队,请再次画出对应的存储状态。

(9)一棵二叉树如图3.80所示。写出对此树进行先序、中序、后序遍历时得到的结点序列。

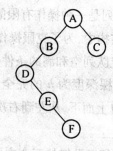

图3.80　一棵二叉树

(10)已知一棵二叉树的中序遍历序列为CDBAEGF,先序遍历序列为ABCDEFG,试问能不能唯一确定一棵二叉树? 若能,请画出该二叉树。若给定先序遍历序列和后序遍历序列,能否唯一确定一棵二叉树? 说明理由。

(11)给出一组关键字(19,01,26,92,87,11,43,87,21)进行冒泡排序,列出每一遍排序后关键字的排列次序,并统计每遍排序所进行的关键字比较次数。

第 **4** 章

操作系统

4.1　操作系统概述

随着电子技术的发展,功能强大的计算机在人类的生产和生活中发挥着越来越重要的作用。计算机由硬件和软件组成,缺了任何一样它都无法运行。计算机的软件大致分为两类:系统软件和应用软件。

系统软件是指控制和协调计算机及其外部设备,支持应用软件的开发和运行的软件。

应用软件是指那些为了某一类应用需要而设计的程序,或用户为解决某个特定问题而编写的计算机程序或程序系统,如航空订票系统和银行计算机管理系统等都是应用软件。

4.1.1　操作系统的基本概念

操作系统是配置在计算机硬件平台上的第一层软件,属于系统软件。一个新的操作系统往往融合了计算机发展中一些传统的技术和新的研究成果。在计算机系统中,处理机、内存、磁盘等硬件资源通过主板连接构成了计算机的硬件系统。为了能使这些硬件资源高效地、尽可能并行地供用户程序使用,为了给用户提供通用的使用这些硬件的方法,必须为计算机配备操作系统软件。操作系统的工作就是管理计算机的硬件资源和软件资源,并组织用户尽可能方便地使用这些资源。操作系统是软、硬资源的控制中心,它以尽量合理、有效的方法组织用户共享计算机的各种资源。

为了让读者对操作系统有更清楚地认识,我们从以下几个角度来认识操作系统。

4.1.1.1　操作系统是最重要的系统软件

我们把计算机软件系统分为系统软件和应用软件。系统软件用于计算机的管理、维护、控制和运行,并对运行的程序进行翻译、装入等服务工作。它是专门为计算机系统所配置的,如操作系统、各种语言处理程序等。操作系统是由系统程序员开发、研制和编写,并把它"灌制"在外存储器(硬盘)上,在相应的计算机硬件"平台"上运行,所以操作系统不同于用户编写的应用软件。它是以硬件为基础的系统软件,是硬件层的第一次扩充,在这一层上实现了操作系统的全部功能,并提供了相应的接口。其他各软件层都是在操作系统的基础上开发出来的。语言处理程序层包括各种程序设计语言的编译程序以及动态调试程序等实用性程序。语言处理程序层是对操作系统层的扩充，而应用程序层是语言处理程序层的进一步扩充。在应用程序层，用户可以使用各种程序设计语言，在操作系统的支持下，编写并运行满足用户需要的各种应用程序。

由此可见，操作系统虽属于系统软件，却又不同于其他系统软件，因为其他系统软件都受操作系统的管理和控制，并得到它的支持和服务。所以操作系统是计算机系统中最重要的系统软件，是现代计算机不可缺少的系统软件，是管理计算机硬件与软件资源的程序，同时也是计算机系统的内核与基石。

4.1.1.2 操作系统是系统资源的管理者

计算机系统可以看成是由硬件和软件按层次结构组成的系统，如图4.1所示。硬件系统是指构成计算机系统所必须配置的硬件设备，如处理器、内存、磁盘驱动器、鼠标、键盘，显示器及其他输入/输出设备等。计算机硬件系统构成了计算机本身和用户作业活动的物质基础。操作系统可以看成是计算机"裸机"的硬件扩充，因为有了操作系统，计算机才变得更为强大。若没有裸机这个硬件，软件也就失去了作用，而只有硬件没有软件，计算机也不能发挥它的功能。

图4.1 计算机系统层次结构图

从资源管理的角度把计算机系统资源分为四大类：处理机、存储器、输入/输出设备和信息，前三类为硬件资源，最后一类为软件资源。操作系统的任务就是使整个计算机系统的资源得到充分、有效地利用，并且在相互竞争的程序之间合理、有序地控制系统资源的分配，从而实现对计算机系统工作流程的控制。操作系统也是管理资源的程序扩充，它所做的工作就是分门别类地管理，并详细记录资源的使用情况，再按一定策略对资源进行调度分配，为用户服务。不同的操作系统管理的策略和方法是不同的。

作为资源管理器，操作系统要完成以下工作：

（1）跟踪资源状态。时刻维护系统资源的全部信息，掌握系统资源的种类和数量、已分配和未分配的情况。

（2）分配资源。处理对资源的使用请求，协调请求中的冲突，确定资源分配算法。当有多个用户争用某个资源时，进行裁决。同时根据资源分配的条件、原则和环境决定是立即分配还是暂缓分配。

（3）回收资源。用户程序在资源使用完毕之后要释放资源。此时，资源管理器应及时回收资源，以便下次重新分配。

（4）保护资源。资源管理器负责对资源进行保护，防止资源被有意或无意地破坏。

系统资源的使用方法和管理策略决定了操作系统的规模、类型、功能与实现方法，基于此，可以把操作系统看成是由一组资源管理器（即资源管理程序）组成的。根据资源的分类情况，可以为操作系统建立相应的四类管理器，即处理机管理、存储器管理、输入/输出设备管理和信息管理（通常指文件系统）。因此说，操作系统是资源管理器。

注意 操作系统(Operating System)简称 OS,是现代计算机必不可少的系统软件,是计算机的灵魂所在。现代的计算机都是通过操作系统来解释人们的命令,从而达到控制计算机的目的。几乎所有的应用程序都要基于操作系统进行操作。

4.1.1.3 操作系统是用户与计算机硬件系统之间的接口

在计算机系统组成的层次中,硬件是最低层的。操作系统处于用户与计算机系统硬件之间,用户通过操作系统来使用计算机。对多数计算机而言,在机器语言级的体系结构(包括指令系统、存储组织、I/O 和总线结构)上编程是相当困难的,尤其是输入/输出操作。为了让用户和程序员在使用计算机时不涉及硬件细节,程序员与硬件细节要独立开发,需要建立一种高度抽象。这种抽象就是为用户提供一台等价的扩展计算机,这样的计算机称为虚拟计算机,简称虚拟机。操作系统作为虚拟机为用户使用计算机提供了方便,用户不必了解计算机硬件的工作细节,而是通过操作系统来使用计算机,操作系统因此成为用户和计算机之间的接口。

从用户的角度来说,用户不直接和计算机硬件系统打交道。操作系统是用户与计算机之间通信的桥梁,为用户提供访问计算机资源的工作环境。用户可以通过使用操作系统提供的命令和交互功能实现访问计算机的操作。

综上所述,操作系统的定义为:管理计算机系统的全部硬件资源包括软件资源及数据资源;控制程序运行;改善人机界面;为其他应用软件提供支持等,使计算机系统所有资源最大限度地发挥作用,为用户提供方便的、有效的、友善的服务界面。

4.1.2 操作系统的特点和功能

4.1.2.1 操作系统的主要特征

安装操作系统的目的在于提高计算机系统的运行效率,增强系统的处理能力,提高系统资源的利用率,方便用户使用。为此,现代操作系统广泛采用并行操作技术,使多种硬件设备能并行工作。例如,I/O 操作和 CPU 计算同时进行,在内存中同时存放并执行多道程序等。以多道程序设计为基础的现代操作系统具有以下主要特征:

(1)并发性。

在多道程序的环境下,并发性是指两个或多个事件在同一时间间隔内发生,即在宏观上有多个程序同时运行,而在微观上,在单处理机系统中这些程序是分时地交替执行。若在计算机系统中有多个处理机,则这些可以并发执行的程序便可被分配到多个处理机上,实现并行执行。并发性与并行性的区别在于:并行性是指两个或多个事件在同一时刻同时发生,即微观上仍是同时运行的。并发的目的是改善系统资源的利用率和提高系统的吞吐量。应该注意的是,程序本身是一组静态代码,它们是不能并发运行的,真正实现并发活动的实体是进程,进程是反映程序运行的实体。

在操作系统中存在着许多并发或并行的活动。例如,系统中同时有三个程序在运行,它们可能以交叉方式在 CPU 上执行,也可能一个在执行计算,一个在进行数据输入,还有一个在进行计算结果的打印。由并发而产生的一些问题是:如何从一个活动转到另一个活动,如何保护一个活动不受另一个活动的影响,以及如何实现相互制约活动之间的同步。为使并发活动有条不紊地进行,操作系统就要对其进行有效的管理与控制。

（2）共享性。

当在操作系统中引入多道程序设计技术后，系统中的硬件资源和软件资源不再被某个程序所独占，而是供系统中的多个程序共同使用。共享是指系统中的资源可供内存中多个并发执行的程序共同使用。由于资源属性的不同，对资源共享的方式也不同，目前主要有以下两种资源共享方式：互斥共享方式和同时共享方式。

①互斥共享方式。它是系统中的某些资源，如打印机、绘图仪等，虽然它们可以提供给多个用户程序使用，但为使所打印或记录的结果不造成混淆，应规定在一段时间内只允许一个用户程序访问该资源。例如，当一个打印的程序正在执行时，其他想使用打印机的程序必须等待，直到该程序打印完毕，释放打印机，才允许另一程序使用打印机。这种在一段时间内只允许一个程序访问的资源称为临界资源，系统中的许多物理设备、某些共享变量、表格等都属于临界资源，它们只能互斥共享。

②同时共享方式。它是系统资源允许在一段时间内由多个用户程序"同时"对它们进行访问。这里所谓的"同时"往往是宏观上的，而在微观上，这些用户程序仍是交替地对该资源进行访问。典型的可以同时共享的资源是磁盘设备。

并发和共享是操作系统的两个最基本的特征，它们互为存在的条件。一方面，资源共享以程序的并发执行为条件，若系统不允许程序并发执行，自然不存在资源共享问题；另一方面，若系统不能对资源共享实施有效管理，协调好多个程序对共享资源的访问，也必然影响到程序并发执行的程度，甚至根本无法并发执行。

（3）虚拟性。

虚拟性是指通过某种技术把一个物理实体变成若干个逻辑上的对应物。即物理上虽然只有一个实体，但用户感觉有多个实体可供使用。例如，在多道程序系统中，虽然只有一个 CPU，每次只能执行一道程序，但采用多道程序技术后，在一段时间间隔内，宏观上有多个程序在运行。在用户看来，就好像有多个 CPU 在各自运行自己的程序。这种情况就是将一个物理的 CPU 虚拟为多个逻辑上的 CPU，逻辑上的 CPU 称为虚拟处理机。类似的还有虚拟存储器、虚拟设备等。

（4）异步性。

异步性又称为不确定性。在多道程序环境下，允许多个程序并发执行，但只有程序在获得所需的资源后方能执行。在单处理机环境下，由于系统中只有一个处理机，因而每次只允许一个程序执行，其余程序只能等待。当正在执行的程序提出某种资源要求时，如打印请求，而此时打印机正在为其他某程序打印，由于打印机属于互斥型共享资源，因此正在执行的程序必须等待，且放弃处理机，直到打印机空闲，并再次把处理机分配给该程序时，该程序方能继续执行。可见，由于资源等因素的限制，使得多个程序的运行顺序和每个程序的运行时间是不确定的，各程序的执行过程有着"走走停停"的特点。具体地说，各个程序什么时候得以运行，在执行过程中是否被其他事情打断暂停执行，程序以怎样的速度向前推进，每道程序总共需多少时间才能完成等，都是不可预知的，由程序执行时的现场情况决定。因此，在操作系统中存在着不确定性。

4.1.2.2　操作系统的功能

操作系统的主要任务是管理系统的硬件资源和软件资源，通过操作系统的管理，可以屏蔽使用这些资源时涉及的硬件细节,使用户可以更加方便、简捷地使用资源。操作系统的目标是使系统资源得到有效、合理和方便的使用。所谓有效,就是提高资源的利用率,可以通过在操作系统的调度下,多个用户按照一定的次序交替使用同一个资源,借以提高资源的利用率。所谓合理,就是通过多用户共享来提高资源利用率的同时必须制定一系列的规则,保证每个用户的合法使用权,防止某个用户在不可预见的长时间内不能使用资源。所谓方便,即尽可能替用户分担繁杂的工作,同时在用户界面上尽可能的友好。

操作系统的基本特征是多任务并行和多用户资源共享,前者是手段,后者是目的。分析与观察操作系统可以从用户角度,即从系统提供的功能和服务出发,根据它提供的系统调用和用户联机命令来研究操作系统。还可以从资源管理的角度看,操作系统要对计算机系统内的资源进行有效的管理,并合理地组织计算机的工作流程来优化资源,提高资源利用率。为此操作系统应具有以下五大功能,即处理机管理、存储器管理、设备管理、文件管理和作业管理。

(1)处理机管理。

当用户的程序进入内存后,只有获得处理机后才能真正地投入运行。处理机管理的主要任务就是对处理机的分配和运行实施有效的管理。尤其是在多道程序的情况下,要求运行的程序数目往往要大于处理机的个数,这就需要按照一定的原则进行分配调度。从传统意义上讲,进程是处理机和资源分配的基本单位,因此对处理机的管理可以归结为对进程的管理。进程管理包括以下几方面:

①进程控制。进程是系统活动的实体,进程控制包括进程的创建、撤销及进程状态的转换。进程控制为多道程序并发执行而创建进程,并为之分配必要的资源。当进程运行结束时,撤销该进程,回收该进程所占用的资源,同时,转换控制进程在运行过程中的状态。

②进程同步。多个进程在活动过程中会产生相互依赖或相互制约的关系,为使系统中的进程有条不紊地运行,系统要设置进程同步机制,协调多个进程的运行次序。

③进程通信。相互合作的进程之间往往需要交换信息,为此需要系统提供进程通信机制。

④进程调度。一个作业通常需要经过两级调度才能在处理机上执行。作业调度将把一个或多个作业放入内存,为它们分配必要的资源并建立进程。进程调度按照一定的算法选择一个进程,把处理机分配给它,并为它设置运行现场,使之投入运行。

(2)存储器管理。

存储管理的主要任务是为多道程序的运行提供良好的环境,方便用户使用存储器,并提高内存的利用率。存储器管理包括以下几个方面:

①内存分配。按一定的策略为每道程序分配一定的内存空间,让操作系统记录整个内存的使用情况,并使内存得到充分利用,在程序运行结束时收回其所占用的内存空间。

②内存保护。保证每道程序都在自己的内存空间运行,彼此互不侵犯,尤其是操作系统的数据和程序,绝不允许用户程序干扰。

③地址映射。通常,源程序经过编译链接后形成可执行程序,可执行程序的起始地址都从 0 开始的,程序中其他地址相对于起始地址计算。因此在多道程序设计环境下,用户

程序中的地址就有可能与它装入内存后实际占用的物理地址不一样,因此需要将程序中的地址转换为内存的物理地址,这一转换称为地址映射。

④内存扩充。每台计算机系统中内存的容量是有限的。而所有用户程序对内存的需要量通常大于实际内存容量,为满足用户的需要,通过建立虚拟存储系统来实现内存容量在逻辑上的扩充,从而获得增加内存的效果。

(3)设备管理。

在计算机系统中,除了处理机和内存以外的所有外部设备,都是设备管理的对象。其主要任务是根据用户对各类设备的使用请求和设备当前的使用状态进行设备的分配。由于设备资源种类繁多,性能差异大,且速度较慢,容易形成系统的"瓶颈",因此如何有效地分配和使用设备、协调处理器与设备之间的速度差异,提高系统总体性能,方便用户使用设备就成为设备管理要解决的主要问题。设备管理应具有下述功能:

①设备分配。根据用户程序提出的 I/O 请求和系统中设备的使用情况,按照一定的策略,将所需设备分配给申请者,设备使用完毕后及时收回。

②设备驱动。当 CPU 发出 I/O 指令后,应启动设备进行 I/O 操作,当 I/O 操作完成后应向 CPU 发出中断请求信号,由相应的中断处理程序进行传输结束处理。

③设备独立性和虚拟设备。设备独立性是指用户程序中的设备与实际使用的物理设备无关,这样,用户程序不必涉及具体的物理设备,由操作系统完成用户程序中的逻辑设备到具体物理设备的映射,使用户能更加方便、灵活地使用设备。虚拟设备的功能是将低速的独占设备改造为高速的共享设备。

(4)文件管理。

在现代计算机系统中,总是把程序和数据以文件的形式存储在文件存储器中(如磁盘、光盘等)供用户使用。为此,操作系统必须具有文件管理功能。文件管理的主要任务是对用户文件和系统文件进行管理,有效地支持文件的存储、检索和修改等操作,解决文件的共享、保密和保护问题。文件管理应实现以下功能:

①文件存储空间的管理。文件存放在磁盘上,因此文件系统需要为新建文件分配存储空间,在一个文件被删除后应及时释放所占用的空间。文件存储空间管理的目标是提高文件存储空间的利用率,并提高文件访问效率。因此,文件系统应设置专门的数据结构,记录文件存储空间的使用情况。

②目录管理。为方便用户在文件存储器中找到所需文件,通常由系统为每一文件建立一个目录项,包括文件名、属性以及存放位置等,若干个目录项又可构成一个目录文件。目录管理的任务是为每一文件建立其目录项,并对目录项加以有效地组织,以方便用户按名存取。

③文件操作管理。文件的操作功能包括文件的创建、删除、读写等。其中文件读、写管理是文件管理最基本的功能。文件系统根据用户给出的文件名去查找文件目录,从中得到文件在文件存储器上的位置,然后利用文件读、写函数,对文件进行读、写操作。

④文件保护。为了防止系统中的文件被非法窃取或破坏,在文件系统中应建立有效的保护机制,以保证文件系统的安全性。

（5）作业管理。

作业管理也可称为高级处理机管理,其主要工作是确定计算机系统中哪些作业以至哪个作业将获得 CPU 的服务工作;而进程管理也可称为低级处理机管理,其主要工作是确定计算机系统中哪些作业的进程将获得 CPU 的服务工作。例如,当某项比赛项目的参赛运动员很多时,需要经过多轮次的预赛,最后决出冠军。如果某比赛项目只有一个运动员参赛,那只要不犯规,他就是冠军,管理上也就简单多了。又如,小饭馆,做菜、收钱、清理工作一人全包,从管理的角度讲要相对要简单些;而大酒店分工特别细,门口站一个保安,有迎宾员,一直到把菜分到每个人的盘子里都由不同的服务员来工作,从管理角度讲相对要复杂些。

由此可以说明作业管理是面向用户为主的,在一个简单的系统中完成一件最简单的任务,作业管理和进程管理显得没有什么差别,而在复杂的大系统中,就有较大的分工区别,进程管理要更多地考虑服务质量和资源的利用率。

从一个作业被提交到与它对应的进程被建立起来,这之间可能还有一段时间间隔,所以,在一个作业存在的过程中,并不是所有问题都由进程管理来负责。进程管理所讨论的是发生在从一个进程建立到它结束,也就是进程生命周期内的活动;而作业管理指的是对整个作业的组织、调度和控制。

4.1.3　操作系统的发展状况

操作系统和其他事物一样,也有它的诞生、成长和发展的历程。从 1946 年,世界上第一台电子计算机的诞生,到现在计算机技术突飞猛进的发展,计算机的发展经历了四个时代。第一代,电子管时代;第二代,晶体管时代;第三代,集成电路时代;第四代大规模集成电路时代。与硬件的发展相类似,人们也将操作系统的演变和发展过程划分为四个时代,即人工操作时代、多道批处理/分时/实时系统时代,同时具有多功能和多方式的系统时代、并行与分布系统时代。

（1）人工操作。

以电子管为主要元器件的第一代计算机,是由成千上万个电子管和许多开关装置组成的庞然大物。在这个阶段,程序设计全部采用机器语言,通过在一些插板上的硬连线来控制其基本功能,用户通过控制台上的按钮、开关和氖灯来操纵和控制程序,运行完成后取走计算结果,这时才轮到下一个用户。这时的计算机没有程序设计语言,就更谈不上操作系统了。到了 20 世纪 50 年代早期,出现了穿孔卡片,可以将程序写在卡片上,然后将卡片的信息读入计算机处理而不用插板,在一个程序员上机期间,整台计算机连同附属设备全被其占用。程序员兼职操作员,工作效率低下,其特点是手工操作,计算机各部件之间串行工作,资源独占方式。这时的计算机完全是手工操作,每个用户都需要事先申请机时。当时使用计算机主要进行一些数值计算方面的工作。

（2）监督程序（早期批处理）——操作系统的雏形。

20 世纪 50 年代末到 20 世纪 60 年代初,计算机的发展进入了第二代,即晶体管时代。计算机比较可靠,用户可以让计算机长时间运行,完成一些有用的工作。FORTRAN 高级语言在 1956 年正式完成,ALGOL 高级语言于 1958 年引入,COBOL 高级语言于 1959

年引入,此时,设计人员、生产人员,操作人员和编程人员之间第一次有了明确的分工。这些计算机安装在专门的房间里,由专业人员操作,要运行一个作业(即一个或一组程序),程序员首先将程序写在纸上,然后穿孔成卡片,再将卡片盒带到输入室,交给操作员。

计算机运行完当前作业后,其结果从打印机上输出,操作员到打印机上撕下结果并送到输出室,然后,操作员从已送来的卡片盒中读入另一个作业。许多时间都被操作员走路浪费了。由于处理机速度的提高,手工操作的设备输入输出信息与计算机的计算速度不匹配,因此人们设计了监督程序,来实现作业的自动转换处理。这期间,每道作业由程序提供一组事先准备好的作业信息,它们是用作业控制语言书写的作业说明书及相应的程序和数据。作业说明书等由程序员提交给系统操作员,而操作员将作业"成批"地输入到计算机中,由监督程序识别一个作业,进行处理后再取下一个作业,这种方式称为"批处理"方式,而且,由于是串行执行作业,因此称为单道批处理。

在单道批处理操作系统中,机器时间轮流分配给用户程序和监控程序。这就要做出两项牺牲:一项是监控程序会占用一部分内存;另一项是一些机器时间被监控程序消耗掉了。尽管如此,单道批处理系统仍然改进了计算机的使用率。目前,单道批处理系统已经不多见了。

(3)多道批处理系统——现代意义上的操作系统的出现。

从20世纪60年代中期到20世纪80年代初,计算机的发展进入了第三代,系统软件有了很大的发展,与此同时,硬件也有了很大的发展,特别是主存容量增大,出现了大容量的辅助存储器磁盘,以及代替CPU来管理设备的通道。这一切使得计算机的体系结构发生了很大的变化。由以中央处理机为中心的结构改变为以主存为中心。而通道使得输入输出的操作与CPU操作并行处理成为可能。软件系统也随之相应变化,实现了在硬件提供的并行处理之上的多道程序设计,如图4.2所示。

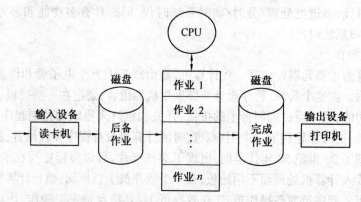

图4.2　批处理操作示意图

多道程序设计的主要思想是,在内存中同时存放若干道用户作业,这些作业交替地运行。当一个作业由于I/O操作未完成而暂时无法继续运行时,系统就把CPU切换到另一个作业,从而使另一个作业在系统中运行。这种批处理方式的突出特点是在内存中总有多道程序等待运行,系统资源得到比较充分的利用。如图4.3所示,这时的管理程序已迅速地发展成为一个重要的软件分支——操作系统。

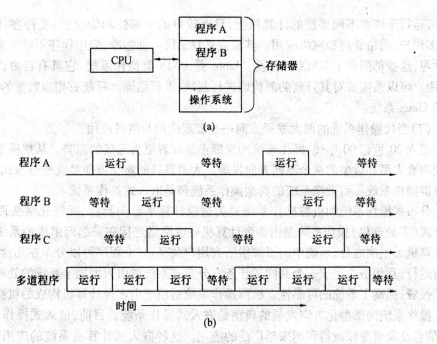

图 4.3　多道程序执行过程

（4）分时系统与实时系统的出现——操作系统步入实用化。

第三代计算机系统适用于大型科学计算和繁忙的商务数据处理，但其实质上仍旧是批处理系统。从提交一个作业到取回运算结果往往长达数小时；从提高效率的需求角度来看，出现了分时系统。分时系统是指多个用户通过终端设备与计算机交互作用来运行自己的作业，并且共享一个计算机系统而互不干扰，由于计算机处理问题的速度相当快，使用户感觉不到其他人也在使用同一台机器，就好像每个用户都拥有一台计算机。在分时系统中，由于调试程序的用户常常只发出简短的命令，而很少有长的费时命令，所以计算机能够为许多用户提供交互式的快速服务，同时在 CPU 空闲时还能在后台运行大的作业。

（5）用高级语言书写的可移植的操作系统。

20 世纪 60 年代末，贝尔实验室设计了一个新的操作系统 UNIX，整个系统用 C 语言写成，从此，UNIX 诞生了，它是现代操作系统的代表，它在运行时的安全性、可靠性及强大的计算能力使其赢得广大用户的信赖。它有精炼的内核，核心层以外可以支持庞大的软件系统。UNIX 很快得到应用并被不断完善，对现代操作系统有着非常重大的影响。当今计算机系统中使用普遍的操作系统大多基于 UNIX 操作系统或由 UNIX 操作系统演变来的。

（6）面向各种用户群的通用操作系统——大众化的趋势。

20 世纪 70 年代末期，由于大规模集成电路技术的发展，微型计算机得以广泛应用，小型机被工作站所取代。Windows、UNIX 以及 Linux 等现代操作系统分别成为微机、服务器和工作站的主流操作系统。Windows 是基于图形用户界面的操作系统。因其生动、形象的用户界面，简便的操作方法，吸引着成千上万的用户，成为目前装机普及率最高的一种操作系统。UNIX 操作系统是一种发展比较早的操作系统，其优点是具有较好的可移植性,可运行于许多不同类型的计算机上,具有较好的可靠性和安全性,支持多任务、多处理、多用户、网络管理和网络应用。其缺点是缺乏统一的标准,应用程序不够丰富,并且不易学习,这些都限制了 UNIX 的普及。Linux 是 UNIX 类操作系统,它具有自由、开放的特点,用户可以按需要对其开放的源代码进行裁减、重新编译。目前有相当数量的服务器安装了 Linux 系统。

(7)当代操作系统的两大发展方向——宏观应用与微观应用。

进入 20 世纪 90 年代,操作系统的发展正呈现着更为迅猛的态势。从规模上看,操作系统向着大型和微型的两个不同方向发展。大型系统的典型操作系统是分布式操作系统和机群操作系统。而微型系统的典型操作系统则是嵌入式操作系统。

分布式操作系统和机群操作系统是为适应计算平台向异构、网络化演变而出现的。分布式(多处理机)操作系统是由多台计算机通过网络连接在一起而组成的系统,系统中的计算机无主次之分,系统中的资源供所有用户共享,一个程序可以分布在几台计算机上并行运行,互相协作完成一个共同的任务。分布式系统的引入增加了系统的处理能力,节省了投资,提高了系统的可靠性。机群操作系统适用于由多台计算机构成的机群。

操作系统向微型化方向发展的典型是嵌入式操作系统。目前,嵌入式操作系统在手机、信息及家电等领域得到越来越广泛的应用。这种嵌入式计算机系统的应用环境也促进了对嵌入式软件的需求,从而诞生了嵌入式操作系统。总之,新一代操作系统在人们不懈的努力下,很好地满足了各个领域应用的需要。

注意 不同的操作系统有着不同的设计目标。个人计算机操作系统支持复杂的计算机游戏、商务软件和任何可能的应用软件;手持设备的操作系统更注重友好、方便的用户界面;大型主机上的操作系统则更加注重硬件能力的优化利用。不管怎样变化,操作系统要为用户提供方便,要提高计算机资源利用效率的要求是保持不变的。

4.1.4 操作系统的分类

随着计算机技术和软件技术的发展,为满足不同的应用要求,出现了多种类型的操作系统。根据操作系统在用户界面的使用环境和功能特征的不同,一般可分为三种基本类型,即批处理系统、分时操作系统和实时操作系统。随着计算机体系结构的发展,又出现了许多种操作系统,它们是嵌入式操作系统、个人操作系统、网络操作系统和分布式操作系统。

4.1.4.1 批处理系统

批处理是指计算机系统对一批作业自动进行处理的技术。由于系统资源为多个作业所共享,其工作方式是作业之间自动调度执行,并在运行过程中用户不干预自己的作业,从而大大提高了系统资源的利用率和作业吞吐量。

批处理操作系统的特点是:多道和成批处理。但是用户自己不能干预自己作业的运行,一旦发现错误不能及时改正,就会延长软件的开发时间,所以这种操作系统只适用于成熟的程序。它的优点是:作业流程自动化、效率高、吞吐率高;缺点是:无交互手段、调试程序困难。批处理系统经历了单道批处理到多道批处理的发展历程。现在的批处理系统主要指多道批处理系统,它适合大型科学计算、数据处理等。

4.1.4.2 分时操作系统

分时操作系统是一种联机的多用户交互式的操作系统。该系统一般采用时间片轮转的方式使一台计算机为多个终端服务;对每个用户能保证足够快的响应时间,并提供交互会话能力。它的工作方式是:一台主机连接若干个终端,每个终端有一个用户使用。用户向系统提出命令请求,系统接受每个用户的命令,采用时间片轮转方式处理服务请求,并通过交互方式在终端上向用户显示结果。用户根据上一步的处理结果发出下一道命令。由于计算机的运行速度非常快,因此给每个用户的感觉好像是自己单独占有这台计算机一样。它的设计目标是对用户的请求及时响应,并在可能的条件下尽量提高系统资源的利用率。分时操作系统适合于办公自动化、教学及事务处理等要求人机会话的场合。UNIX 是其最典型代表。

目前,分时操作系统已经成为一种流行的操作系统,几乎所有的通用操作系统都是分时系统和批处理系统的结合体,为此引入了前台和后台的概念。在实际的处理过程中,前台处理对用户交互的要求相当于作业工作在分时状态下,而后台则对时间性要求不高的作业进行批处理,如打印作业等。

4.1.4.3 实时操作系统

实时操作系统是一种时间性强、响应快的操作系统。所谓"实时"即"及时",是指系统能及时(或即时)响应外部事件的请求,在规定的时间内完成对该事件的处理,并控制所有实时任务协调一致地运行。它必须保证实时性和高可靠性,对系统的效率则放在第二位。

实时系统是个专用系统,目前,它主要用于过程控制、信息查询和事务处理等有实时要求的领域。过程控制系统主要用于生产过程的自动控制、实验数据自动采集、飞机的自动驾驶、导弹的制导系统等。信息查询系统主要用于实时信息处理,如情报检索系统等。事务处理除了能够对终端用户做出及时的响应外,还要对数据库文件不断刷新,如银行业务处理系统、飞机订票系统等都是事务处理的很好应用。分时系统和实时操作系统的比较见表4.1。

表 4.1　分时系统和实时操作系统比较

性质	实时系统	分时系统
多路性	体现在对多路的现场信息进行采集、对多个对象或多个执行机构进行控制	按分时原则为多个终端用户服务
独立性	每个终端用户向系统提出服务请求时,彼此独立操作,互不干扰;对信息的采集和对象的控制也彼此互不干扰	每个用户各占一个终端,彼此互不干扰,独立操作
及时性	以控制对象所要求的开始截止时间或完成截止时间来确定,一般为秒级	用户的请求能在短时间(用户能接受的)内获得响应

续表4.1

性质	实时系统	分时系统
交互性	人与系统的交互,仅限于访问系统中某些特定的专用服务程序	用户与系统进行广泛的人机对话,系统能向终端用户提供数据处理服务、资源共享等服务
可靠性	高度可靠	可靠程度较低

4.1.4.4 嵌入式操作系统

嵌入式操作系统是现代操作系统的一个新类别,它是指运行在嵌入式智能芯片环境中,对整个智能芯片以及它所操作、控制的各种部件装置等资源进行统一协调、调度、指挥和控制的系统软件。嵌入式操作系统具有通用操作系统的基本特点,能够有效管理复杂的系统资源。与通用操作系统相比较,嵌入式操作系统在系统实时高效性、硬件的相关依赖性、软件固态化以及应用的专用性等方面具有较为突出的特点。

目前,嵌入式操作系统应用很广泛,在制造工业、过程控制、通信、仪器、仪表、汽车、船舶、航空航天、军事装备以及与家庭生活息息相关的家用电器、电子产品等方面均属嵌入式操作系统的应用领域。例如在 Personal Java(由 Sun 公司开发)环境下,能开发个人数字助理、移动电话等电子产品。其他嵌入式操作系统还有 VxWorks、Symbian OS 及 Palm OS 等。

4.1.4.5 个人操作系统

计算机操作系统可以按机器字长分成 8 位、16 位、32 位,也可把计算机操作系统分为单用户单任务操作系统和单用户多任务操作系统。

单用户单任务操作系统,只允许一个用户上机,且只允许用户程序作为一个任务运行。最具代表性的操作系统是 MS–DOS。单用户多任务操作系统,允许一个用户上机,但允许将一个用户程序分为若干个任务并发执行,从而有效地改善系统的性能。最具代表性的是 Windows 操作系统。Windows 操作系统是由 Microsoft 提供的一种图形用户界面(GUI)方式的操作系统。1990 年 5 月推出了 Windows 3.0,1993 年推出的 Windows NT,之后又推出 Windows 95/98/2000/XP/Windows Vista。Windows 采取了动态内存管理方式,对应用程序以段为单位进行管理。

个人计算机操作系统主要供个人使用,功能强、价格便宜,可以在几乎任何计算机上安装使用。它能满足一般人操作、学习、游戏等方面的需求。个人计算机操作系统的主要特点是:计算机在某一时间内为单个用户服务;采用图形界面进行人机交互,界面友好;使用方便,用户无需专门学习,也能熟练操纵计算机。

4.1.4.6 网络操作系统

网络操作系统是基于计算机网络的,在各种计算机操作系统上按网络体系结构协议标准开发的系统软件,包括网络管理、通信、安全、资源共享和各种网络应用。该操作系统主要用来管理连接计算机网络的多个计算机的操作系统。该系统要求保证信息传输的准确性、安全性和保密性。网络操作系统的重要性能指标是网络功能和操作系统的结合度。早期的实现方法是通过在一般的操作系统上安装网络软件,后来过渡到网络功能成为操作系统的有机组成部分。最具代表性的几种网络操作系统产品是 Novell 公司的 Netware、Microsoft 公司的 Windows NT／Windows 2000 Server、UNIX 和 Linux 等。

4.1.4.7 分布式操作系统

分布式计算机系统是多机系统的一种新形式,它强调资源、任务、功能和控制的全面分布。就资源分布而言,既包括处理机、辅助存储器、输入/输出系统、通信接口等设备资源,也包括程序、数据、文件等软件资源,它们分布在各个物理上分散的场地上。各场地经互联网络相互通信,构成统一的计算机系统。这种系统的工作方式也是分布的,分布的原则有任务分布和功能分布两种。所谓任务分布是指把一个计算任务分成多个可以并行执行的子任务,分配到各场地协同完成。所谓功能分布,是指把系统的总功能划分成若干个子功能,由各场地分别承担其中的一部分或几部分子功能。

分布式操作系统的特征是:统一性,即它是一个统一的操作系统;共享性,即所有的分布式系统中的资源是共享的;透明性,即用户并不知道分布式系统是运行在多台计算机上,在用户眼里,整个分布式系统像是一台计算机,对用户来讲是透明的;自治性,即处于分布式系统的多个主机都可独立工作。

由此可见,分布式系统要求联网的多机有一个统一的操作系统,实现系统的统一操作性。为把数据处理系统的多个通用部件合成为一个具有整体功能的系统,必须引入分布式操作系统。

分布式操作系统是在多处理机环境下,负责管理以协作方式同时工作的大量处理机、存储器、输入输出设备等一系列系统资源,以及负责执行进程与处理机之间的同步通信、调度等控制工作的软件系统。

网络操作系统与分布式操作系统的区别如下:

(1)分布式系统具有各个计算机间相互通信,无主从关系;而网络操作系统有主从关系。

(2)分布式系统资源为所有用户共享;而网络操作系统有限制地共享。

(3)分布式系统中若干个计算机可相互协作,共同完成一项任务。

注意 随着计算机技术和网络技术的普及,未来一些操作系统将逐步向专用化和小型化等方面发展,并具备如下新特点:专用化;小型化或微型化;便携化;网络化;安全化。

4.2 操作系统的进程管理

我们从不同角度来观察操作系统的不同作用。从一般用户的角度,可以把操作系统看作是用户与计算机硬件系统之间的接口;从资源管理的角度,可以把操作系统视为计算机系统资源的管理者。如前所述,我们可从资源管理的角度来认识操作系统。在一个计算机系统中,通常都含有各种各样的硬件和软件资源。归纳起来,可将资源分为四类:处理器、存储器、I/O 设备及数据和程序。相应的,操作系统的主要功能也正是针对这四类资源进行有效的管理,即处理机管理,用于分配和控制处理机;存储器管理,主要负责内存的分配与回收;I/O 设备管理,负责 I/O 设备的分配与操纵;文件管理,负责文件的存取、共享和保护。可见,操作系统是计算机系统资源的管理者。

4.2.1 处理机管理

4.2.1.1 处理机管理

在传统的操作系统中,程序并不能独立运行,作为资源分配和独立运行的基本单位都是进程。处理机管理的主要任务是对处理机进行分配,并进行有效的控制和管理。处理机管理是以进程为基本单位,因而对处理机的管理可以归结为对进程的管理。进程管理包括进程控制、进程同步、进程通信和调度等功能。

中央处理机(Central Processing Unit,CPU)是计算机系统的核心部件,不同的处理机的管理方法会为用户提供不同性质的操作系统。如果每台计算机在任意时刻只处理一个具有独立功能的程序,操作系统的设计和功能都将变得非常简单,因为在这样的系统中不存在资源共享和程序的并发执行问题。但是在很多情况下,计算机需要能够同时处理多个具有独立功能的程序,即多道程序。下面我们来了解程序的顺序执行和程序的并发执行过程。

(1)程序的顺序执行。

程序的顺序执行是指必须在一个程序执行完后,才允许另一个程序执行。通常把一个应用程序分成若干个程序段,在各个程序段间,必须按照某种先后次序顺序执行,仅当前一操作执行完后,才能执行后继操作。例如,在进行计算时,必须先输入用户的程序和数据,然后进行计算,最后才能打印计算结果。对于一个程序段中的多条语句来说,也有一个执行顺序问题,如下面的三条语句的程序段:

$S_1 : a = x - y;$

$S_2 : b = a + 4;$

$S_3 : c = b + 3;$

其中,语句 S_2 必须在 S_1 语句后才能执行;同样,语句 S_3 也只能在 b 被赋值后才能执行。因此,这三条语句应按照图 4.4 所示的顺序执行。

顺序执行的程序特征:

①顺序性。一个程序的各个部分的执行,严格地按照某种先后次序执行。

②封闭性。程序在封闭的环境下运行,即程序运行时独占全部系统资源。

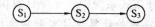

图 4.4　三条语句的顺序执行

③可再现性。只要程序执行时的环境和初始条件相同,当程序重复执行时,不论它是从头到尾不停地执行,还是"停停走走"地执行,都将获得相同的结果。

(2)程序的并发执行。

在多道程序环境下,为了增强计算机系统的处理能力,提高资源的利用率,可以让多个程序同时在系统中运行,这种多个程序的同时操作技术称为并发执行。

例如,有 A、B、C 三个程序,每个程序都由输入数据、CPU 处理数据和输出数据三个部分组成。

对于单 CPU 系统,从宏观上看,A、B、C 三个程序在逻辑上各自独立,具备了独立执行的条件。而在输入程序和数据时又存在随机性,以及执行程序的起始时间存在随机性,它又导致这三个程序要求同时执行的客观要求。如图4.5所示,从宏观上看,A、B、C三个程序同时在系统中运行,即同一个CPU时间段上有三个程序在运行。但从微观上看,由于资源的有限性,三个程序同时执行又伴随着资源的共享与竞争。CPU、输入设备和打印机等资源只能被一个程序占用,从而无法做到在指令级上的同时执行。任一时刻仅能执行一道程序,系统中多个程序是交替执行的。如图4.5所示,在同一个CPU时间段上,A、B、C三个程序在交替执行,即这三个程序顺序分时的占有CPU。当程序A占用CPU处理数据时可以让程序B占用输入设备输入数据;当程序A处理完数据后就可以利用打印机打印输出,而此时程序B就可以占用CPU处理数据,程序C又可以使用输入设备输入数据。

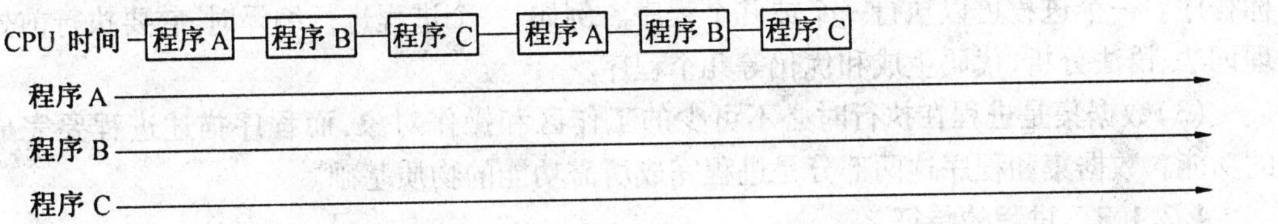

CPU 时间 ─ 程序A ── 程序B ── 程序C ── 程序A ── 程序B ── 程序C

程序A ────────────────────────────────▶

程序B ────────────────────────────────▶

程序C ────────────────────────────────▶

图4.5 多道程序系统程序在交替执行

程序的并发执行,虽然提高了系统的吞吐量,但也产生了下述一些与程序顺序执行不同的特征。

①间断性。当程序并发执行时,由于它们共享系统资源或程序之间相互合作而完成一项共同任务,因而使程序之间形成了相互制约的关系。

②失去封闭性。程序在并发执行时,是多个程序共享系统中的各种资源,因而这些资源的状态将由多个程序来改变,致使程序的运行失去封闭性。这样,某程序在执行时,必然会受到其他程序的影响,当处理机这一资源被某个程序占有时,另一程序必须等待。

③不可再现性。由于程序的并发执行打破了由另一程序独占系统资源的封闭性,因而破坏了可再现性。例如,有两个循环程序A和B,它们共享一个变量N。程序A每执行一次时,都要做N=N+1操作;程序B每执行一次时,都要执行Print(N)操作,然后再将N变成"0"。程序A和B以不同的速度运行。这样,可能出现下述三种情况:

第一,N=N+1在Print(N)和N=0之前,此时的N值分别为n+1;n+1;0。

第二,N=N+1在Print(N)和N=0之后,此时的N值分别为n;0;1。

第三,N=N+1在Print(N)和N=0之间,此时的N值分别为n;n+1;0。

从上述情况可以看出,程序在并发执行时,由于失去了封闭性,其计算的结果与并发程序执行速度有关,因此程序的执行失去了可再现性。常用的Windows、Linux等操作系统都是同时可以处理多个具有独立功能程序的系统。

4.2.1.2 进程的概念

在多道程序环境下,程序的执行属于并发执行,此时它们将失去其封闭性,并具有间断性及不可再现性的特征。这就决定了通常的程序是不能参与并发执行的,因为程序的执行结果是不可再现的。这样程序的运行也就失去了意义。为使程序能并发执行,且为了对并发执行的程序加以控制和描述,人们引入了"进程"。

一个进程是一个程序对某个数据集的执行过程,是分配资源的基本单位。我们可以这样来理解进程这个概念:

（1）进程是一个动态的概念,强调的是执行过程,动态创建,并被调度执行后消亡。

（2）进程既是一个能独立运行的单位,又是一个系统进行资源分配和调度的独立单位。

由于进程是程序的执行过程,所以程序是进程的一个组成部分。若有进程的存在必有程序的存在。但程序是静态的,凡未建立进程的程序都不能作为一个独立的单位参与运行。当程序被处理机执行时,它一定属于一个或多个进程。一个程序可以建立多个进程。

例如,编译程序可能同时被几个进程执行,它对各源程序分别进行编译,各自产生目标程序。一个进程可以执行一个或几个程序。例如,一个进程进行编译时,它要执行前处理词法、语法分析、代码生成和优化等几个程序。

（3）数据集是进程在执行时必不可少的工作区和操作对象,而程序描述进程要完成的功能。数据集和程序这两部分是进程完成所需功能的物质基础。

4.2.1.3　进程的特征

（1）结构特征。

通常的程序是不能并发执行的。为使程序能独立运行,应为其配置一个进程控制块,即 PCB;而由程序段、相关的数据段和 PCB 三部分便构成了进程实体。在许多情况下所说的进程,实际上是指进程实体。例如,创建进程,实质上是创建进程实体中的 PCB;而撤销进程,实质上撤销进程的 PCB。

（2）动态性。

进程的实质是程序的一次执行过程,因此,动态特征是进程最重要的特征。动态性还表现在:"它由创建而产生,由调度而执行,由撤销而消亡。"可见,进程实体有一定的生命周期。

（3）并发性。

这是指多个进程实体同存于内存中,且能在一段时间内同时运行。并发性是进程的重要特征,引入进程的目的也正是为了使其进程实体能和其他进程实体并发执行。

（4）独立性。

进程是一个能独立运行的基本单位,同时也是系统分配资源和调度的独立单位。凡是未建立 PCB 的程序都不能作为一个独立的单位参与运行。

（5）异步性。

由于进程间的相互制约,使进程具有执行的间断性,即进程按各自独立的、不可预知的速度向前推进。

4.2.1.4　进程和程序的区别

（1）程序是外存中的可执行目标程序的代码文件,是静态的文本;进程不仅包含所执行的程序代码,还包含所处理的数据与管理信息,它是执行程序的动态过程。

（2）一个进程可以执行一个或多个程序,几个进程可以同时执行一个程序。

（3）程序可作为软件资源长期保存,进程只是一次执行过程,是暂时的。

（4）进程是系统分配调度的独立单位,能与其他进程并发执行。

4.2.2　进程的描述

为了描述和控制进程的运行,系统为每个进程定义了一个数据结构——进程控制块 PCB,它是进程存在的唯一标志。

进程控制块(Process Control Block, PCB)是为使多个程序能并发执行而为每个程序所配置的一个数据结构,其中存放了用于描述该进程情况和控制进程运行所需的全部信息。PCB 中包含了进程的描述信息、控制信息以及资源信息,它是进程动态特征的集中反映。一个进程的 PCB 都是全部或部分驻留内存的。

4.2.2.1　进程控制块的内容

(1)进程标识信息。

每一个进程都有一个进程名和一个唯一的进程标识号代表该进程。进程名由字母、数字组成,用户一般使用进程名访问进程。进程标识号是一个整数,它是进程的序号,是操作系统为每个进程分配的一个唯一整数。另外,由于每个进程都隶属于某个用户,所以进程标识信息还包括用户名或用户标识号。

(2)处理器状态信息。

处理器状态信息是指进程运行的现场信息,主要由处理器内各种寄存器中的内容组成。当处理器被中断时,所有信息都应该保存在被中断进程的 PCB 中,以便该进程重新执行时能从断点处继续执行。

(3)进程调度信息。

进程调度信息包括进程状态、进程优先级和事件(指进程因为等待某种事件而由运行状态转变为阻塞状态,即阻塞原因。)

(4)进程控制信息。

进程控制信息包括:程序和数据的起始地址、进程间通道信息、资源列表和链接信息。

4.2.2.2　PCB 的组织方式

在一个系统中,通常可拥有数十个、数百个乃至数千个 PCB,为能对它们进行有效管理,应该用适当的方式将它们组织起来。目前,常见的组织方式有两种,即链接方式和索引方式。

4.2.3　进程的状态与转换

4.2.3.1　进程的三种基本状态

进程执行的间断性,决定了进程可能具有多种状态。事实上,进程在运行过程中有三种基本状态,即运行状态、就绪状态和等待状态。这些状态与系统调度占用处理机密切相关,所以又称它们为进程调度状态。

(1)就绪状态。

当进程已分配到除了 CPU 以外的所有必要资源后,只要再获得 CPU,便可立即执行,进程这时的状态称为就绪状态。在一个系统中处于就绪状态的进程可能有多个,通常将它们排成一个对列,称为就绪队列。

（2）执行状态。

进程已获得 CPU,其程序正在执行。在单处理机系统中,只有一个进程处于执行状态;在多处理机系统中,则有多个进程处于执行状态。

（3）等待状态（阻塞状态）。

正在执行的进程由于发生某事件而暂时无法继续执行时,便放弃处理机而处于暂停状态,即进程的执行受到阻塞,把这种暂停状态称为阻塞状态,有时也称为等待状态。致使进程阻塞的典型事件有:请求 I/O、申请缓冲空间等。通常将这种处于阻塞状态的进程也排成一个队列。有的系统则根据阻塞原因的不同而把处于阻塞状态的进程排成多个队列。

4.2.3.2 进程状态的转换过程

进程的动态性质决定了进程的状态不是固定不变的,而是随着自身的推进和外界条件变化而变化。进程状态之间的转换如图 4.6 所示。

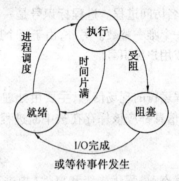

图 4.6 进程状态转换图

处于就绪状态的进程,在调度程序为其分配处理机之后,该进程便可执行,相应的,它就由就绪状态转变为执行状态。正在执行的进程也称为当前进程,如果因分配给它的时间片已用完而被暂停执行时,该进程便由执行状态又恢复到就绪状态;如果因发生某事件而使进程的执行受阻,例如,进程请求访问某临界资源,而该资源正被其他进程访问时,使之无法继续执行,该进程将由执行状态转变为阻塞状态。

4.2.4 进程同步

操作系统中引入进程后,虽然提高了资源的利用率和系统的吞吐量,但由于进程的异步性,也会给系统造成混乱,尤其是在它们争用临界资源时。如当多个进程去争用一台打印机时,可能有多个进程的输出结果交织在一起,难于区分,而当多个进程去争用共享变量、表格时,有可能致使数据处理出错。进程同步的主要任务是使并发执行的各个进程间能有效地共享资源和相互合作,从而使程序的执行具有可再现性。

4.2.4.1 两种形式的制约关系

在多道程序环境下,当程序并发执行时,由于资源共享和进程合作,使同处于一个系统中的各个进程之间可能存在着以下两种形式的制约关系。

（1）间接相互制约关系。间接相互制约主要源于这种资源共享。例如,有两个进程 A 和 B,如果在 A 进程提出打印请求时,系统已经将唯一的一台打印机分配给了进程 B,

则此时进程 A 只能阻塞;一旦进程 B 将打印机释放,才能使 A 进程由阻塞改为就绪状态。

(2)直接相互制约关系。这种制约关系主要源于进程间的合作。例如,有一输入进程 A 通过单缓冲向进程 B 提供数据。当该缓冲为空时,计算进程因不能获得所需数据而阻塞,而当进程 A 把数据输入缓冲区后,便将进程 B 唤醒;反之,当缓冲区已满时,进程 A 因不能再向缓冲区投放数据而阻塞,当进程 B 将缓冲区数据取走后便可唤醒 A。

4.2.4.2　临界资源和临界区

临界资源是指每次仅允许一个进程访问的资源。属于临界资源的硬件有打印机等,软件有消息缓冲队列、变量、数组、缓冲区等。各个进程间应采取互斥方式,实现对这种资源的共享。

在进程中访问临界资源的那段代码称为临界区。显然,若能保证各个进程互斥地进入自己的临界区,便可实现诸进程对临界资源的互斥访问。为此,每个进程在进入临界区之前,应先对欲访问的临界资源进行检查,看它是否正被访问。如果此时该临界资源未被访问,进程便可进入临界区对该资源进行访问,并设置它正被访问的标志;如果此刻该临界资源正被某进程访问,则该进程不能进入临界区。

临界区内的数据一次只能同时被一个进程使用,当一个进程使用临界区内的数据时,其他需要使用临界区数据的进程进入等待状态。

操作系统需要合理地分配临界区以达到多进程的同步和互斥,如果协调不好,就容易使系统处于不安全状态。

4.2.4.3　同步机制应遵循的规则

为实现进程互斥地进入自己的临界区,可用软件方法,但更多的是在系统中设置专门的同步机构来协调各进程间的运行。所有同步机制都应遵循以下准则:

(1)空闲让进。当无进程进入临界区时,表明临界资源处于空闲状态,应允许一个请求进入临界区的进程立即进入自己的临界区,以有效地利用临界资源。

(2)忙则等待。当已有进程进入临界区时,表明临界资源正在被访问,因而其他试图进入临界区的进程必须等待,以保证对临界资源的互斥访问。

(3)有限等待。对要求访问临界资源的进程,应保证在有限的时间内能进入自己的临界区,以免陷入“死等”状态。

(4)让权等待。当进程不能进入自己的临界区时,应立即释放处理机,以免进程陷入“忙等”。

4.2.5　进程调度

无论是多道批处理系统还是分时系统,系统中的用户进程数都远远超过处理机的个数,除用户进程要占用处理机外,操作系统还要建立若干个系统进程,完成系统功能。由于有这么多的进程竞争处理机,因此要求系统采用一些策略,将处理机动态地分配给系统中的各进程。分配处理机的任务是由进程调度程序完成的。处理机是计算机最重要的资源,如何提高处理机的利用率,在很大程度上取决于进程调度。进程调度性能的好坏,直接影响操作系统性能的好坏。进程调度工作是通过进程调度程序来完成的。

4.2.5.1 进程调度的功能

（1）记录进程的运行状况。为了很好地实现进程调度,必须由进程调度程序来管理系统中各进程的进程控制块,将进程的状态变化及资源需求情况及时地记录到进程控制块 PCB 中。进程调度程序就是通过 PCB 变化来准确地掌握系统中各进程的执行状况和状态特征,并在适当的时机从就绪队列中选择一个进程占有处理器。

（2）选择占有处理器的进程。进程调度的主要功能就是系统按照某种算法把 CPU 动态地分配给某个就绪进程。

（3）进行进程上下文的切换。进程的上下文是进程执行活动全过程的静态描述。一个进程是在进程的上下文中执行的。当正在运行的进程由于某种原因要让出处理器时,系统要做进程的上下文切换,以使另一个进程得以运行。

4.2.5.2 进程调度方式

进程调度通常采用两种方式:非抢占方式和抢占方式。

（1）非抢占方式（Non-preemptive Mode）。

在非抢占方式下,当调度程序把 CPU 分配给某一进程后便让它一直运行下去,直到进程完成或发生某事件而不能运行时,才将 CPU 分配给其他进程。这种调度方式通常用在批处理系统中。它的主要优点是简单、系统开销小。但这种方式却能导致系统性能的降低,具体表现为:若一个优先级很高的作业到达时,不能立即被执行,会延误处理时机;若干个后到的短作业,虽然是很短的作业,但也要等待先到的长作业运行完毕后才能运行,致使其周转时间长。

（2）抢占方式（Preemptive Mode）。

与非抢占方式不同,当一个进程正在执行时,系统可以基于某种策略,剥夺已分配给它的处理器,并将处理器分配给其他进程。抢占的情况有:优先级策略和时间片策略。优先级策略是指优先权高的进程可以抢占优先权低的进程而运行,以及短进程优先长进程运行。时间片策略是指一个时间片运行完成后重新调度。显然这种调度方式通常用在分时系统和实时系统中,以便及时响应各进程的执行。

4.2.5.3 进程调度的时机

所谓进程调度的时机,是指在什么情况下引起进程调度程序工作。进程调度的时机与进程调度的方式有关。进程调度的时机有以下几种情况:

（1）正在执行的进程正确完成或由于某种错误而终止运行。

（2）执行中的进程提出 I/O 请求。

（3）在分时系统中,按照时间片轮转,分给进程的时间片用完。

（4）在抢占式调度中,按照优先级调度时,有更高优先级进程变为就绪。

（5）在进程通信中,执行中的进程执行了某种原语操作,如阻塞原语和唤醒原语时,都可能引起进程调度。

4.2.5.4 进程调度的算法

（1）先来先服务调度算法。

先来先服务（First Come First Serve,FCFS）调度算法的基本思想是:将用户作业和就绪程序按提交顺序或变为就绪状态的先后排成队列,调度时总是选择队首作业或进程投入运行。这种算法易于实现,表面上也公平,常作为辅助调度算法。

(2)轮转法。

轮转法(Round Robin,RR)通常用在分时系统中,它轮流地调度系统中所有就绪进程。在实现中,它利用一个定时时钟,使其定时地发出中断。时钟中断处理程序在设置新的时钟常量后,即转入进程调度程序,选择一个新的进程占用。时间片长短的确定遵循这样的原则,既要保证系统各个正在执行的用户进程及时地得到响应,又不要因时间片太短而增加调度的开销,降低系统的效率。

(3)优先级法。

优先级(Priority Scheduling)调度算法是最常用的一种进程调度算法。它总是把 CPU 分配给就绪队列中具有最高优先级的进程。该算法的关键是如何确定进程的优先级。一旦作业或进程的优先级确定,在其整个运行过程中将保持不变。这种算法的最大优点是简单,但不能动态地反映进程的特点,系统调度性能差。

为了克服静态优先级的缺点,应采用动态优先级。所谓动态优先级,是指进程在开始创建时,根据某种原则确定一个优先级后,随着进程执行时间的变化,其优先级不断地进行动态调整。动态地计算各进程的优先级,系统要付出一定的开销。有关动态优先级的确定依据有多种,通常根据进程占用时间的长短或等待时间的长短动态地调整系统进程。

(4)最短进程优先法。

最短进程优先(Shortest Process First)调度法的目标是减少平均周转时间对预计执行时间短的进程优先分配 CPU。

(5)多级队列反馈轮转法。

多级队列反馈轮转(Round Robin with Multiple Feedback)法的基本思想是:根据进程性质或类型的不同,系统通常设置多个就绪队列,不同的队列有不同的优先级、时间片长度、调度策略等。

在多级队列反馈轮转算法的具体实现过程中,应根据实际情况确定就绪队列的级别。例如,在批处理和分时相结合的系统中,我们最好采用两级队列的方法。将分时用户作业的进程放在一个队列,称为前台队列,把批处理作业的进程也放在一个队列,称为后台队列。系统对前台队列的进程按照时间片轮转法进行调度,仅当前台队列中出现空闲时间时,才把处理机分配给后台队列的进程,后台进程通常按先来先服务的方式运行,这样既能使分时用户进程得到及时响应,又能提高系统资源的利用率。

4.2.6　线程

4.2.6.1　线程的概念

线程是近年来在操作系统领域出现的一项非常重要的技术。如果说在操作系统中引入进程的目的,是为了使多个程序能并发执行,以提高资源的利用率和系统的吞吐量,那么在操作系统中引入线程,则是为了减少程序在并发执行时所付出的时空开销,使操作系统具有更好的并发性。由于进程是一个资源的拥有者,因而在创建、撤销和切换中,系统必须为之付出较大的时空开销。正因为如此,在系统中所设置的进程,其数目不宜过多,进程切换的频率也不宜过高,这就限制了并发程度的进一步提高。

如何能使多个程序更好地并发执行同时又尽量减少系统的开销,已成为近年来操作系统所追求的目标。研究者们想到,若能将进程的两个属性分开,由操作系统分开处理,即作为调度和分派的基本单位,不同时作为拥有资源的单位,以做到"轻装上阵";而对于拥有资源的基本单位,又不对它进行频繁的切换,在这种思想下,形成了线程的概念。

线程是进程内一个相对独立、可调度的执行单位,是进程中一个单一的控制线索。当多线程程序执行时,该程序对应的进程中就有多个控制流在同时运行,即具有并发执行的多个线程。

线程机制提高了系统执行效率,改善了并发度,减少了处理机空转时间。Windows 2000/XP、Linux、UNIX 等现代操作系统均支持线程机制。

4.2.6.2 线程的状态

线程在其生命期中和进程一样也有状态的变化。虽然各系统的状态设计不完全相同,但以下几个关键状态是共有的。

(1)就绪状态。

就绪状态指线程已具备执行条件,等待调度程序分配一个 CPU 运行。

(2)运行状态。

运行状态指调度程序选择该线程,并分配一个 CPU 给线程,线程在 CPU 上运行。

(3)阻塞(等待)状态。

阻塞(等待)状态指线程在执行中因某事件而受阻,处于暂停执行时的状态。

4.2.6.3 线程的基本操作

线程状态的转换由五种基本操作来完成,分别是:

(1)派生。线程由进程内派生出来,它既可以由进程派生出来,也可以由线程派生出来。此时线程具备运行条件,被放入就绪队列进入就绪状态。

(2)阻塞。如果线程在执行过程中需要等待某个事件的发生,则被阻塞。

(3)激活。如果阻塞线程的事件发生,则该线程被激活并进入就绪队列。

(4)调度。选择一个就绪线程进入执行状态。

(5)结束。线程自行结束或被其他线程结束。

线程的状态和操作关系如图4.7所示。

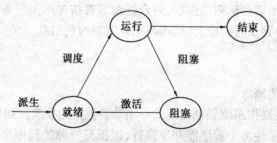

图4.7 线程的状态和操作关系

在传统的操作系统中,进程既是拥有资源的基本单位,又是独立调度运行的基本单位。而在引入线程的操作系统中,把线程作为调度运行的基本单位,而把进程作为拥有资源的基本单位。

尽管线程可以提高系统的执行效率,但它并不是在所有的计算机系统中都是适用的。事实上,在那些很少做进程调度和切换的实时系统、个人数字助理系统中,由于任务的单一性,设置线程反而会占用更多的系统资源。

4.2.6.4 线程与进程的区别

线程与进程这两个概念之间的关系比较密切,线程的概念是基于进程概念的,不能离开进程谈线程。线程是进程的一部分。但两者还是有较大区别的,下面分别从资源、调度、并发性、系统开销和安全性等方面比较它们的不同之处。

(1)拥有的资源。

进程不依赖于线程而独立存在,它是拥有资源的独立单位。每个进程由若干代码段和数据段组成,它还拥有文件、主存以及至少一个线程。进程拥有一个完整的虚拟地址空间。而线程拥有的系统资源较少,它没有自己的地址空间,一般只有程序计数器、一组寄存器和堆栈。但它和进程内的其他线程一起共享分配给该进程的所有资源。

(2)调度。

当进程调度时,进行进程上下文的切换需要较大的系统开销;而当采用线程调度时,由于同一进程内的线程共享进程的资源,其切换是把线程仅有的小部分资源交换即可,从而提高了系统的效率。也就是说,线程切换比进程切换快得多。在由一个进程的线程向另一个进程的线程切换时,将引起进程上下文的切换。

(3)并发性。

引入线程后,系统的并发执行程度更高。也就是说,此时的系统不仅在进程之间可以并发执行,而且同一进程内的多线程也可以并发执行,从而提高资源的利用率和系统的吞吐量。

一个进程对解决从用户接收请求并为每个请求执行同一代码的文件服务器来说,创建多线程是它的一种有效的方法。对于每个被接收的请求,可用文件服务进程中的一个线程进行处理,执行适当功能,所有用户的请求将被并行处理。若用一个进程来处理这个问题,则各用户的请求只能按顺序处理。

(4)系统开销。

内存空间、I/O 设备等系统资源随着进程的生成而产生,当进程终止时,它们也同时被撤销。进程被创建时,系统同时为进程创建第一个线程。进程中的其他线程通过调用线程创建原语显式创建。进程中只要还有一个线程在执行,这个进程就不会被终止,直到它的所有线程被终止后,它才被终止。创建一个进程比创建一个线程的开销要大。

(5)安全性。

同一进程的多线程共享进程的所有资源。一个错误的线程可以任意改变另一个线程使用的数据而导致错误的发生,而采用多进程实现则不会产生这个问题。因为系统绝不允许一个进程有意或无意地破坏另一个进程。从保护的角度看,使用多进程比使用多线程可能更好一些。

进程是表示资源分配的基本单位,又是调度运行的基本单位。用户运行自己的程序,系统就创建一个进程,并为它分配各类资源。然后,把该进程放入进程的就绪队列。进程调度程序选中它,为它分配 CPU 以及其他有关资源,该进程才真正运行。进程是系统中的并发执行的单位。线程是进程中执行运算的最小单位,即执行处理机调度的基本单位。如果把进程理解为在逻辑上操作系统所完成的任务,那么线程表示完成该任务的许多可能的子任务之一,它便于调度和使用。

注意 系统在运行的时候会为每个进程分配不同的内存区域,但是不会为线程分配内存。在"Windows 任务管理器"对话框中,在"查看"菜单,选择列中将"线程"对话框选中,可以显示系统的每一个进程所对应的线程数目。

4.2.7 在 Windows XP 中进程的实现

Windows XP 中有三个执行对象,分别是进程、作业和线程。进程是一个拥有自己的资源(如内存、文件等)的应用实体。线程是可被中断的、能并发工作的调度单位。作业是 Windows XP 新引进的,早期的 Windows 系统中没有作业,它具有共享一组配额限制和安全性限制的进程集合。Windows XP 的进程采用了面向对象的设计方法,实现了多进程、多线程机制。

4.2.7.1 在 Windows XP 中进程的结构

在 Windows XP 中,进程是由一个通用结构的对象来表示的。每个进程由以下几部分组成:

(1)一个可执行程序。

(2)一个由该进程专用的地址空间。它是该进程可使用的虚存地址的集合。

(3)系统资源,如信号量、通信端口、文件等,是在程序执行时由操作系统分配给该进程的。系统资源体现为对象表,每个进程都有一个对象表。

(4)进程标识符,用来唯一标识一个进程。

(5)至少有一个线程。若没有线程,Windows 2000/XP 进程的程序就无法运行。一个进程可以有许多个线程。

为了更好地管理进程,Windows XP 用一个执行体进程块来表示每一个进程。执行体进程块不仅包括进程的许多属性,还包括并指向许多其他相关的数据结构,如每个进程都有一个或多个由执行体线程块表示的线程。

4.2.7.2 在 Windows XP 中进程的相关 Win32 API 函数

Windows XP 操作系统提供了许多用于进程的 Win32 API 函数,常用的有:CreateProcess()(创建新的进程)、OpenProcess()(返回指定对象的句柄)以及 Exit Process()(在正常情况下,进程退出)等。

要创建一个 Win32 进程,应用程序需调用 CreateProcess()函数。创建进程的过程由 Win32 客户方的 KERNEL32. DLL、Windows XP 执行体和 Win32 子系统进程 CSRSS 三个部分分阶段完成。具体步骤如下:

(1)打开将在进程中被执行的扩展名为 EXE 的映象文件。

(2)创建一个 Windows XP 执行体进程对象。

(3)创建初始线程(堆栈、描述表、执行体线程对象)

(4)发送消息给 Win32 子系统,表明创建了一个新的进程,使它可以设置新的进程或线程。

（5）初始线程被启动执行。

（6）在新进程和线程的描述表中，完成地址空间的初始化，加载所需的 DLL，并开始执行程序。

Windows XP 处理器调度机制。Windows XP 处理器调度是线程而不是进程，进程仅作为资源分配的对象。线程调度采用基于动态优先级的可抢占的多级队列调度策略。它包括 32 个优先级层次，在某些层次线程的优先级是固定的，在另一些层次线程的优先级将根据执行的情况动态调整。在多级队列中，每个就绪队列对应于一个优先级，而每个队列中的进程按照时间轮转法调度。在调度过程中严格按照线程的优先级进行，而不考虑被调度的线程属于哪个进程。

4.3 存储管理

存储管理是操作系统中五大功能之一，存储器是计算机系统的重要组成部分，是计算机系统中一种宝贵而紧俏的资源。计算机中的存储器可分为两类，即内存储器（简称内存或主存）和外存储器（简称外存）。CPU 可以直接访问内存，但不能直接访问外存。这里的存储管理是指对主存的管理，主要关注存储介质方面的操作与维护工作。存储管理主要解决以数据恢复和历史信息归档为目的的联机与脱机数据存储。存储管理的目标是在生产 IT 环境中定义、跟踪并维护数据和数据资源。

内存是由存储单元组成的一堆连续的地址空间，称为内存空间，用来存放当前执行进程的代码和数据。每一个存储单元都有自己的地址，对内存的访问是通过对指定地址单元进行读或写来实现的。虽然近年来计算机的内存容量一直在不断扩大，但仍不能满足各种软件对存储空间急剧增长的需求，能否有效管理内存将在很大程度上影响整个系统性能，因此，存储管理一直是操作系统研究的中心问题之一。

存储管理操作流程由以下两个主要关注领域组成：数据备份与恢复操作以及存储资源管理。每个领域包含不同的活动与任务，存储资源管理是一项关键存储管理活动，它主要关注于确保诸如磁盘之类的重要存储介质通过正确的文件系统进行格式化和安装，以及诸如磁带、CD 之类的移动存储介质按照业务要求进行组织、使用、循环及淘汰。

4.3.1 存储管理的目的和功能

4.3.1.1 存储管理的目的

（1）方便用户。

计算机存储器的工作是十分复杂的。如用户直接管理存储器，首先，增加用户的工作量，也增加计算机的负担。其次，直接干预计算机系统内存分配。为了方便用户，要尽量减少用户用于存储数据或程序等管理方面的工作量，让用户在使用计算机系统的过程中，不必关心使用何种存储技术来存储数据和程序，不必关系数据和程序存储在空间的什么位置，也不必知道计算机系统的存储地址是如何分配等具体问题。

（2）提高主存储器的利用率。

在计算机系统中，主存储器的存储空间是有限的，在使用存储器时，要在有限的存储空间中能够运行较大的作业或使多个用户作业能够并行运行,共享主存储器的资源。

(3)"扩充"主存储器的容量。

目前,在计算机硬件系统中,已提供了较大的存储空间,但提供的存储空间在使用时往往不能满足用户程序和数据的需要,在这种情况下,需要使用虚拟存储技术来"扩充"存储空间,使用户在运行大程序和使用大量数据时不会感觉到存储空间对运行有所限制或被警告"内存空间不足"。

(4)信息保护。

在多个作业进程同时运行时,在主存储器中同时存储几个作业的进程和数据,为保证计算机系统的正常工作,防止进程与进程、数据与数据之间互相干扰,需要对它们进行"隔离",还要防止用户作业对计算机系统数据的破坏。

4.3.1.2 存储器管理的功能

存储器管理的对象是内存,其主要任务是为多道程序的运行提供良好的环境,方便用户使用内存,提高内存的利用率,并能从逻辑上扩充内存,存储器管理的主要功能有以下四种,即存储分配、地址映射、内存共享与保护和内存扩充。

(1)存储分配。

存储分配是存储管理的重要部分。它将根据用户程序的需要分配存储器资源、回收系统或用户释放的存储区。内存分配的任务是为每道程序分配它所需要的内存空间,并在它们不需要时及时回收,以供其他程序使用。为此,内存管理机制中必须要设置相应的数据结构以记录内存的使用情况。内存分配有静态和动态两种方式。

在静态分配方式中,每个作业的内存空间是在作业装入时确定的,在以后的整个运行期间,不允许再申请新的内存空间,也不允许作业在内存中移动。在动态分配方式中,每个作业所要求的基本内存空间是在作业装入时确定的,但允许作业在运行过程中申请新的附加内存空间,也允许作业在内存中"移动"。

(2)地址映射。

内存由若干个存储单元组成,为了便于 CPU 访问,每个存储单元都有一个编号,这个编号称为内存地址。在多道程序环境中,当编译器对源程序进行编译时,无法预知程序将被放到内存的什么位置,因此程序都是从"0"开始编址,程序中的其他地址都是相对于起始地址计算的。程序中的这个地址称为逻辑地址(相对地址)。由这些地址所形成的地址范围称为"地址空间"。而内存中存储单元的地址称为"物理地址"(绝对地址)。当程序装入内存时,操作系统将为该程序分配一个合适的内存空间,当程序的逻辑地址与所分配的内存的物理地址不一致时,CPU 执行指令是按物理地址进行的。为使程序能正确运行,必须将用户程序中的逻辑地址转换成内存中的物理地址,这个地址转换的过程称为"地址映射"。根据地址转换时机的不同,重定位有两种方式:

①静态重定位。当用户程序被装入内存时,由装入程序一次性地把逻辑地址转换成物理地址,以后不再转换。转换方法是:物理地址 = 逻辑地址 + 程序在内存的起始地址。静态重定位的优点是无需增加硬件地址转换机构;缺点是程序在内存中需占据一片连续区域,并且在重定位之后不能再移动位置。

②动态重定位。操作系统把程序装入内存后,并不立即将程序中的逻辑地址转换为

物理地址,而是在 CPU 执行每一条指令时进行地址转换。为使地址转换工作不影响指令的执行速度,需要硬件地址转换机构的支持,通常是在系统中设置一个重定位寄存器,用来存放当前正在执行的程序在内存中的起始地址。程序在执行过程中,重定位寄存器的内容将自动地与逻辑地址相加,形成访存的物理地址。这种地址转换是在程序执行期间随着每条指令或数据的访问自动进行的,故称为动态重定位。其主要优点在程序执行期间可以换入和换出主存。程序可以在主存中移动,把主存中的碎片集中起来,可以充分利用空间,不必给程序分配连续的主存空间,可以较好地利用较小的主存块实现共享。

(3)内存共享与保护。

内存共享是指两个或多个进程共享内存中相同的分区,即它们的物理空间有相交的部分。内存共享的目标之一是通过数据共享,实现进程通信;另一个目标是通过代码共享节省内存空间,提高内存的利用率。例如,当前有 10 个学生正在使用一个分时系统调试 C 程序,都需要 C 编译器,如果没有内存共享功能,则需要在主机内存中为每一个用户保存一个 C 编译器副本,为此需要占用很大的内存空间。而有了内存共享功能,只需在内存中保存一个副本,供所有需要编译器的用户共享即可,节省了内存空间。

在多道程序系统中,内存中既有操作系统,又有许多用户程序,为使系统正常运行,避免各个程序相互干扰,必须对内存中的程序和数据进行保护。内存保护的内容包括:保护系统程序不被用户有意或无意地侵犯;不允许用户程序读写不属于自己的地址空间的数据,如系统区或其他用户程序的地址空间;防止进程对共享区域越权访问,因为不同进程对共享区域有不同的访问权限,有些进程可以读写,而有些只能读。因此,必须检查各进程对共享区域的操作是否越权。

(4)内存扩充。

内存扩充是指操作系统采用软件手段,在硬件的配合下,将部分外存空间虚拟为内存空间,得到一个容量相当于外存,速度接近于内存,价格便宜的虚拟存储系统。这样,用户编写程序时不必受内存实际容量的限制,似乎计算机系统提供了一个容量极大的内存空间。一般采用虚拟存储技术来实现逻辑上扩充内存,而不是从物理上扩充内存。

注意　主存储器不仅有系统程序,而且还有若干道用户作业的程序。为了避免主存中若干个程序相互干扰,必须对主存中程序和数据进行保护。通常由硬件提供保护功能,软件配合实现。当要访问主存的某一单元时,由硬件检查是否允许访问,若允许则执行,否则产生中断,由操作系统进行相应的处理。

4.3.2　存储管理方式的分类

存储管理方式随着计算机技术的发展而发展。内存容量一直是计算机硬件资源中既关键又紧张的资源。早期的存储器价格比较昂贵,内存容量有限。尽管现在计算机的内存容量在不断增大,但系统软件和应用软件所需的存储空间也在急剧膨胀。所以为了提高存储器的利用率,存储管理方式由固定式存储管理方式演变为分页式存储管理方式,而后又产生了分段存储管理方式和虚拟存储器。

存储器管理技术可分为两大类:实存储器管理和虚拟存储器管理。

4.3.2.1 实存储器管理方式

实存储器管理方式分为连续分配方式和离散分配方式。

（1）连续分配方式。

连续分配方式是指系统为一个用户程序分配一个连续的存储空间。这种分配方式曾被广泛应用于 20 世纪 60 至 20 世纪 70 年代的操作系统中，到今天它仍有一席之地。连续分配方式有以下两种。

①单一连续分配方式。

这种方式把内存划分成系统区和用户区两个分区，用户区仅被一个用户所独占。MS-DOS采用的就是单一连续分配方式。

②分区式分配方式。

分区式分配方式用于多道程序的存储管理。这种方式又分为固定分区式和可变分区式。固定分区式是将内存的用户区预先划分成若干个固定大小的区域，每个区域中驻留一道程序。可变分区式是根据用户程序的大小，动态地对内存进行划分，所以每个分区的大小不是固定的，分区数目也不是固定的。

（2）离散分配方式。

为了解决连续分配方式产生的"碎片"，充分利用内存的空闲空间，离散分配方式将一个用户的程序离散分配到内存中的多个不同互不相邻的区域。离散分配方式主要有三种方式：页式存储管理方式、段式存储管理方式及段页式存储管理方式。

①页式存储管理方式。

在页式存储管理中，用户的地址空间被划分成若干个大小相等的区域，称为页或页面。相应的，内存的存储空间也分成与页面大小相等的区域，称为块或物理块。在为作业分配存储空间时，总是以块为单位来分配的，可以将作业中的任意一页放到内存的任意一块中。

在调度作业运行时，必须将它的所有页面一次调入内存中；若内存中没有足够的物理块，则作业处于等待状态。这样的存储器管理方式称为静态分页。

静态页式管理为每页设置一个页表。页表的作用是实现页号与物理块号之间的转换。

页面（物理块）的大小由机器的地址结构决定。在确定地址结构时，若选择的页面较小，页内碎片较小并减少内存碎片的总空间，有利于提高内存的利用率；但另一方面，也会使每个进程要求较多的页面，从而导致页表过长，占用大量内存，还会降低页面换进换出的效率。若选择的页面较大，虽然可以减少页表长度，提高页面换进换出的效率，但又使页内碎片增大。因此，页面的大小应该选择适中，通常在 512 B ~ 4 KB 之间。

②段式存储管理方式。

在段式存储管理中以段为单位分配内存空间，段式存储管理把用户作业按其逻辑结构分成若干段，段的长度是可以变化的，操作系统根据作业申请空间的大小进行内存分配，由于段的长度不一，所以为它分配内存的大小也不一样，它的地址空间是二维的，地址结构由段号和段内偏移量两部分组成，按段存入内存。

使用段式存储管可以容易地实现虚拟存储器，在把某作业调入某段时，若内存中有足够的空闲区满足该段的长度,在调入时采用与分区式管理相同的方法;若内存中没有足够的空闲区满足该段的长度,则采用与动态分页管理相同的方法。

无论采用哪种存储管理,在用户作业完成后,都要释放所占用的内存空间,内存空间的回收由存储管理程序来完成,存储分配的方式不同,回收的方法也不一样。

③段页式存储管理方式。

分段式存储管理着眼于方便用户,并且有利于段的共享,保护和动态增长;分页式存储管理则用以提高内存的利用率。若将分段和分页两种存储管理结合起来,取长补短就会既方便用户又提高内存的利用率。

这种方式是页式和段式存储管理方式的结合,即将用户程序分成若干个段,再把每个段分成若干个页,每个段在内存中的地址结构由段号、段内页号和页内相对地址三部分组成。程序员使用的是段号和段内相对地址,地址变换机构自动将段内相对地址的高几位解释为段内页号,将剩余的低位解释为页内相对地址。由于作业的地址空间最小单位不再是段而是页,从而内存可以按页划分,并按页为单位装入,这样一个段可以装入到若干个不连续的页内,段的大小也不再受内存可用区的限制。

4.3.2.2　虚拟存储管理方式

虚拟存储管理系统有页式虚拟存储、段式虚拟存储和段页式虚拟存储三种方式。

(1)页式虚拟存储管理。

如前所述,页式存储管理可以用于实存管理。同时,页式存储管理也可以用于虚存管理。但实际上,页式存储管理方案的提出主要是解决内存扩充问题,即虚存的实现问题。

页式虚拟存储管理是动态页式管理,在进程或作业开始执行之前,都不把进程或作业的程序段和数据段一次性地全部装入内存,而是装入被认为是经常反复执行和调用的工作区部分,其他部分存放于外存中。在执行过程中,其他部分待需要时再从外存动态调入,同时把暂不执行的页面置换到外存上。Windows XP 中的存储管理就是页式虚存管理。它可以提供用户进程一个 4 GB 的 32 位平面虚拟地址空间。

(2)段式虚拟存储。

段式虚拟存储是把用户程序中的部分段装入内存,以后再通过请求调段功能和置换功能将其他段调出,调入将要运行的段。

(3)段页式虚拟存储。

段页式虚拟存储是在段页式系统的基础上增加了请调功能和页面置换功能所形成的。

4.3.3　虚拟存储技术

前面介绍的存储管理方法有一个共同的特点,即程序执行之前需要全部装入内存。这样,当作业的地址空间大于内存空间容量时,该作业就无法运行。另外,系统中可能有很多作业要求运行,由于内存容量有限,无法将它们全部装入内存运行。为了解决这些问题我们可以从物理上增加内存容量,但这往往会受到机器自身的限制,而且无疑要增加系统成本,因此这种方法受到一定的限制。另一种方法是从逻辑上扩充内存容量,这正是虚拟存储技术所要解决的主要问题。

当大多数程序执行时,在一个较短的时间内仅使用程序代码的一部分,相应的程序所访问的存储空间也局限于某个区域,这就是程序执行的局部性原理。局部性原理体现在时间局部性和空间局部性。时间局部性是指一条指令的一次执行和下次执行,一个数据的一次访问和下次访问,都集中在一个较短的时间内。空间局部性是指当前指令和邻近的几条指令,当前访问的数据和邻近的数据,都集中在一个较小区域内。

基于局部性原理,在程序装入时,不必将其全部读入内存,只需将当前执行需要的部分放入内存,而将其余部分放在外存,就可以启动程序执行。在程序执行过程中,当所访问的信息不在内存时,由操作系统将所需要的信息调入内存,然后继续执行程序。另一方面,操作系统将内存中暂时不使用的内容换出到外存上,从而释放出空间存放要调入的内存的信息。从效果上看,这样的计算机系统好像为用户提供了一个存储容量比实际内存大得多的存储器,这个存储器称为虚拟存储器,之所以称为虚拟存储器,因为这个存储器实际上并不存在,只是由于系统提供了部分转入、请求调入和置换功能后,给用户的感觉是好像存在一个比实际物理内存大得多的存储器。

虚拟存储器的实质是把程序在地址空间和运行时用于存放程序的存储空间区分开。程序员可以在地址空间内编写程序,而完全不用考虑实际内存的大小。在多道程序环境下,可以为每个用户程序建立一个虚拟存储器。

实现虚拟存储器,需要有一定的物质基础:

(1)要有相当数量的外存,足以存放多个用户的程序。

(2)要有一定容量的内存,因为在处理机上运行的程序必须有一部分信息存放在内存中。

(3)地址变换机构,以动态实现逻辑地址到物理地址的变换。

虚拟存储器同样可以在多道程序下工作。例如,在 2 MB 内存中可以为 8 个 1 MB 的程序各分配 156 KB 的空间,对每个程序来说都好像运行在一台独立的 256 KB 内存的机器上,当一个程序由于等待 I/O 操作暂不能运行时,操作系统就把 CPU 交给另一个进程使用,从而有效地支持了在多道程序方式下多个进程的并发执行。

注意　虚拟存储器只是一个容量非常大的存储器的逻辑模型,而不是任何实际的物理存储器。它借助于磁盘等辅助存储器来扩大主存容量,使之为更大或更多的程序所使用。(它指的是主存——外存层次,以透明的方式给用户提供了一个比实际主存空间大得多的程序地址空间)

4.4　设备管理

4.4.1　设备管理的任务和分类

4.4.1.1　设备管理概述

设备是指计算机系统中的外部设备,主要指外存和各种输入输出设备(简称 I/O 设备)。外部设备的种类繁多,它们的特性和操作方式也有很大差别,因此设备管理成为操作系统中最繁杂且与硬件最紧密相关的部分。操作系统对设备进行管理要实现的目标是:

（1）提供与系统其他部分简单、统一的接口，以方便设备使用。

（2）优化 I/O 操作，尽量提高输入输出设备的利用率，发挥主机与外设以及外设与外设之间的真正并行工作能力，从而提高 CPU 和设备的利用率。

为了达到上述目标，设备管理要完成如下任务。

（1）动态掌握并记录设备的状态。

（2）分配和释放设备，设备管理程序按照一定的策略把某一 I/O 设备及其相应的设备控制器和通道分配给某一用户进程，以保证 I/O 设备和 CPU 之间有传输信息的通路，将未分配到设备的进程，插入等待队列。

（3）对输入输出缓冲区进行管理，为解决 I/O 设备和 CPU 之间速度不匹配的矛盾，在它们之间配置了缓冲区，这样设备管理程序要负责管理缓冲区的建立、分配和释放。

（4）控制和实现真正的输入输出操作。

（5）提供设备使用的用户接口。

（6）在一些较大的系统中实现虚拟设备技术。

4.4.1.2　设备的分类

现代计算机系统配置了大量的外围设备，这些设备可以从不同角度对其进行分类。

（1）按照信息交换的单位分类。

按照信息交换的单位分类，可以分为块设备和字符设备两大类。

块设备又称为外部存储器或辅助存储器，如磁盘、磁带和光盘等。这类设备识别信息的最小单位是块。块的常见尺寸在 512 B 到 4 KB 之间。这类设备的特征是设备传输速率较高，一般不能与人直接进行交互操作；可寻址，采用 DMA 方式。

字符设备是以字符为单位发送和接收一连串字符的设备。这类设备通常用于数据的输入输出，其特征是设备传输速率较低，一般可与人直接进行交互操作，不可寻址，采用中断驱动方式。这类设备按照信息传输方向又分为输入型设备和输出型设备。输入型设备如键盘、鼠标，输出型设备如打印机、显示器等。

（2）按使用性质分类。

从工作性质上看，外部设备主要分为两大类：输入输出设备和存储设备。

输入输出设备如键盘、显示器、打印机、鼠标、图形输入设备等。它们都是计算机主机与用户之间传递信息的工具。其中的信息形式，既有二进制数字量（与主机打交道时使用），也有模拟量（与人打交道时使用），按照需要在设备内进行相应的转换。

外部存储设备如磁盘驱动器、光盘驱动器等。它们是整个存储系统的一个部分，是备份性的存储器，虽然在它们与主存储器之间传送信息时从主机的角度也在进行输入输出操作，但这并非是计算机与用户之间的信息传递，而只是计算机存储系统内部的信息传递。

（3）按管理特点分类。

从管理特点上，可分为独享设备、共享设备和虚拟设备。

独享设备是指一段时间内只允许一个用户使用的设备，一旦被分配给某一作业、进程使用，就只有等到一个完整的输入或输出任务完成后，才能再分配给另一个作业、进程。一般的 I/O 设备都属于此类。

共享设备是指一段时间内允许多个进程同时访问的设备，目前主要指磁盘驱动器这类高速设备。虽然在微观上,某一瞬间某个磁头所读写的信息只能是某一进程所需的,但是由于磁盘读写速度较快,特别是可以直接指到某一磁道或某一扇区,硬磁盘往往都有多个磁头同时工作,所以它能够接受几个进程的读写请求,在宏观上被它们同时使用。

虚拟设备是指通过某种技术将一台"独占"设备变为能供若干个用户共享的设备,因此可将它同时分配给多个用户。

(4)按所属关系分类。

按所属关系可分为系统设备和用户设备。

系统设备是指那些在操作系统生成时就已经接入在系统中的、标准的外设,如键盘、显示器、鼠标、硬磁盘等。这些最基本的设备,标准化程度高,一般操作系统已包含了它们的驱动程序,并在系统生成时配置好,用户可以直接使用。

用户设备是一些非标准的、在系统生成后根据不同用户的需要再逐步加入到系统中的设备。它们种类繁多,特性差异较大,通常由设备生产厂家同时提供控制器和设备驱动程序,由用户按照操作系统的要求把它们装配到系统后才能使用。

4.4.2 输入输出(I/O)设备管理分层结构

计算机的输入输出设备的种类、型号、规格繁多,所以必须屏蔽众多的输入输出设备的物理特性,向用户提供一个统一、简便的使用接口,实现设备的独立性,即对任何设备其逻辑接口都是一样的。操作系统采用分层思想,逐层抽象来实现。

一般输入输出设备管理分为两层:输入输出控制系统和设备驱动程序。

(1)输入输出控制系统。

输入输出控制系统处在最上面一层,与用户进程交互。它是 I/O 软件,与设备无关。

输入输出控制系统的主要任务是对每一个输入/输出请求确定其所使用的设备。因为进程使用的是逻辑设备,所以需要输入输出控制系统把逻辑设备映射到实际的物理设备,把所有传送逻辑设备的请求转化为对与逻辑设备相对应的实际的物理设备的操作指令。输入输出控制系统通过进程传送来的参数获得逻辑设备号,然后通过逻辑设备表查找到相应的物理设备及其驱动程序,调用设备驱动程序,完成实际操作。

(2)设备驱动程序。

设备驱动程序又称为设备处理程序,它是 I/O 进程与设备控制器之间的通信程序,其任务是把上层软件的抽象要求转化为控制器能识别的具体要求发送给设备控制器,启动设备,此外,它还将设备控制器发来的信号传送给上层软件。

设备驱动程序的处理过程是:在总线 I/O 结构系统中,当某一进程需要使用某种输入输出设备时,首先向输入输出控制系统发出请求,该子系统阻塞进程、分析进程发出的请求,并根据进程的请求调用适当的设备驱动程序。设备驱动程序接到输入输出控制系统发出的调用请求后,写设备控制器的相关寄存器,完成设备的初始化,操作设备完成具体的输入输出工作。完成数据的传输之后,把设备的状态信息反馈给输入输出控制系统。输入输出控制系统检验设备状态,唤醒请求进程,并把操作状态信息返回给请求进程。

设备驱动程序是操作系统的核心例程,必不可少。通常,操作系统中应配备不同类型设备的驱动程序。但是,由于驱动程序是与硬件紧密相连的,而不同的设备其驱动程序也是不同的,相同硬件设备厂家的产品也不尽相同,所以操作系统不可能完全配备所有的硬件驱动程序。一般由操作系统提供一套设备驱动程序的标准框架,由硬件厂商根据标准编写设备驱动程序随同设备一起提交给用户。当用户在计算机系统中安装新设备时,必须加载设备驱动程序,如显卡驱动程序、声卡驱动程序和网卡驱动程序等。事实上,在安装操作系统时,会自动检测设备并安装相关的设备驱动程序(即插即用)。如果操作系统中没有该设备的驱动程序,则需要单独添加。以后如果需要添加新的设备,必须再安装相应的驱动程序。

4.4.3　I/O 系统中数据的传输控制

按照 I/O 数据传输控制能力的强弱程度,以及 CPU 与外设并行处理程度的不同,将 I/O 系统中信息的传输控制方式以下分为四类:

(1)程序直接控制方式(CPU 直接询问方式)。

这是早期计算机系统采用的 I/O 控制方式,由用户进程直接控制内存或 CPU 和外部设备之间的信息传送。这种方式的控制者是用户进程。程序直接控制方式虽然简单,但不能实现 CPU 与外部设备之间的并行工作,导致 CPU 会长时间进入等待状态。以输入过程控制为例,当 CPU 向控制器发出一条 I/O 指令启动设备输入数据时,同时将控制器的忙/闲标志置为"1",然后循环测试该标志位的值,直到标志位变为"0"。表明数据已送入控制器的数据寄存器,于是 CPU 从数据寄存器中取出数据存入内存指定单元,完成本次 I/O 操作。

(2)中断方式。

中断方式被用来控制外部设备和 CPU 之间的数据传送,减少程序直接控制方式中 CPU 的等待时间,提高系统的并行工作效率。这种方式要求 CPU 与设备之间具有相应的中断请求线,以及在设备控制器的控制状态寄存器的中断允许位。

数据输入操作步骤:

①进程需要数据时,通过 CPU 发出"start"指令启动外围设备准备数据。

②在进程发出指令启动设备后,该进程放弃处理机,等待输入完成。

③当输入完成时,I/O 控制器通过中断请求线向 CPU 发出中断请求。

④在以后的某个时刻,进程调度程序选中提出请求并得到数据的进程,该进程从约定的内存特定单元中取出数据继续工作。

中断控制方式的处理过程如图 4.8 所示。

中断方式的缺点:

①由于在一次数据传送过程中,发生中断次数较多,这将耗去大量 CPU 的处理时间。

②当设备把数据放入数据缓冲寄存器并发出中断信号之后,CPU 有足够的时间在下一个(组)数据进入数据缓冲寄存器之前取走数据。如果外设的速度也非常快,则有可能造成数据缓冲寄存器的数据丢失。

(3)直接存储器存取(DMA)方式。

DMA 是 Direct Memory Access 的缩写,是指"存储器直接访问"。它是一种高速的数据传输操作,允许在外部设备和存储器之间直接读写数据,既不通过 CPU,也不需要 CPU

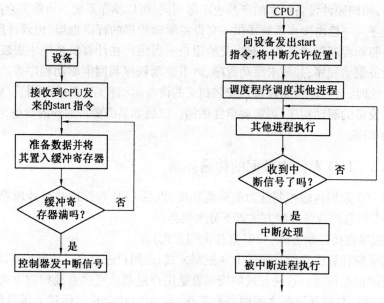

图4.8　中断控制方式的处理过程

干预。整个数据传输操作在一个称为"DMA控制器"的控制下进行的。DMA控制器中有四个寄存器:命令/状态寄存器,用于存放CPU发来的命令;地址寄存器,用于存放输入数据的目标地址或输出数据的源地址;数据寄存器,用于暂存从设备到内存或从内存到设备的数据;字节计数器,用于存放本次CPU要读或写的字节数。

DMA方式的最大特点是数据传送直接在设备与内存之间进行,整块数据的传送是由DMA控制器完成的,CPU除了在数据传输开始和结束时做一点处理外,在传输过程中CPU可以进行其他工作。这样,在大部分时间里,CPU和输入输出都处在并行操作。因此,使整个计算机系统的效率大大提高。

这种方式比以上两种方式具有更强的功能。

(4)通道控制方式。

通道(Channel)就是计算机系统中能够独立完成输入输出操作的硬件装置,也称为"输入输出处理机"。

虽然在CPU与I/O设备之间增加了设备控制器,但CPU的负担仍很重。为此,在CPU和设备控制器之间又增设了I/O通道。其目的是使一些原来由CPU处理的I/O任务转由通道来承担,从而把CPU从繁杂的I/O任务中解脱出来。CPU并不直接操作外围设备,它连接通道(I/O处理机),通道连接设备控制器,设备控制器连接设备。CPU只需把"I/O"设备启动,并给出相关的操作要求,然后就由通道来处理输入输出事宜,做完后报告CPU。

根据信息交换方式的不同,可把通道分成三种类型:字节多路通道(Byte Multiplexer Channel)、数组选择通道(Block Selector Channel)和数组多路通道(Block Multiplexer Channel)。

通道方式也是一种以内存为中心的实现外部设备和内存直接交换数据的控制方式。

所不同的是,在 DMA 方式中,数据的传送方向、存放数据的内存地址以及所传送的数据块长度等都是由 CPU 控制,而在通道方式中由专管输入输出的硬件"通道"来进行控制。

这四种方式代表了计算机系统中 I/O 控制四个不同的发展阶段,每个阶段的发展都受到计算机硬件组织结构发展变迁的影响。

4.4.4　设备管理技术

设备管理技术主要有:缓冲技术、中断技术和假脱机技术等。

4.4.4.1　缓冲技术

(1)缓冲的引入。

虽然中断机制、DMA 和通道控制技术提高了 CPU 与外部设备之间并行操作的程度,但是 CPU 与外设、内存与外设、外设与外设之间的处理速度不匹配问题仍然是客观存在的。处理速度很慢的外部设备频繁中断 CPU 的运行,大大降低了 CPU 的使用效率,影响了整个计算机系统的运行效率。

例如,一个进程做一些计算,并把计算结果送至打印机输出。若没有缓冲区,则在打印时,CPU 会因为打印机速度慢而停下来等待;而在 CPU 进行计算时,打印机又空闲等待。若两者之间设置有一缓冲区,当 CPU 要输出计算结果时,并不是直接送到打印机,而是高速地输出到缓冲区,然后继续计算;打印机则慢慢取出缓冲区的数据进行打印,这样高速的 CPU 不用等待低速的打印机,并且两者之间的并行性也大大提高了。

再如,在远程通信中,数据传送以比特为单位,如果没有缓冲区,则每接收到一比特数据便中断 CPU 一次,若通信速度为 56 kb/s,则 CPU 每秒要被中断 56×10^3 次,大约每隔 18 微妙被中断一次,且 CPU 必须在 18 微妙内响应中断,否则数据将丢失。若设置一个 16 字节的缓冲寄存器来暂存接收到的数据,待缓冲寄存器满时才发出中断,则 CPU 的中断频率将降低原来的 1/128;若设置两个 16 字节的缓冲寄存器,则 CPU 对中断的响应时间将比原来宽 128 倍。

为了提高 I/O 的速度和利用率、缓和 CPU 与 I/O 设备间速度不匹配的矛盾,减少对 CPU 的中断频率,放宽对中断响应时间的限制以及提高 CPU 与 I/O 设备间的并行性,因此引入了缓冲技术。

(2)缓冲的实现。

缓冲是指用来暂存数据的缓冲存储器。缓冲有硬件缓冲和软件缓冲。硬件缓冲是指专门的寄存器作为缓冲器,如微机主板上的 Cache。软件缓冲是指在操作系统的管理下,在内存中划分出若干个存储单元作为缓冲区。缓冲区专门用来临时存放输入/输出数据。采用缓冲区,可以减少发送装置和接收装置的等待时间,提高设备的并行操作程度。

我们可以这样来理解缓冲:

①缓冲是提高 CPU 与外设并行程度的一种技术。

②根据系统设置缓冲区的个数,将缓冲技术分为:单缓冲、双缓冲、多缓冲及缓冲池。

单缓冲指当用户进程发出请求时,操作系统为该操作分配一个缓冲区。采用单缓冲,使得用户进程实现处理数据和读/写数据串行进行,但这种串行工作方式必然会影响进程的执行效率。

双缓冲的建立,可以平滑设备和进程之间的数据流,这在一定程度上改善了系统的工作效率。通常,单、双缓冲采用硬件寄存器来实现。

现代操作系统广泛采用多缓冲,并构成缓冲池。缓冲池由操作系统中的缓冲池管理程序来管理。

③凡是数据来到速度和离去速度不同的地方都可以使用缓冲区。如 CPU 与内存之间有高速缓存(Cache Memory),主存与显示器之间有显示缓存,主存与打印机之间有打印缓存等。

高速缓存是位于 CPU 与内存之间的临时存储器,它的容量比内存小,但交换速度快,它是为了解决 CPU 速度和内存速度的差异问题。内存中被 CPU 访问最频繁的数据和指令被复制到 CPU 中的缓存,在缓存中的数据是内存中的小部分,但这一小部分是短时间内 CPU 即将访问的,当 CPU 调用大量数据时,就可避开内存直接从缓存中调用,从而加快读取速度。由此可见,在 CPU 中加入缓存是一种高效的解决方案,这样整个内存储器(缓存+内存)就变成了既有缓存的高速度,又有内存的大容量的存储系统。

这里要特别指出的是:因为缓存只是内存中少部分数据的复制品,所以 CPU 到缓存中寻找数据时,也会出现找不到的情况(因为这些数据没有从内存复制到缓存中去),这时 CPU 还是会到内存中去找数据,这样系统的速度就慢下来了,不过 CPU 会把这些数据复制到缓存中去,以便下一次不要再到内存中去取。因为随着时间的变化,被访问的最频繁的数据不是一成不变的,也就是说,刚才还不频繁的数据,此时已经需要被频繁的访问,刚才还是最频繁的数据,现在又不频繁了,所以说缓存中的数据要经常按照一定的算法来更换,这样才能保证缓存中的数据是被访问最频繁的。

缓存的工作原理是:当 CPU 要读取一个数据时,首先从缓存中查找,如果找到就立即读取并送给 CPU 处理;如果没有找到,就用相对慢的速度从内存中读取并送给 CPU 处理,同时把这个数据所在的数据块调入缓存中,可以使得以后对整块数据的读取都从缓存中进行,不必再调用内存。

正是这样的读取机制使 CPU 读取缓存的命中率非常高(大多数 CPU 可达 90% 左右),也就是说,CPU 下一次要读取的数据 90% 都在缓存中,只有大约 10% 需要从内存读取,这样大大节省了 CPU 直接读取内存的时间,也使 CPU 读取数据时基本无需等待。总的来说,CPU 读取数据的顺序是先缓存后内存。

那么,是不是为了增加系统的速度,把缓存扩大得越大,缓存的数据越多,系统就越快呢? 缓存通常都是静态 RAM,速度是非常快的,但是静态 RAM 集成度低(存储相同的数据,静态 RAM 的体积是动态 RAM 的 6 倍),价格高(同容量的静态 RAM 是动态 RAM 的 4 倍),由此可见,扩大静态 RAM 作为缓存是一个非常愚蠢的行为,但是为了提高系统的性能和速度,我们必须要扩大缓存,这样就有了一个折中的方法,不扩大原来的静态 RAM 缓存,而是增加一些高速动态 RAM 作为缓存,这些高速动态 RAM 速度要比常规动态 RAM 快,但比原来的静态 RAM 缓存慢,我们把原来的静态 RAM 缓存称为一级缓存,而把后来增加的动态 RAM 称为二级缓存。

(3)缓存技术的发展。

最早的 CPU 缓存是个整体,而且容量很低,英特尔公司从 Pentium 时代开始把缓存进行了分类。当时集成在 CPU 内核中的缓存已不足以满足 CPU 的需求,而制造工艺上的限制又不能大幅度提高缓存的容量。因此出现了集成在与 CPU 同一块电路板上或主板上的缓存,此时就把 CPU 内核集成的缓存称为一级缓存,而外部的称为二级缓存。

二级缓存是 CPU 性能表现的关键之一,在 CPU 核心不变化的情况下,增加二级缓存容量能使性能大幅度提高。而同一核心的 CPU 高低端之分往往在二级缓存上也有差异,由此可见,二级缓存对于 CPU 的重要性。

CPU 在缓存中找到有用的数据被称为命中,当缓存中没有 CPU 所需的数据时(这时称为未命中),CPU 才能访问内存。从理论上讲,在一颗拥有二级缓存的 CPU 中,读取一级缓存的命中率为 80%。也就是说,CPU 一级缓存中找到的有用数据占数据总量的80%,剩下的 20% 从二级缓存中读取。由于不能准确预测将要执行的数据,读取二级缓存的命中率也在 80% 左右(从二级缓存读到有用的数据占总数据的 16%),那么还有的数据就不得不从内存调用,但这已经是一个相当小的比例了。在目前较高端的 CPU 中,还会带有三级缓存,它是为读取二级缓存后未命中的数据设计的一种缓存,在拥有三级缓存的 CPU 中,只有约 5% 的数据需要从内存中调用,这进一步提高了 CPU 的效率。

为了保证 CPU 访问时有较高的命中率,缓存中的内容应该按一定的算法替换。一种较常用的算法是"最近最少使用算法"(LRU 算法),它是将最近一段时间内最少被访问过的淘汰出局。

一级缓存的容量基本在 4 KB 到 64 KB 之间,二级缓存的容量则分为 128 KB、256 KB、512 KB、1 MB、2 MB、4 MB 等。一级缓存容量各产品之间相差不大,而二级缓存容量则是提高 CPU 性能的关键。二级缓存容量的提升是由 CPU 制造工艺所决定的,容量增大必然导致 CPU 内部晶体管数的增加,要在有限的 CPU 面积上集成更大的缓存,对制造工艺的要求也就越高。

现在主流的 CPU 二级缓存都在 2 MB 左右,其中英特尔公司 2007 年相继推出了台式机用的 4 MB、6 MB 二级缓存的高性能 CPU,不过价格也是相对比较高的。

注意 缓存是硬盘控制器上的一块内存芯片,具有极快的存取速度,它是硬盘内部存储和外界接口之间的缓冲器。由于硬盘的内部数据传输速度和外界界面传输速度不同,缓存在其中起到一个缓冲的作用。缓存的大小与速度是直接关系到硬盘的传输速度的重要因素,它们能够大幅度地提高硬盘整体性能。硬盘的缓存主要起三种作用:一是预读取;二是对写入动作进行缓存;三是临时存储最近访问过的数据。

4.4.4.2 中断技术

中断(Interrupt)是由于某些事件的出现,中止现行进程的执行而转去处理出现的事件,中断事件处理完后,再继续运行被中止进程的过程。在现代计算机系统中,中断系统具有非常重要的作用,主要作用如下:①CPU 与外部设备并行工作。②能够处理例外事件。采用中断方式,当出现例外事件时,就向 CPU 发出中断服务请求,CPU 可以立即停止执行现行程序,及时处理这些例外事件,避免发生计算错误或造成更大的损失。③实现实时处理。在实时控制系统中,处理机必须及时响应外部请求并及时处理,否则,可能丢失数据或造成无法弥补的损失。例如,在过程控制中,当出现温度过高、压力过大的情况时,处理机只有通过中断系统才能及时响应并给予处理。④实现人机联系,在计算机的工作过程中,我们经常需要了解机器的工作状态,给机器发出各种各样的命令,干预机器的运算过程,抽查中间运算结果等。通常,人们通过键盘、鼠标或其他终端设备来干预计算机的工作,但是,无论采用何种外部设备,必须通过中断才能实现。⑤实现用户程序与操作系统的联系。用户程序必须通过执行访问管理程序的专用指令才能进入操作系统,以完成所要求的管理功能,完成之后再返回到用户程序继续执行,而这一过程必须通过中断系统来实现。

注意 在这里引起中断的事件称为中断源,而引起的中断事件通常由硬件发现。

对出现的事件进行处理的程序称为中断处理程序。中断处理程序是由操作系统处理的,属于操作系统的组成部分。

(1)中断的类型。

①硬件故障中断:是由于机器故障造成的中断。如电源故障、主存出错等。

②程序中断:是由于程序执行到某条机器指令时可能出现的各种问题而引起的中断。如发现定点操作数溢出、除数为0、地址越界等。

③外部中断:是由各种外部事件引起的中断。如按压了中断键、定时时钟时间到等。

④输入输出中断:是输入输出控制系统发现外围设备完成了输入输出操作,或在执行输入输出时通道及外围设备产生错误而引起的中断。

⑤访管中断:是正在运行的进程执行访管指令时引起的中断。如分配一台外设等。

(2)中断的处理过程。

根据系统对中断处理的需要,操作系统一般对中断进行分类并,对不同的中断赋予不同的处理优先级,以便在不同的中断同时发生时,按轻重缓急进行处理。

当某个中断源需要中断服务时,都要向主机发出中断请求信号,主机根据优先级来安排响应和处理这些中断请求的顺序。当一个中断请求信号被 CPU 响应后,CPU 就自动做以下工作:首先关中断,保护现场,保存程序断点处的寄存器的内容和标志位;接着对中断请求信号进行相应的处理;然后恢复现场,将保存内容还原;最后开中断并返回用户程序。

4.4.4.3 假脱机技术

假脱机技术(SPOOLing),即外围设备联机并行操作,它是一种速度匹配技术,也是一种虚拟设备技术(用一种物理设备模拟另一类物理设备,使各作业在执行期间只使用虚拟的设备而不直接使用物理的独占设备。这种技术可使独占的设备变成可共享的设备,使得设备的利用率和系统效率都能得到提高)。假脱机技术就是用于将一台"独占"设备改造成共享设备的一种行之有效的技术。当系统中出现多道程序后,可以利用其中的一道程序,来模拟脱机输入时的外围控制机的功能,把低速 I/O 设备上的数据传送到高速磁盘上,再用另一道程序来模拟脱机输出时外围控制机的功能,把数据从磁盘传送到低速输出设备上,这样,便可在主机的直接控制下,实现脱机输入、输出功能。

假脱机技术有如下特点:

(1)提高了 I/O 速度。SPOOLing 技术引入了输入井和输出井,可以使输入进程、用户进程和输出进程同时工作,提高 I/O 速度。

（2）将独占设备改造为共享设备。由于 SPOOLing 技术把所有用户进程的输出都送入输出井，然后再由输出进程完成打印工作，而输出井在磁盘上，为共享设备。这样 SPOOLing 技术就把打印机等独占设备改造为共享设备。

（3）实现虚拟设备的功能。由于 SPOOLing 技术实现了多个用户进程共同使用打印机这种独占设备的情况，从而实现了把一个设备当成多个设备来使用的情况，即虚拟设备的功能。

4.5　文件管理

在现代计算机系统中，要用到大量的程序和数据，由于内存容量有限，且不能长期保存，所以平时总是把它们以文件的形式存储在外存中，需要时可以随时调入内存。操作系统对一个外存储器的管理可以分为两个方面：一是对外存储器设备本身的管理，这属于设备管理，前面已经提到过；另一方面是对外存储器中所存放信息的管理，这属于文件管理。

4.5.1　文件与文件系统

文件是一组相关信息的集合。在计算机系统中，所有的信息（程序和数据）都是以文件的形式存放在外存储器上。例如，一个 Word 文档、VB 源程序或一幅图片等都是一个文件。每个文件都有自己的标识名。

文件系统是在操作系统中负责文件管理的相关程序模块与数据结构的总称。文件系统的功能就是完成用户需要的各种文件使用操作（存取）和文件维护操作，具体包括：

（1）统一管理文件的存储空间，实施外存空间的分配与回收。

（2）建立文件的逻辑结构和物理结构，提供对文件的存取方法。

（3）实现文件的按名存取，即能够把文件映射为该文件的物理存储位置。

（4）实现文件的各种控制操作，包括文件的建立、打开、关闭、重命名和存取操作，其中包括读、写、修改等。

（5）实现文件信息的共享，并提供可靠的文件保护措施和保密措施。

4.5.2　Windows 支持的文件系统格式介绍

文件系统为用户提供一个简单、统一的访问文件的方法。Windows 支持多种文件系统格式，如 FAT16、FAT32 和 NTFS 等。

FAT（文件分配表文件系统）指的是管理文件的连接指令表，该表用链条的形式将表示文件在磁盘上实际位置的点连接起来，即把文件在磁盘上的分配信息集中到 FAT 统一进行管理。文件分配表位于卷的开头。卷以簇为单位进行分配，FAT 有三个版本：FAT12、FAT16 和 FAT32，FAT 后面的数字用来代表簇号的位数。版本越高，表示在一个分区上可以存储的簇的数目越大。FAT 文件系统无法支持系统高级容错特性，不具有内部安全特性等。

FAT16 格式是 MS-DOS 和最早期的 Windows 95 操作系统中使用的磁盘分区格式，它采用 16 位的文件分配表，是目前获得操作系统支持最多的一种磁盘分区格式，几乎所有的操作系统都支持这种分区格式,从 Windows 95 到 Windows 98、Windows NT、Windows 2000 甚至 Windows XP 都支持 FAT16,但它的缺点是只支持 2 GB 的硬盘分区,并且磁盘利用效率较低。为了解决此问题,Microsoft 公司推出了一种全新的磁盘分区格式——FAT32。

FAT32 格式采用 32 位的文件分配表,对磁盘的管理能力大大增强,突破了在 FAT16 下每一个分区的容量只有 2 GB 的限制。FAT32 比 FAT16 支持更小簇和更大的分区,这就使得 FAT32 分区的空间分配更有效率。FAT32 的缺点是,由于文件分配表的扩大,运行速度比采用 FAT16 格式分区的磁盘低。FAT32 主要应用于 Windows98 及后续 Windows 系统,可以增强磁盘性能并增加可用磁盘空间,同时也支持长文件名。

NTFS(NT 文件系统)是基于 Windows NT 体系结构的 Windows 操作系统的主流文件系统,NTFS 的每个卷可以支持 $2^{32}-1$ 个文件,一个文件最大可达到 16 TB。NTFS 卷结构如图 4.9 所示。

分区引导扇区	主控文件表区	文件数据区

图 4.9　NTFS 卷结构

NTFS 格式的优点是在安全性和稳定性方面都非常出色,在使用中不易产生文件碎片,并且能对用户的操作进行记录,通过对用户权限进行非常严格的限制,使每个用户只能按照操作系统赋予的权限进行操作,充分保护了系统与数据的安全。如文件和目录的安全机制、磁盘配额、文件压缩以及加密等,而且当系统不正常中止后,文件系统可以自动恢复目录和文件的结构信息。Windows2000、Windows NT 及 Windows XP 都支持这种分区格式。

注意　NTFS 是一个可恢复的文件系统,支持的分区大小可以达到 2 TB,而且支持对分区、文件夹和文件的压缩。同时,NTFS 采用了更小的簇,可以更有效率地管理磁盘空间。在 NTFS 分区上,可以为共享资源、文件夹以及文件设置访问许可权限。

4.5.3　文件名及类型

(1)文件名。

文件名由两部分组成:主文件名和扩展名,它们之间用圆点“.”隔开。文件名字通常由一串 ASCII 码或汉字构成,名字的长度因系统不同而异,用户利用文件名来访问文件。例如,“text1.txt”是一个文件名,“text1”是主文件名,可以是英文名字也可以是汉字,主文件名常常简称为文件名,“.txt”是扩展名,通常文件的扩展名字代表文件的类型。如文件的扩展名为“.BMP”,“.JPG”的是图片文件;文件的扩展名为“.DOC”的是 Word 文档等。

(2)文件的类型。

在绝大多数的操作系统中,文件的扩展名表示文件的类型。扩展名常常是为了管理文件方便,给同一类文件统一起一个相同的扩展名。根据文件的性质和用途可将文件分为系统文件、用户文件、库文件;按文件中数据的形式分类,可分为源文件、目标文件、可执行文件;按存取控制属性分类,可将文件分为只执行文件、只读文件、读写文件。

（3）文件的属性。

文件属性包括文件的大小,占用空间、文件的位置,创建和修改的时间等。

4.5.4 文件目录

4.5.4.1 磁盘分区

文件系统是构建在磁盘管理之上的。系统通过分区管理器和卷管理器与磁盘设备进行交互,为文件系统提供一个以卷为单位的逻辑视图。通过"卷"来抽象一个或几个分区。一个新硬盘安装到计算机后,用户要将磁盘划分成几个区,即把一个磁盘驱动器划分成几个逻辑上独立的驱动器。例如在 Windows 中,一个硬盘可以分为磁盘主分区和磁盘扩展分区(可以只有一个主分区),扩展分区还可以细分为几个逻辑分区。每一个主分区或逻辑分区就是一个逻辑驱动器,它们各有盘符,如图 4.10 所示。磁盘分好区后,即有根目录存在,如:C:\。

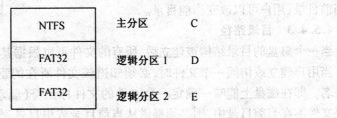

图 4.10 磁盘分区图

4.5.4.2 目录结构

为了有效地管理和使用一个磁盘上成千上万个文件,大多数的文件系统允许用户在根目录下建立子目录,在子目录下再建子目录,也就是将目录结构建成树型结构,然后将文件分门别类地存放到不同的目录下。树中的每个结点都可以访问,树的结点分为三类:根结点表示根目录,树枝结点表示子目录,树叶则表示文件,如图 4.11 所示。

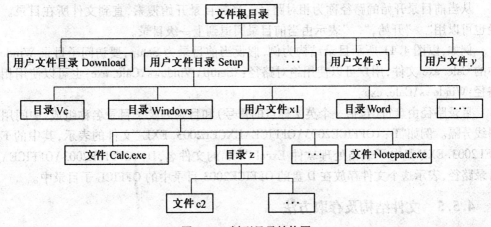

图 4.11 树型目录结构图

第一级目录为根目录,第二级、第三级目录中目录项前面带有反斜杠"\"的为子目录,其他则为文件。整个结构就像一棵倒置的树,故称为树型目录结构。

（1）根目录。

根目录又称系统目录，它是在磁盘初始化时自动建立的。每个磁盘上只有一个根目录。在 Windows 操作系统中，用文件夹表示目录。

（2）子目录。

子目录是包含在根目录或其他子目录中的目录。子目录的目录项可以是文件名，也可以是另一个子目录名。

在一个目录中，如果 A 目录中包含有 B 目录，则称 A 目录是 B 目录的上级目录（父目录），反之称 B 目录为 A 目录的下级目录（子目录）。

在 Windows 中，可以通过"返回上一级"按钮返回到上一级文件夹。

（3）当前目录。

当前目录为正在其中进行操作的目录，即当访问该目录中的文件时，只需输入文件名即可，而不用提供文件的路径。当启动操作系统时，它将自动地把每个驱动器的根目录作为当前目录，用户可以改变当前目录。

4.5.4.3 目录路径

当一个磁盘的目录结构被建立后，所有的文件可以根据其内容分别放到不同的目录中。当用户建立或访问一个文件时，必须知道该文件所在的驱动器名（盘符）、目录名和文件名。即在磁盘上能唯一确定一个文件的文件标识符（驱动器名+目录名+文件名）。如果文件不在当前目录中，则必须提供从当前目录或根目录到文件所在目录的路径。例如，C：\Windows\Calc.exe。

路径分为绝对路径和相对路径两种形式。

（1）绝对路径。

从根目录开始的路径称为绝对路径。绝对路径用"\"开始，从根目录开始搜索，直到文件所在目录。

（2）相对路径。

从当前目录开始的路径称为相对路径。当前目录开始搜索，直到文件所在目录。路径也可以用".."开始，".."表示由当前目录回退到上一级目录。

例如，以图 4.11 所示目录结构为例，假设当前目录为 Setup，要访问子目录 Windows 中的 Calc.exe 文件，用户可以使用绝对路径：\Setup\Windows\Calc.exe；也可以使用相对路径：Windows\Calc.exe。

目录路径由盘符（包括一个英文标点的冒号）和目录名及子目录名称组成，中间用反斜线分隔。例如"D：\OFFICE2003\OFFICE\EXCEL2003.EXE"文件的表示，其中的 EXCEL2003.EXE 是电子表格处理软件 Excel 2003 的文件名，D：\OFFICE2003\OFFICE\是目录路径，表示这个文件存放在 D 盘的 OFFICE2003 目录中的 OFFICE 子目录中。

4.5.5 文件结构及存取方法

4.5.5.1 文件的结构

（1）文件的逻辑结构。

文件的逻辑结构是从用户观点出发所观察到的文件组织形式，是用户可以直接处理的数据及其结构,它独立于文件的物理特性。为了方便用户,用户按文件名及记录号存取,如何提高检索记录的速度和效率是关键。文件是一维、连续的字符序列,为存储检索或加工方便,文件由若干个逻辑记录组成并加以命名或编号。

对文件的逻辑结构设计有如下要求。首先,文件中又有大批有用的记录,文件的组织应有利于提高检索记录的速度和效率;其次,便于在文件中增加、删除和修改一个或多个记录;再次,存放时不要求占用大片连续的存储空间,以降低文件存储开销。

(2)文件的物理结构。

文件的物理结构是指文件在存储器上的存储结构。为了有效地分配存储器的空间,通常把它们分成若干块,并以块为单位进行分配和传送。每个块称为物理块,而块中的信息称为物理记录。文件在逻辑上可以看成是连续的,但在物理介质上存放时可以是连续也可以是不连续的。

4.5.5.2　文件的存取方法

文件的存取方法根据存取的次序划分,可以分为顺序存取和随机存取两类。

(1)顺序存取。

顺序存取严格按照文件信息单位排列的顺序依次存取,后一次存取总是在前一次存取的基础之上进行,不必给出具体的位置。例如,当前读取的记录是 R_i,则下一次读取的记录自动确定为 R_{i+1}。

(2)随机存取。

随机存取是指存取记录的顺序是随机的,即本次读取了记录 R_i,下次读取哪一个记录要根据情况而定,可能是相邻的,也可能是不相邻的,这种方法称为随机存取法。

4.5.6　文件的主要操作

为使用户能方便地使用和控制文件,文件系统提供了一组文件操作的系统调用命令,主要包括建立文件、删除文件、打开文件、读文件、写文件。

(1)建立文件。

用户要求把一个新文件存取到存储介质上时,可调用“建立文件”命令。此时用户需要向系统提供相关参数用户名、文件名、存取方式、存储介质类型、文件长度等。系统接到命令后,首先为新文件分配必要的外存空间,并按指定的文件路径名在相应的目录中为新文件建立目录项,填入相应的文件描述信息,这样便建立了文件。

(2)打开文件。

用户要使用某个已经存放在存储介质上的文件时,首先必须调用“打开”文件命令打开该文件。此时须向操作系统提供的参数有用户名、文件名、存取方式、存储介质类型、口令等。所完成的主要工作是:找出用户的文件目录并读入内存;检索文件目录到该文件目录项,核对存取方式是否一致;对索引结构文件还要把该文件的索引表读到内存;在内存中的“打开文件表”中登记该文件的有关信息。

(3)读文件。

用户可以调用“读文件”命令对一个已经打开的文件进行操作。此时,用户应向系统提供用户名、文件名、存取方式、存放信息的内存地址等,对随机存取方式的文件还要说明读哪个记录。系统接到命令后,先检查文件是否打开,并核对用户是否有"读"权限,若没有错误,对顺序存取的文件,每次按逻辑顺序读一个或几个记录传送到用户指定的内存地址;对随机存取的文件,根据用户给出的记录号查找索引表,得到该记录的存储地址后,将该记录传送到用户指定的内存地址。

(4)写文件。

用户可以调用"写文件"命令对一个已经打开的文件进行写操作。此时用户也应向系统提供用户名、文件名、存取方式、存放信息的内存地址等,系统接到命令后,先检查文件是否已打开或建立,并核对用户是否有"写"权限,若没有错误,对顺序存取的文件,找出文件信息的存放位置并写入指定信息,同时保留一个"写指针"指出下一次写文件时的存放位置;对随机存取的文件,首先分配一空闲盘块,把记录存入该盘块中,然后在索引表中找一空表项,并填入相关信息。

(5)删除文件。

当用户要删除某个文件时,可调用"删除文件"命令,此时应向系统提供用户名、文件名等信息。系统接到命令后,要回收该文件所占据的磁盘空间,并清空它的目录项。

4.6 作业管理

4.6.1 作业管理的任务

操作系统是用户与计算机硬件之间的接口,在用户和计算机之间起着桥梁的作用。用户通过操作系统的帮助,可以快速、有效、安全和可靠地操纵计算机系统中的各类资源,以处理自己的程序。因此,它的任务包括两个方面:第一,用户能方便地使用计算机,以实现自己所要求的功能;第二,在操作系统内部对用户进行控制并安排用户作业的运行。这就是作业管理的主要任务,它包括用户接口、资源管理、作业调度和用户管理等内容。

4.6.1.1 作业的定义

作业是用户提交给计算机运行的具有独立功能的任务,这里,从用户登录系统到用户退出系统的整个过程可以多次形成作业,用户每输入一条命令或运行一段程序都代表着一个作业步。作业在系统中也是动态的,从作业产生到作业消失的整个过程,作业的状态跟随系统的运行而发生变化。

一个作业分成若干个顺序处理的作业单位,称为作业步。例如,在程序员编制程序的过程中,通常要进行输入、编译、连接、运行等几个步骤,其中每一个步骤都可以看成是一个作业步。

作业由数据、程序和作业说明书三部分组成。程序是问题求解的算法描述;数据是程序加工的对象,但有些程序未必使用数据;作业说明书是告诉操作系统本作业的程序和数据按什么样的控制要求执行。

4.6.1.2 作业的状态

根据所处的位置不同,作业被分为以下四种状态。

（1）提交状态。

当用户正在通过输入设备向计算机系统提交作业时,作业处于提交状态,并存在于输入设备和辅助存储器中,这时,完整的作业描述信息还没有产生。对于整个系统来说,处于提交状态的作业可以有多个,而对于单个用户来说,一次只能提交一个作业。

（2）后备状态。

当用户完成作业的提交,作业已存在于辅助存储器中,这时的作业处于后备状态。处于后备状态的作业具有完整的作业描述信息,这些信息包括作业的名称、大小,作业对应的程序等。处于后备状态的作业有资格进入主存储器,但何时进入主存储器,还需要看是否有合适的时机。

（3）执行状态。

作业被启动或调度进入主存储器,并以进程的形式存在,其状态就是执行状态。处于执行状态的作业并不意味着一定在 CPU 上运行,是否运行依赖于进程控制。处于执行状态的作业可以有多个,其数量与主存中作业的数量相一致,主存能容纳的作业数量越多,处于执行状态的作业越多。

（4）停止状态。

当作业已经完成其制订的功能,等待撤销与之相关的进程、资源及其他描述信息时,作业便进入停止状态。

4.6.1.3　作业调度程序

作业管理是操作系统面向用户的应用,是为了合理地组织工作流程和用户使用而在操作系统中提供的一个管理模块,用于对用户的作业进行控制和管理,即作业的调度和作业的控制。

作业调度的主要任务是系统要在许多作业中按一定的策略选取若干个作业,为它们分配必要的资源,让它们能够同时执行。一个作业从进入系统到运行结束,一般需要经历提交、准备、执行和完成四种状态。其主要功能如下:

（1）记录系统中各作业的情况。

（2）从后备队列中选出一部分作业投入运行。

（3）为被选中的作业做好运行前的准备工作。如为它们建立进程以及分配资源等。

（4）在作业运行结束时作善后处理工作。

作业的控制实现作业是如何输入到系统中去的呢? 当作业被选中后如何去控制它的执行呢? 作业在执行过程中出现故障后又应怎样处理? 怎样控制计算结果的输出等功能呢?

批量型作业的用户,为了使系统掌握一个作业的情况和提供完成该作业所需的条件,首先向系统提出作业申请。作业申请包括作业情况、作业控制和资源要求三部分。具体描述如下:

（1）作业基本情况描述。包括用户名、作业名、适用语言名、允许最大处理时间等。

（2）作业控制描述。包括控制方式、操作顺序、出错处理等。

（3）作业资源要求描述。包括要求处理时间、内存空间外设类型和数量、CPU 优先级、库函数或实用程序等。

要用一个由系统生成的作业控制表 JCB(Job Control Block)来记录以上情况。JCB 是作业存在的唯一标志，系统通过 JCB 来感知作业的存在，并通过 JCB 对作业进行控制和管理。

4.6.2 用户接口概述

为使用户能够方便地使用操作系统，操作系统向用户提供了"用户与操作系统的接口"。用户接口是操作系统提供给用户使用计算机及操作系统本身功能的手段，包括用户想要计算机完成而计算机又能够实现的所有功能，如用户注册登录、文件处理、设备使用，甚至对 CPU 及主存储器提出的某些要求和对系统的时间和空间进行设置，以及计算机对程序运行结果的展示方法，随着操作系统的发展，用户接口也在不断的进步。

4.6.2.1 命令接口

操作系统向用户提供了一组键盘操作命令。用户从键盘上输入命令，命令解释程序接收并解释这些命令，然后调用操作系统内部的相应程序，完成相应的功能。命令接口分为联机命令接口和脱机命令接口。

(1)联机命令接口。联机命令接口是为联机用户提供的，它由一组键盘命令及其解释程序所组成。当用户在终端或控制台上输入一条命令后，系统便自动转入命令解释程序，对该命令进行解释并执行。在完成指定操作后，控制又返回到终端或控制台，等待接收用户输入的下一条命令。这样，用户可通过不断键入不同的命令，达到控制自己作业的目的。

(2)脱机命令接口。脱机命令接口是为批处理系统的用户提供的。在批处理系统中，用户不直接与自己的作业进行交互，而是使用作业控制语言，将用户对其作业控制的意图写成作业说明书，然后将作业说明书连同作业一起提交给系统。当系统调度到该作业时，通过解释程序对作业说明书进行逐条解释并执行。这样，作业一直在作业说明书的控制下运行，直到遇到作业结束语句时，系统停止该作业的执行。

4.6.2.2 程序接口

程序接口是操作系统内核与应用程序之间的接口，是为应用程序在执行中访问系统资源而设置的，通常由一组系统调用组成，每个系统调用都是一个能完成特定功能的子程序。系统调用只能在程序中调用，不能直接作为命令从键盘上输入执行。

早期的操作系统(如 UNIX、MS-DOS 等)调用都是用汇编语言编写的，因此只有在用汇编语言写的应用程序中可以直接调用。在近年来推出的操作系统中，如在 UNIX 版本中，系统调用是用 C 语言编写的，并以函数的形式提供，从而可在用 C 语言编写的程序中直接调用。而在其他高级语言中，往往提供与系统调用——对应的库函数，应用程序通过调用库函数来使用系统调用。

4.6.2.3 图形接口

以终端命令和命令语言方式来控制程序的运行固然有效，但给用户增加了不少负担，即用户必须记住各种命令，并从键盘输入这些命令以及所需数据来控制程序的运行。大屏幕高分辨率图形显示和多种交互式输入/输出设备(如鼠标、光笔、触摸屏等)的出现，使得改变"记忆并键入"的操作方式为图形接口方式成为可能。图形接口是为了方便用户使用操作系统而提供的图形化操作界面。图形接口的目标是通过出现在屏幕上的对象直接进行操作,以控制和操纵程序的运行。用户利用鼠标、窗口、菜单、图标等图形用户界面工具,可以直观、方便、有效地使用系统服务和各种应用程序及实用工具,而不必像命令接口那样去记住命令名及格式。

图形用户接口的主要构件是:窗口、菜单和对话框。国际上为了促进图形用户接口(GUI)的发展,1988 年制定了 GUI 标准。到了 20 世纪 90 年代,各种操作系统的图形用户接口普遍出现,如 Microsoft 公司的 Windows 98、Windows 2000、Windows XP 等。

4.7　典型操作系统介绍

4.7.1　Windows 操作系统

4.7.1.1　Windows 历史与特色

美国微软公司在 1983 年开始研制 Windows 操作系统。1985 年之后,微软公司先后发布了 Windows 1.0 和 Windows 2.0,1990 年以后又发布了 Windows 3.x 系列。Windows 3.1 只能在 Intel CPU 上运行,是一个 16 位的单用户多任务操作系统,使用图形用户界面,主要用于 286、386、486 的计算机,而且它必须在 DOS 环境下运行,不能自行引导。

1993 年微软公司又推出了 Windows NT 3.1 操作系统,其中"NT"的含义是"新技术",可见它是一个全新的操作系统。1996 年发布了 Windows NT 4.0,应用最为广泛。Windows NT 是一个 32 位的使用图形用户界面的操作系统。它不需要 DOS 支持,可以自行引导。它可以在 Intel(英特尔)、Alpha(康柏)等 CPU 上运行。Windows NT 支持局域网功能和 Internet 服务功能,但不支持"即插即用"技术,不兼容 16 位软件。

1995 年微软公司又推出了 Windows 95,它是一个 16/32 位混合编程的操作系统。在 Windows95 中图形用户界面更友好,并且增加了长文件名、多任务以及多线程等新技术。但 Windows 95 由于采用 FAT16 文件系统,兼容 DOS,使得它仍然受制于 DOS 系统,稳定性较差。

1998 年微软公司又推出了 Windows 98,它是一个 32 位的操作系统,多用于 Pentium 系列计算机。它采用 FAT32 文件系统,支持"即插即用"功能,使得系统性能大大提高,用户安装配置系统更加简单。Windows 98 还集成了 IE 浏览器、Outlook 邮件收发等功能。

2000 年微软公司又推出了 Windows Me /2000, Windows Me 是一个过渡产品。Windows 2000 操作系统是 Microsoft 公司 2000 年 3 月发布的 32 位操作系统。Windows 2000 操作系统有四个版本,其中主要版本是 Professional(专业版)和 Server(服务器版)。这两个版本具有基本相同的操作界面,具有 C2 级的安全认证和内置的联网能力。

Windows 2000 的下一个版本与 Windows Me 的下一个版本合二为一,称为 Windows XP。Windows XP 的设计理念是,把以往 Windows 系列软件家庭版的易用性和商用版的稳定性集于一身。

2001 年 10 月 25 日,微软公司当时的副总裁 Jim All chin 首次展示了 Windows XP。微软最初发行了两个版本:专业版(Windows XP Professional)和家庭版(Windows XP Home Edition)。家庭版的消费对象是家庭用户,专业版则在家庭版的基础上添加了新的为面向商业设计的网络认证、双处理器等特性。

Windows XP 一经推出，便大获成功。著名的市场调研机构 Forrester 统计的数据显示，Windows XP 发布 7 年后的 2009 年 2 月份，Windows XP 仍占据 71% 的企业用户市场。

2003 年 4 月 24 日，微软正式发布服务器操作系统 Windows Server 2003。它增加了新的安全和配置功能。Windows Server 2003 有多种版本，包括 Web 版、标准版、企业版及数据中心版。Windows Server 2003 R2 于 2005 年 12 月发布。

2006 年 11 月 30 日，Windows Vista 开发完成并正式进入批量生产。此后的两个月仅向 MSDN 用户、电脑软硬件制造商和企业客户提供。在 2007 年 1 月 30 日，Windows Vista 正式对普通用户出售。此后便爆出该系统兼容性存在很大的问题。而即将到来的 Windows 7，预示着 Vista 的寿命将被缩短。

2009 年 10 月 23 日，微软分别在中国的杭州和北京发布 Windows 7 中文版，全球进入 Windows 7 时代。Windows 7 是微软继 Windows XP、Vista 之后的下一代操作系统，它比 Vista 性能更高、启动更快、兼容性更强，具有很多新特性和优点，比如，提高了屏幕触控支持和手写识别，支持虚拟硬盘，改善多内核处理器，改善开机速度和内核改进等。

4.7.1.2 Windows XP 介绍

（1）Windows XP 主要的技术特点。

Windows XP 是微软公司在 2001 年 10 月 25 日推出的操作系统软件，目前被广泛应用。字母 XP 表示英文单词 Experience（体验）。Windows XP 是一个 32 位的操作系统，其主要的技术特点有：

①安全可靠性强。

Windows XP 中的重要内核数据结构和设备驱动程序都是只读的，恶意的程序不能影响操作系统的核心区域。Windows XP 采用防火墙技术，保护用户不受因特网上的一般攻击。支持加密文件系统（EFS），可以产生密匙加密文件。

②系统性能增强。

Windows XP 加快了计算机启动和关机时间，增强了多媒体和网络处理性能，减少了系统重新启动情况。

③系统还原功能。

Windows XP 可以自动创建可标志的还原点，使用户将计算机还原回指定日期前的状态，由于还原功能不恢复用户目前的数据文件，因此还原时不会丢失用户的数据文件、电子邮件等。

（2）Windows XP 用户工作界面。

Windows XP 通过自带的命令行解释器 cmd. exe 为用户提供功能强大的命令行控制界面。要进入 Windows XP 的命令行方式，单击"开始"菜单，选择"运行"，出现如图 4.12 所示的界面，在图中键入命令 cmd，即进入如图 4.13 所示的命令行窗口。

Windows 命令主要分为以下四类：

①系统信息命令。如 Time、Date 和 SystemInfo 等。

②系统操作命令。如 Shutdowm、Taskkill 和 Runas 等。

③文件系统命令。如 Copy、Del 和 Dir 等。

图 4.12　选择运行后的界面

图 4.13　Windows XP 的命令行窗口

④网络通信命令。如 Ping、Netstst 和 Route 等。

（3）Windows XP 图形用户接口（GUI）。

Windows XP 中图形用户接口主要由桌面、窗口、图标、菜单和对话框等元素组成。

桌面是指用户使用计算机的平台,桌面提供了用户操作计算机的方式。Windows XP 桌面由"开始"按钮、任务栏、图标、空白区等组成。窗口提供了某个程序的使用界面,用户可以通过鼠标或键盘操纵窗口的图形元素(如菜单、图标等)来执行相应的功能。屏幕上可同时显示多个窗口,同屏幕上的多窗口与并发的多进程相对应,一个进程可以对应一个或多个窗口。菜单是程序提供给用户执行功能的接口,主要有菜单条、弹出式菜单和下拉式菜单。对话框是 Windows 和用户进行信息交流的一个界面,为了获得用户信息, Windows 打开对话框向用户提问,用户可以通过回答问题来完成对话。Windows 为了执行菜单命令需要询问用户,询问的方式就是通过对话框来提问。

4.7.2　UNIX 操作系统

4.7.2.1　UNIX 的产生过程

1969 年,贝尔实验室的雇员 Thompson 开始在公司的一台闲置的只有 4 KB 内存的 PDP-7 计算机上开发一个"太空漫游"的游戏程序。由于 PDP-7 缺少程序开发环境,为了方便这个游戏程序的开发,Thompson 和公司的另一名雇员 Ritchie 一起用 GE-645 汇编语言开发 PDP-7 上的操作环境。最初是一个简单的文件系统,很快又添加了一个进程子系统、一个命令解释器和一些实用工具程序。他们将这个系统命名为 UNIX。此后,随着贝尔实验室的工作环境的需要,他们将 UNIX 移植到 PDP-11 上,并逐渐增加了新的功能。很快,UNIX 开始在贝尔实验室内部流行,许多人都投入到它的开发中来。

1971 年,UNIX 系统被移植到 PDP-11 机器上,用汇编语言写成了 UNIX 的第一版 V1。

1973 年,Dennis Ritchie 又研制出系统描述语言 C,并应用新的语言 C 来改写原来用汇编语言编写的 UNIX,这就是 V5,这使得 UNIX 修改更容易,并且具有在不同 CPU 平台上的可移植性,这便成为 UNIX 的一大重要特点。

1975 年,V6 推出。此后一直到 20 世纪 80 年代中期,由于 UNIX 易于扩展的优良特性,UNIX 得到了空前的发展,加上许多大学、科研机构的参与,使得 UNIX 的变种越来越多,形成了三大发展主线:一是由贝尔实验室发布的 UNIX 研究版;二是由加州大学伯克利分校发布的 BSD(Berkeley Software Distribution)系列,它主要用于工程设计和科学计算等领域;三是由贝尔实验室 1981 年发布的 UNIX System III 和 1983 年发布的 UNIX System V。UNIX System V 引入了许多新特征和新设施,最具代表性的就是进程间通信机制。1984 年发布了 UNIX System V Release 2(UNIX SVR 2),1987 年发布了 UNIX SVR 3,1989 年发布了 UNIX SVR 4。目前使用较多的是在 1992 年发布 UNIX SVR 4.2。许多商业变种都是基于二、三条主线实现的。SUN 公司基于 BSD 开发和发行了 SUNOS,后来又基于 SVR4 发行了 Solaris。微软与 SCO 合作开发发行了 SCO XENIX。

从 20 世纪 90 年代到现在,UNIX 进入了日益完善时期。UNIX 从一个面向研究的分时系统,发展成为一个标准的操作系统,可用于网络、大型机和工作站。

4.7.2.2 UNIX 的特色

UNIX 系统之所以在今天还在使用,根本原因在于它具有良好的性能和特点。总的来说有以下几点:

(1)内核采用高级语言编写,易懂、易移植。

(2)提供交互式分时多用户多任务环境。不同的用户分别在不同的终端进行交互式操作,就好像独享主机一样。并发执行多个任务能大大提高系统资源的利用率。

(3)可靠性强。UNIX 系统有较为完善的安全机制,能很好地保护系统程序和用户数据不被破坏。通过口令和多种权限来限制用户的操作范围,有效地保护系统的功能。

(4)友好的用户界面。UNIX 系统提供 Shell 操作级界面和程序级界面。Shell 操作级界面直接面向普通的最终用户,用户用命令进行交互式操作。程序级界面提供功能完善的系统调用,它是程序员的编程接口,程序员可以直接使用这些标准的实用子程序。

(5)具有可装卸的树形分层结构文件系统。该文件系统具有使用方便、检索简单等特点。

(6)实用程序可灵活配置。UNIX 系统结构中的实用程序灵活配置,能够适应不同的硬件平台。

4.7.2.3 UNIX 命令接口

UNIX 系统由内核、文件系统、应用程序和 Shell 等四部分组成。内核直接管理计算机硬件的控制程序。文件系统则负责组织文件在磁盘等存储设备上的存储方式。应用程序是一组标准程序,通常分为编辑器、过滤器和通信程序。Shell 是用户界面,提供用户接口,shell 从用户那里接受命令并发送给内核执行,并能够适应于单个用户的需求,拥有能够对命令进行编程的编程语言。

以下是一个 UNIX 系统的在提示符 $ 下 Shell 命令示例:

$ cp/user/test/tt1. txt/temp/tt2. txt

该命令完成对文件的复制。其中,cp 表示复制命令;/user/test/tt1. txt 表示源文件的路径及文件名;/temp/tt2. txt 表示目标文件的路径和文件名。

4.7.3　Linux 操作系统

4.7.3.1　Linux 的发展历史

Linux 最初是由芬兰赫尔辛基大学计算机系大学生 Linus Torvalds,在从 1990 年底到 1991 年的几个月中,为了自己的操作系统课程学习和后来上网使用而陆续编写的,在他自己买的 Intel 386 PC 机上,利用 Tanenbaum 教授自行设计的微型 UNIX 操作系统 Minix 作为开发平台。据他说,刚开始的时候根本没有想到要编写一个操作系统内核,更没想到这一举动会在计算机界产生如此重大的影响。最开始是一个进程切换器,然后是为自己上网需要而自行编写的终端仿真程序,再后来是为他从网上下载文件而自行编写的硬盘驱动程序和文件系统。这时候他发现自己已经实现了一个几乎完整的操作系统内核,出于对这个内核的信心和美好的奉献与发展愿望,他希望这个内核能够免费扩散使用,但出于谨慎,他并没有在新闻组中公布它,而只是于 1991 年底在赫尔辛基大学的一台 FTP 服务器上发了一则消息,说用户可以下载 Linux 的公开版本(基于 Intel 386 体系结构)和源代码。从此以后,奇迹发生了。

由于它是在因特网上发布的,网上的任何人在任何地方都可以得到 Linux 的基本文件,并可通过电子邮件发表评论或者提供修正代码。在这些 Linux 的热心者中,有将之作为学习和研究对象的大专院校的学生和科研机构的研究人员,也有网络黑客等,他们所提供的所有初期的上载代码和评论,后来证明对 Linux 的发展至关重要。正是由于众多热心者的努力,使 Linux 在不到三年的时间里成为一个功能完善、稳定可靠的操作系统。

随着 Linux 用户基础的不断扩大,性能的不断提高,各种平台版本的不断涌现,以及越来越多商业软件公司的加盟,Linux 已经在不断地向高端发展,开始进入越来越多的公司和企业计算领域。Linux 被许多公司和 Internet 服务提供商用于 Internet 网页服务器或电子邮件服务器,并已开始在很多企业计算领域中大显身手。

1993 年,Linux 的第一个产品版问世的时候,是按完全自由发行版权进行发行的。它要求所有的源代码必须公开,而且任何人都不得从 Linux 交易中获利。这限制了一些商业公司参与 Linux 的进一步开发并提供技术支持的愿望。于是,1994 年,Linux 决定将 Linux 的版权转向 GPL 版权,这一版权除了规定有自由软件的各项许可权之外,还允许用户出售自己的程序复件。这使许多软件开发人员相信这是个有前途的项目,开始参与内核的开发工作。经过了长期考验的成果 GNU 项目、加利福尼亚大学 Berkeley 分校的 BSDUNIX 以及麻省理工学院的 X Windows 系统项目与 Linux 有效结合,很快组成了基础稳固的 Linux 操作系统。

1998 年,红帽子高级研发实验室成立,同年,Red Hat Linux 5.0 获得了 InfoWorld 的操作系统奖项。之后,Linux 和商业密切接触,IBM、COMPAQ、Novell 和 Oracle 等公司相继投资发展 Linux 操作系统。许多软件设计专家共同对其进行改进和提高。

4.7.3.2　Linux 的特色

Linux 能得到如此大的发展,受到各方面的青睐,是由它的特点决定的。

(1)免费、开放的源代码。

Linux 是免费的,获得 Linux 非常方便,而且源代码的开放,使得使用者能控制源代码,按照需要对部件进行混合搭配,易于建立自定义扩展。因为内核有专人管理,内核版本无变种,所以对用户应用的兼容性有保证。

(2)具有出色的稳定性和速度性能。

Linux 可以连续运行数月,数年无需重启。一台 Linux 服务器可以支持 100 到 300 个用户。而且它对 CPU 的速度不大在意,可以把每种处理器的性能发挥到极限。

(3)功能完善。

Linux 包含了所有人们期望操作系统拥有的特性,不仅仅是 UNIX 的,而且是任何一个操作系统的功能。包括多任务、多用户、页式虚存、库的动态链接(即共享库)、文件系统缓冲区大小的动态调整等。Linux 完全在保护模式下运行,并全面支持 32 位和 64 位多任务处理,Linux 能支持多种文件系统。目前支持的文件系统有很多,如 MS-DOS、FAT、UMS-DOS、PROC、NFS 等。

(4)具有网络优势。

因为 Linux 的开发者们是通过 Internet 进行开发的,所以对网络的支持功能在开发早期就已加入。而且,Linux 对网络的支持比大部分操作系统都更出色。它能够同 Internet 或其他任何使用 TCP/IP 或 IPX 协议的网络,经由以太网、ATM、调制解调器、HAM/Packet 无线电(X.25 协议)、ISDN 或令牌环网相连接。Linux 也是作为 Internet/WWW 服务器系统的理想选择。在相同的硬件条件下(即使是多处理器),通常比 Windows NT、Novell 和大多数 UNIX 系统的性能要卓越。Linux 拥有世界上最快的 TCP/IP 驱动程序。Linux 支持所有通用的网络协议,包括 E-mail、Telnet、FTP、POP、DNS 等。在以上协议环境下,Linux 既可以作为一个客户端,也可以作为服务器。在 Linux 中,用户可以使用所有的网络服务,如网络文件系统、远程登录等。

(5)硬件的需求较低。

Linux 刚开始的时候主要是为低端 UNIX 用户而设计的,在只有 4 MB 内存的 Intel 386 处理器上就能运行得很好,同时,Linux 并不仅仅只运行在 Intel x86 处理器上,它也能运行在 Alpha、SPARC、PowerPC、MIPS 等 RISC 处理机上。

(6)应用程序众多(而且大部分是免费软件)。

硬件支持广泛,程序兼容性好。由于 Linux 是支持 POSIX 标准,因此大多数 UNIX 用户程序也可以在 Linux 下运行。另外,为了使 UNIX System V 和 BSD 上的程序能直接在 Linux 上运行,Linux 还增加了部分 System V 和 BSD 的系统接口,使 Linux 成为一个完善的 UNIX 程序开发系统。Linux 也符合 X/Open 标准,具有完全自由的 X-Windows 实现。现有的大部分基于 X 的程序不需要任何修改就能在 Linux 上运行。Linux 的 DOS "仿真器" DOSEMU 可以运行大多数 MS-DOS 应用程序。Windows 程序也能在 Linux 的 Windows"仿真器"的帮助下,在 X-Windows 的内部运行。Linux 的高速缓存能力,使 Windows 程序的运行速度得到很大提高。

4.8　习题

1. 选择题

(1)在计算机系统中,操作系统是(　　　)。

A. 一般应用软件　　　　B. 核心系统软件　　　C. 用户应用软件　　　D. 系统支撑软件

(2)现代操作系统采用缓冲技术的主要目的是(　　　)。

A. 改善用户的编程环境

B. 提高 CPU 的处理速度

C. 提高 CPU 和设备之间的并行程度

D. 实现与设备无关性

(3)进程和程序的一个本质区别是(　　　)。

A. 前者为动态的,后者为静态的

B. 前者存储在内存,后者存储在外存

C. 前者在一个文件中,后者在多个文件中

D. 前者分时使用 CPU,后者独占 CPU

(4)把逻辑地址转变为内存的物理地址的过程称为(　　　)。

A. 编译　　　　　　　B. 连接　　　　　　　C. 运行　　　　　　　D. 重定位

(5)以下功能不是操作系统具备的主要功能的是(　　　)。

A. 内存管理　　　　　B. 中断处理　　　　　C. 文档编辑　　　　　D. CPU 调度

(6)引入多道程序的目的是(　　　)。

A. 为了充分利用主存储器

B. 增强系统的交互能力

C. 提高实时响应速度

D. 充分利用 CPU,减少 CPU 的等待时间

(7)在多道程序设计的计算机系统中,CPU(　　　)。

A. 只能被一个程序占用

B. 可以被多个程序同时占用

C. 可以被多个程序交替占用

D. 以上都不正确

(8)操作系统负责为方便用户管理计算机系统的(　　　)。

A. 程序　　　　　　　B. 文档资料　　　　　C. 资源　　　　　　　D. 进程

(9)计算机系统的组成包括(　　　)。

A. 程序和数据　　　　　　　　　　　　B. 处理器和内存

C. 计算机硬件和计算机软件　　　　　　D. 处理器、存储器和外围设备

(10)为用户分配主存空间,保护主存中的程序和数据不被破坏,提高主存空间的利

用率的是(　　)。

　　A.处理器管理　　　　B.存储器管理　　　C.文件管理　　　　D.作业管理

2.填空题

(1)进程的基本状态有＿＿＿＿、＿＿＿＿和＿＿＿＿。

(2)在现代操作系统中,资源的分配单位是＿＿＿＿,而处理机的调度单位是＿＿＿＿,一个进程可以有＿＿＿＿个线程。

(3)按资源分配特点,设备类型可分为以下三类:＿＿＿＿、＿＿＿＿和＿＿＿＿。

(4)现代计算机中主存储器都是以＿＿＿＿为单位进行编址的。

(5)网络操作系统把计算机网络中的各台计算机有机地连接起来,实现各台计算机之间的＿＿＿＿及网络中各种资源的＿＿＿＿。

3.简答题

(1)简述操作系统的概念。

(2)什么是系统软件?什么是应用软件?

(3)简述操作系统的发展过程。

(4)操作系统有哪些基本功能?

(5)什么是进程?进程和程序的区别是什么?

(6)什么是线程?线程和进程的区别是什么?

(7)进程调度有哪些功能?

(8)进程调度的算法有哪些?

(9)简述存储管理的目的和功能。

(10)什么是虚拟存储器?为什么要引入虚拟存储器的概念?

(11)什么是设备驱动程序?为什么要有设备驱动程序?

(12)简述文件、文件目录、文件路径的定义。

(13)文件的类型有哪些?

(14)文件系统应具备哪些功能?

(15)简述 Windows 操作系统的发展历程。

(16)简述 Linux 操作系统的发展历程。

第 **5** 章

数　据　库

数据库技术是计算机科学技术的一个重要分支,是信息管理的重要工具,随着计算机在企业管理、商业金融、银行证券、医疗卫生等各个领域的广泛应用,数据库技术已经渗透到人们日常生活的各个方面。例如,网上购物、银行储蓄、酒店预订、图书的借阅、物流管理等管理系统,都涉及对数据进行存储、修改、查询等操作,这些都要用数据库技术。

数据库技术主要研究如何对数据进行科学、有效的管理,同时又能保证数据的安全性,便于多个用户共享数据。

5.1　数据库的基础知识

5.1.1　数据库的基本概念

过去人们在生产生活中,为满足某项应用,把收集并经抽取后的应用数据记录在纸上或存储在文件柜里。随着科学技术的飞速发展,人们利用计算机和数据库技术保存和管理大量复杂的数据。

数据库,顾名思义,是存放数据的仓库,数据在仓库中按一定的组织形式存放,供各种用户共享使用。数据库是指长期保存在计算机外存上的、有结构的、可共享的数据集合。

(1)数据。

数据是信息的符号化表示,数据通常指用符号记录下来的、可以识别的信息。也可以说,数据是描述各种信息的符号记录,即描述事物的符号记录。数据用类型和值来表示。不同的数据类型记录的事物性质也不同。计算机中的数据包括声音、文字(含数字)、图形、图像等。例如,一个教师可用如下记录来描述:刘利,0201167,女,计算机学院,网络工程系。看到这个记录,一般人不会知道其含义,因为数据是信息存在的一种形式,只有通过解释或处理才能成为有用的信息。上述记录的含义可解释为:刘利是编号为0201167的计算机学院网络工程系的女教师。

数据和信息之间的关系是可用图5.1描述。

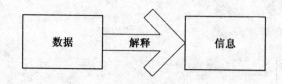

图 5.1　数据与信息的关系

（2）信息。

信息是人类对于自然界的感知，是经过加工的数据。

所有的信息都是数据，而只有经过提炼和抽象之后具有使用价值的数据才能成为信息。经过加工所得到的信息仍然以数据的形式出现，数据是信息的载体，是人们认识信息的一种媒介。

注意　信息与数据之间存在着固有的联系：数据是信息的符号表示或称为载体；信息则是数据的内涵，是对数据语义的解释。

（3）数据处理。

数据处理是指对各种类型的数据进行收集、存储、分类、计算、加工、检索和传输的过程。数据处理的目的就是根据人们的需要，从大量的数据中抽取出对于特定的人们来说是有意义、有价值的数据，借以作为决策和行动的依据。数据处理通常也称为信息处理。

（4）数据库（DataBase，DB）。

数据库长期保存在计算机外存上的、有结构的、可共享的数据集合。

（5）数据库的基本特征。

①数据按一定的数据模型组织、描述和储存。

②可为不同用户共享。

③冗余度较小（冗余指数据的重复）。

④数据独立性较高。

⑤易扩展。

（6）数据库系统中数据的特点。

①低冗余度。数据库系统采用一定的数据模型，最大限度地减少数据的冗余。

②有较高的数据独立性。该特性使得用户面对的是简单的逻辑结构操作而不涉及数据具体的物理存储结构。

③安全性高。通过设置用户的使用权限，在数据库被破坏时，系统可把数据库恢复到可用状态。

④完整性好。一些完整性检验可以确保数据符合某些规则，保证数据库中的数据始终是正确的。

（7）数据库管理系统。

数据库管理系统（Data Base Management System，DBMS）是组织、存储、维护和获取数据库中数据的软件系统，借助于操作系统实现对数据的存储和管理，具体来说是在数据库的建立和维护、数据操纵、运行管理时进行统一控制，以保证数据的完整性、安全性，使数据能被各种不同的用户所共享，在发生故障后对系统进行恢复，DBMS 提供给用户可使用的数据库语言。

5.1.2 实体模型与 E-R 图

现实世界是存在于人脑之外的客观世界,事物及其相互联系就处于现实世界之中。信息世界是现实世界在人们头脑中的反映,信息世界是现实世界的抽象和概括。数据库处理的数据是信息的载体,所以为把现实世界的事物抽象为信息世界要用的信息结构,1976 年 PPSChen 提现出实体联系方法,即 E-R(Entity Relationship,实体-联系)方法。事物在信息世界中称为实体,反映事物之间联系的是实体模型。数据是信息世界中信息的数据化,现实世界中的事物及联系在这里用 E-R 图来描述。

5.1.2.1 实体模型的基本概念

(1)实体(Entity)。

客观存在并可相互区分的事物在信息世界中称为实体。实体可以是具体的人或物,如一名职工、一本书;也可以是抽象的事件,如一场比赛或某人的一次购物活动等。实体用类型(Type)和值(Value)表示,例如,学生是一个实体,而具体的学生张三、李四是实体值。

(2)实体集(Entity Set)。

性质相同的同类实体的集合称为实体集,如一班学生、一批书籍等。又如,一个具体学生和其相关信息,就是一个实例(体)。

(3)属性(Attribute)。

每一实体具有的若干特性,实体得到用特性来描述,每一特性在信息世界中都称为属性。每个属性都有一个值,值的类型可以是整数、实数或字符型。例如,学生是一个实体,学生的学号、姓名、年龄都是其属性。属性用类型和值表示,例如,学号的类型为字符型,姓名的类型为字符型,年龄的类型为整型,而具体的数值 870101、王小艳、19 是属性值。

在其若干属性中,唯一标识实体的属性称为键。例如,能够唯一标识一个学生的属性是学号,学生的其他属性有可能相同,每一学生的学号一定不相同。

(4)联系。

现实世界中的事物内部及事物之间是有联系的,在信息世界中事物间的联系反映为是实体内部或实体之间的联系。实体内部联系是指组成实体的诸属性之间的联系。实体之间的联系是指不同实体之间的联系。例如,有销售员和商品两个实体,销售员实体具有销售员编号和姓名两个属性,商品实体有商品号、商品名、产地三个属性,两个实体之间的联系是销售关系,可用如图 5.2 所示。

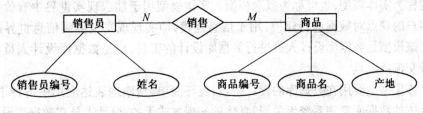

图 5.2　实体联系模型示意图

图 5.2 中矩形框中的内容表示实体,椭圆中的内容表示属性,菱形中的内容表示联系。

两个实体之间的联系具体可分为三类:

①一对一联系(1∶1)。

如果实体集 A 中的每个实体在实体集 B 中最多有一个(也可以没有)实体与之相联系,反之亦然。则称实体集 A 与实体集 B 具有一对一联系,记为 1∶1。例如,电影院中所有观众为实体集 A,其中某一具体的观众张三是一个实体;电影院中的所有座位为实体集 B,其中某一个具体座位是一个实体,一个观众只能坐一个座位,则观众与座位之间是一对一的联系,如图 5.3 所示。

②一对多联系(1∶N)

如果实体集 A 中每一个实体在实体集 B 中至少有一个以上的实体与之相联系,且实体集 B 中的每个实体在实体集 A 中只有一个实体与之相联系,则称实体集 A 与 B 是一对多联系。例如,学校是一个实体集 A,班级是实体集 B,一个具体的学校可以有多个班级,但一个具体的班级只能属于一个具体的学校,学校与班级之间就是一对多的联系,如图 5.4 所示。

③多对多联系(M∶N)

如果实体集 A 中的每一个实体,与实体集 B 中多个实体相联系,且实体集 B 中每一个实体与实体集 A 中多个实体也相联系,则称实体集 A 与 B 是多对多联系。例如,例如:学生是实体集 A,课程是实体集 B,一个学生可以选多门课程,一门课程也可被多名学生所选,则学生与课程之间是多对多的联系,如图 5.5 所示。

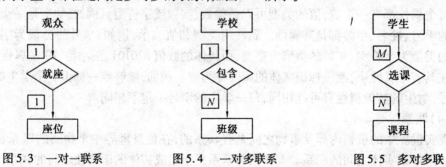

图 5.3　一对一联系　　　　图 5.4　一对多联系　　　　图 5.5　多对多联

5.1.2.2　实体模型

从上面的讲述可知,实体间的联系主要是指实体集之间的联系,反映实体之间联系的模型称为实体模型,也可称为概念模型。实体模型用于抽取现实世界中有价值的数据并按用户的观点对数据进行建模,用于信息建模,即实现现实世界到信息世界的第一层抽象。该模型是数据库设计人员进行数据库设计的工具,也是数据库设计人员和用户之间进行交流的工具。

该模型主要用在数据库的设计阶段,能够简单、清晰地表达应用中各种语义知识,且与具体的数据库管理系统无关,与具体的实现方式无关,设计人员在数据库设计阶段可把精力主要放在了解现实世界需求上。

为将现实世界抽象为信息世界,最常采用 E-R 法,即实体联系法,该方法由 P. P. S. Chen 于 1976 年提出,由于其简单、实用,因此得到了广泛的应用,也是目前描述信息结构最常用的方法。

该方法用简单的图形方式(E-R 图)来描述现实世界中的数据,用这个方法描述的现实世界抽象模型为实体联系模型,简称 E-R 模型。下面就 E-R 模型和 E-R 图的画法作一介绍。

E-R 模型使用 E-R 图描述实体、属性、联系,对信息世界进行建模,所以建立模型的关键是如何来画 E-R 图。画 E-R 图的规则是:

(1)在 E-R 图中用矩形框表示具体的实体,把实体名写在框内。

(2)用圆角矩形或椭圆框表示属性,框内写上属性名,并用连线连到相应实体。

(3)实体之间的联系用菱形框表示,框内写上联系名,并用连线与有关的实体相连。

(4)联系的属性。联系本身也是一种实体型,也可以有属性。如果一个联系具有属性,则这些属性也要用无向边与该联系连接起来。图 5.2 就是一个有关销售员销售商品的实体联系模型示意图。

5.1.3　数据模型

要设计一个有用的数据库,首先要考虑在数据库中存放什么信息,然后分析这些信息之间有什么联系,最后确定数据库的结构。数据库的结构通常称为数据库模式。数据库建模的一个主要方法是:先将现实世界中的想法用信息世界中的实体-联系模型(简称 E-R 图)进行描述,然后将其转换成机器世界中的关系模型,最后在关系 DBMS 上实现。

数据库管理系统是基于某种数据模型对数据进行组织的,在数据库领域中,数据模型用于表达现实世界中的对象,即将现实世界中杂乱的信息用一种规范、形象化的方式表达出来。数据模型既要面向现实世界,又要面向机器世界,因此需满足三个要求:

(1)能够真实地模拟现实世界。

(2)容易被人们理解。

(3)能够方便地在计算机上实现。

5.1.3.1　数据模型的组成

数据模型是严格的一组概念的集合。这些概念精确地描述了系统的静态特征、系统的动态特性、完整性约束条件。

数据模型的组成要素有:数据结构、数据操作、数据的完整性约束条件。

(1)数据结构。

数据结构是对系统静态特性的描述,是所研究的对象类型的集合。这些对象是数据库的组成部分,一般可分为两类:与数据类型、内容、性质有关的对象和与数据之间联系有关的对象。数据库系统通常按照数据结构的类型来命名数据模型。

(2)数据操作。

数据操作是对系统动态性特性的描述,是对数据库中各种对象的实例允许的操作的集合,包括操作及有关的操作规则。数据库主要的操作有检索和更新(包括插入、修改、删除等)两大类。

（3）数据的完整性约束条件。

数据的约束条件是一组完整性规则的集合。完整性规则是给定的数据模型及其联系所具有的制约和依存法则,用以限定符合数据模型的数据库状态及状态的变化,以确保数据的正确、有效及相容。

数据模型应该反映和规定本数据模型必须遵守的基本的通用的完整性约束条件,还应该提供定义完整性约束条件的机制,以反映具体应用所涉及的数据必须遵守的特定的语义约束条件。

5.1.3.2 数据模型的分类

数据模型实际上是模型化数据和信息的工具。根据模型应用的不同目的,可以将模型分为两大类:概念层数据模型(概念模型)和组织层数据模型(组织模型)。概念模型是从数据的语义视角来抽取模型,是按用户的观点来对数据和信息进行建模。组织模型是从数据的组织层次来描述数据,是从计算机系统的观点对数据进行建模,与所使用的数据库管理系统有关。

按照数据结构的类型来命名数据模型,组织层数据模型主要有:层次模型、网状模型、关系模型、对象–关系模型。根据这四种数据模型建立的数据库分别为层次数据库、网状数据库和关系数据库。

（1）层次模型。

层次模型(Hierarchical Model)是用树型(层次)结构表示实体及实体间联系的数据模型。层次模型是数据库管理系统中最早出现的数据模型,层次数据库管理系统采用层次模型作为数据的组织方式,层次数据库管理系统的典型代表是 IBM 公司的 IMS,是 IBM1968 年推出的第一个大型商用数据库管理系统。现实世界中许多实体之间的联系本身就呈现出一种自然的层次关系,如行政机构、家族关系等。层次模型具有如下特点:

①用树形结构表示实体和实体之间的联系。

②构成层次模型的树由结点和连线组成,结点表示实体,结点中的项表示实体的属性,连线表示相连的两个实体间的联系,这种联系是一对多的。通常把表示"一"的实体放在上方,称为父结点;把表示"多"的实体放在下方,称为子结点。将不包含任何子结点的结点称为叶结点,如图 5.6 所示。

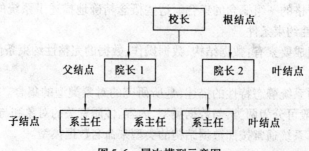

图 5.6　层次模型示意图

层次模型具有两个缺点:一是只能表示 1：N 联系,虽然系统有多种辅助手段实现 M：N 联系,但较复杂,用户不易掌握;二是由于层次顺序的严格和复杂,引起数据的查询和更新操作很复杂,因此应用程序的编写也比较复杂。

（2）网状数据模型。

如果去掉层次模型中的两点限制，即允许一个以上的结点无父结点，每个结点可以有多个父结点，便构成了网状模型。网状模型（Network Model）用有向图结构表示实体和实体间联系的数据模型。网状模型示例如图 5.7 所示。

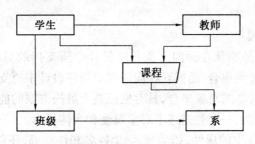

图 5.7　网状模型示例图

网状模型的特点是：网状数据模型可以直接表示多对多联系，但实现起来太复杂。因此一些支持网状模型的数据库管理系统，对多对多联系还是进行了限制。例如，网状模型的典型代表 CODASYL 就只支持一对多联系。网状模型的缺点是数据结构复杂和编程复杂。

（3）关系数据模型。

关系数据模型是用关系（表格数据）表示实体和实体之间的联系的模型。关系数据模型是目前最重要的一种数据模型，关系数据库就是采用关系数据模型作为数据的组织方式。关系数据模型源于数学，它把数据看成是二维表中的元素，而这个二维表在关系数据库中就称为关系。例如，职工信息表就是一个关系模型的示例，具体职工表如表 5.1 所示。数据是二维表中的元素，而二维表即表示关系。表格中的一行称为一个元组，相当于一个记录；表格中的一列称为一个属性，相当于记录中的一个字段。一个或若干个属性的集合称为关键词，它唯一标识一个元组。关系中的每个记录是唯一的，所有记录具有相同个数和类型的字段，即所有记录具有相同的固定长度和格式。

表 5.1　职工表

职工编号	姓名	性别	职称	所在部门
040111	张明	女	高工	厂办
040121	赵飞	男	工程师	一车间
040243	安然	女	高工	二车间
060901	刘小明	男	助工	研究所

关系应满足以下要求：

①二维表格中每一列中的元素是类型相同的数据。

②行和列的顺序可以任意。

③表中元素是不可再分的最小数据项（描述对象属性的数据）。

④表中任意两行的记录不能完全相同，表中不允许有表。

关系数据模型易于设计、实现、维护和使用,它与层次数据模型和网状数据模型的最根本区别是,关系数据模型不依赖于导航式的数据访问系统,数据结构的变化不会影响对数据的访问。关系模型的最大优点是简单,一个关系就是一个数据表格,用户容易掌握,只需用简单的查询语句就能对数据库进行操作。用关系模型设计的数据库系统是用查表方法查找数据。

(4)面向对象数据模型。

面向对象数据模型是捕获在面向对象程序设计中所支持的对象语义的逻辑数据模型,是持久的和共享的对象集合,是捕获在面向对象程序设计中所支持的对象语义的逻辑数据模型,是持久的和共享的对象集合,具有模拟整个解决方案的能力及模拟整个解决方案的能力。实体表示为类,一个类描述了对象属性和实体行为。

例如,"学生"类有学生的属性,如学号、学生姓名和性别等,还包含模仿学生行为(如选修课程等)的方法。面向对象数据库基于把数据和与对象相关的代码封装成单一组件,外面不能看到其里面的内容。因此,面向对象数据模型强调对象(由数据和代码组成),而不是单独的数据。与传统的数据库不同,对象模型没有单一固定的数据库结构。面向对象数据库管理系统(OODBMS)是数据库管理中最新的方法,它们始于工程和设计领域的应用,并且成为金融、通信和万维网(WWW)应用欢迎的系统。该模型适用于多媒体应用以及复杂的很难在关系数据库管理系统中模拟和处理的关系。

5.1.4　数据库系统的构成

数据库系统是由计算机软、硬件资源组成的系统,它实现了有组织地、动态地存储大量关联数据,方便多用户访问。通俗地讲,数据库系统可把日常的一些表格、卡片等的数据有组织地集合在一起,输入到计算机,然后通过计算机处理,再按一定要求输出结果。所以,对于数据库来说,主要解决三个问题:

(1)有效地组织数据,即对数据进行合理设计,以便计算机存取。

(2)方便地将数据输入到计算机中。

(3)根据用户的要求将数据从计算机中抽取出来。

数据库系统实际上是一个应用系统,它是指在计算机系统中引入数据库后的系统,包括:数据库(DB)、数据库管理系统(DBMS)、各种开发工具、数据库应用系统、计算机硬件及其他软件、数据库管理员(Data Base Administrator,DBA)及用户。

用户是指使用数据库的人员。数据库系统的用户主要有终端用户、应用程序员和管理员。终端用户是指那些无太多计算机知识的工程技术人员及管理人员。他们通过数据库系统提供的命令语言、表格语言以及菜单等交互式对话手段使用数据库中的数据。应用程序员是为终端用户编写应用程序的软件人员,他们设计的应用程序主要用途是使用和维护数据库。数据库管理员(DBA)是指全面负责数据库系统正常运转的高级人员,他们负责对数据库系统本身的深入研究。

5.2 关系数据库

关系数据库使用关系数据模型组织数据,它建立在集合论坚固的数学基础之上,是集合论在数据组织领域的应用。关系数据库是现代流行的数据管理系统中应用最为普遍的一种,也是最有效率的数据组织方式之一。目前,比较普遍的数据库管理系统有 Oracle、Sybase、MS SQL server 等。

5.2.1 关系模型

1970 年 IBM 研究员 E. F. Codd 博士在美国计算机学会会刊(《Communication of the ACM》)上发表了题为"A Relational Model of Data for Shared Data Banks"的论文,提出了关系数据模型。关系模型关源于数学理论的集合理论,用二维表格数据描述各实体之间的联系的模型,是所有关系模式、属性表和关键字的汇集,是关系模式描述的对象。关系模型包括关系数据结构、关系操作集合、完整性约束条件三部分。

关系模型中操作的数据以及查询的结果都是完整的集合(或表),这些集合可以只包含一行数据,也可以是不包含任何数据的空集合。非关系模型数据库中典型的操作是一次一行或一次一个记录。集合处理能力是关系模型区别于其他模型的重要特征。

关系数据模型用二维表来组织数据,这个二维表在关系数据库中就称为关系,关系数据库就是表或者说是关系的集合。表是逻辑结构而不是物理结构。

关系数据模型中的操作包括:

(1)传统的关系运算:并、交、差及广义笛卡尔乘积。

(2)专门的关系运算:选择、投影、连接及除。

(3)有关的数据操作:查询、插入、删除及更改。

关系数据库中的数据完整性是一种语义概念。数据的完整性约束条件是一组完整性规则的集合。完整性规则是给定的数据模型中数据及其联系所具有的制约和储存规则。引入完整性规则为保证数据库中数据的正确、有效和相容,保证数据库的数据和现实世界的数据保持一致。关系数据库的数据和更新操作必须满足三类完整性规则:实体完整性、参照完整性和用户定义完整性。例如,教师信息表中教师年龄必须在 1 ~ 200 之间取值。

5.2.1.1 关系数据的结构

在关系模型中,无论是实体还是实体与实体之间的联系均用关系来表示,关系是二维表。也就是说,关系模型中的基本数据结构是按二维表的形式表示的。下面先给出关系模型的基本概念。

(1)关系。关系也就是二维表,由表名、列名及若干行组成,见表5.1。

(2)属性。属性也称字段。表中的列称为属性,每个列都包含同一类的信息;二维表中列的个数称为关系的元数,如表5.1 有 5 列,即 5 个属性,元数即为5。因表中列的顺序与要表达的信息无必要的联系,因此列是无序的。

(3)元组。二维表的每一行称为一个元组(记录)。表中每行由若干个字段值组成,用来描述一个对象的信息。表中不能出现完全相同的两行,但行的次序是任意的。

（4）关系模式。关系模式是一个关系的属性名表,是表的结构或框架,通常称为表结构。关系模式一般表示为:

关系名(属性1,属性2,属性3,…,属性n)

例如,表5.1所示的关系模式(表结构)为:

职工登记表(职工编号,姓名,性别,职称,所在部门)

（5）值域。值域是指二维表中属性的取值范围。例如,年龄的属性值必须是大于0的整数,性别的属性值只能是男或女,没有其他值。

（6）键码(Key)。键码也称主码或关键字。对于表中的某个属性或属性组,若它们的值唯一地标识一个元组,则它就是键码。键码用于唯一地确定一个元组的属性或属性组。如表5.1中,职工编号就是键码。

例如,有学生登记表、学生选课表两个关系,表结构为学生(学号,姓名,性别,年龄,所在系)的这个表中学号可以唯一标识一个学生的信息。在表结构为选课(学号,课程号,成绩)的这个表中学号不能唯一标识一个选课情况,因为有可能一个学生选了多门课(有的学校存在课程名相同,但用的教材不同、大纲不同),所以要用"学号+课程"号来作为主键。

（7）分量。元组中的每一个属性值称为元组的一个分量。一个表若有 n 元关系,则每个元组有 n 个分量。

下面将通过表5.2将关系与一般表格做个形象对照来帮助读者理解、记忆。

表5.2 关系与普通表格对照表

在关系中的表述方法	在日常所用普通表格表述方法
关系名	表名
一个元组	一行信息
一个属性	一列信息
分量	一行信息中某列的值
关系模式	表名(表中各列的列举)

在一个给定的现实世界的领域中,相当于所有实体及实体之间的联系的集合构成一个关系数据库。关系数据库有型和值。型即关系数据库模式,是对关系数据库的描述,包括若干域的定义以及在这些域上定义的若干关系模式。关系模式的值也称为关系数据库,是这些关系模式在某一时刻对应的关系的集合。关系数据库模式与关系数据库通常称为关系数据库。

5.2.1.2 关系的形式化定义

关系是由 E. F. Codd 博士基于数据理论而提出的,所以有必要从数学的角度给出关系的形式化定义。为了给出关系的定义,首先要给出笛卡尔积的定义。具体定义如下:

笛卡尔积 设 $D_1, D_2, \cdots, D_n$ 为任意集合,定义 $D_1, D_2, \cdots, D_n$ 的笛卡尔积为:

$$D_1 \times D_2 \times \cdots \times D_n = \{ (d_1, d_2, \cdots, d_n) \mid d_i \in D_i, i = 1, 2, \cdots, n \}$$

说明:

（1）每一个元素$(d_1,d_2,\cdots,d_n)$称为一个 n 元组，或简称为元组。

（2）元素中的每一个值 d_i 称为一个分量。

（3）若 $D_i(i=1,2,\cdots,n)$ 为有限集，其基数为 $m_i(i=1,2,\cdots,n)$，则 $D_1\times D_2\times\cdots\times D_n$ 的基数为 $m_1\times m_2\times\cdots\times m_n$。

例如，设 $D_1=\{$研究所，车间$\}$，$D_2=\{$张三，李四，王五$\}$，$D_3=\{$男，女$\}$，则 $D_1\times D_2\times D_3$ 笛卡尔积为：

$\{$（研究所，张三，男），（研究所，张三，女），（研究所，李四，男），（研究所，李四，女），（研究所，王五，男），（研究所，王五，女），（车间，张三，男），（车间，张三，女），（车间，李四，男），（车间，李四，女），（车间，王五，男），（车间，王五，女）$\}$，其示例图如图 5.8 所示。

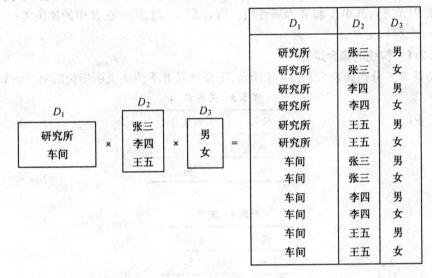

D_1	D_2	D_3
研究所	张三	男
研究所	张三	女
研究所	李四	男
研究所	李四	女
研究所	王五	男
研究所	王五	女
车间	张三	男
车间	张三	女
车间	李四	男
车间	李四	女
车间	王五	男
车间	王五	女

图 5.8　笛卡尔积示例图

关系　$D_1\times D_2\times\cdots\times D_n$ 的子集称为在域 $D_1,D_2,\cdots,D_n$ 上的关系，用 $R(D_1,D_2,\cdots,D_n)$ 表示。R 表示关系的名字，n 是关系的目或度。也就是说，笛卡尔积 $D_1,D_2,\cdots,D_n$ 的任意一个子集称为 $D_1,D_2,\cdots,D_n$ 上的一个 n 元关系。

形式化的关系定义同样可以把关系看成二维表，给表中的每个列取一个名字，称为属性。n 元关系有 n 个属性，一个关系中属性的名字必须是唯一的。

注意 5.2　关系为笛卡尔积的子集，表行就是元组，表列就是属性。

5.2.2　关系代数

关系的数据操纵语言按照表达查询的方式可分为关系代数和关系演算两大类。这里先介绍关系代数。关系代数是一种抽象的查询语言，它用关系运算来表达查询。其主要研究关系（表）运算。关系代数定义了一些操作，运用这些操作可以从一个或多个关系中得到另一个关系，而不改变源关系。关系代数的操作数和操作结果都是关系，而且一个操作的输出可以是另一个操作的输入。

关系代数与一般的运算相同，包括运算对象、运算符和运算结果三大要素。关系代数的运算可分为以下两大类：

（1）传统的集合运算：并、交、差、广义笛卡尔积。运算只涉及行，将关系看成是行（元组）的集合。

（2）专门的关系运算：选择、投影、连接、除。运算既涉及行也涉及列。

关系代数中有几个特殊记号：

（1）$R(A_1,A_2,\cdots,A_n)$ 表示关系模式。

（2）$t \in R$ 表示 t 是关系 R 的一个元组。

（3）$t[A]$ 表示元组 t 在属性 A 上的分量（值）。

（4）R 为 n 目，S 为 m 目。$tr \in R$，$ts \in S$，$tr^\frown ts$ 称为元组的连接。它是一个 $n+m$ 列的元组，前 n 个分量为 R 中的一个 n 元组，后 m 个分量为 S 中的一个 m 元组。

关系 $R(X,Z)$，其中 X 和 Z 为属性组。当 $t[X]=x$ 时，则 x 在 R 中的象集为：

$$Zx=\{t[Z] \mid t \in R, t[X]=x\}$$

5.2.2.1　传统的集合运算

设关系 R、S 分别如表5.3和5.4所示，下面就以 R,S 为例说明传统的集合运算。

表5.3　关系 R

编号	商品名
a_1	b_1
a_3	b_3

表5.4　关系 S

编号	商品名
a_2	b_2
a_3	b_3

（1）并（U）。

两个关系 R 和 S 的并记为 $R \cup S$，由属于 R 或属于 S 的元组组成。两集合元组并在一起，去掉重复元组，其形式定义为：

$$R \cup S=\{t \mid t \in R \vee t \in S\}$$

其中，t 是元组变量，表示关系中的元组；要求关系 R,S 具有相同的目 n（都具有 n 个属性），相应的属性取自同一个域（同类型数据）。例如，$R \cup S$ 的结果见表5.5。

表5.5　$R \cup S$ 的结果

编号	商品名
a_1	b_1
a_2	b_2
a_3	b_3

（2）差（-）。

两个关系 R 和 S 的差记为 $R-S$，是由属于 R 但不属于 S 的元组组成，其形式定义为：

$$R-S = \{t \mid t \in R \wedge t \in S\}$$

其中，t 是元组变量，表示关系中的元组。关系 R，S 要求具有相同的目 n（都具有 n 个属性），相应的属性取自同一个域（同类型数据）。例如，$R-S$ 的结果见表 5.6。

表 5.6　$R-S$ 的结果

编号	商品名
a_1	b_1

（3）交（∩）。

两个关系 R 与 S 的交可记为 $R \cap S$，由属于 R 且属于 S 的元组组成，其形式定义为：

$$R \cap S = \{t \mid t \in R \wedge t \in S\}$$

关系 R，S 同样要求具有相同的目 n（都具有 n 个属性），相应的属性取自同一个域（同类型数据）。例如，$R \cap S$ 的结果见表 5.7。

表 5.7　$R \cap S$ 的结果

编号	商品名
a_3	b_3

（4）广义笛卡尔积。

设 R 为 m 目系，S 为 n 目关系，R 与 S 的笛卡尔积表示为 $R \times S$，$R \times S$ 是一个 $(m+n)$ 列的元组的集合，元组的前 n 个列是 R 的一个元组，后 m 个列是 S 的一个元组。它可以用下列形式表示：

$$R \times S = \{tr\hat{}ts \mid tr \in R \wedge ts \in S\}$$

说明：

① 若 R 有 K_1 个元组，S 有 K_2 个元组，则关系 R 和关系 S 的广义笛卡尔积有 $K_1 \times K_2$ 个元组。

② $tr\hat{}ts$ 表示由元组 tr 和 ts 前后有序连接而成的一个元组。任取元组 tr 和 ts，当且仅当 tr 属于 R 且 ts 属于 S 时，tr 和 ts 的有序连接即为 $R \times S$ 的一个元组。

5.2.2.2　专门关系运算

（1）选择运算。

选择运算是从指定的关系中选择满足给定条件（用逻辑表达式表达）的元组而组成一个新的关系，它是一元关系运算。其定义为：

$$\sigma_F(R) = \{t \mid t \in R \wedge F(t) = \text{“}T\text{”}\}$$

其中，σ 为选择运算符；R 为关系；F 为选择条件。表达式的作用是选择关系 R 中满足逻辑表达式 F 为真的元组。

例 5.1　假设有一 student 关系见表 5.8。要求：（1）查询考试成绩在 90 分以上的学生的信息；（2）查找名叫王一文的学生信息。

表 5.8   student 表

Sno	Sname	Ssex	Sgrade	Sdept
0411101	张三	男	91	电气系
0411102	李四	女	80	电气系
0411103	王一文	男	98	电气系
0421104	赵小丽	女	67	网络系
0421105	刘明	男	45	网络系

（1）$\sigma_{Sgrade>90}$(student)，查询结果见表5.9。

（2）$\sigma_{Sname='王一文'}$(student)，查询结果见表5.10。

表 5.9 $\sigma_{sgrade>90}$(student)的结果

Sno	Sname	Ssex	Sgrade	Sdept
0411101	张三	男	91	电气系
0411103	王一文	男	98	电气系

表 5.10 $\sigma_{Sname='王一文'}$(student)的结果

Sno	Sname	Ssex	Sgrade	Sdept
0411103	王一文	男	98	电气系

（2）投影运算。

投影运算是从关系 R 中选择若干属性，并用这些属性组成一个新的关系。可记为：

$$\Pi_A(R)=\{t[A]\mid t\in R\}$$

其中，A 为 R 中的属性列。

例 5.2   求表 5.8 所示的 student 关系在姓名和成绩两个属性上的投影。

投影表示为：$\Pi_{sname,sgrade}$(student)，结果见表 5.11。

表 5.11   投影后的结果

Sname	Sgrade
张三	91

注意   投影后的重复行应该消除。

（3）连接运算。

连接运算用来连接相互之间有联系的两个关系，从而产生一个新的关系。连接运算具有如下几种形式：θ 连接、等值连接（θ 连接的特例）、自然连接、外部连接（或称外连接）、半连接。由于受篇幅限制，本书只介绍以下几种。

θ 连接运算是从 R 和 S 的广义笛卡尔积中选择 R 关系在 A 属性组上的值与 S 关系在

B 属性组上的值满足 θ 的元组。

连接运算是从两个关系的笛卡尔积中选取属性间满足一定条件的元组,可记作:

$$R \bowtie S = \{ tr\hat{~}ts \mid tr \in R\hat{~}ts \in tr[A]\theta ts[B] \}$$

其中,A 是关系 R 中的属性组;B 是关系 S 中的属性组;θ 为算术比较运算符(即<、≤、=、>、≥、≠)。

(4)自然连接运算。

自然连接运算只要求参与运算的两个关系在同名属性上具有相同的值,由于同名属性上的值相同,所以在产生的结果关系中同名属性也只出现一次,它可定义为:

$$R \bowtie S = \{ tr\hat{~}ts \mid tr \in R\hat{~}ts \in tr[A]=ts[B] \}$$

关系 R 与关系 S 的自然连接的操作步骤如下:

第一步:计算笛卡尔积 $R \times S$。

第二步:挑选两个关系的同名属性值相同的元组,去掉关系 S 中的同名属性列。如果两个关系中没有公共属性,自然连接就转化为笛卡尔积操作。

注意　(1)自然连接在书写格式及连接符下不加比较表达式,比较分量必须是相同的属性组,连接结果去掉重复列。

(2)自然连接与等值连接的区别是:自然连接要去掉重复的属性,等值连接却不需要去年重复的属性。

例 5.3　对于表 5.12 和表 5.13 所示的两关系 R 和关系 S,试求 $R \bowtie S$。

表 5.12　关系 R

学号	姓名	院系
1	张三	计算机
2	李四	计算机
3	王五	电气

表 5.13　关系 S

学号	课号	成绩
1	A1	90
3	A2	87

第一步:计算 $R \times S$,结果见表 5.14。

表 5.14　$R \bowtie S$

R. 学号	姓名	院系	S. 学号	课号	成绩
1	张三	计算机	1	A1	90
1	张三	计算机	3	A2	87
2	李四	计算机	1	A1	90

续表 5.14

R.学号	姓名	院系	S.学号	课号	成绩
2	李四	计算机	3	A2	87
3	王五	电气	1	A1	90
3	王五	电气	3	A2	87

第二步：选出两个关系中共同属性具有相同值的元组，关系 R 与关系 S 的自然连接结果见表 5.15。

表 5.15　R⋈S 的结果

R.学号	姓名	院系	S.学号	课号	成绩
1	张三	计算机	1	A1	90
3	王五	电气	3	A2	87

（5）除（÷）。

给定关系 $R(X,Y)$ 和 $S(Y,Z)$，其中 X,Y,Z 为属性组。R 中的 Y 与 S 中的 Y 可以有不同的属性名，但必须出自同一域集。R 与 S 的除法运算可以表示为：

$$R \div S = \{tr[X] \mid tr \in R \wedge \Pi_y(S) \subseteq Y_x\}$$

其中，Y_x 为 x 在 R 中的像集，$x = tr[X]$。

除法操作的结果产生一个新关系 W。W 是 R 中满足下列条件的元组在 X 属性列上的投影：元组在 X 上分量值 x 的像集 Y_x 包含 S 在 Y 上投影的集合。这种说法较抽象，首先像集的概念就不容易被理解，下面结合具体实例来说明除法的计算过程。

例 5.4　设关系 $R(A,B,C)$，$S(B,C,D)$，$R \div S$ 为新关系 $P(A)$，P 是 R 中满足下列条件的元组在 A 属性列上的投影：元组在 A 上分量值 a 的像集 BCa 包含 S 在 BC 上投影的集合。假设关系 R,S 见表 5.16 与表 5.17，求 $R \div S$。

表 5.16　关系 R

A	B	C
a_1	b_2	c_1
a_2	b_5	c_9
a_3	b_1	c_2
a_1	b_3	c_3
a_4	b_1	c_1
a_2	b_2	c_3
a_1	b_2	c_3

表 5.17　关系 S

B	C	D
b_5	c_9	d_5
b_2	c_3	d_9

$R(A,B,C), S(B,C,D)$ 为一三目关系,而除法定义中的关系为二目关系,所以要将 $R(A,B,C), S(B,C,D)$ 转为 $R(X,Y), S(Y,Z)$ 形式,令 $X=A, Y=BC\ Y=BC, Z=D$ 即可。

在分析关系 R 中,A 取四个值 $\{a_1, a_2, a_3, a_4\}$。其中:

$a1$ 的像集为: $\{(b_2,c_1),(b_3,c_3),(b_2,c_3)\}$。

$a2$ 的像集为: $\{(b_5,c_9),(b_2,c_3)\}$。

$a3$ 的像集为: $\{(b_1,c_2)\}$。

$a4$ 的像集为: $\{(b_6,c_6)\}$。

S 在 (B,C) 上的投影为 $\{(b_5,c_9),(b_2,c_3)\}$,显然只有 a_2 的像集包含了 S 在 (B,C) 属性组上的投影,因此 $R \div S$ 的结果见表 5.18。

表 5.18　$R \div S$ 的结果

A
a_2

5.2.3　数据的完整性

数据的完整性是指数据库中存储的数据是有意义的或正确的,和现实世界相符。数据完整性由一组完整性规则定义。关系模型的完整性规则是对关系的某种约束条件,在关系数据模型中将数据完整性分为三类:实体完整性、参照完整性(引用完整性)和用户定义的完整性。

(1)实体完整性。

一个基本关系通常对应现实世界的一个实体集,现实世界的实体是可以区分的,即每个实体具有某种唯一标识,在关系模型中以主码(也称为主键)作为每个元组的唯一标识。

实体完整性保证关系中的每个元组都是可识别的和唯一的,指关系数据库中所有的表都必须有主键,并且主键不可以取空值。例如,学生关系的表结构为:学生(学号,姓名,成绩),其中主键学号不能为空,因为在学生登记表中,除了学号以外的其他属性都有可能相同,为了区分表中的学生(元组),学号的值不能为空值。

(2)参照完整性。

现实世界的实体之间往往存在着某种联系,在关系模型中,实体以及实体之间的联系都是用关系来表示的,这样就自然存在着关系与关系之间的引用。参照完整性是描述实体之间的联系,一般是指多个实体或关系之间的关联关系。

例如,学生实体和班级实体的表结构为:学生(学号,姓名,班号,性别)、班(班号,所属专业,人数)两实体之间的联系是通过班号相联系。课程(课程号,课程名,学分)、选课(学号,课程号,成绩)两实体是通过课程号相联系。

通过上面的实例,我们可以了解到实体间的联系通过关系的主键。

外键:设 F 是关系 R 的一个或一组属性,如果 F 与关系 S 的主键相对应,则称 F 是关系 R 的外键(Foreign Key),并称关系 R 为参照关系,关系 S 为被参照关系。关系 R 和关系 S 不一定是不同的关系。可以用图形化的方法形象地表达参照和被参照关系。例如,学生关系和选课关系之间,学生关系是参照关系,选课关系是被参照关系。实体间的参照关系如图 5.9 所示。

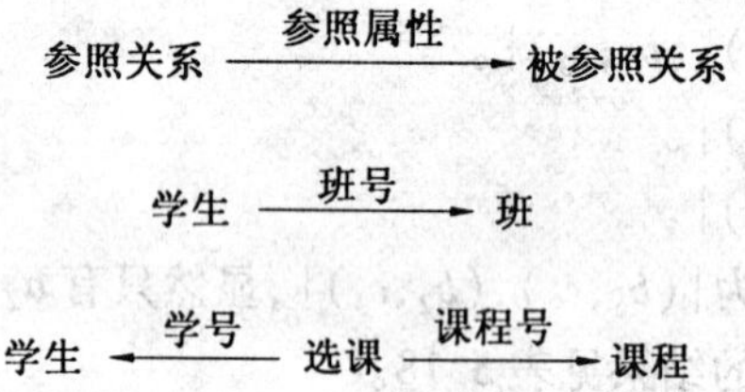

图 5.9　实体间参照关系示意图

(3)用户自定义完整性。

用户自定义完整性也称为域完整性或语义完整性,是针对某一具体应用领域定义的数据约束条件,反映某一具体应用所涉及的数据必须满足应用语义的要求。实际上,它就是指明关系中属性的取值范围,防止属性的值与应用语义矛盾。例如,年龄属性的取值范围在 0～150 岁之间。

(4) 完整性约束的实现。

当输入数据时在一定程度上过滤了不合法的数据。相同的检查在数据库表中可以不需要再定义;在表中定义完整性规则,在对表中的数据进行更新操作时,数据库管理系统自动地检查完整性规则,将表中的数据约束在用户期望的范围内。

5.2.4　数据依赖与关系规范化理论

数据库设计的主要任务是在给定的应用环境下,创建满足用户需求且性能良好的数据库模式。准确地讲,数据库的设计问题就是数据库的逻辑设计问题。关系数据库规范化理论是数据库设计的理论基础。

5.2.4.1　问题的提出

从表面来看,创建数据库只要把需要的属性放到一个模式即可。但实际上,现实世界的实体的属性之间存在着联系,并且关系中的属性间也存在着联系,所以不能把任意属性放到一个模式中去。例如,如果要建立一个描述学校教务的数据库,数据库包括的属性有:学生的学(Sno)、学生姓名(Sname)、所在系(Sdept)、系主任姓名(Mname)、任课教师姓名(Tname)、课程号(Cno)、成绩(Grade)。具体数据表的内容见表 5.19。

表 5.19　学生表

Sno	Sname	Sdept	Tname	Mname	Cno	Grade
0804020101	牛明	计算机	欧阳洪涛	张三	0402C18W4	89
0805020102	张强	网络工程	欧阳洪涛	李四	0402C18W4	90
0806020103	刘利	电气工程	欧阳洪涛	王五	0402C18W4	78
0804020101	牛明	计算机	欧阳洪涛	张三	0402C18W4	87
0804020101	牛明	计算机	赵天	张三	0402C06W3	98
0806020103	刘利	电气工程	胡月	王五	0402C06W6	70

通过现实世界的事实,可得到如下的数据具有如下语义:

(1)一个学生只属于一个系,但一个系有若干名学生。

(2)一个学生用一个学号唯一标识,一门课程用一个课程号标识。

(3)学生所修的每门课程都有成绩。

(4)每门课程只有一位任课教师,一位教师可教多门课程。

(5)每位教师只属于一个系,教师中没有重名。

以上的数据库用关系模式描述为 R(Sno,Sname,Sdept,Mname,Tname,Cno,Grade)。虽然这个模式中只有七个属性,但通过表 5.19 可以看出以下问题:

(1)数据冗余太大。

比如,学生所在系的系名与该系每一个学生所修的每一门课程的成绩出现的次数一样多。这样会产生浪费存储空间。

(2)更新异常。

由于数据冗余,会造成当更新数据库的数据时,系统要付出很大的代价。例如,若一个学生从计算机系调到了电气工程系,则要对整个关系中所有与该学生有关的元组进行逐一修改。

(3)插入异常。

学生表中的主键是由学号和课程号组成,所以学号和课程号不能为空值。如果一个新系刚成立,尚无学生,就无法把系的名字和系主任信息存入到数据库,从而造成插入异常。

(4)删除异常。

如果表中学生牛明退学,需删除与其相关的整个元组,同时也会删除系名和系主任名,这会引起有用信息的丢失。

造成以上问题的原因是这个关系模式没有设计好,模式中的某些属性之间存在着"不良"的依赖关系,所以要解决以上问题的根本是改造关系模式,对模式进行分解,即把一个关系模式分解成多个关系模式,最终消除属性间的"不良"函数依赖。例如,把学生表的关系模式分解为以下三个模式:学生信息(学号,学生姓名,所在系);成绩(学号,教师姓名,课程号,成绩);系信息(系名,系主任姓名)。

5.2.4.2　函数依赖

通过上面叙述可知,设计一个关系模式,既要考虑模式中包含哪些属性,又要考虑这些属性之间是否存在着不良的依赖关系,所以把关系模式可描述为:$R(U,F)$。其中,R 为关系名;U 属性名集合;F 为属性间数据的依赖关系集合。数据依赖 F 限定组成关系的各元组必须满足的约束条件,如属性值间的相互关联(即函数依赖)。关系模式中的数据依赖有多种,比较重要的是函数依赖、多值依赖及连接依赖。

(1)函数依赖(Functional Dependency,FD)。它指一个或一组属性的值可以决定其他属性的值。

(2)多值依赖。一门课由多位老师讲授,使用同一套参考书就属于多值依赖。

(3)连接依赖。关系与关系间往往存在联系。

定义 5.1 设 $R(U)$ 是一个关系模式,U 是 R 的属性集合,X 和 Y 是 U 的子集,对于 $R(U)$ 的任何一个可能的关系 r,如果 r 中不存在两个元组,它们在 X 上的属性值相同,而在 Y 上的属性值不同,则称"X 函数确定 Y"或"Y 函数依赖于 X",记作 $X \rightarrow Y$。

例 5.5 有一个关于学生选课、教师任课的关系模式:SDC(Sno,Sname,Sdept,Mname,Tname,Cno,Grade),模式中的属性分别表示学生学号、姓名、学生所在系名、系主任姓名、任课教师姓名、选修课程的课程号、成绩等。

如果规定每个学号只能有一个学生姓名,每个系有一个负责人,那么可写成下列 FD 形式:

$$Sno \rightarrow Sname, \quad Sdept \rightarrow Mname$$

每个学生每学一门课程都有一个成绩,那么可写出下列 FD 形式:

$$(Sno, Cno) \rightarrow Grade$$

注意 (1)如果 $X \rightarrow Y$,但 Y 不是 X 的子集,则 $X \rightarrow Y$ 是非平凡函数依赖。

(2)如果 $X \rightarrow Y$,但 Y 是 X 的子集,则 $X \rightarrow Y$ 是平凡函数依赖。

定义 5.2 设有关系模式 $R(U)$,U 是属性全集,X 和 Y 是 U 的子集,如果 $X \rightarrow Y$,并且对于 X 的任何一个真子集 X',都有 $X' \nrightarrow Y$,则称 Y 对 X 完全函数依赖,记作 $X \rightarrow Y$。如果对 X 的某个真子集 X',都有 $X' \rightarrow Y$,则称 Y 对 X 部分函数依赖。

例 5.6 在例 5.5 中的 SDC(Sno,Sname,Sdept,Mname,Cno,Grade),该关系模式中存在以下函数依赖:

$$Sno \rightarrow sname, Sno \rightarrow Grade, Cno \rightarrow Grade, (Sno, Cno) \rightarrow Grade$$

则 $(Sno, Cno) \rightarrow Grade$ 是完全函数依赖。

Sno 是 (Sno, Cno) 的一个真子集,因为有 Sno $\rightarrow$ sname,所以 Sno 对 (Sno, Cno) 是部分函数依赖。

定义 5.3 在关系模式 $R(U)$ 中,U 是属性全集,X、Y 和 Z 是 U 的子集,若 $X \rightarrow Y$,而 $Y \rightarrow Z$,则称 Z 对 X 传递函数依赖。

例如:学号$\rightarrow$系名,系名$\rightarrow$系主任,从而得出,学号$\rightarrow$系主任,即系主任对学号是传递函数依赖。

5.2.4.3 关系的规范化

1971 年由 E. F. Kodd 提出规范化理论。规范化理论主要研究如何根据一个关系所具有的数据依赖情况,来判定其是否具有某些不合适的性质。它是用来改造关系模式,通过分解关系模式来消除其中不合适的数据依赖,解决数据插入、删除时发生的异常现象。其优点是从数据存储中移去数据冗余,从而节省存储空间,并对数据的一致性提供了根本的保障,杜绝数据不一致现象,使关系模式成为一个"好"模式。

满足一定条件的关系模式称为范式。范式是某一种级别的关系模式的集合。在1971 ~ 1972 年间,E. F. Kodd 提出了第一范式(1NF)、第二范式(2NF)和第三范式(3NF)。因此,一般表示关系模式 R 的级别用 R 属于第几范式来表示,可写作 RXNF。

对于各种范式之间的联系可用下列的包含关系表示:

$$5NF \subset 4NF \subset BCNF \subset 3NF \subset 2NF \subset 1NF$$

六种范式的规范化程度依次增强,满足后一种的范式的关系模式必然满足前一种范式。

一个低级范式的关系模式通过分解可转换成多个高一级范式的关系模式集合,这一过程称为规范化。规范化的基本思想是消除关系模式中的数据冗余,消除数据依赖中的不合适的部分。这就要求关系数据库设计出来的关系模式要满足一定的条件。

(1)第一范式(1NF)。

如果一个关系模式 R 的所有属性是不可分的基本数据项,则 $R \in 1NF$。第一范式是最低的规范化要求,是从在关系的基本性质中提出来的,任何关系都必须遵守。1NF 存在的问题是:如果存在一个关系模式 R,且 $R \in 1NF$,则存在 R 中的非主属性对码的部分函数依赖和传递函数依赖。

例 5.7 在例 5.5 中的关系 SDC(Sno,Sdept,Mname,Cno,Grade),该模式的主码为(Sno,Cno),该模式的函数依赖 FD 包括:

$$(Sno,\ Cno) \rightarrow Grade, Sno \rightarrow Mname, Sno \rightarrow Sdept, Sdept \rightarrow Mname$$

该模式中存在着数据冗余太大、更新异常、插入异常、删除异常等问题。为消除这些问题,就要引出第二范式。

(2)第二范式(2NF)。

凡在一个关系中具有主键特性的属性或属性组,均称为候选键。因为它们都具有被选为主键的条件,所以一个关系可能有多个候选键,但只能选其中的一个为主键。

候选键中包含的属性称为主属性(Primary Attribute),其余的属性称为非主属性(Nonprimary Attribute)。

如果关系模式 $R \in 1NF$,并且 R 中每一个非主属性完全函数依赖于 R 的某个候选键,则 $R \in 2NF$。

从定义可知,如果码中只包含一个属性且属于 1NF,则 R 必属于 2NF。属于第二范式的关系模式中不存在非主属性对码的部分函数依赖。

例 5.8 分析关系模式 SDC(Sno,Sname,Sdept,Sname,Cno,Grade)。

SDC 的主属性(键码)是(Sno,Cno),而 Sdept,Sname,Cno,Grade 是非主属性,只有(Sno,Cno) $\rightarrow$ Grade 是完全函数依赖,Sno $\rightarrow$ Sdept 和 Sno $\rightarrow$ Sname 都是部分函数依赖。也就是说,非主属性中只有成绩属性是完全函数依赖于主属性,其他属性只依赖于学号属性,是部分函数依赖于主属性。所以,关系模式 SDC 不是第二范式,而是第一范式,我们已经知道第一范式存在着一系列的问题,如何除这些问题呢,就是要用更高级的范式模式来代替。解决办法就是将关系模式中对主属性完全依赖的属性和部分函数依赖的属性分别组成关系,即将一个关系模式分解成多个关系模式。

以 SDC 为例,可将 SDC 模式分解成:

$$SC(Sno,Cno,Grade)$$
$$SD(Sno,Sdept,Mname)$$

分解后的两个关系模式,非主属性对主属性完全函数依赖,所以关系模式 SC、SD 都是第二范式的。

属于第二范式的关系模式,但仍存在插入异常、删除异常、修改异常等问题。以 SD(Sno,Sdept,Mname)为例。若新建一个系,尚无学生,则无法插入,存在插入异常;若该系所有学生都毕业了,删除学生信息的同时将系的信息也删除了,存在删除异常;修改时,Mname 有多少学生就要修改多少次,存在修改异常。为了消除这些问题就要引出第三范式。

(3)第三范式(3NF)。

如果关系模式 $R \in 2NF$,且每个非主属性都不传递依赖于 R 的候选键,则 $R \in 3NF$。

第二范式出现上述问题,因为未消除传递函数依赖。如果 $R \in 3NF$,则每一个非主属性既不部分依赖于码,也不传递依赖于码。所以要想解决第二范式的问题,就需要用分解的办法。

可将 SD(Sno,Sdept,Mname)分解为:

$$SND(Sno,Sdept) \quad 和 \quad SM(Sno,Mname)$$

满足 3NF 的关系已能够清除数据冗余和各种异常。但对于具有几个复合候选键、键内属性有一部分互相覆盖的关系时,仅满足 3NF 的条件仍可能发生异常,应进一步用 BCNF 的条件去限制它。

(4)Boyce-Codd 范式(BCNF)。

由于 3NF 仍然存在着一些操作异常现象,因此 Boyce 和 Codd 提出了 BC 范式对 3NF 作了修改。如果关系模式 $R \in 1NF$,且每个属性都不传递依赖于 R 的候选键,则 $R \in BCNF$。还可以说,如果 $R \in 3NF$,并且不存在主属性对非主属性的函数依赖,则 $R \in BCNF$。一个满足 BCNF 的关系模式有以下特点:

①所有非主属性对每一个键码都是完全函数依赖。

②所有的主属性对每一个不包含它的键码,也是完全函数依赖。

③没有任何属性完全函数依赖于非键码的任何一组属性。

例如,假设有关系模式:DCT(系号,课号,教师编号)。它包含的语义为:一个系有多名教师;一名教师仅在一个系工作;在每一个系的每一门课仅由一名教师任教。根据以上的语义有函数依赖:

$$教师编号→系号, \quad (系号,课号)→教师编号$$

因为该模式的主属性是系号和课号,由于没有任何非主属性对键码的部分函数依赖和传递函数依赖,所以 $DCT \in 3NF$;但 DCT 不是 BCNF 关系,因为教师编号→课程号,但教师编号不是主属性,根据范式定义,$DCT \in 3NF$,但不是 BCNF。

$DCT \in 3NF$,不满足 BCNF 范式的关系模式同样存在着更新异常。例如,在 DCT(系号,课号,教师编号)中,如果存在元组(D01,C9,T1),当 D01 系要取消 C9 这门课,删除信息"D01"的 C9 课时,连"T1 教师"的信息也将删除。产生删除异常的原因是:教师编号与课号之间是依赖关系,但教师编号却不是主属性。

解决的办法是把模式进行投影分解,DCT 可分解为两个关系模式:DC(系号,课程号)和 TC(教师编号,课程号),则 DC ∈ BCNF,TC ∈ BCNF。

可见,分解后确实解决了上述删除异常的问题。

注意 3NF 和 BCNF 是以函数依赖为基础的关系模式规范化程度的测度。如果一个关系数据库中的所有关系模式都属于 BCNF,那么在函数依赖范畴内,它已实现了模式的彻底分解,达到了最高的规范化程度。

规范化的优点是避免了大量的数据冗余,节省了空间,保持了数据的一致性。规范化的缺点是,把信息放置在不同的表中,增加了操作的难度,同时把多个表连接在一起的花费是巨大的,可见,一个完全规范化的数据库仍然不是最好的。

下面来看一个例子,属于 BCNF(表 5.20)的关系模式是不是很完美?

在关系模式 TC(C,T,B)中,C 表示课程,T 表示教师,B 表示参考书。假设某一门课由多个教师讲授,一门课使用相同的一套参考书。

关系模式存在以下依赖:

数学[张明,刘玲][高数,线性代数,概率论]

政治[李四,张三,王五][西方哲学,政治经济学]

该关系模式码为(C,T,B),也是全码。该关系满足 BCNF,但很明显存在数据冗余、插入异常、更新异常和删除异常。这种关系模式称为多值依赖的数据依赖。

表 5.20 TC 表

课程 C	教师 T	参考书 B
政治	李四	西方哲学
政治	张三	政治经济学
政治	王五	政治经济学
数学	张明	高等数学
数学	刘玲	线性代数
数学	刘玲	高等数学
数学	张明	概率论
…	…	…

设 $R(U)$ 是一个属性集 U 上的一个关系模式,X,Y 和 Z 是 U 的子集,并且 $Z=U-X-Y$,多值依赖 $X \rightarrow \rightarrow Y$ 成立当且仅当对 R 的任一关系 r,r 在 (X,Z) 上的每个值对应一组 Y 的值,这组值仅仅决定于 X 值而与 Z 值无关。

若 $X \rightarrow \rightarrow Y$,而 $Z=\varnothing$(表示空集),则 $X \rightarrow \rightarrow Y$ 为平凡的多值依赖;否则称 $X \rightarrow \rightarrow Y$ 为非平凡的多值依赖。

在关系模式 TC 中,$C \rightarrow \rightarrow T$。

多值依赖具有下列性质：

①对称性。即 $X \rightarrow \rightarrow Y$，则 $X \rightarrow \rightarrow Z$，其中 $Z = U - X - Y$。

②传递性。即 $X \rightarrow \rightarrow Y$，$Y \rightarrow \rightarrow Z$，则 $X \rightarrow \rightarrow Z$。

③函数依赖可以看作是多值依赖的特殊情况。

④合并规则。若 $X \rightarrow \rightarrow Y$，$X \rightarrow \rightarrow Z$，则 $X \rightarrow \rightarrow YZ$。

⑤分解规则。若 $X \rightarrow \rightarrow Y$，$X \rightarrow \rightarrow Z$，则 $X \rightarrow \rightarrow Y \cap Z$。

⑥若 $X \rightarrow \rightarrow Y$，$X \rightarrow \rightarrow Z$，则 $X \rightarrow \rightarrow Y - Z$，$X \rightarrow \rightarrow Z - Y$。

多值依赖和函数依赖的区别：

①多值依赖的有效性与属性集的范围有关。函数依赖 $X \rightarrow \rightarrow Y$ 在 U 上成立，则在 $W(XY \subseteq W \subseteq U)$ 上一定成立。

②若多值依赖 $X \rightarrow Y$ 在 $R(U)$ 上成立，对于 Y' 包含于 Y，并不一定 $X \rightarrow \rightarrow Y'$ 成立，但是如果函数依赖 $X \rightarrow \rightarrow Y$ 在 $R(U)$ 上成立，对于任何 Y' 包含于 Y，必定 $X \rightarrow Y'$ 成立。

（5）第四范式（4NF）。

关系模式 $R(U, F) \in 1NF$，如果对于 R 的每个非平凡多值依赖 $X \rightarrow \rightarrow Y$（$Y$ 不包含于 X），X 都含有候选码，则 $R \in 4NF$。

对 $TC(C, T, B)$ 处理，去掉多值依赖。分解两个关系模式：

$$CT(C, T), CB(C, B)$$

则：

$$CT \in 4NF, CB \in 4NF$$

一个关系模式若属于 4NF，则必然属于 BCNF，R 中所有非平凡的多值依赖实际上是函数依赖。

（6）第五范式（5NF）。

如果关系模式 R 中的每一个连接依赖均由 R 的候选码所隐含，则称 $R \in 5NF$。

说明：

①连接依赖的定义：设 $R(U)$ 是属性集 U 上的关系模式，$X_1, X_2, \cdots, X_n$ 是 U 的子集，且 $U = X_1 \cup X_2 \cup \cdots \cup X_n$，如 R 等于 $R(X_1), R(X_2), \cdots, R(X_n)$ 的自然连接，则称 R 在 $X_1, X_2, \cdots, X_n$ 上具有 n 目连接依赖，记作，$\infty [X_1][X_2] \cdots [X_n]$。

②即指连择时所连接的属性均为候选码。

③多表间的连接应满足 5NF 较好。

5.2.5 关系数据库的存储结构

数据存储结构是指数据库中的物理数据和逻辑数据的表示形式、物理数据和逻辑数据之间关系映射方式的描述。在数据库技术中，可以使用两种形式描述客观现实的数据，即物理数据描述和逻辑数据描述。物理数据和逻辑数据之间的转换通过数据库管理系统来实现。

物理数据描述是指数据在存储设备上的存储方式。物理数据是实际存放在存储设备上的数据，这些数据也称为物理记录。根据物理记录存储的位置情况，物理记录可以分为有序存储和无序存储。

逻辑数据描述是指用户或程序员用于操作的数据形式。逻辑数据是一种抽象的概念,是对客观现实世界的反映和记录,这些数据也可以称为逻辑记录。逻辑数据包含两个层次:一个层次是对客观现实信息世界的描述;另一个层次是对数据库管理系统中数据的描述。

一个数据库往往由多个相互关联的文件构成,一个文件往往包含成千上万个记录,也就是说,记录是组成数据库的基础。这些记录总是要存放在磁盘存储器上。建立数据库不是目的,目的主要是在建立好的数据库平台上实现各种查询检索要求,即数据库处于不停的运行状态,所以查询效率就是应用中较为敏感的问题。存取效率不但和存储介质有关,还和文件中记录的组织方式和存取方法关系较大。不同组织方式的文件的存取方法是不同的,并且存取效率往往差别极大。

下面就介绍数据库的存储介质和文件中记录的存储方式。

5.2.5.1　数据库的存储介质

数据库是大量、持久数据的集合,采用多级存储器,用得最多的辅存是磁盘。光盘由于速度和价格上的原因,还无法取代硬盘。磁带是顺序存取存储器,通常用做后备存储器。下面简要介绍几种存储介质。

数据库作为一类特殊资源,主要保存在磁盘等外存介质上。根据访问数据的速度、成本和可靠性,存储介质可分成以下六类。

(1)主存储器(内存)。

主存储器(内存)是计算机主机系统重要的组成部分之一,CPU 要处理的任何对象,必须将它们先加载到内存才能处理。CPU 可以直接对主存中的数据进行操作。一般做 DBMS(或 CPU)和 DB 之间的数据缓冲区,实时/内存数据库系统中使用内存存放实时数据。

特点:容量低,价格高,速度快,掉电后数据消失。

(2)磁盘存储器。

磁盘是一种大容量的可直接存取的外部存储设备。大型的商用数据库需要数百个磁盘。磁盘有软磁盘和硬磁盘之分,软磁盘像一张唱片,在塑料介质上涂以磁性材料记录信息。硬磁盘由一组铝盘片表面涂以磁性材料构成。现在软盘已经很少使用,主要是用硬盘存储数据库的内容。

硬磁盘是由若干张盘片组成的一个磁盘组,磁盘组固定在一个主轴上,随着主轴高速旋转,速度有每秒 60 r/s、90 r/s 或 120 r/s。每个盘片的两面都能存放数据,但最顶上和最底下的外侧面由于性能不稳定,故弃而不用。每面上都有一个读写磁头,所以磁头号对应盘面号。多张盘片的同一磁道上下形成一个柱面。

硬磁盘总容量=盘面数目×每盘面的磁道数×每磁道的盘块数×每盘块的字节数

磁盘是一种直接存储设备,可随机读写任一盘块。盘块地址的形式是:

柱面号　磁头号　盘块号

有了这三个值,接口电路根据柱面号移动磁头到达指定柱面,根据磁头号选中盘面,再根据盘块号抵达指定位置存取数据。

为了管理方便,系统对盘块统一编址。编址方法是柱面从外向内从 0 开始依次编号,假定有 200 个柱面,则编号为 0~199;磁道按柱面编号,若是 20 个盘面,则 0 号柱面上磁道从上向下依次编号为 0~19,接着 1 号柱面上磁道继续编号为 20~39,依此类推;盘块号则根据磁道号统一编址,假定每个磁道上有 17 个扇区,则 0 号柱面 0 号磁道 0 号扇区的盘块号为 0,0 号柱面 1 号磁道 0 号扇区的盘块号为 17,依此类推。新盘使用前先要格式化。其目的之一是划分磁道扇区,并在各个盘块的块头部位加注该块地址,包括该块所在的柱面号、磁头号和盘块号以及某些状态标志。

(3)独立磁盘冗余阵列。

独立磁盘冗余阵列(Redundant Array of Independent Disk,RAID)是 1987 年由美国加利福尼亚大学的伯克莱分校提出来的,现在已开始广泛地应用于大、中型计算机系统和计算机网络中。它是利用一台磁盘阵列控制器来统一管理和控制一组(几台到几十台)磁盘驱动器,组成一个高度可靠的、快速的大容量磁盘系统。实现途径有两个:通过冗余改善可靠性,即数据重复存储,每一数据存储在两个磁盘里,在数据丢失时,能及时重建或恢复;通过并行提高数据传输速度,即把数据拆开分存在多个磁盘上,然后进行并行存取,通过对若干磁盘的并行存取,可以提高数据的传输速度。RAID 按照其基本特性分为八级,重要的 RAID 等级有如下几种:

①RAID 0 级。本级仅提供了并行交叉存取,它虽能有效提高了磁盘 I/O 的速度,但并无冗余校验功能,致使磁盘系统的可靠性不好。只要阵列中有一个磁盘损坏,便会造成不可弥补的数据丢失,故使用较少。

②RAID 1 级。它具有磁盘镜像功能。例如,当磁盘阵列中有 8 个盘时,可利用其中 4 个作为数据盘,另外 4 个作为镜像盘,在每次访问磁盘时,可利用并行读写特性,将数据分块同时写入主盘和镜像盘。此时磁盘容量利用率只有 50%,它是以牺牲磁盘容量为代价的。

③RAID 3 级。这是具有并行传输功能的磁盘阵列。它利用一台奇偶校验盘来完成数据的校验功能,比起磁盘镜像,它减少了所需的冗余磁盘数。例如,当阵列中只有 7 个盘时,可利用 6 个作为数据盘,一个作为校验盘,磁盘利用率为 6/7。RAID 3 级经常用于科学计算和图象处理。

④RAID 5 级。这是一种具有独立传送功能的磁盘阵列。每个驱动器都有自己独立的数据通路,独立地进行读/写操作,且无专门的校验盘。它用来进行纠错的校验信息,是以螺旋方式散布在所有数据盘上的。RAID 5 级常用于 I/O 较频繁的事务处理中。

⑤RAID 6 和 RAID 7 级。它们是强化了的 RAID,在 RAID 6 级的阵列中,设置了一个专用的、可快速访问的异步校验盘。该盘具有独立的数据访问通路,具有比 RAID 3 和 RAID 5 级更好的性能,但其性能的改进很有限,且价格昂贵。RAID 7 是对 RAID 6 级的改进,在该阵列中的所有磁盘,都具有较高的传输速度和优异的性能,是目前最高档次的磁盘阵列,但其价格也较高。

(4)光存储器。

光存储器是多媒体信息的主要存储设备,一般用来做备份。其主要特点是容量低(一般 650 MB/片,但光盘可在线更换,海量),价格低,速度适中,数据不易丢失(除非物理性损坏)。

5.2.5.2 文件组织

数据库以文件形式组织,文件由同质的多个记录组成,文件中记录的组织方式有四种,分别是:无序文件、有序文件、聚类文件和 HASH 文件。

(1)无序文件。

无序文件严格按记录输入顺序对数据进行组织。记录的存储顺序与关键码没有直接联系,常用来存储那些将来使用并且目前尚不清楚如何使用的记录,既可用于定长记录文件,也可用于非定长记录文件。录的存储方法可以采用跨块记录方法或非跨块记录存储方法。

无序文件的操作比较简单,其文件头部存储它的最末一个磁盘块的地址。插入一个记录时,首先读文件头,找到最末磁盘块地址,把最末磁盘块读入主存缓冲区,然后在缓冲区内把新记录存储到最末磁盘块的末尾,最后把缓冲区中修改过的最末磁盘块写回原文件,无序文件查找效率比较低。要查找特定记录必须从文件的第一个记录开始检索,直到发现满足条件的记录为止。

(2)有序文件。

有序文件是指记录按某个(或某些)域的值的大小顺序组织,一般最为常用的是按关键字的升序或降序排列。由于按关键字先后有序,所以查询效率较高。

(3)聚类文件。

关系数据库用相互关联的数据通过基本表进行组织,一个基本表对应一个关系。在小型数据库系统中,数据量小,每个关系处理成一个文件。这种文件称为单记录类型文件,文件中每个记录是定长的,文件之间是分离的,没有联系。数据联系要通过关键码和查询语句来实现。

随着数据量的增大,传统的单记录类型文件组织所实施的各类操作使系统的性能和查询速度明显下降,因而引入聚类技术组织文件,这种新的文件组织形式即为聚类文件。聚类文件允许一个文件由多个关系的记录组成,即是多记录类型文件。聚类文件的管理由数据库系统实现。这里所谓的聚类技术是指将经常在一起使用的记录物理地聚集在一起,以减少访问 I/O 的次数,提高访问速度。

(4) HASH 文件。

HASH 文件又称为散列文件,是一种支持快速存取的文件存储方法。如果用该方式存储一个文件,必须指定文件的一个(或一组)域为查询的关键字,该域常称为 HASH 域,然后定义一个 HASH 域上的函数,即 HASH 函数,以此函数的值作为记录查询的地址。

5.3 结构化查询语言 SQL

5.3.1 SQL 语言概述

结构化查询语言 SQL(Structured Query Language)是由 Boyce 和 Chamberlin 于 1974 年提出的,是当前关系数据库的标准操作语言,也是具有关系代数与关系演算双重特点的语言。其主要功能包括数据库的查询、定义、操作和控制几个方面。

由于 SQL 语言功能丰富,语言简捷,使用方便,因此,备受用户及计算机工业界的欢迎,被众多计算机公司和软件公司所采用。经各公司的不断修改、完善、扩充,SQL 语言最终发展成为关系数据库的标准语言。1986 年 10 月由美国 ANSI 公布了最早的 SQL 标准;1989 年 4 月,ISO 提出了具备完整性特征的 SQL,称为 SQL-89 1992 年 11 月,ISO 又公布了新的 SQL 标准,称为 SQL-92;1999 年颁布了 SQL-99,是 SQL92 的扩展。

5.3.1.1 SQL 语语言的基本概念

SQL 语言支持关系数据库的三级模式结构,如图 5.10 所示。其中外模式对应于视图(View)和部分基本表(Base Table),关系模式对应于基本表,内模式对应于存储文件。

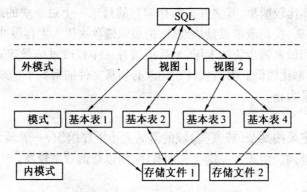

图 5.10 SQL 对关系数据库模式的支持

基本表是本身独立存在的表,在 SQL 中一个关系对应一个表。一些基本表对应一个存储文件,一个表可以带若干个索引,索引也存放在存储文件中。存储文件的逻辑结构组成了关系数据库的内模式。存储文件的物理文件结构是任意的。

视图是从基本表或其他视图中导出的表,它本身不独立存储在数据库中,也就是说,数据库中只存放视图的定义,而不存放视图对应的数据,这些数据仍存放在导出视图的基本表中,因此视图是一个虚表。用户可以用 SQL 语言对视图和基本表进行查询。

总结:

(1)模式对应于基本表。

(2)基本表是独立存在的表。

(3)每个基本表对应一个关系。

(4)内模式对应于存储文件。

(5)存储文件是在计算机存储介质中存放的文件形式。

(6)一个或若干个基本表对应一个存储文件。

(7)视图是从一个或几个基本表或其他视图导出的表。

(8)视图并不存放实际的数据,保存视图的定义。

(9)使用视图时,从基本表中取数据,视图实际上是一个虚表。

5.3.1.2 SQL 的主要功能

SQL 的主要功能包括以下三个方面:

(1)数据定义功能。

SQL 用来定义关系数据库的模式、外模式和内模式,也就是用来定义数据库的逻辑结构,以实现对基本表、视图以及索引文件的定义、修改和删除等操作。功能的实现主要通过数据定义语言(Date Define Language,DDL)来实现。

(2)数据操纵功能。

SQL 主要包括数据查询和数据更新功能。数据查询是指对数据库中的数据查询、分类、排序、统计、检索等操作。数据更新主要是指数据的插入、删除、修改三项操作。功能的实现主要通过数据操纵语言(Date Manipulate Language,DML)来实现。

(3)数据控制功能。

SQL 主要指控制数据安全性、完整性控制和事务控制等方面的功能。功能的实现通过数据控制语言(Date Control Language,DCL)来实现。

5.3.1.3 SQL 的特点

(1)综合统一。

SQL 语言包括数据定义、数据查询、数据操纵、数据控制等几方面的功能,可以完成数据库活动中的全部工作。

(2)高度非过程化。

用户在使用 SQL 语言对数据进行操作时,不需一步步地告诉计算机"如何"去做,只须描述清楚用户要"做什么",就可将要求交给系统自动完成全部工作。

(3)面向集合的操作方式。

由于关系是元组的集合,所以对关系的操作是基于集合,而不是基于一条记录。SQL 语言无论是查询、删除、更新等操作都是对元组集合进行操作。

(4)语言简洁。

SQL 语言只有为数不多的几条命令,虽然 SQL 语言的功能强大,但它的语法并不复杂,而且十分简洁,核心功能只有 6 个动词。

5.3.2 数据定义

SQL 语言的数据定义功能包括三部分:定义基本表、定义视图和定义索引。其中定义基本表包括建立基本表、个性基本表和删除基本表;定义视图包括建立视图和删除视图;定义索引包括建立索引和删除索引。SQL 语言的数据定义语句如表 5.21 所示。

表 5.21　SQL 的数据定义语句

操作对象	操作方式		
	创建	删除	修改
表	CREATE TABLE	DROP TABLE	ALTER TABLE
视图	CREATE VIEW	DROP VIEW	
索引	CREATE INDEX	DROP INDEX	

5.3.2.1 基本表的定义

与定义基本表有关的功能包括基本的定义、基本表结构的修改和基本表的删除。下面将分别介绍基本表是如何操作。

（1）定义基本表。

定义或创建基本表的 SQL 命令是：CREATE TABLE，具体格式如下：

CREATE　TABLE<表名>（ <列名><数据类型>［列级完整性约束定义］¦，<列名>
<数据类型>［列级完整性约束定义］…¦［，表级完整性约束定义 ］）

说明：

①<表名>是所要定义的基本表的名字。

②<列名> 指明表中包含的属性。

③数据类型是指每个属性的类型可以是基本数据类型，也可以是用户预先定义的域
名。SQL 支持的数据类型有：数值型、字符串型、日期时间型和货币型。

字符数据：char(n)，varchar(n)，text。

二进制数据：binary(n)，varbinary(n)，image。

整数数据：int，smallint，tinyint，bit。

浮点数据：float，real。

货币数据：money，smallmoney。

日期时间数据：datetime，smalldatetime。

④建表时可能定义与该表有关的完整性约束条件，完整性约束条件存入数据字典中，
当用户操作表中的数据时，由 DBMS 自动检查操作是否违背完整性约束条件。如果完整
性约束条件涉及表中的多个属性列，则必须定义在表级上，否则既可定义在列级，也可定
义在表级。

⑤建表的同时通常还可以定义与该表有关的完整性约束条件，这些完整性约束条件
被存入系统的数据字典中，当用户操作表中的数据时，由 DBMS 自动检查该操作是否违背
这些完整性约束条件。

⑥在列级完整性约束定义处可定义的约束。

NOT NULL：限制列取值非空。

DEFAULT：给定列的默认值。

UNIQUE：限制列的取值不重复。

CHECK：限制列的取值范围。

PRIMARY KEY：指定本列为主键。

FOREIGN KEY：定义本列为引用其他表的外键。

NOT NULL 和 DEFAULT：只能是列级完整性约束。

注意　非空约束的写法是：<列名>　<类型>　NOT　NULL

主键约束的写法是：PRIMARY KEY［(<列名>［，… n])］

例：sname char(10) NOT NULL

例5.9　建立一个"教师"表 Teacher，它由教师编号（Tno）、姓名（Tname）、性别
（Tsex）、年龄（Tage）、所在系（Tdept）五个属性组成，其教师编号属性不能为空，并且其值
是唯一的。其命令为：

CREATE TABLE　Teacher

（Tno　 CHAR(7) NOT NULL UNIQUE，

Tname CHAR(20),

Tsex CHAR(1),

Tage INT,

Tdept CHAR(15));

例 5.10　建立一个"商品"表,它包括商品号、商品名、商品价格、产地三个字段,其中商品号是主关键字,为"商品价格"字段定义域完整性约束。

其命令为:

CREATE TABLE Goods(

Gno CHAR(10),

Gname CHAR(8),

Price　INT CHECK(Price>=1 and　Price<=1000000),

Place　char(20),

PRIMARY KEY(Gno));

(2)修改基本表结构。

基本表是独立存在数据库,在表创建之后可以用 SQL 语言的 ALTER TABLE 命令来修改表结构,该命令格式为:

ALTER TABLE <表名>

[ADD <新列名>　<数据类型>[列级完整性约束]]

[DROP<列名> <完整性约束名>]

[MODIFY <列名>　<数据类型>];

说明:

①<表名>指定需要修改的基本表。

②ADD 子句用于增加新列和新的完整性约束条件。

③DROP 子句用于删除指定的完整性约束条件。

④MODIFY 子句用于修改原有的列(修改列名或数据类型)定义。

(3)删除基本表。

当一个关系不需要时,就可删除它。删除基本表命令的格式为:

DROP TABLE <表名>;

例 5.11　①在 Teacher 表中加入一列"民族",其数据类型为字符型;②将 Goods 表中"商品价格"的数据类型改为 FLOAT;③将 Teacher 表中的属性"民族"删除;④删除 Goods 表。

其命令为:

①ALTER　TABLE　Teacher　ADD　Nation　CHAR(6);

②ALTER　TABLE　Goods　MODIFY　Price　FLOAT(9);

③ALTER　TABLE　Student　DROP　Nation;

④DROP　TABLE　Goods;

5.3.2.2 索引的建立和删除

用户可以根据需要,在基本表上建立一个或多个索引,以提供多种存取路径,加快查找速度,即建立索引的目的是加快查询速度。一般来说,由数据库管理员 DBA 或表的属主负责建立或删除索引。普通用户不能也不必建立索引。

(1)建立索引。

CREATE［UNIQUE］［CLUSTER］INDEX <索引名> ON <表名>(<列名>［<次序>］［,<列名>［<次序>］］…);

说明:

①表名:用于指定要建索引的基本表名字。

②索引可以建立在该表的一列或多列上,各列名之间用逗号分隔。

③次序:用于指定索引值的排列次序,按升序用 ASC,按降序用 DESC,缺省值为 ASC。

④UNIQUE:表明此索引的每一个索引值只对应唯一的数据记录。

⑤CLUSTER:表示要建立的索引是聚簇索引。所谓聚簇索引是指索引项的顺序与表中记录的物理顺序一致的索引组织。此类索引可以提高查询效率,聚簇索引可以在最常查询的列上建立,对于经常更新的列不宜建立。一个基本表上最多只能建立一个聚簇索引。

例 5.12 为学生 - 课程数据库中的 Student, Course, SC 三个表建立索引。其中 Student 表按学号升序建唯一索引;Course 表按课程号升序建唯一索引;SC 表按学号升序和课程号降序建唯一索引。

其命令为:

CREATE UNIQUE INDEX Stusno ON Student(Sno) ;

CREATE UNIQUE INDEX Coucno ON Course(Cno) ;

CREATE UNIQUE INDEX SCno ON SC(Sno ASC, Cno DESC) ;

(2)删除索引。

建立索引的目的是为了减少从数据表中查询指定数据的操作时,但如果数据修改频繁,系统会花费许多时间来维护。所以,要删除一些不必要的索引。在 SQL 语言中,删除索引用 DROP INDEX 语句,语句格式如下:

DROP INDEX 索引名;

例如,要删除 Teacher 表的 Teacherno 索引,可以表示为:

DROP INDEX Teacherno;

5.3.2.3 视图的建立和删除

在关系数据库中,视图是操作基本表的窗口,视图中的数据是从基本表中派生出来的并依赖于基本表,但它们并不独立存在。视图中的数据就是基本表中的数据,视图一旦定义,就可以像对基本表一样进行各种操作。但对视图的所有操作都将由数据库管理系统自动转换为对基本表的操作。当基本表中的数据发生变化后,视图中的数据也随之改变。

视图的作用是可简化用户的操作,使用户将注意力集中在它所关心的数据上。因为数据不是直接来自基本表,所以通过定义视图,使用户看到的数据库结构简单、清晰,可简化用户对数据查询的操作。另外,通过对不同的用户定义不同的视图,使机密数据不被不应看到的用户所看到,可以能够对机密数据提供安全保护。下面介绍视图的定义。

（1）定义视图。

视图是根据对基本表的查询需求而定义,命令的格式如下:

CREATE VIEW 视图名［（字段名［,字段名］....）］

　　AS 子查询

　　［WITH CHECK OPTION］;

说明:

①WITH CHECK OPTION 选项表示对视图进行 UPDATE、INSERT 和 DELETE 操作时要保证更新、插入和删除的行必须满足视图定义的子查询的条件表达式。

②子查询不允许含有 ORDER BY 子句和 DISTINCT 短语。

③组成视图的属性列名要么全部指定,要么全部省略,没有其他选择。

例5.13　假设经常要查课程名和学时信息,定义其视图。

其命令为:

CREATE VIEW　V_CH　AS SELECT Cno,Cname　FROM Course;

例5.14　建立一个有关教授信息的视图。

其命令为:

CREATE　VIEWV_Prof　AS　SELECT Tno,Tname,Tage,Tprank　FROM　Teacher WHERE Tprank＝"教授";

但是,下面三种情况必须明确指定组成视图的所有列名:

①某个目标列不是单纯的属性列名,而是集函数或列表达式。

②多表连接时出现了几个同名列作为视图的字段。

③需要在视图中为某个列启用新的更合适的名字。

（2）删除视图。

删除视图后,视图的定义将从数据字典中删除。但由该视图导出的其他视图定义仍在数据字典中,不过该视图已失效,要一一删除。删除视图的语句格式为:

DROP VIEW 视图名;

例如,要删除视图 T_S,其语句为:

DROP VIEW　T_S;

5.3.3　数据查询

从数据库中查询数据是对数据库的核心操作,SQL 语言提供了 SELECT 语句实现对数据库的查询。该语句的格式如下:

SELECT［ALL|DISTINCT］<目标列表达式>［,<目标列表达式>］

FROM <表名或视图名>［,<表名或视图名>］…

［WHERE <条件表达式>］

［GROUP BY <列名 1>［HAVING<条件表达式>］］

［ORDER BY <列名 2>［ASC|DESC］];

SELECT 语句的含义是:根据 WHERE 子句的条件表达式,从 FROM 子句指定的基本表或视图中找出满足条件的元组,再按 SELECT 子句中的目标列表达式,选出元组中的属性值形成结果表。如果有 GROUP 子句,则将结果按<列名 1>的值进行分组,该属性值相等的元组为一个组,每组产生结果表中的一条记录。如果 GROUP 子句带 HAVING 短语,则只有满足指定条件的组才予以输出。如果有 ORDER 子句,则结果表还要按<列名 2>的值的升序或降序排列。

说明:

ALL:显示所有满足条件的元组。

DISTINCT:消除重复元组。

*:所有列。

目标列表达式:查询结果,可以有函数运算。

FROM:指明从哪些表或视图中查询。

WHERE:作用于基本表或视图,选择满足条件的元组。条件可以包括:比较(= 、<、<= 、>、>= 、<>、! = 、! <、! >)、范围(between and、not between and)、列表(in、not in)、字符匹配(like、not like)、空值判断(is null、is not null)、连接(多表、单表(表的自连接))、嵌套查询(子查询)。

GROUP BY:用 GROUP BY 子句将查询结果按某一列或多列值分组,值相等的为一组。

HAVING:作用于 GROUP 分成的子组,选择满足条件的组。

ORDER BY:输出时按指定列排序。ASC 表示升序排列(缺省值);DESC 表示降序排列。

为了讲解 SELECT 语句的各种用法,下面以教师-课程数据库为实例来说明。数据库中包括老师表、工资表、授课表三个表。具体表的内容见表 5.22、表 5.23、表 5.24。

表 5.22　教师表(Teacher)

Tno(编号)	Tname(姓名)	Tsex(性别)	Tage(年龄)	Tprank(职称)	Tdept(系别)
001	张强	男	30	讲师	数学系
002	李四	男	49	教授	外语系
990	五明	女	51	教授	数学系
033	刘红	男	28	讲师	计算机系

表 5.23　工资表(Salary)

Tno(编号)	Basepay(基本工资)	Bonus(奖金)	Sum(工资总额)
001	3 000	1 000	4 000
002	4 000	2 000	6 000
990	5 000	3 000	8 000
033	2 500	1 000	3 500

表 5.24　授课表(Course)

Tno(编号)	Cno(课号)	Course(课名)	Hour(学时)	Pre_Cno(前导课)
001	C1	高等数学	50	NULL
002	C2	英语	68	NULL
990	C1	高等数学	40	NULL
033	C8	计算机基础	38	NULL

5.3.3.1　单表查询

所谓的单表查询是指仅在一个表中查询所需的数据。

(1)无条件查询。

例 5.15　针对教师-课程数据库,①查询全体教师的姓名、职称;②查询全体教师的教师编号、奖金;③查询授课表中的所有内容。

其命令为:

①SELECT　Tname, Tprank FROM Teacher;

②SELECT Tno, Bonus　FROM　Salary;

③SELECT　*　FROM　Course;

(2)条件查询。

例 5.16　针对教师-课程数据库,①查询工资总额在 4 000 元以上 5 000 元以下的职工;②查询年龄在 45 岁以下的教授的名字、教师编号、职称:③查询姓刘的教师的所有信息;④查询年龄在 28～40 岁(包括 28 岁和 40 岁)之间的教师的姓名及年龄;⑤查询教授、讲师的教师编号、姓名;⑥查询所有有教师编号的教师的姓名。

其命令为:

①SELECT　Tno FROM Salary　WHERE Sum>4000　AND　Sum<5000;

②SELECT　Tno, Tname, Tprank　FROM　Teacher

WHERE　Tage<45　AND　Tprank="教授";

③SELECT　*　FROM　Teacher WHERE Tname LIKE　′刘%′;

注意　%(百分号)代表任意长度(长度可以为 0)的字符串。_(下横线)代表任意单个字符。

④SELECT　Tname, Tage　FROM　Teacher

WHERE　T age　BETWEEN 28 AND 40;

⑤SELECT　Tno, Tname　FROM　Teacher

WHERE　Tprank　IN (′教授′,′讲师′);

⑥SELECT Sname　FROM　Teacher　WHERE　Tno IS NOT NULL

(3)对查询结果排序。

例 5.17　针对教师-课程数据库,查询职称是副教授的教师的教师编号,并按年龄降序排列。

其命令为: SELECT　Sno　FROM　Teacher　WHERE　Tprank=′副教授′

ORDER BY Tage DESC；

（4）使用集函数的计算查询。

SQL 语言提供了下列函数进行计算。

MIN(<表达式>)：求(字符、日期、数值列)的最小值。

MAX(<表达式>)：求(字符、日期、数值列)的最大值。

COUNT(∗)：计算选中结果的行数。

COUNT([ALL | DISTINCT]<表达式>)：计算所有/不同值的个数。

SUM([ALL | DISTINCT]<表达式>)：计算所有/不同列值的总和。

AVG([ALL | DISTINCT]<表达式>)：计算所有/不同列值的平均值。

例 5.18 针对教师-课程数据库,①查询教师的总人数;②求每个系教师的平均工资。

其命令为：

①SELECT COUNT(∗) FROM Teacher；

②SELECT AVG(Sum) FROM Salary GROUP BY Tdept

5.3.3.2 连接查询

若查询时同时涉及两个以上的表,则称之为连接查询。连接查询是关系数据库中最主要的查询方式。连接查询主要包括等值连接查询、非等值连接查询、自身连接查询和复合条件连接查询等。

（1）等值与非等值连接查询。

等值与非等值连接查询指通过比较运算符进行常规连接。连接查询中连接条件的一般格式为：

[<表名 1>.]<列名 1> <比较运算符> [<表名 2>.]<列名 2>

比较运算符有 =、! =、>、>=、<、<=,当连接运算符是" ="时,称为等值连接,其他情况称为非等值连接。

连接表达式也可写下列形式：

[<表名 1>.]<列名 1> BETWEEN [<表名 2>.]<列名 2> AND [<表名 2>.]<列名 3>

说明：连接条件中列名对应属性的类型必须是可比的。

例如,查找工资总额在 4 000 元以上的教师及他们的职称。

SELECT Tno,Tprank FROM Salary,Teacher

WHERE (Sum>4000) AND (Salary.Tno= Teacher.Tno)

注意 当多个相连的关系中出现相同的属性名时,属性的写法是：关系名. 属性名。

（2）自身连接查询。

自身连接查询指同一个表与自己进行连接的查询。

例 5.19 查询每一门课的间接先修课(即先修课的先修课)。在 Course 表关系中,只有每门课的直接先修课信息,而没有先修课的先修课。要得到这个信息,必须先对一门课找到其先修课,再按此先修课的课程号,查找它的先修课程。这就需要要将 Courses 表与其自身连接。

完成该查询的 SQL 语句为：

SELECT　A. cno,A. cname,B. Pre_Cno

FROM　Course　A, Course　B

WHERE　A. Pre_Cno =B. Cno;

注意　此处 A、B 表示 Courses 的两个别名。结果表中有 NULL 的行表示该课程有先修课,但没有间接先修课。

(3)嵌套查询(子查询)。

一个 SELECT…FROM…WHERE 语句称为一个查询块。一个查询块出现在 WHERE 子句中或 HAVING 短语中的查询称为嵌套查询。

5.3.4　数据更新

SQL 中的数据更新包括插入数据、修改数据和删除数据三条语句。

5.3.4.1　插入数据

SQL 语言用 INSERT 语句向数据库中插入或添加新的数据行,插入的数据行可以是单个元组,也可以是多个元组(子查询结果)。

(1)插入单个元组。

插入单个元组就是将新元组插入指定表中,其语句格式为:

INSERT　INTO 表名[(字段名[,字段名]....)]

VALUES(常量[,常量]...);

说明:

①在 INTO 中没有出现的属性列,将被置为空值。

②在表定义时说明了 NOT NULL 的属性列不能取空值。

③如果 INTO 子句没有指明任何列名,则新插入的记录必须在每个属性列上均有值。

例 5.20　针对教师-课程数据库,①将一个新课程元组的全部属性插入到 Course 表中;③插入一条教师元组的部分属性到 Teacher 表中。

其语句格式为:

①INSERT　INTO　Course　　VALUES ('009','C8','物理',50);

②INSERT　INTO　Teacher (Tno,Tname)　VALUES ('101','丁一');　//空值插入

(2)插入子查询结果。

插入子查询结果的功能是以批量插入方式,一次将子查询的结果全部插入到指定表中。子查询不仅可以嵌套在 SELECT 语句中,用以构造父查询的条件,也可以嵌套在 IN-SERT 语句中,用以生成要插入的数据。

插入子查询结果的 INSERT 语句的格式为:

INSERT INTO <表名>[(<属性列 1>[,<属性列 2>…])]

例 5.21　建立一个学生平均成绩表 SG,包括学号 Sno 和平均成绩 Gavg,并完成插入。

其命令为:

CREATE TABLE SG(Sno CHAR(10) NOT NULL

UNIQUE, Gavg SMALLINT);

INSERT INTO SG(Sno,Gavg)

SELECT Sno, AVG(Grade) FROM SC GROUP BY Sno;

5.3.4.2 修改数据

修改数据用于修改表中指定的某些元组,把这些元组按 SET 子句中的表达式修改相应字段上的值。SQL 语言修改数据的命令格式为:

UPDATE　＜表名＞

SET　＜列名1＞=＜表达式1＞[,＜列名2＞=＜表达式2＞…]

[WHERE ＜条件＞];

(1)单表修改。

例5.22　针对教师–课程数据库,①把教师编号为 100 的教师的职称改为教授;②把所有老师的基本工资增加 300 元。

其命令为:

①UPDATE Teacher

　SET Tprank = '教授'

　　WHERE Tno = '100'

②UPDATE Teacher

　SET Basepay = Basepay + 300;

(2)多表的修改。

例5.23　针对教师–课程数据库,把教师的教师编号 100 改为 102。

其命令为:

　UPDATE Teacher

　　SET Tno = '102'

　　WHERETno = '100';

　UPDATE　Salary

　　SET Tno = '102'

　　WHERE Tno = '100'

　UPDATE　Course

　　SET Tno = '102'

　　WHERE Tno = '100'

5.3.4.3 删除数据

删除数据用于删除指定表中满足条件的元组。删除数据的命令语句格式为:

DELETE　　FROM 表名　　[WHERE 谓词];

说明:没有 WHERE 子句时表示删除此表中的全部记录。DELETE 命令只删除元组,不删除表或表结构。

例如,把课程"C2"删除的命令为:DELETE　FROM Course　WHERE Cno = 'C2';

5.3.5　数据控制

由于数据库管理系统是一个多用户系统,为了控制不同用户对数据有不同的权限,防止非法使用数据库中的数据,以保持数据的共享及完整性。不同用户的不同权限的限制由 DBA 和表的创建者根据具体情况决定,SQL 语言为 DBA 和表的所有者提供了权限授予和权限撤销命令,来实现对数据的存取权限的控制。存取权限由数据对象和操作类型两个要素组成,不同对象的类型允许的操作权限不同。

DBA 对数据库可以有建立表的权限,只有当 DBA 授予普通用户,普通用户拥有此权限后可以建立基本表,并成为该表的所有者。基本表的所有者拥有对该表的一切操作权限。普通用户只具有对数据库的增加、删除、修改、查询的权限。

定义一个用户的存取权限就是要定义这个用户可以在哪些数据对象上进行哪些类型的操作。数据对象包括表、属性列、模式、内模式、外模式,对不同的数据对象进行不同的操作,对表和属性列可进行查询、插入、修改和删除操作;对模式、内模式和外模式可进行建立、修改、检索操作。

5.3.5.1　授权

所谓授权就是将对指定操作对象的指定操作权限授予指定的用户。SQL 语言用 GRANT 命令给用户授予权限,具体语句格式如下:

GRANT <权限>[,<权限>]

[ON<对象类型><对象名>]

TO <用户>[,<用户>]［WITH GRANT OPTION］;

如果指定了 WITH GRANT OPTION 子句,则获得某种权限的用户还可以把这种权限再授予其他用户;否则该用户只能使用所获得的权限,而不能将该权限传播给其他用户。

例 5.24　针对教师-课程数据库,①把对 Students 表和 Teacher 表的全部操作权限授予用户 User1 和 User2;②把查询 Course 表的查询权限授予所有用户;③把查询 Students 表和修改学生成绩(Grade)的权限授给用户 User1;④把对表 Teacher 的 INSERT 权限授予 User10 用户,并允许其将此权限授予其他用户。

其命令为:

①GRANT ALL PRIVILIGES　ON TABLE　Student,Teacher　TO　User1,User2;

②GRANT SELECT　ON TABLE Course;

③GRANT UPDATE(Grade),SELECT ON TABLE Student TO User1;

④GRANT INSERT ON TABLE Teacher TO User10 WITH GRANT OPTION;

5.3.5.2　收回权限

收回权限是将已经授给某用户的角色的权限收回。SQL 语言用 REVOKE 命令实现,具体语句格式如下:

REVOKE<权限>[,<权限>]…

[ON<对象类型><对象名>]

FROM<用户>[,<用户>]…;

例 5.25　针对教师-课程数据库,①把用户 Teacher1 修改 Students 表的学生成绩

（Grade）的权限收回；②收回所有用户对基本表 Teacher 的查询权限；③把用户 Guest 对
Teacher 表的 INSERT 权限收回。

其命令为：

①REVOKE UPDATE(Grade) ON TABLE Students FROM Teacher1；

②REVOKE SELECT ON TABLE Teacher FROM PUBLIC；

③REVOKE INSERT ON TABLE Teacher FROM Guest；

5.4 数据库访问技术

5.4.1 数据库访问的标准

目前,数据库产品比较多,由于不同数据库应用程序开发工具有不同的数据库访问方式,而且不同的数据供应商又提供了不同的接口。常用的数据库访问技术有 ODBC、DAO、OLE DB ADO,应用最多的则是 ADO 数据库访问技术。

5.4.1.1 ODBC 标准介绍

ODBC 即开放式数据库互联(Open Database Connectivity),是用于访问数据库的统一界面标准。大多数的数据库在进行设计时都遵守 SQL 标准,这使得各类应用可以利用 SQL 标准对不同的数据源进行操作。我们可以发出 SQL 命令,由 ODBC 发给数据库,数据库再将结果经过 ODBC 返回给应用程序。标准 ODBC 结构如图 5.11 所示。

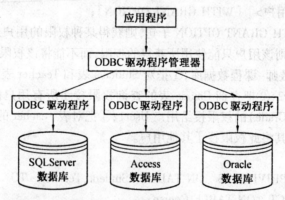

图 5.11 标准 ODBC 结构

它包含一组可扩展的动态链接库,为我们提供了一个标准的数据库应用的程序设计接口,可以通过它编写对数据库进行增、删、改、查和维护等操作的应用程序。在 ODBC 的 DLL 之下安装不同数据库的驱动程序,开发人员可以访问不同的数据库资源。由于 OD-BC 是基于关系数据库的结构化查询语言 SQL 而设计的,从 ODBC 层之上的应用程序来看,各个异构关系数据库只是相当于几个不同的数据源,而这些不同数据源的组织结构对于程序员来说是透明的,所以我们就可以编写独立于数据库的访问程序。

5.4.1.2 OLE DB

对象链接与嵌入数据库 OLE DB,在两个方面对 ODBC 进行了扩展。首先, OLE DB

提供了一个数据库编程的 COM 接口；第二，OLE DB 提供了一个可用于关系型和非关系型数据源的接口。OLE DB 的两个基本结构是 OLE DB 提供程序(Provider)和 OLE DB 用户程序(Consumer)。OLE DB 的组成结构如图 5.12 所示。

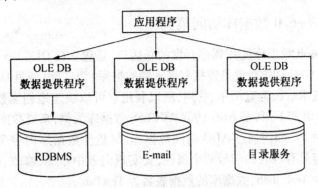

图 5.12　OLE DB 的组成结构

5.4.1.3　ADO 技术

ADO 的中文含义是 ActiveX 数据对象(ActiveX Data Object)，它是一种面向对象的接口。ADO 访问数据库是通过访问 OLE DB 数据并提供程序来进行的,它在封装 OLEDB 的程序中使用了大量的 COM 接口,是一种高层的访问技术。它在继承 OLE DB 优点的同时,大大简化了 OLEDB 的操作。ADO 框架结构如图 5.13 所示。

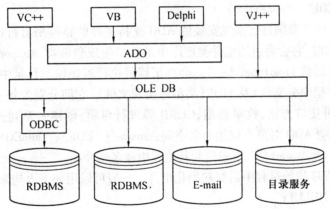

图 5.13　ADO 框架结构图

此外,ADO 技术可以以 ActiveX 控件的形式出现,所以可被用于 Microsoft ActiveX 页,也可以在 VB 中被使用,从而简化编程。还由于 ADO 是基于组件对象模型(COM)的访问技术,所以用 ADO 产生的应用程序占用内存少。正因为 ADO 技术有以上这些优点,所以它的应用前景十分被看好。

5.4.1.4　DAO

数据访问对象(Data Access Object,DAO)就是一组 Microsoft Access/Jet 数据库引擎的 COM 自动化接口。DAO 不像 ODBC 那样是面向 C/C++程序员的,它是微软提供给 Visual Basic 开发人员的一种简单的数据访问方法,用于操纵 Access 数据库。

5.4.1.5 RDO

由于远程数据对象(Remote Data Object,RDO)直接调用 ODBC API(而不是像 DAO 那样通过 Jet 引擎),所以,可以为使用关系数据库的应用程序提供更好的性能。

5.4.2 VC++6.0 数据库访问范例

ADO 是 Microsoft 数据库应用程序开发的新接口,是建立在 OLE DB 之上的高层数据库访问技术,并以 OLE DB(对象是连接和镶入的数据库)为基础,经过 OLE DB 精心包装后的数据库访问技术。因为它简单、易用,所以利用它可以快速地创建数据库应用程序。下面通过在 VC++语言下,利用 ADO 访问 ACCESS 数据库为例,来说数据库访问的实现。

为了突出说明 VC 如何通过 ADO 访问数据库,尽量使数据库内容简单,假设这里访问的数据表的内容只有姓名和学号两个属性,要实现向表中添加、修改、删除几项简单的操作。数据库名为 Test. mdb,数据库的数据表名为 TestTable。

下面给出 ADO 数据库访问技术使用的基本步骤及方法:

第一步:要用#import 语句来引用支持 ADO 的组件类型库(* . tlb)。其中类型库可以作为可执行程序(如 DLL、EXE 等)的一部分被定位在其自身程序中的附属资源里,如被定位在 msado15. dll 的附属资源中。其方法很简单,只需要直接用#import 引用它即可。可以直接在 Stdafx. h 文件中加入下面语句来实现:

```
#import "c:\program files\common files\system\ado\msado15. dll" \no_namespace \
rename ("EOF", "adoEOF")
```

其中路径名可以根据自己系统安装的 ADO 支持文件的路径来自行设定。当编译器遇到#import 语句时,它会为引用组件类型库中的接口生成包装类,#import 语句实际上相当于执行了 API 涵数 LoadTypeLib( )。会在工程可执行程序输出目录中产生两个文件,分别为 * . tlh(类型库头文件)及 * . tli(类型库实现文件),它们分别为每一个接口产生智能指针,并为各种接口方法、枚举类型、CLSID 等进行声明,创建一系列包装方法。语句 no_namespace 说明 ADO 对象不使用命名空间;rename ("EOF", "adoEOF")说明将 ADO 中结束标志 EOF 改为 adoEOF,以避免和其他库中命名相冲突。

第二步:在程序初始过程中需要初始化组件。一般可以用如下语句来实现:

CoInitialize(NULL);

这种方法在结束时要关闭初始化的 COM,可以用下面语句来实现:

CoUnInitialize( );

在 MFC 中还可以采用另一种方法来实现初始化 COM,这种方法只需要一条语句便可以自动实现初始化 COM 和结束时关闭 COM 的操作,语句如下:

AfxOleInit( ); //建议用这种方法较好

第三步:利用三个智能指针直接使用 ADO 的操作数据库。三个智能指针是指在前面用#import 语句引用类型库时,生成包装类. tlh,该包装类中声明的指针中含有这三个指针:_ConnectionPtr、_RecordsetPtr 和_CommandPtr。可以利用_ConnectionPtr、_CommandPtr 对象执行 SQL 命令,或利用_RecordsetPtr 对象取得结果记录集进行查询、处理。

5.4.2.1　智能指针的作用

_ConnectionPtr 接口返回一个记录集或一个空指针。通常使用它来创建一个数据连接或执行一条不返回任何结果的 SQL 语句,如一个存储过程。使用_ConnectionPtr 接口返回一个记录集不是一个好的使用方法,对于要返回记录的操作通常用_RecordserPtr 来实现。而用_ConnectionPtr 操作时要想得到记录条数需遍历所有记录,而用_RecordserPtr 时不需要。

_CommandPtr 接口返回一个记录集。它提供了一种简单的方法来执行返回记录集的存储过程和 SQL 语句。在使用_CommandPtr 接口时,可以利用全局_ConnectionPtr 接口,也可以在_CommandPtr 接口里直接使用连接串。如果只执行一次或几次数据访问操作,后者是比较好的选择。但如果要频繁访问数据库,并要返回很多记录集,那么,你应该使用全局_ConnectionPtr 接口创建一个数据连接,然后使用_CommandPtr 接口执行存储过程和 SQL 语句。

_RecordsetPtr 是一个记录集对象。与以上两种对象相比,它对记录集提供了更多的控制功能,如记录锁定、游标控制等。同_CommandPtr 接口一样,它不一定要使用一个已经创建的数据连接,可以用一个连接串代替连接指针赋给_RecordsetPtr 的 connection 成员变量,让它自己创建数据连接。如果你要使用多个记录集,最好的方法是同_Commandptr 对象一样使用已经创建了数据连接的全局_ConnectionPtr 接口,然后使用_RecordsetPtr 执行存储过程和 SQL 语句。

5.4.2.2　智能指针的用法

（1）_ConnectionPtr 智能指针。

该指针通常用于打开、关闭一个库连接或用它的 Execute 方法来执行一个不返回结果的命令语句。

①打开一个库连接。先创建一个实例指针,再用 Open 打开一个库连接,它将返回一个 IUnknown 的自动化接口指针。代码如下:

```
_ConnectionPtrm_pConnection;
AfxOleInit();        // 初始化 COM,创建 ADO 连接等操作
m_pConnection. CreateInstance( __uuidof( Connection) );
```

在 ADO 操作中建议语句中要常用 try...catch( )来捕获错误信息,因为它有时会经常出现一些意想不到的错误。

```
try
{
    m_pConnection->Open( " Provider = Microsoft. Jet. OLEDB. 4. 0; Data Source = test.
    mdb\" , "" ,"" ,adModeUnknown) ;        // 打开本地 Access 库 test. mdb
}
catch( _com_error * e)
{
    AfxMessageBox("数据库连接失败,确认数据库 test. mdb 是否在当前路径下!" );
    return FALSE;
```

②关闭一个库连接。如果连接状态有效,则用 Close 方法关闭它并赋予它空值,代码如下:

```
if( m_pConnection->State)
{
    m_pConnection->Close( );
    m_pConnection = NULL;
}
```

(2)_RecordsetPtr 智能指针。

该指针可以用来打开库内数据表,并可以对表内的记录、字段等进行各种操作。

①打开数据表。

打开库内表名为 TestTable 的数据表,代码如下:

```
_RecordsetPtrm_pRecordset;
m_pRecordset. CreateInstance( __uuidof( Recordset) );
```

在 ADO 操作中建议语句中要常用 try...catch( )来捕获错误信息,因为它有时也会经常出现一些意想不到的错误。

```
try
{
    m_pRecordset->Open( "SELECT  *  FROM TestTable", /* 查询 TestTable 表中所有字段 */
    theApp. m_pConnection. GetInterfacePtr( ), /* 获取库接库的 IDispatch 指针 */
    adOpenDynamic, adLockOptimistic, adCmdText);
}
catch( _com_error  * e)
{
    AfxMessageBox( e->ErrorMessage( ));
}
```

②读取表内数据。

将表内数据全部读出并显示在列表框内,m_AccessList 为列表框的成员变量名。如果没有遇到表结束标志 adoEOF,则用 GetCollect(字段名)或 m_pRecordset->Fields->GetItem(字段名)->Value 方法,来获取当前记录指针所指的字段值,然后再用 MoveNext( )方法移动到下一条记录位置。代码如下:

```
_variant_t var;
CString strName, strAge;
try
{
    if( ! m_pRecordset->BOF)
        m_pRecordset->MoveFirst( );
```

```
    else
    {
        AfxMessageBox("表内数据为空");
        return;
    }
    //读入库中各字段并加入列表框中
    while(! m_pRecordset->adoEOF)
    {
        var = m_pRecordset->GetCollect("Name");
        if(var. vt ! = VT_NULL)
        strName = (LPCSTR)_bstr_t(var);
        var = m_pRecordset->GetCollect("Sno");
        if(var. vt ! = VT_NULL)
        strSno = (LPCSTR)_bstr_t(var);

        m_AccessList. AddString(strName + " --> "+strSno);
        m_pRecordset->MoveNext();
    }
    //默认列表指向第一项,同时移动记录指针并显示
    m_AccessList. SetCurSel(0);
}
catch(_com_error * e)
{
    AfxMessageBox(e->ErrorMessage());
}
```

③插入记录。

可以先用 AddNew()方法新增一个空记录,再用 PutCollect(字段名,值)输入每个字段的值,最后再用 Update()更新数据库即可。其中变量 m_Name 和 m_Age 分别为姓名及年龄编辑框的成员变量名。代码如下:

```
try
{
    //写入各字段值
    m_pRecordset->AddNew();
    m_pRecordset->PutCollect("Name", _variant_t(m_Name));
    m_pRecordset->PutCollect("Sno", atol(m_Sno));
    m_pRecordset->Update();
    AfxMessageBox("插入成功!");
}
```

```
catch( _com_error  * e)
{
    AfxMessageBox( e->ErrorMessage( ) );
}
```

④移动记录指针。

移动记录指针可以通过 MoveFirst( )方法移动到第一条记录,MoveLast( )方法移动到最后一条记录,MovePrevious( )方法移动到当前记录的前一条记录,MoveNext( )方法移动到当前记录的下一条记录。但有时经常需要随意移动记录指针到任意记录位置时,可以使用 Move(记录号)方法来实现。

注意 Move( )方法是相对于当前记录来移动指针位置的,正值向后移动、负值向前移动,如 Move(3),当前记录是 3 时,它将从记录 3 开始往后再移动 3 条记录位置。代码如下:

```
try
{
    int curSel = m_AccessList. GetCurSel( );
    //先将指针移向第一条记录,然后就可以相对第一条记录来随意移动记录指针
    m_pRecordset->MoveFirst( );
    m_pRecordset->Move( long( curSel) );
}
catch( _com_error  * e)
{
    AfxMessageBox( e->ErrorMessage( ) );
}
```

⑤修改记录中字段值。

可以将记录指针移动到要修改记录的位置处,直接用 PutCollect(字段名,值)将新值写入并 Update( )更新数据库即可。可以用上面的方法移动记录指针,修改字段值代码如下:

```
try
{
    //假设对第二条记录进行修改
    m_pRecordset->MoveFirst( );
    m_pRecordset->Move( 1 );             //从 0 开始
    m_pRecordset->PutCollect( "Name" , _variant_t( m_Name) );
    m_pRecordset->PutCollect( "Age" , atol( m_Sno) );
    m_pRecordset->Update( );
}
catch( _com_error  * e)
{
```

```
    AfxMessageBox(e->ErrorMessage());
    }
```

⑥删除记录。

删除记录和上面修改记录的操作类似,先将记录指针移动到要修改记录的位置,直接用 Delete()方法删除它,并用 Update()来更新数据库即可。代码如下:

```
try
{
    //假设删除第二条记录
    m_pRecordset->MoveFirst();
    m_pRecordset->Move(1);              //从 0 开始
    m_pRecordset->Delete(adAffectCurrent);   //参数 adAffectCurrent 为删除当前记录
    m_pRecordset->Update();
}
catch(_com_error * e)
{
    AfxMessageBox(e->ErrorMessage());
}
```

⑦关闭记录集。

直接用 Close 方法关闭记录集并赋予其空值,代码如下:

```
m_pRecordset->Close();
m_pRecordset = NULL
```

(3)_CommandPtr 智能指针。

可以使用_ConnectionPtr 或_RecordsetPtr 来执行任务,定义输出参数,执行存储过程或SQL 语句。

①执行 SQL 语句。

先创建一个 _CommandPtr 实例指针,再将库连接和 SQL 语句作为参数,执行Execute()方法即可,代码如下:

```
    _CommandPtrm_pCommand;
    m_pCommand. CreateInstance(__uuidof(Command));
    m_pCommand->ActiveConnection = m_pConnection;   //将库连接赋予它
    m_pCommand->CommandText = "SELECT * FROM TestTable";   // SQL 语句
    m_pRecordset = m_pCommand->Execute(NULL, NULL,adCmdText); /* 执行 SQL 语句,返回记录集 */
```

②执行存储过程。

执行存储过程的操作和上面执行 SQL 语句类似,不同点仅是 CommandText 参数中不再是 SQL 语句,而是存储过程的名字,如 Demo;在 Execute()中参数由 adCmdText(执行SQL 语句),改为 adCmdStoredProc 来执行存储过程。如果存储过程中存在输入、输出参数,需要使用到另一个智能指针_ParameterPtr 来逐次设置要输入、输出的参数信息,并将其赋予_CommandPtr 中 Parameters 参数来传递信息,有兴趣的读者可以自行查找相关书籍或 MSDN。执行存储过程的代码如下:

```
_CommandPtrm_pCommand;
m_pCommand. CreateInstance( __uuidof( Command) );
m_pCommand->ActiveConnection = m_pConnection;   //将库连接赋于它
m_pCommand->CommandText = " Test";
m_pCommand->Execute( NULL, NULL, adCmdStoredProc );
```

5.5 习题

1. 选择题

(1)在下面列出的数据模型中,属于概念数据模型的是(　　)。

A. 关系模型　　　　　　　　　　　B. 层次模型

C. 网状模型　　　　　　　　　　　D. 实体–联系模型

(2)一个部门有若干职工,则部门与职工之间具有(　　)。

A. 一对一联系　　　　　　　　　　B. 一对多联系

C. 多对多联系　　　　　　　　　　D. 多对一联系

(3)数据库系统的三级模型结构是指(　　)。

A. 外模式、模式、子模式　　　　　B. 子模式、模式、概念模式

C. 模式、内模式、存储模式　　　　D. 外模式、模式、内模式

(4)在数据库中,产生数据不一致的根本原因是(　　)。

A. 数据存储量太大　　　　　　　　B. 没有严格保护数据

C. 未对数据进行完整性控制　　　　D. 数据冗余

(5)对于学生登记表 Student,其属性有学号、姓名、性别、年龄、班级及政治面貌。其元数是(　　)个。

A. 0　　　　　　B. 2　　　　　　C. 4　　　　　　D. 6

(6)关系数据模型(　　)。

A. 只能表示实体间的 1:1 联系

B. 只能表示实体间的 1:n 联系

C. 只能表示实体间的 m:n 联系

D. 可以表示实体间的上述三种关系

(7)SQL 集数据查询、数据操作、数据定义和数据控制功能于一体,语句 INSERT、DELETE、UPDATE 实现(　　)的功能。

A. 数据查询　　　　　　　　　　　B. 数据操纵

C. 数据定义　　　　　　　　　　　D. 数据控制

(8)在 SQL 语言中,基本表的撤销(从数据库中删除表)可以用(　　)。

A. DROP SCHEME　　　　　　　　　B. DROP　TABLE

C. DROP　VIEW　　　　　　　　　　D. DROP　INDEX

(9)检索学生姓名及其所选选修课程的课程号和成绩,正确的 SELECT 语句是(　　)。

A. SELECT　S . SN ,SC. C #,SC. GRADE

　　FROM　S

　　WHERE　S . S#=SC. S#

B. SELECT　S . SN ,SC. C #,SC. GRADE

　　FROM　SC

　　WHERE　S . S#=SC. GRADE

C. SELECT　S . SN ,SC. C #,SC. GRADE

　　FROM　S.SC

　　WHERE　S . S#=SC. S#

D. SELECT S . SN ,SC. C #,SC. GRADE

　　FROM　S.SC

(10)规范化过程主要为克服数据库结构中的插入异常、删除异常以及(　　)的不完善。

A. 数据的不一致性　　　　　　　B. 结构不合理

C. 冗余度大　　　　　　　　　　D. 数据丢失

(11)在概念模型中的事物称为 (　　)

A. 实体　　　　　B. 对象　　　　　C. 记录　　　　　D. 节点

(12)在数据库中,产生数据不一致的根本原因是(　　)

A. 数据存储量太大　　　　　　　B. 没有严格保护数据

C. 未对数据进行完整性控制　　　D. 数据冗余

(13)在关系数据库中,实现表与表之间的联系是通过(　　)

A. 实体完整性规则　　　　　　　B. 参照完整性规则

C. 用户自定义的完整性　　　　　D. 值域

(14)在 SQL 中,数据控制功能主要包括(　　)

A. 事务管理功能　　　　　　　　B. 数据保护功能

C. 事务管理功能和数据保护功能　D. 事务管理功能或数据保护功能

(15)假定学生关系 S(S#,SNAME,SEX,AGE),课程关系 C(C#,CNAME,TEACH-ER),学生选课关系是 SC(S#,C#,GRADE)。要查找选修"COMPUTER"课程的"女"学生姓名,将涉及关系(　　)。

A. S　　　　　B. SC　　　　　C. S,SC　　　　　D. S,C ,SC

(16)向信息系学生视图 IS_student 中插入一个新学生记录,其中,学号为01029,姓名为赵丽,年龄 20 岁,正确的 SQL 语句是(　　)。

A. Insert Into IS_student　Values('01029','赵丽',20)

B. Insert Into IS_student　Values(01029,赵丽,20)

C. Select Into IS_student　Values(01029,赵丽,20)

D. Select Into IS_student　Values('01029','赵丽',20)

(17)下面不属于数据定义命令的是( )。

A. Create   B. Drop   C. Alert   D. Update

(18)E-R图是数据库设计的工具之一,它适用于建立数据的( )。

A. 概念模型   B. 逻辑模型

C. 结构模型   D. 物理模型

(19) SQL 是一种( )。

A. 关系代数语言   B. 元组关系演算语言

C. 域关系演算语言   D. 介于关系代数和关系演算之间的语言

(20)在关系理论中称为"关系"的概念,在关系数据库中称为( )。

A. 实体集   B. 文件   C. 表   D. 记录

2. 填空题

(1)数据库体系结构按照_____、_____和_____三级结构进行组织。

(2)在层次模型中,根结点以外的结点至多可有_____个父结点。

(3)关系模型的三种数据完整性约束:_____、_____和_____。

(4)视图是_____的表,其内容是根据查询定义的。

(5)设有如下关系表 R:

$$R(\text{NO},\text{NAME},\text{SEX},\text{AGE},\text{CLASS})$$

主关键字是 NO,其中 NO 为学号,NAME 为姓名,SEX 为性别,AGE 为年龄,CLASS 为班号。写出实现下列功能的 SQL 语句。

1)插入一个记录(25,"李明","男",21,"95031":_____。

2)插入"95031"班学号为30,姓名为"郑和"的学生记录:_____。

3)将学号为 10 的学生姓名改为"王华":_____。

4)将所有"95101"班号改为"95091":_____。

5)删除学号为 20 的学生记录:_____。

6)删除姓"王"的学生记录:_____。

(6)在 SQL 中,用_____命令可以修改表中的数据,用_____命令可以修改表的结构。

(7)关系规范化的目的是_____。

(8)实际数据库系统所支持的数据模型主要有层次模型、网状模型、_____三种。

(9)在关系数据库中,关系也称为_____,元组也称为_____,属性也称为_____。

(10)数据模型是由_____、_____和_____三部分组成的。

(11)数据库管理系统的功能主要有:_____、_____、数据库的运行管理和数据库的建立和维护。

(12)第一范式是满足关系模式所要遵循的最基本条件的范式,即关系中的每个属性必须是_____的简单项。

(13)为了维护数据库中数据的完整性,在对关系数据库执行插入时首先应检查_____规则。

3. 简答题

(1)试说明数据库系统的模式、内模式、外模式之间的联系。

(2)简述目前数据库设计的过程。

4. 应用题

(1)分析银行活期储蓄业务中,储蓄所与储户之间的关系,并画出其 E-R 图。

(2)将图 5.14 所示的 E-R 图转换为关系模型。

(3)某保险公司关于汽车保险涉及以下查询和登录:

查询投保人:输入保险号、输出投保人姓名、投保的汽车型号;

事故登录:登录事故编号、出事汽车牌照、车主、赔偿金、稽查人。

根据上述用户要求,要求作出:

1)查询和登录数据流图。

2)建立实体联系模型(E-R 图)。

3)从 E-R 图导出关系模型。

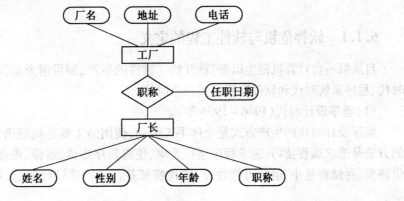

图 5.14　E-R 图

第6章

软件工程

6.1 软件工程概述

6.1.1 软件危机与软件工程的定义

自从第一台计算机诞生以来,就开始了软件的生产,到目前为止,已经过了程序设计时代、程序系统时代和软件工程时代三个时代。

(1)程序设计时代(1946~1956年)。

程序设计时代的生产方式是个体手工劳动,使用的工具是机器语言、汇编语言;开发的方法是追求编程技巧,追求程序运行效率,使得程序难读、难懂、难修改;硬件的特征是价格贵、存储容量小、运行可靠性差;软件特征是注重程序设计概念,不重视程序设计方法。

(2)程序系统时代(1956~1968年)。

程序系统时代的生产方式是作坊式的小集团合作生产,生产工具是高级语言;开发方法仍旧靠个人技巧,但开始提出了结构化方法;硬件的特征是速度、容量及工作可靠性有明显提高,价格降低,销售量增长;软件特征是程序员数量猛增,其他行业人员大量进入这个行业,由于缺乏训练,开发人员素质差。这时已意识到软件开发的重要性,大量软件开发的需求已提出,但开发技术没有新的突破,开发人员的素质和落后的开发技术不适应规模大、结构复杂的软件的开发,因此产生了尖锐的矛盾,导致软件危机的产生。

(3)软件工程时代(1968年至今)。

软件工程时代的生产方式是工程化的生产,使用数库、开发工具、开发环境、网络、分布式、面向对象技术来开发软件;硬件的特征是向超高速、大容量、微型化以及网络化方向发展;软件的特征是开发技术有很大进步,但是未能获得突破性进展,软件价格不断上升,没有完全摆脱软件危机。

在软件发展第二阶段的末期,由于计算机硬件技术的进步,计算机运行速度、容量和可靠性有显著的提高,生产成本有显著下降,为计算机的广泛应用创造了条件。一些复杂的、大型的软件开发项目提出来了,但是,软件开发技术一直未能满足发展的要求。软件开发中遇到的问题因找不到解决的办法,使问题积累起来,形成了尖锐的矛盾,导致了软件危机。

软件危机表现在以下几方面:

①经费预算不足,完成时间一再拖延。由于缺乏软件开发的经验和软件开发数据的积累,使得开发工作的计划很难制订。主观盲目地制订计划,执行起来和实际情况有很大差距,使得开发经费一再超支。由于对工作量和开发难度估计不足,进度计划无法按时完成,开发时间一再拖延。

②开发的软件不能满足用户要求。开发初期对用户的要求了解不够明确,未能得到明确表达。开发工作开始后,软件人员和用户又未能及时交换意见,使得一些问题不能及时解决,导致开发的软件不能满足用户的要求,使开发失败。

③开发的软件可维护性差。开发过程没有统一的、公认的规范,软件开发人员按各自的风格工作,各行其是。开发过程无完整、规范的文档,发现问题后进行杂乱无章地修改。程序结构不好,运行时发现错误也很难修改,导致维护性差。

④开发的软件可靠性差。由于在开发过程中,没有确保软件质量的体系和具体措施,在软件测试时,又没有严格的、充分的、完全的测试,提交给用户的软件质量差,在运行中暴露出大量的问题。这种不可靠的软件,轻者会影响系统正常工作,重者会发生事故,造成生命财产的重大损失。

造成上述软件危机的原因概括起来有以下几方面。

①软件的规模越来越大,结构越来越复杂。随着计算机应用的日益广泛,需要开发的软件规模日益庞大,软件结构也日益复杂。1968 年,美国航空公司订票系统达到 30 万条指令;IBM360 OS 第 16 版达到 100 万条指令;1973 年美国阿波罗计划达到 1 千万条指令。这些庞大软件的功能非常复杂,体现在处理功能的多样性和运行环境的多样性。有人曾估计,软件设计的逻辑量是硬件设计逻辑量的 10 ~ 100 倍。对于这种庞大规模的软件,其调用关系、接口信息复杂,数据结构也复杂,这种复杂程度超过了人所能接受的程度。

②软件开发的管理困难。由于软件规模大,结构复杂,又具有无形性,导致管理困难,进度控制困难,质量控制困难,可靠性无法保证。

③软件开发费用不断增加。软件生产是一种智力劳动,它是资金密集、人力密集的产业,大型软件投入人力多,周期长,费用上升很快。

④软件开发技术落后。20 世纪在 60 年代,人们注重一些计算机理论问题的研究,如编译原理、操作系统原理、数据库原理、人工智能原理、形式语言理论等,不注重软件开发技术的研究,用户要求的软件复杂性与软件技术解决复杂性的能力不相适应,它们之间的差距越来越大。

⑤生产方式落后。软件仍然采用个体手工方式开发,根据个人习惯、爱好工作,无章可循,无规范可依据,靠言传身教方式工作。

⑥开发工具落后,生产率提高缓慢。软件开发工具过于原始,没有出现高效率的开发工具,因而软件生产率低下。在 1960 ~ 1980 年期间,计算机硬件的生产由于采用计算机辅助设计、自动生产线等先进工具,使硬件生产率提高了 100 万倍,而软件生产率只提高

了2倍,相差悬殊。

为了克服软件危机,人们从其他产业的工程化生产得到启示,于是在1968年北大西洋公约组织的工作会议上首先提出"软件工程"的概念,并提出要用工程化的思想来开发软件。从此,软件生产进入了软件工程时代。

软件工程将系统化的、严格约束的、可量化的方法应用于软件的开发、运行和维护,即将工程化方法应用于软件。该定义说明了软件工程是计算机科学中的一个分支,其主要思想是在软件生产中用工程化的方法代替传统手工方法。工程化的方法借用了传统的工程设计原理的基本思想,采用了若干科学的、现代化的方法技术来开发软件。这种工程化的思想贯穿到需求分析、设计、实现,直到维护的整个过程。

软件工程是涉及计算机科学、工程科学、管理科学、数学等领域的一门综合性的交叉学科。计算机科学中的研究成果均可用于软件工程,但计算机科学着重于原理和理论,而软件工程着重于如何建造一个软件系统。软件工程要用工程科学中的观点来进行费用估算、制订进度、制订计划和方案;要用管理科学中的方法和原理进行软件生产的管理;要用数学的方法建立软件开发中的各种模型和各种算法等。软件工程的目的是成功地建造一个大型软件系统。所谓成功,是要达到以下几个目标:付出较低的开发成本;达到要求的软件功能;取得较好的软件性能;开发的软件易于移植;需要较低的维护费用;能按时完成开发任务,及时交付使用;开发的软件可靠性高。

软件工程研究的主要内容包括软件开发技术和软件开发管理两个方面。软件开发技术主要研究软件开发方法、软件开发过程、软件开发工具和环境。软件开发管理主要是研究软件管理学、软件经济学和软件心理学等。软件工程在整个开发过程中还面临以下诸多问题:

(1)软件费用。

由于软件生产基本上仍处于手工状态,软件是知识高度密集的技术的综合产物,人力资源远远不能适应这种迅速增长的软件社会要求,所以软件费用上升的势头必然还将继续下去。

(2)软件可靠性。

软件可靠性是指软件系统能否在既定的环境条件下运行并实现所期望的结果。在软件开发中,通常要花费40%的代价进行测试和排错,即使这样还不能保证以后不再发生错误,为了提高软件的可靠性,就要付出足够的代价。

(3)软件可维护性。

统计数据表明,软件的维护费用占整个软件系统费用的2/3,而软件开发费用只占1/3。软件维护之所以有如此大的花费,是因为已经运行的软件还需排除隐含的错误,新增加的功能要加入进去,维护工作又是非常困难的,效率又是非常低下的。因此,如何提高软件的可维护性,减少软件维护的工作量,也是软件工程面临的主要问题之一。

(4)软件生产率。

计算机的广泛应用使得软件的需求量大幅度上升,而软件的生产又处于手工开发的状态,生产率低下,使得各国都感到软件开发人员不足。这种趋势将仍旧继续下去。所以,如何提高软件生产率是软件工程的又一重要问题。

(5)软件重用。

提高软件的重用性,对于提高软件生产率、降低软件成本有着重要意义。当前的软件开发存在着大量的、重复的劳动,耗费了不少人力资源。软件的重用有各种级别,软件规格说明、软件模块说明、软件文档等都可以是软件重用的单位。软件重用是软件工程中的一个重要的研究课题,软件重用的理论和技术至今尚未彻底解决。

6.1.2 软件工程的过程

软件工程的过程规定了获取、供应、开发、操作和维护软件时要实施的过程、活动和任务。其目的是为各种人员提供一个公共的框架,以便用相同的语言进行交流。

这个框架由几个重要过程组成,这些过程含有用来获取、供应、开发、操作和维护软件所用的基本的、一致的要求。该框架还用来控制和管理软件的过程。各种组织和开发机构可以根据具体情况进行选择和剪裁,可在一个机构的内部或外部实施。

软件工程的过程没有规定一个特定的生存周期模型或软件开发方法,各软件开发机构可为其开发项目选择一种生存周期模型,并将软件工程过程所含的过程、活动和任务映射到该模型中,也可以选择和使用软件开发方法来执行适合于其软件项目的活动和任务。软件工程包含以下七个过程。

(1)获取过程。为需方按合同获取一个系统、软件产品或服务的活动。

(2)供应过程。为供方向需方提供合同中的系统、软件产品或服务所需的活动。

(3)开发过程。开发者和机构为了定义和开发软件或服务所需的活动。该过程包括需求分析、设计、编码、集成、测试、软件安装和验收等活动。

(4)操作过程。操作者和机构在规定的运行环境中为其用户运行一个计算机系统所需要的活动。

(5)维护过程。维护者和机构为了管理软件的修改,使它处于良好运行状态所需要的活动。

(6)管理过程。软件工程过程的各项管理活动,包括项目开始和范围定义,项目管理计划,实施和控制,评审和评价,项目完成。

(7)支持过程。对项目的生存周期过程给予支持。它有助于项目的成功并能提高项目的质量。

近年来,"过程成熟度"成为人们关注的焦点。软件工程研究所(Software Engineering Institute,SEI)提出了一个综合模型,定义了当一个组织达到不同的过程成熟度时应该具有的软件工程能力。为了确定一个组织目前的过程成熟度,SEI使用一个五级的评估方案,这个等级方案符合能力成熟度模型(Capability Maturity Model,CMM)。该模型定义了在不同的过程成熟度级别上所需要的关键活动。SEI的模型提供了衡量一个公司软件工程实践的整个有效性的方法,并建立了五级的过程成熟度级别。其定义如下:

第一级:初始级。软件过程的特征是特定的和偶然的,有时甚至是混乱的,几乎没有过程定义,成功完全取决于个人能力。

第二级:可重复级。建立了基本的项目管理过程,能够跟踪费用、进度和功能。有适当的、必要的过程规范,使得可以重复与以前类似项目的成功开发。

第三级:定义级。用于管理和工程活动的软件过程已经文档化、标准化并,与整个组织的软件过程相集成。所有项目都使用统一的、文档化的、组织过程认可的版本来开发和维护软件。本级包含了第二级的所有特征。

第四级:管理级。软件过程和产品质量的详细度量数据被征集,通过这些度量数据,软件过程和产品能够被定量地理解和控制。本级包含了第三级的所有特征。

第五级:优化级。通过定量反馈进行不断地过程改进,这些反馈来自于过程或通过试验新的想法和技术而得到。本级包含了第四级的所有特征。

SEI 定义的这五个级别是根据 SEI 的基于 CMM 的评估调查表得到的反馈而产生的结果。调查表的结果被简化得到单个的数字等级,表示一个组织的过程成熟度。

6.1.3 软件的生存周期

软件生存周期是借用工程中产品生存周期的概念而得来的。引入软件生存周期概念,对于软件生产的管理、进度控制有着非常重要的意义,可使软件生产有相应的模式、相应的流程、相应的工序和步骤。

软件生存周期是指一个软件从提出开发要求开始直到该软件报废为止的整个时期。把整个生存周期划分为若干个阶段,使得每个阶段有明确的任务,把规模大、结构复杂和管理复杂的软件开发变得容易控制和管理。软件生存周期的各阶段有不同的划分。软件规模、种类、开发方式、开发环境以及开发使用的方法都影响软件生存周期的划分。在划分软件生存周期的阶段时,应遵循的基本原则是各阶段的任务应尽可能相对独立,同一阶段各项任务的性质尽可能相同,从而降低每个阶段任务的复杂程度,简化不同阶段之间的联系,有利于软件项目开发的组织管理。

通常,软件生存周期包括可行性分析和项目开发计划、需求分析、概要设计、详细设计、编码、测试、维护等活动,可以将这些活动以适当的方式分配到不同的阶段去完成。

(1)可行性分析和项目开发计划。

可行性分析和项目开发计划阶段必须回答的问题是"要解决的问题是什么"。该问题有行得通的解决方法吗? 若有解决问题的方法,则需要多少费用? 需要多少资源? 需要多少时间? 要回答这些问题,就要进行问题定义、可行性分析,制订项目开发计划。

用户提出一个软件开发要求后,系统分析员首先要解决该软件项目的性质是什么,它是数据处理问题还是实时控制问题,它是科学计算问题还是人工智能问题等。还要明确该项目的目标是什么,该项目的规模如何等。

通过系统分析员对用户和使用部门负责人的访问和调查、开会讨论,就可解决这些问题。在清楚了问题的性质、目标、规模后,还要确定该问题有没有行得通的解决方法。系统分析员要进行压缩和简化的需求分析和设计,也就是在高层次上进行分析和设计,探索这个问题是否值得去解决,是否有可行的解决办法。最后要提交可行性研究报告。经过可行性分析后,确定该问题值得去解决,然后制订项目开发计划。根据开发项目的目标、功能、性能及规模,估计项目需要的资源,即需要的计算机硬件资源、需要的软件开发工具和应用软件包以及开发人员数目及层次。还要对软件开发费用作出计算,对开发进度作出估计,制订完成开发任务的实施计划。最后,将项目开发计算和可行性分析报告一起提交管理部门审查。

（2）需求分析。

需求分析阶段的任务不是具体地解决问题，而是准确地确定"软件系统必须做什么"，确定软件系统必须具备哪些功能。

用户了解他们所面对的问题，知道必须做什么，但是通常不能完整、准确地表达出来，也不知道怎样用计算机解决他们的问题。而软件开发人员虽然知道怎样用软件完成人们提出的各种功能要求，但是，对用户的具体业务和需求不完全清楚，这是需求分析阶段的困难所在。

系统分析员要和用户密切配合，充分交流各自的理解，充分理解用户的业务流程，完整、全面地收集、分析用户业务中的信息和处理，从中分析出用户要求的功能和性能，完整、准确地表达出来。这一阶段要给出软件需求说明书。

（3）概要设计。

在概要设计阶段，开发人员要把确定的各项功能需求转换成需要的体系结构，在该体系结构中，每个成分都是意义明确的模块，即每个模块都和某些功能需求相对应。因此，概要设计就是设计软件的结构，即该结构由哪些模块组成，这些模块的层次结构是怎样的，这些模块的调用关系是怎样的，每个模块的功能是什么。同时还要设计该项目的应用系统的总体数据结构和数据库结构，即应用系统要存储什么数据，这些数据是什么样的结构，它们之间有什么关系等。

（4）详细设计。

详细设计阶段就是为每个模块完整的功能进行具体描述，要把功能描述转变为精确的、结构化的过程描述。即该模块的控制结构是怎样的，先做什么，后做什么，有什么样的条件判定，有些什么重复处理等，并用相应的表示工具把这些控制结构表示出来。

（5）编码。

编码阶段就是把每个模块的控制结构转换成计算机可接受的程序代码，即写成以某特定程序设计语言表示的源程序清单。写出的程序应该结构好，清晰易读，并且与设计相一致。

（6）测试。

测试是保证软件质量的重要手段，其主要方式是在设计测试用例的基础上检验软件的各个组成部分。测试分为模块测试、组装测试、确认测试。模块测试是查找各模块在功能和结构上存在的问题。组装测试是将各模块按一定顺序组装起来进行的测试，主要是查找各模块之间接口上存在的问题。确认测试是按说明书上的功能逐项进行的，发现不满足用户需求的问题，决定开发的软件是否合格、能否交付用户使用等。

（7）维护。

软件维护是软件生存周期中时间最长的阶段。已交付的软件投入正式使用后，便进入软件维护阶段，它可以持续几年甚至几十年。软件运行过程中可能由于各方面的原因，需要对它进行修改。其原因可能是运行中发现了软件隐含的错误而需要修改，也可能是为了适应变化了的软件工作环境而需要做行之有效地变更，还可能是因为用户业务发生变化而需要扩充和增强软件的功能等。

6.1.4　软件工具

软件工具一般是指为了支持软件人员开发和维护活动而使用的软件。例如，项目估算工具、需求分析工具、设计工具、编码工具、测试工具和维护工具等。使用软件工具后，可大大提高软件的生产率。机械工具可以放大人类的体力，而软件工具则可以放大人类的智力。

（1）工具箱。

最初的软件工具是以工具箱的形式出现的，一种工具支持一种开发活动，然后将各种工具简单地组合起来就构成工具箱。但是，工具箱的工具界面不统一，工具内部无联系，工具切换由人工操作。因此，它们对大型软件的开发和维护的支持能力是有限的，即使可以使用众多的软件工具，但由于这些工具之间相互隔离、独立存在，无法支持一个统一的软件开发和维护过程。

（2）软件开发环境。

由于工具箱存在的问题，人们在工具系统的整体化及集成化方法展开了一系列研究工作，使之形成完整的软件开发环境，其目的是使软件工具支持整个生存周期。它不仅能支持软件开发和维护中的个别阶段，而且能支持从项目开发计划、需求分析、设计、编码、测试到维护等所有阶段，做到不仅支持各阶段中的技术工作，还要支持管理和操作工作，保持项目开发的高度可见性、可控制性和可追踪性。

（3）计算辅助软件工程。

目前，软件工具正在发生很大的变化，许多用在微机上的软件工具正在建立。其目的是实现软件生存周期各个环节的自动化。这些工具主要用于软件的分析和设计，使用这些工具，软件开发人员就能在微机或工作站上以对话的方式建立各种软件系统。

计算机辅助软件工程（Computer Aided Software Engineering，CASE）可以简单地定义为软件开发的自动化。它对软件的生存周期概念进行了新的探讨，这种探讨是建立在自动化基础上的。CASE 的实质是为软件开发提供一组优化集成的且能大量节省人力的软件开发工具，其目的是实现软件生存周期各环节的自动化并使之成为一个整体。

CASE 技术是软件工具和软件开发方法的结合。它不同于以前的软件技术，因为它强调了解决整个软件开发过程的效率问题，而不是解决个别阶段的问题。由于它跨越软件生存周期的各个阶段，着眼于软件分析和设计以及实现和维护的自动化，因而在软件生存周期的两端解决了生产率的问题。

CASE 工具不同于以往的软件工具，主要体现在：支持专用的个人计算环境；使用图形功能对软件系统进行说明并建立文档；将生存周期各阶段的工作连接在一起；收集和连接软件系统中从最初的需求到软件维护各个环节的所有信息；用人工智能技术实现软件开发和维护工作的自动化。

在一个软件项目的开发中，要采用一种生存周期模型，可按照某种开发方法，使用相应的工具系统进行。

6.2　软件生存周期的主要活动

6.2.1　可行性研究阶段

可行性研究的目的就是用最小的代价,在尽可能短的时间内,确定一个软件项目是否能够开发,是否值得开发。可行性研究是软件生存周期中的第一个阶段,它对新开发系统的基本思想和过程进行阐述及论证,即对系统的整个生命周期中开发的时间和期限、人员安排、投资情况等作出客观的分析和评价。

首先需要进行总体的分析研究,初步确定项目的规模和目标,确定项目的约束和限制,把它们清楚地列举出来。然后,分析员进行简要的需求分析,抽象出该项目的逻辑结构,建立逻辑模型。从逻辑模型出发,经过压缩的设计,探索出若干种可供选择的主要解决办法,对每种解决方法都要研究它的可行性。现从以下三方面分析研究每种解决方法的可行性。

(1)技术可行性。

对要开发项目的功能、性能和限制条件进行分析,确定在现有的资源条件下,技术风险有多大,项目是否能实现,这些即为技术可行性研究的内容。这里的资源包括已有的或可以得到的硬件、软件资源,现有技术人员的技术水平和已有的工作基础。

技术可行性常常是最难解决的方法,因为项目的目标、功能和性能比较模糊。技术可行性一般要考虑的情况包括:

①开发的风险。在给出的限制范围内,能否设计出系统并实现必须的功能和性能。

②资源的有效性。可用于开发的人员是否存在问题,可用于建立系统的其他资源是否具备。

③技术。相关技术的发展是否支持这个系统。开发人员在评估技术可行性时,一旦估计错误,将会出现灾难性的后果。

(2)经济可行性。

进行开发成本的估算以及了解取得效益的评估,确定要开发的项目是否值得投资开发,这些即为经济可行性研究的内容。对于大多数系统,一般衡量经济上是否合算,应考虑一个"底线",经济可行性研究范围较广,包括成本-效益分析,长期公司经营策略,开发所需的成本和资源,潜在的市场前景。

(3)社会可行性。

研究要开发的项目是否存在任何侵犯、妨碍等责任问题,要开发项目的运行方式在用户组织内是否行得通,现有管理制度、人员素质和操作方式是否可行,这些即为社会可行性研究的内容。社会可行性所涉及的范围也比较广,它包括合同、责任、侵权、用户组织的管理模式及规范,其他一些技术人员常常不了解的陷阱等。

可行性研究结束后要提交的文档是可行性研究报告。一个可行性研究报告的主要内容包括:

①引言。说明编写本文档的目的,项目的名称、背景、本文档用到的专门术语和参考

资料等。

②可行性研究前提。说明开发项目的功能、性能和基本要求,达到的目标,各种限制条件,可行性研究方法和决定可行性的主要因素。

③对现有系统的分析。说明现有系统的处理流程和数据流程、工作负荷,各项费用支出,所需各类专业技术人员和数量,所需各种设备,现有系统存在什么问题。

④所建设系统的技术可行性分析。对所建设系统的简要说明,处理流程和数据流程,与现有系统比较的优越性,采用所建议系统对用户的影响,对各种设备、现有软件、开发环境和运行环境的影响,对经费支出的影响,对技术可行性的评价。

⑤所建议系统的经济可行性分析。说明所建设系统的各种支出,各种效益,收益/投资比,投资回收周期。

⑥社会因素可行性分析。说明法律因素对合同责任、侵犯专利权和侵犯版权等问题的分析,说明用户使用可行性是否满足用户行政管理、工作制度和人员素质的要求。

⑦其他可供选择方案。逐一说明其他可供选择的方案,并说明未被推荐的理由。

⑧结论意见。说明项目是否能开发,还需什么条件才能开发,对项目目标有何变动等。

经过可行性研究后,若一个项目是值得开发的,则接下来应制订项目开发计划。软件项目开发计划是软件工程中的一种管理性文档,主要是对开发的软件项目的费用、时间、进度、人员组织、硬件设备的配置、软件开发环境和运行环境的配置等进行说明和规划,是项目管理人员对项目进行管理的依据,据此对项目的费用、进度和资源进行控制和管理。

6.2.2 需求分析阶段

在进行可行性研究和项目开发计划以后,如果确认开发一个新的软件系统是必要的而且是可能的,那么就可进入需求分析阶段。

需求分析是指开发人员要准确理解用户的要求,进行细致的调查分析,将用户非形式的需求陈述转化为完整的需求定义,再由需求定义转换到相应的形式功能要求(需求规格说明)的过程。需求分析虽处于软件开发过程的开始阶段,但它对于整个软件开发过程以及软件产品质量是至关重要的。在计算机发展的早期,所求解问题的规模较小,需求分析经常被忽视。

随着软件系统复杂性的提高及规模的扩大,需求分析在软件开发中所处的地位愈加突出,从而也愈加困难,它的难点主要体现在以下几个方面:

(1)问题的复杂性。

这是由用户需求所涉及的因素繁多引起的,如运行环境和系统功能等。

(2)交流障碍。

需求分析涉及人员较多,如软件系统用户、问题领域专家、需求工程师和项目管理员等,这些人具备不同的背景知识,处于不同的角度,扮演不同角色,造成了相互之间交流的困难。

(3)不完备性和不一致性。

由于各种原因,用户对问题的陈述往往是不完备的,其各方面的需求还可能存在着矛盾,需求分析要消除其矛盾,形成完备及一致的定义。

(4)需求易变性。

用户需求的变动是一个极为普遍问题,即使是部分变动,也往往会影响到需求分析的全部,导致不一致性和不完备性。

为了克服上述困难,人们主要围绕着需求分析的方法及自动化工具(如 CASE 技术)等方面进行研究。

6.2.2.1　需求分析的原则

近几年来已提出许多软件需求分析与说明的方法,每一种分析方法都有独特的观点和表示法,但都要适用于下面的基本原则:首先,必须能够表达和理解问题的数据域和功能域。数据域包括数据流(即数据通过一个系统时的变化方式)、数据内容和数据结构,而功能域反映上述三方面的控制信息。其次,可以把一个复杂问题按功能进行分解并可逐层细化。通常软件要处理的问题如果太大太复杂就很难理解,若划分成几部分,并确定各部分间的接口,就可完成整体功能。在需求分析过程中,软件领域中的数据、功能和行为都可划分。最后就是建模,模型可以帮助分析人员更好地理解软件系统的信息、功能和行为,这些模型也是软件设计的基础。

6.2.2.2　需求分析的任务

需求分析的基本任务是要准确地定义新系统的目标,为了满足用户需要,回答系统必须"做什么"的问题。在可行性研究和项目开发计划阶段对这个问题的回答是概括的、粗略的。

(1)确定系统的要求。

双方确定对问题综合需求。这些需求包括:

①功能需求。所开发软件必须具备什么样的功能,这是最重要的。

②性能需求。待开发的软件的技术性能指标,一般包括系统的响应时间、系统所需的存储容量、系统可靠性等。

③环境需求。软件运行时所需要的软、硬件(如机型、外设、操作系统和数据库管理系统等)的要求。

④用户界面需求。包括人机交互方式、输入输出数据格式等。另外还有可靠性、安全性、保密性、可移植性和可维护性等方面的需求,这些需求一般通过双方交流、调查研究来获取,并得到共同的理解。

(2)分析系统的数据要求。

任何一个软件系统在本质上都是信息处理系统,系统必须处理的信息和系统应该产生的信息在很大程度上决定了系统的面貌,对软件设计有深远影响。因此,分析系统的数据要求是软件需求分析的一个重要任务。

数据流图(Data Flow Diagram,DFD)是描述数据处理过程的有力工具。DFD 从数据传递和加工的角度,以图形的方式描述数据处理系统的工作情况。数据词典(Data Dictionary,DD)是分析数据处理的另一常用工具,通常与 DFD 配合使用。数据词典的任务是对 DFD 中出现的所有数据元素给出明确定义,使 DFD 中的数据流名字、加工名字和文件名字具有确切的解释。所有名字按词条给出定义。全体定义构成数据词典。DD 和 DFD 密切配合,能清楚地表达数据处理的要求。对此将在 6.2.2.4 中作具体介绍。

(3)修正开发计划。

在可行性研究阶段,曾经形成过一份开发计划。通过需求分析阶段的工作,分析员对目标系统有了更深入、更具体的认识,因此可以对系统的成本和进度作出更准确的估计,在此基础上对开发计划进行修正。

(4)编写文档。

编写文档首先编写"需求说明书",把双方共同的理解与分析结果用规范的方式描述出来,作为今后各项工作的基础。然后编写用户使用手册,着重反映被开发软件的用户功能界面和用户使用的具体要求,用户手册能强制分析人员从用户使用的观点考虑软件。再编写确认测试计划,作为今后确认和验收的依据。最后修改完善项目开发计划,在需求分析阶段对开发的系统有了更进一步的了解,所以能更准确地估计开发成本、进度及资源要求,因此对原计划要进行适当修正。

6.2.2.3 需求分析的方法

需求分析方法有功能分解方法、结构化分析方法、信息建模方法和面向对象分析方法等。

(1)功能分解方法。

功能分解方法是将一个系统看成是由若干个功能构成的一个集合,每个功能又可划分成若干个加工(即子功能),一个加工又进一步分解成若干加工步骤(即子加工)。这样,功能分解方法有功能、子功能和功能接口三个组成要素。它的关键策略是利用已有的经验,对一个新系统预先设定加工和加工步骤,着眼点放在这个新系统需要进行什么样的加工上。功能分解方法的本质是用过程抽象的观点来看待系统需求,是符合传统程序设计人员的思维特征,而且分解的结果一般已经是系统程序结构的一个雏形,实际上它已经很难与软件设计明确分离。

这种方法存在一些问题,它需要人工来完成从问题空间到功能和子功能的映射,即没有显式地将问题空间表现出来,也无法对表现的准确程度进行验证,而问题空间中的一些重要细节更是无法提示出来。功能分解方法缺乏对客观世界中相对稳定的实体结构进行描述,而基点放在相对不稳定的实体行为上,因此,基点是不稳定的,难以适应需求的变化。

(2)结构化分析方法。

结构化分析(Structured Analysis,SA)方法是一种从问题空间到某种表示的映射方法,是面向数据流进行需求分析的方法,它由数据流图和数据词典构成。这种方法简单实用,适于数据处理领域问题。

SA 方法的基本思想:采用自顶向下逐层分解的方法,有效控制系统的开发复杂性。

面对一个复杂问题时,分析人员不可能一开始就考虑到问题的所有方面和全部细节,分析人员采取的策略就是分解,把一个复杂的问题划分成若干个小问题,然后再分别解决,将问题的复杂性降低到人们可以掌握的程度。简单地说,就是越高层的问题越抽象,越低层的问题越具体。

SA 方法的步骤:首先了解当前系统工作流程,获取当前系统的物理模型;其次抽象出当前系统的逻辑模型;再次建立目标系统的逻辑模型;最后进一步补充和优化。

SA 方法表示逻辑模型的工具:

①数据流图(DFD)。

DFD 是 SA 方法中用于表示系统逻辑模型的工具,它以图形方式描绘数据在系统中流动和处理过程,是一种功能模型。

基本图形符号如图 6.1 所示,除了数据流以外,每种图形符号都可以有两种表示方法,其中图 6.1(a)是外部实体,用于表示数据输入的源点或数据输出的汇点;图 6.1(b)是数据流,用于表示被加工的数据流向;图 6.1(c)是加工变换,用于表示输入数据在此进行变化产生输出数据;图 6.1(d)是数据存储,对于只能读出的数据存储单元称为数据源,只能写入的数据存储单元称为数据潭,既能写入又能读出的数据存储单元就是一般的文件或数据库。

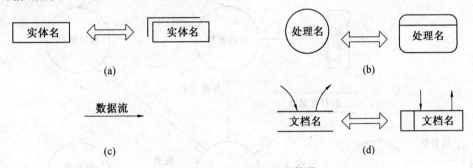

图 6.1 DFD 基本图形符号

例 6.1 某银行计算机存储系统的功能是:将储户填写的存款单或取款单输入系统,如果是存款,系统记录存款人姓名、住址、存款类型、存款日期、利率等信息,并打印出存款单给储户;如果是取款,系统计算清单给储户。用 DFD 描绘该功能的需求如图 6.2 所示。

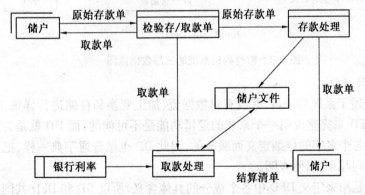

图 6.2 用 DFD 描述银行计算机存储系统的功能

例 6.2 某学校计算机教材购销系统有以下功能:学生买书,首先填写购书单,计算机根据各班学生用书表以及售书登记表审查有效性,若有效,计算机根据教材存量表进一步判断书库是否有书,若有书,计算机把领书单返回给学生,学生凭领书单到书库领书。

对于脱销的教材,系统用缺书单的形式通知书库,新书购进库后,也由书库将进书通知单返回给系统,按照以上系统功能画出分层的 DFD 图如图 6.3 所示。

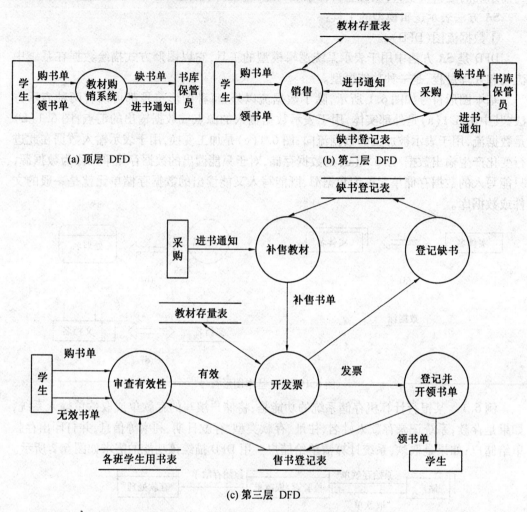

(a) 顶层 DFD

(b) 第二层 DFD

(c) 第三层 DFD

图 6.3 教材购销系统的三层数据流图

(2)数据字典(DD)。

DFD 只是描述了系统的分解,并没有对数据流、加工变换和存储进行详细说明,所以分析人员仅靠 DFD 来完整说明一个系统的逻辑功能是不可能的,而 DD 就是为分析人员查找数据流图中各个名字的详细定义而服务的,因此 DD 也像普通字典一样,把所有的条目按一定次序排列起来,以便查阅。

数据字典就是用来定义 DFD 中各个成分的具体含义,所以 DD 和 DFD 共同构成了系统的逻辑模型,是需求规格说明书的主要组成部分。DD 中各种符号及含义如下所示:

①$x=a+b$,表示 x 由 a 和 b 构成,其中 x,a,b 都是数据元素。

②$x=[a|b]$,表示 x 由 a 或 b 构成。

③$x=\{a\}$,表示 x 由 0 个或多个 a 构成。

④$x=m\{a\}n$,表示 x 中最少出现 m 次 a,最多出现 n 次 a。

⑤$x=(a)$,表示 a 可以在 x 中出现也可不出现。

⑥$x=$"a",表示 x 是取值为 a 的数据元素。

⑦$x=1,\cdots,9$ 表示 x 可取 1 到 9 中任意一个值。

例 6.3　某旅馆提供的电话服务如下:可以拨分机号的外线号码。分机号是从 7201 和 7299。外线号码先拨 9,然后是市话号码或长话号码。长话号码是以和市话号码组成。区号是从 100 到 300 中任意的数字串。市话号码是以局号和分局号组成。局号可以是 455、466、888、552 中任意一个号码。分局号是任意长度为 4 的数字串。写出在数据字典中,电话号码的数据条目的定义(即组成)。

电话号码的数据条目的定义如下:

电话号码=分机号 ∣ 外线号码

分机号=7201⋯7299

外线号码=9+[市话号码 ∣ 长话号码]

长话号码=区号+市话号码

区号=100⋯300

市话号码=局号+分局号

局号=[455∣466∣888∣552]

分局号=4{数字}4

虽然结构化分析方法以现实世界中的数据流进行分析,把数据流映射到分析结果中,但现实世界中的有些要求不是以数据流为主干的,因此难于用此方法。如果分析是在现有系统的基础上进行的,应先除去原来物理上的特性,增加新的逻辑要求,再追加新的物理上的考虑。这时,分析面对的并不是问题空间本身,而是过去对问题空间的某一映射,在这种焦点已经错位的前提下,来进行分析显然是十分困难的。该方法的一个难点是确定数据流之间的变换,而且数据词典的规模也是一个问题,它会引起所谓的"数据词典爆炸",同时对数据结构的强调很少。

(3)信息建模方法。

信息建模方法是从数据的角度来对现实世界建立模型的,它对问题空间的认识是很有帮助的。

该方法的基本工具是 E-R 图,其基本要素由实体、属性和联系构成。该方法的基本策略是从现实世界中找出实体,然后再用属性来描述这些实体。

信息模型和语义数据模型是紧密相关的,有时被看作是数据库模型。在信息模型中,实体 E 是一个对象或一组对象。实体把信息收集在其中,关系 R 是实体之间的联系或交互作用。有时在实体和关系之外,再加上属性。实体和关系形成一个网络,描述系统的信息状况,给出系统的信息模型。

信息建模和面向对象分析很接近,但仍有很大的有效期距。在 E-R 图中,数据不封闭,每个实体和它的属性的处理需求不是组合在同一实体中的,没有继承性和消息传递机制来支持模型。但 E-R 图是面向对象分析的基础。

(4)面向对象分析(Object Oriented Analysis,OOA)。

面向对象的分析是把 E-R 图中的概念与面向对象程序设计语言中的主要概念结合在一起而形成的一种分析方法。在该方法中采用了实体、关系和属性等信息模型分析中的概念,同时采用了封闭、类结构和继承性等面向对象程序设计语言中的概念。

当一个新的产品或系统将被建造时,我们如何以遵从面向对象软件工程的方式来刻画它?是否存在我们需要询问客户的问题?什么是相关的对象?它们如何关联,这些问题中每一个都在 OOA 的语境中被回答,OOA 是作为面向对象 OO 软件工程的一部分而完成的第一个技术活动。代替用传统的信息流模型来考察问题,OOA 引入了一系列新概念。

注意 在对系统或产品有一个合理的理解前,不可能建造软件(不管是否面向对象)。OOA 提供了具体的方式来表示对需求的理解,然后根据客户对待建造系统的感觉来测试该理解。

OOA 的意图是定义所有与将被求解的问题相关的类——它们关联的操作和属性、它们之间的关系和它们展示的行为。为了达到这个目标,以下任务必须完成:

①基本用户需求必须在客户和软件工程师之间进行沟通。

②类必须被标识(即属性和方法被定义)。

③一个类层次必须被刻画。

④对象与对象关系(对象连接)应该被表示。

⑤对象行为必须被建模。

⑥任务(1)到(5)被迭代地反复使用,直至模型被完成。

6.2.3　概要设计阶段

6.2.3.1　概要设计的基本任务

(1)设计软件系统结构(简称软件结构)。

为了实现目标系统,最终必须设计出组成这个系统的所有程序和数据库(文件),对于程序,则首先进行结构设计,具体方法如下:

(1)采用某种设计方法,将一个复杂的系统按功能划分成模块。

(2)确定每个模块的功能。

(3)确定模块之间的调用关系。

(4)确定模块之间的接口,即模块之间传递的信息。

(5)评价模块结构的质量。

从以上内容看,软件结构的设计是以模块为基础的,在需求分析阶段,通过某种分析方法把系统分解成层次结构。在设计阶段,以需求分析的结果为依据,从实现的角度划分模块,并组成模块的层次结构。

软件结构的设计是概要设计关键的一步,直接影响到详细设计与编码的工作。软件系统的质量及一些整体特性都在软件结构的设计中决定。因此,应由经验丰富的软件人员担任,采用一定的设计方法,选取合理的设计方案。

(2)数据结构及数据库设计。

对于大型数据处理的软件系统,除了系统结构设计外,数据结构与数据库设计也是重要的。

①数据结构设计。

逐步细化的方法也适用于数据结构的设计。在需求分析阶段,可通过数据字典对数据的组成、操作约束和数据之间的关系等方面进行描述,确定数据的结构特性,在概要设计阶段要加以细化,详细设计则规定具体的实现细节。在概要设计阶段,宜使用抽象的数据类型。如"栈"是数据结构的概念模型,在详细设计中可用线性表和链表来实现"栈"。设计有效的数据结构,将大大简化软件模块处理过程的设计。

②数据库设计。

数据库设计指数据存储文件的设计,其主要包括以下几方面:

a. 概念设计。在数据分析的基础上,从用户角度采用自底向上的方法进行视图设计。

一般用 E-R 模型来表示数据模型,这是一个概念模型。E-R 模型既是设计数据库的基础,也是设计数据结构的基础。IDEF1x 技术也支持概念模式,用 IDEF1x 方法建立系统的信息模型,使模型具有一致性、可扩展性和可变性等特性,同样,该模型可作为数据库设计的主要依据。IDEF1x 是 IDEF(ICAM DEFinition method 智能计算机辅助制造定义模式)系列方法中 IDEF1 的扩展版本,是在 E-R(实体联系)法的原则基础上,增加了一些规则, 使语义更为丰富的一种方法,用于建立系统信息模型。

b. 逻辑设计。E-R 模型或 IDEF1x 模型是独立于数据库管理系统(DBMS)的,要结合具体的 DBMS 特征来建立数据库的逻辑结构。对于关系型的 DBMS 来说,将概念结构转换为数据模式、子模式并进行规范,要给出数据结构的定义,即定义所含的数据项、类型、长度及它们之间的层次或相互关系的表格等。

c. 物理设计。对于不同的 DBMS,物理环境不同,提供的存储结构与存取方法各不相同。物理设计就是设计数据模式的一些物理细节,如数据项存储要求、存取方式和索引的建立等。开发人员应注意到,在大型数据处理系统的功能分析与设计中,同时要进行数据分析与数据设计。数据库的"概念设计"与"逻辑设计"分别对应于系统开发中的"需求分析"与"概要设计",而数据库的"物理设计"与模块的"详细设计"相对应。

(3)编写概要设计文档。

编写概要设计文档时,首先需要编写概要设计说明书;然后编写数据库设计说明书, 主要给出所使用的 DBMS 简介、数据库的概念模型、逻辑设计和结果;再编写用户手册,实际上就是对需求分析阶段编写的用户手册进行补充;最后修订测试计划,即对测试策略、方法和步骤提出明确要求。

(4)评审。

在该阶段,对设计部分是否完整地实现了需求中规定的功能、性能等要求,设计方案的可行性、关键的处理及内外部接口定义正确性、有效性以及各部分之间的一致性等,都一一进行评审。

6.2.3.2 概要设计的基本原则

(1)模块化。

模块在程序中是数据说明、可执行语句等程序对象的集合,或者是单独命名和编址的元素,如高级语言中的过程、函数和子程序等。在软件的体系结构中,模块是可组合、分解和更换的单元。模块具有以下几种基本属性:

①接口:指模块的输入与输出。

②功能:指模块实现什么功能。

③逻辑:描述内部如何实现要求的功能及所需的数据。

④状态:指该模块的运行环境,即模块的调用与被调用关系。

功能、状态与接口反映模块的外部特性,逻辑反映它的内部特性。模块化是指解决一个复杂问题时自顶向下逐层把软件系统划分成若干个模块的过程。每个模块完成一个特定的子功能,所有模块按某种方法组装起来,成为一个整体,完成整个系统所要求的功能。模块化是软件解决复杂问题所具备的手段,为了说明这一点,可将问题的复杂性和工作量的关系进行推理。

(2)抽象。

抽象是认识复杂现象过程中使用的思维工具,即抽出事物本质的共同特性而暂不考虑它的细节,也不考虑其他因素。抽象的概念被广泛应用于计算机软件领域,在软件工程学中更是如此。软件工程实施中的每一步都可以看作是对软件抽象层次的一次细化。在系统定义阶段,软件可作为整个计算机系统的一个元素来对待;在软件需求分析阶段,软件的解决方案使用问题环境中的术语来描述;从概要设计到详细设计阶段,抽象的层次逐步降低,将面向问题的术语与面向实现的术语结合起来描述解决方法,直到产生源程序时到达最低的抽象层次。这是软件工程整个过程的抽象层次。具体到软件设计阶段,又有不同的抽象层次,在进行软件设计时,抽象与逐步求精、模块化密切相关,可帮助定义软件结构中模块的实体,由抽象到具体地分析和构造出软件的层次结构,提高软件的可理解性。

(3)信息隐蔽。

通过抽象可以确定组成软件的过程实体。通过信息隐蔽可以定义和实施对模块的过程细节和局部数据结构的存取限制。所谓信息隐蔽,是指在设计和确定模块时,使得一个模块内包含的信息(过程或数据),对于不需要这些信息的其他模块来说,是不能访问的;"隐蔽"的意思是,有效的模块化通过定义一组相互独立的模块来实现,这些独立的模块彼此之间仅仅交换那些为了完成系统功能所必需的信息,而将那些自身的实现细节与数据"隐藏"起来。一个软件系统在整个生存期中要经过多次修改,信息隐蔽为软件系统的修改、测试及以后的维护都带来好处。因此,在划分模块时要采取措施,如采用局部数据结构,使得大多数过程(即实现细节)和数据对软件的其他部分是隐藏的,这样,修改软件时偶然引入的错误所造成的影响只局限在一个或少量几个模块内部,不影响其他部分。

(4)模块独立性。

为了降低软件系统的复杂性,提高可理解性、可维护性,必须把系统划分成为多个模块,但模块不能任意划分,应尽量保持其独立性。模块独立性指每个模块只完成系统要求的独立的子功能,并且与其他模块的联系最少且接口简单。模块独立性的概念是模块化、抽象及信息隐蔽这些软件工程基本原理的直接产物。只有符合和遵守这些原则,才能得到高度独立的模块。良好的模块独立性能使开发的软件具有较高的质量。由于模块的独立性强,信息的隐藏性能好,并完成独立的功能,且它的可理解性、可维护性及可测试性好,因此软件的可靠性高。另外,接口简单、功能独立的模块易开发,且可并行工作,有效地提高了软件的生产率。

如何衡量软件的独立性呢?根据模块的外部特征和内部特征,提出了两个定性的度量标准——耦合性和内聚性。

①耦合性(Coupling)。

耦合性也称块间联系,指软件系统结构中各模块间相互联系紧密程度的一种度量。模块之间联系越紧密,其耦合性就越强,模块的独立性则越差。模块间耦合的高低取决于模块间接口的复杂性、调用的方式及传递的信息。模块的耦合性有以下几种类型:

a.无直接耦合。无直接耦合指两个模块之间没有直接的关系,它们分别从属于不同模块的控制与调用,它们之间不传递任何信息。因此,模块间的这种耦合性最弱,模块独立性最高。

b.数据耦合。数据耦合指两个模块之间有调用关系,传递的是简单的数据值,相当于高级语言中的值传递。这种耦合程度较低,模块的独立性较高。

c.标记耦合。标记耦合指两个模块之间传递的是数据结构,如高级语言中的数组名、记录名和文件名等,这些名字即为标记,其实传递的是这个数据结构的地址。两个模块必须清楚这些数据结构,并按要求对其进行操作,这样可降低程序的可理解性。可采用"信息隐蔽"的方法,把该数据结构以及在其上的操作全部集中在一个模块上,就可消除这种耦合,但有时因为还有其他功能的缘故,标记耦合是不可避免的。

d.控制耦合。控制耦合指当一个模块调用另一个模块时,传递的是控制变量(如开关、标志等),被调模块通过该控制变量的值有选择地执行块内某一功能。因此被调模块内应具有多个功能,哪个功能起作用受其调用模块的控制。控制耦合增加了理解与编程及修改的复杂性,调用模块时必须知道被调模块内部的逻辑关系,即被调模块处理细节不能"信息隐藏",降低了模块的独立性。

注意 在大多数情况下,模块间的控制耦合并不是必需的,可以将被调用模块内的判定上移到调用模块中去,同时,将被调模块按其功能分解为若干单一功能的模块,将控制耦合改变为数据耦合。

e.公共耦合。公共耦合指通过一个公共数据环境相互作用的那些模块间的耦合。公共数据环境可以是全程变量或数据结构、共享的通信区、内存的公共覆盖区及任何存储介质上的文件和物理设备等(也有将共享外部设备分类为外部耦合的)。

公共耦合的复杂程度随耦合模块的个数增加而增加。如果只有两个模块之间有公共数据环境,那么这种公共耦合就有两种情况:

第一,一个模块只是给公共数据环境送数据,另一个模块只是从公共环境中取数据,这只是数据耦合的一种形式,是比较松散的公共耦合。

第二,两个模块都既往公共数据环境中送数据,又从里面取数据,这是紧密的公共耦合。如果在模块之间共享的数据很多,且通过参数的传递很不方便时,才使用公共耦合,公共耦合会引起以下问题:耦合的复杂程度随模块的个数增加而增加,无法控制各个模块对公共数据的存取,若某个模块有错,可通过公共区将错误延伸到其他模块,则会影响到软件的可靠性。公共耦合会使软件的可维护性变差。若某一模块修改了公共区的数据，则会影响到与此有关的所有模块。公共耦合还会降低软件的可理解性。各个模块使用公共区的数据，使用方式往往是隐含的，某些数据被哪些模块共享，不易很快搞清。

f. 内容耦合。内容耦合是最高程度的耦合，也是最差的耦合。当一个模块直接使用另一个模块的内部数据，或通过非正常入口转入另一个模块内部时，这种模块之间的耦合便为内容耦合。这种情况往往出现在汇编程序设计中。

以上六种由低到高的耦合类型，为设计软件、划分模块提供了决策准则。提高模块的独立性，建立模块间尽可能松散的系统，是模块化设计的目标。为了降低模块间的耦合度，可采取以下几点措施：

a. 在耦合方式上降低模块间接口的复杂性。模块间接口的复杂性包括模块的接口方式、接口信息的结构和数量。接口方式不采用直接引用（内容耦合），而采用调用方式（如过程语句调用方式）。接口信息通过参数传递且传递信息的结构尽量简单，不用复杂参数结构（如过程、指针等类型参数），参数的个数也不宜太多，如果很多，可考虑模块的功能是否庞大、复杂。

b. 在传递信息类型上尽量使用数据耦合，避免控制耦合，慎用或有控制地使用公共耦合。

这只是原则，耦合类型的选择要根据实际情况综合考虑。

②内聚性（Cohesion）。

内聚性也称块内联系，指模块的功能强度的度量，即一个模块内部各个元素彼此结合的紧密程度的度量。若一个模块内各元素（语句之间、程序段之间）联系的越紧密，则它的内聚性就越高。内聚性有以下几种类型：

a. 偶然内聚。偶然内聚指一个模块内的各处理元素之间没有任何联系。例如，有一些无联系的处理序列在程序中多次出现或在几个模块中都出现，为了节省存储，把它们抽出来组成一个新的模块，这个模块就属于偶然内聚。这样的模块不易理解也不易修改，这是最差的内聚情况。

b. 逻辑内聚。逻辑内聚指模块内执行几个逻辑上相似的功能，通过参数确定该模块完成哪一个功能。例如，产生各种类型错误的信息输出放在一个模块，或将不同设备上的输入放在一个模块，这是一个单入口多功能模块。这种模块内聚程度有所提高，各部分之间在功能上有相互关系，不易修改；当某个调用模块要求修改此模块公用代码时，而另一些调用模块又不要求修改。另外，调用时需要进行控制参数的传递，造成模块间的控制耦合，调用此模块时，不用的部分也占据了主存，降低了系统效率。

c. 时间内聚。把需要同时执行的动作组合在一起形成的模块称为时间内聚模块。如初始化一组变量，同时打开若干个文件，同时关闭文件等，都与特定时间有关。时间内聚比逻辑内聚程度高一些，因为时间内聚模块中的各部分都要在同一时间内完成。但是由于这样的模块往往与其他模块联系得比较紧密，如初始化模块对许多模块的运行有影响，因此和其他模块耦合的程度较高。

d. 通信内聚。通信内聚指模块内所有处理元素都在同一个数据结构上操作（有时称之为信息内聚），或者指各处理使用相同的输入数据或者产生相同的输出数据。例如，一个模块完成"建表"、"查表"两部分功能,都使用同一数据结构——名字表。又如,一个模块完成生产日报表、周报表和月报表,都使用同一数据——日产量。通信内聚的模块各部分都紧密相关于同一数据(或者数据结构),所以内聚性要高于前几种类型。同时,可把某一数据结构、文件及设备等操作都放在一个模块内,以达到信息隐藏。

e. 顺序内聚。顺序内聚指一个模块中各个处理元素都密切相关于同一功能且必须按顺序执行,前一功能元素的输出就是下一功能元素的输入。例如,某一模块完成求工业产值的功能,前面部分功能元素求总产值,随后部分功能元素求平均产值,显然,该模块内两部分紧密相关。

f. 功能内聚。功能内聚是最强的内聚,指模块内所有元素共同完成一个功能,缺一不可。因此,模块不能再分割,如"打印日报表"这样一个单一功能的模块。功能内聚的模块易理解、易修改,因为它的功能是明确的、单一的,因此与其他模块的耦合是弱的。功能内聚的模块有利于实现软件的重用,从而提高软件开发的效率。

耦合性与内聚性是模块独立性的两个定性标准,将软件系统划分模块时,尽量做到高内聚低耦合,提高模块的独立性,为设计高质量的软件结构奠定基础。但也有内聚性与耦合性发生矛盾的时候,为了提高内聚性而可能使耦合性变差,在这种情况下,建议给予耦合性以更高的重视。

6.2.4 详细设计阶段

6.2.4.1 详细设计的基本任务

(1)算法设计。算法设计就是用某种图形、表格、语言等工具将每个模块处理过程的详细算法描述出来。

(2)数据结构设计。数据结构设计就是对于需求分析、概要设计确定的概念性的数据类型进行确切的定义。

(3)物理设计。物理设计就是对数据库进行物理设计,即确定数据库的物理结构。物理结构主要指数据库的存储记录格式、存储记录安排和存储方法,这些都依赖于具体使用的数据库系统。

(4)其他设计。其他设计实际上就是根据软件系统的类型进行其他方面的设计,包括代码设计、输入/输出格式设计、人机对话设计等。

(5)编写详细设计说明书。它包括:引言,说明编写目的、背景、定义、参考资料;程序系统的组织结构;各段程序的设计说明,包括功能、性能、输入、输出、算法、流程逻辑、接口。

(6)评审。对处理过程的算法和数据库的物理结构都要评审。

6.2.4.2 详细设计的方法

处理过程设计中采用的典型方法是结构化程序设计(SP)方法,它最早由 E. W. Dijkstra 在 20 世纪60 年代中期提出。详细设计并不是具体地编程序,而是已经细化成很容易从中产生程序的图纸。因此,详细设计的结果基本决定了最终程序的质量。为了提高软件的质量,延长软件的生存期,软件的可测试性、可维护性是重要保障。软件的可测试性、可维护性与程序的易读性有很大关系。详细设计的目标不仅是逻辑上正确地实现每个模块的功能,还应使设计出的处理过程清晰、易读。结构化程序设计是实现该目标的关键技术之一,它指导人们用良好的思想方法开发易于理解、易于验证的程序。结构化程序设计方法有以下几个基本要点:

(1)采用自顶向下、逐步求精的程序设计方法。

需求分析和概要设计都采用了自顶向下、逐层细化的方法。使用"抽象"这个手段,上层对问题抽象、对模块抽象和对数据抽象,下层则进一步分解,进入另一个抽象层次。在详细设计中,虽然处于"具体"设计阶段,但在设计某个模块内部处理过程中,仍可以逐步求精,降低处理细节的复杂度。

(2)使用三种基本控制结构构造程序。

任何程序都可由顺序、选择及重复三种基本控制结构构造。这三种基本结构的共同点是单入口和单出口。它不但能有效地限制使用 GOTO 语句,还创立了一种新的程序设计思想、方法和风格,同时为自顶向下、逐步求精的设计方法提供了具体的实施手段。如对一个模块处理过程细化时,开始是模糊的,可以用下面三种方式以模糊过程进行分解:

①用顺序方式对过程分解,确定各部分的执行顺序。

②用选择方式对过程分解,确定某个部分的执行条件。

③用循环方式对过程分解,确定某个部分进行重复的开始和结束的条件。

对处理过程仍然模糊的部分反复使用以上分解方法,最终可将所有细节确定下来。

(3)主程序员的组织形式。

主程序员的组织形式指开发程序的人员应采用以一个主程序员(负责全部技术活动)、一个后备程序员(协调、支持主程序员)和一个程序管理员(负责事务性工作,如收集、记录数据,文档资料管理等)三人为核心,再加上一些专家(如通信专家、数据库专家)、其他技术人员组成小组。这种组织形式突出了主程序员的领导,设计责任集中在少数人身上,有利于提高软件质量,并且能有效地提高软件生产率。这种组织形式最先由 IBM 公司实施,随后其他软件公司也纷纷采用主程序员制的工作方式。

因此,结构化程序设计方法是综合应用这些手段来构造高质量程序的思想方法。

6.2.4.3 详细设计的表示法

(1)程序流程图。

程序流程图又称为程序框图,它是历史最悠久、使用最广泛的一种描述程序逻辑结构的工具,图 6.4 为流程图的三种基本控制结构。

流程图的优点是直观清晰、易于使用,是开发者普遍采用的工具,但是它有如下严重缺点:

①可以随心所欲地画控制流程线的流向,容易造成非结构化的程序结构;编码时势必不加限制地使用 GOTO 语句,导致基本控制块多入口多出口,这样会使软件质量受到影响与软件设计的原则相违背。

②流程图不能反映逐步求精的过程,往往反映的是最后的结果。

③不易表示数据结构。

为了克服流程图的缺陷,要求流程图都应由三种基本控制结构顺序组合和完整嵌套组成,不能有相互交叉的情况,这样的流程图是结构化的流程图。

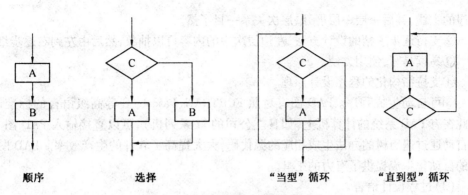

图6.4 流程图的基本控制结构

（2）PAD（Problem Analysis Diagram）。

PAD 图也称为问题分析图，是日本日立公司于 1979 年提出的一种算法描述工具，它是一种由左往右展开的二维树型结构。PAD 图的基本控制结构如图 6.5 所示。

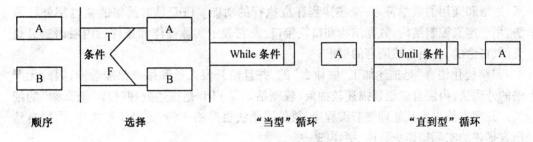

图6.5 PAD 图基本控制结构

PAD 图的控制流程为自上而下、从左到右地执行。图 6.6 给出了将数组 $X(1)$ 到 $X(10)$ 进行选择法排序的算法描述的 PAD 图。

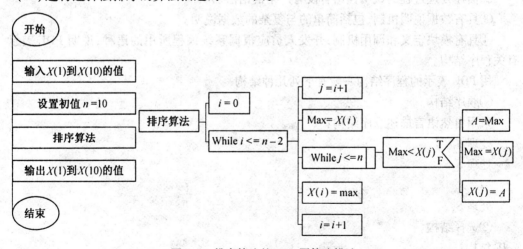

图6.6 排序算法的 PAD 图算法描述

从图 6.6 给出的例子可以看出，PAD 图的优点如下：

①清晰地反映了程序的层次结构。图 6.6 中的竖线为程序的层次线，最左边竖线是

程序的主线,其后一层一层展开,层次关系一目了然。

②支持逐步求精的设计方法,左边层次中的内容可以抽象,然后由左到右逐步细化。

③易读易写,使用方便。

④支持结构化的程序设计原理。

⑤可自动生成程序。PAD 图有对照 FORTRAN、Pascal、C 等高级语言的标准图式。因此在有 PAD 系统的计算机上(如日立公司的 M 系列机),可以直接输入 PAD 图,由机器自动通过遍历树的办法生成相应的源代码,大大提高了软件的生产效率。PAD 图为软件的自动化生成提供了有力的工具。

(3)过程设计语言。

过程设计语言(Process Design Language,PDL)是在伪码的基础上,扩充了模块的定义与调用、数据定义和输入输出而形成的。它的控制结构与伪码相同。PDL 是一种用于描述模块算法设计和处理细节的语言。PDL 与结构化语言的结构相似,一般分为内、外两层语法,外层语法应符合一般程序设计语言常用的语法规则,而内层语法则用一些简单的句子、短语和通用的数学符号,来描述程序应执行的功能。PDL 具有严格的关键字外层语法,用于定义控制结构、数据结构和模块接口,而它表示实际操作和条件的内层语法又是灵活、自由的,使用自然语言的词汇。

"结构化语言"是描述加工"做什么"的,并且使开发人员和用户都能看懂,因此无严格的外语法,内层自然语言描述较抽象、较概括。而 PDL 是描述处理过程"怎么做"的细节。开发人员将按其处理细节编程序,故外层语法更严格一些,更趋于形式化,内层自然语言描述的实际操作更具体、更详细一些。

PDL 的特点如下:

①所有关键字都有固定语法,以便提供结构化控制结构、数据说明和模块的特征。

②描述处理过程的说明性语言没有严格的语法。

③具有数据说明机制,包括简单的与复杂的数据说明。

④具有模块定义和调用机制,开发人员应根据系统编程所用的语种,说明 PDL 表示有关程序结构。

用 PDL 表示的程序结构一般有下列几种结构:

①顺序结构。

采用自然语言描述顺序结构:

处理 S_1

处理 S_2

…

处理 S_n

②选择结构。

a. IF 结构:

IF 条件　　　　　　IF 条件

　　处理 S_1　　　　　处理 S

ELSE　　　　　　ENDIF

　　　　处理 S_2

　　ENDIF

b. IF-ORIF-ELSE 结构。

　　　　IF 条件 1

　　　　　　处理 S_1

　　　　ORIF 条件 2

　　　　　　处理 S_2

　　　　　　…

　　　　ELSE

　　　　　　处理 S_n

　　　　ENDIF

c. CASE 结构。

　　　　CASE OF

　　　　　　CASE(1)

　　　　　　处理 S_1

　　　　　　CASE(2)

　　　　　　处理 S_2

　　　　　　…

　　　　　　ELSE

　　　　　　处理 S_n

　　　　　　ENDCASE

　　　③循环结构。

a. FOR 结构。

　　　　FOR $i=1$ TO n

　　　　　　循环体

　　b. END FOR

　　WHILE 结构。

　　　　WHILE 条件

　　　　　　循环体

　　　　ENDWHILE

c. UNTIL 结构。

　　　　REPEAT

　　　　　　循环体

　　　　UNTIL 条件

　　PDL 的总体结构与一般程序完全相同。外语法同相应程序语言一致,内语法使用自然语言,易编写,易理解,也很容易转换成源程序。除此以外,还有以下优点:

　　a. 提供的机制较图形全面,为保证详细设计与编码的质量创造了有利条件。

　　b. 可作为注释嵌入在源程序中一起作为程序的文档,并可同高级程序设计语言一样进行编辑、修改,有利于软件的维护。

c. 可自动生成程序代码,提高软件生产率。目前已有 PDL 多种版本(如 PDL/pascal、PDL/C、PDL/Ada 等),为自动生成相应代码提供了便利条件。

6.2.5 软件编码阶段

6.2.5.1 程序设计语言的特征

(1)心理特性。

程序设计语言经常要求程序员改变处理问题的方法,使这种处理方法适合于语言的语法规定。而程序是人设计的,人的因素在设计程序时是至关重要的。语言的心理特性指影响程序员心理的语言性能,许多这类特性是作为程序设计的结果而出现的,虽不能用定量的方法来度量,但可以认识到它在语言中具有如下的表现形式:

①歧义性。歧义性指程序设计语言通常是无二义性的,编译程序总是根据语法,按一种固定方法来解释语句的,但有些语法规则容易使人用不同的方式来解释语言,这就产生了心理上的歧义性。

②简洁性。人们必须记住的语言成分的数量。人们要掌握一种语言,就要记住语句的种类、各种数据类型、各种运算符、各种内部函数和内部过程,这些成分数量越多,简洁性越差,人们就越难以掌握。但特别简洁也不好,有的语言(如 APL)为了简洁,提供功能强,但形式简明的运算符,允许用最少的代码去实现很多的算术和逻辑运算。这样会使程序难以理解,一致性差。所以既要简洁,又要易读、易理解。

③局部性和顺序性。人的记忆特性有两方面,即联想方式和顺序方式。人的联想力使人能整体地记住和辨别某件事情,如立刻就能识别一个人的面孔,而不是一部分一部分地看过之后才认得出;而顺序记忆提供了回忆序列中下一个元素的手段,如唱歌,依次一句一句地唱出,而不必思索。

人的记忆特性对使用语言的方式有很大影响。局部性指语言的联想性,在编码过程中,由语句组合成模块,由模块组装成系统结构,并在组装过程中实现模块的高内聚,低耦合,使局部性得到加强,提供异常处理的语言特性,削弱局部性。若在程序中多采用顺序序列,则使人易理解,如果存在大量分支或循环,则不利于人们的理解。

④传统性。人们习惯于已掌握的语种,而传统性容易影响人们学习新语种的积极性,若新语种的结构、形式与原来的类似,还容易接受,若风格根本不同,则难以接受,如习惯用 Pascal 或 C 语言的编程人员,若用 Lisp 和 Prolog 编程,就要用更多的时间来学习。

(2)工程特性。

从软件工程的观点、程序设计语言的特性着重考虑软件开发项目的需要,因此对程序编码有如下要求:

①可移植性。可移植性指程序从一个计算机环境移植到另一个计算机环境的容易程度。计算机环境是指不同机型、不同的操作系统版本及不同的应用软件包。要增加可移植性,应考虑以下几点:在设计时模块与操作系统特性不应有高度联系;要使用标准的语言,要使用标准的数据库操作,尽量不使用扩充结构;对程序中各种可变信息,均应参数化,以便于修改。

②开发工具的可利用性。开发工具的可利用性指有效的软件开发工具可以缩短编码时间,改进源代码的质量。目前,许多编程语言都嵌入到一套完整的软件开发环境里。这些开发工具包括交互式调试器、交叉编译器、屏幕格式定义工具、报表格式定义工具、图形开发环境、菜单系统和宏处理程序等。

③软件的可重用性。软件的可重用性指编程语言能否提供可重用的软件成分,如模块子程序可通过源代码剪贴、包含和继承等方式实现软件重用。可重用软件在组装时,从接口到算法都可能调整,但要考虑额外代价。

④可维护性。可维护性指源程序的可维护性对复杂的软件开发项目的重要性,如易于把详细设计翻译为源程序、易于修改需要变化的源程序。因此,源程序的可读性、语言的文档化特性对软件的可维护性具有重大的影响。

(3)技术特性。

语言的技术特性对软件工程各阶段有一定的影响,特别是确定了软件需求之后,程序设计语言的特性就显得非常重要了,要根据项目的特性选择相应的语言,有的要求提供复杂的数据结构,有的要求实时处理能力强,有的要求能方便地进行数据库的操作。软件设计阶段的设计质量一般与语言的技术特性关系不大(面向对象设计例外),但将软件设计转化为程序代码时,转化的质量往往受语言性能的影响,可能会影响到设计方法。如Ada、Smalltalk、C++等支持抽象类型的概念,Pascal、C 等允许用户自定义数据类型,并能提供链表和其他数据结构的类型。

这些语言特性为设计者进行概要设计和详细设计提供了很大的方便。在有些情况下,仅在语言具有某种特性时,设计需求才能满足。如要实现彼此通信和协调的并发分布式处理,要用并发 Pascal、Ada、Modula-2 等语言才能用于这样的设计。语言的特性对软件的测试与维护也有一定的影响。支持结构化构造的语言有利于减少程序环路的复杂性,使程序易测试、易维护。

6.2.5.2　程序设计语言的选择

为开发一个特定项目选择程序设计语言时,必须从技术特性、工程特性和心理特性几方面考虑。在选择语言时,从问题入手,确定它的要求是什么,以及这些要求的相对重要性。由于一种语言不可能同时满足它的各种需求,所以要对各种要求进行权衡,比较各种可用语言的适用程度,最后选择认为是最适用的语言。

(1)项目的应用领域。

项目应用领域是选择程序设计语言的关键因素。项目有下列几种应用领域:

①科学工程计算。

该计算需要大量的标准库函数,以便处理复杂的数值计算,可供选用的语言有:

a. FORTRAN 语言。FORTRAN 语言是世界上第一个被正式推广应用的计算机语言,产生于 1954 年,经过 FORTRAN 0 到 FORTRAN Ⅳ,又相继扩展为 FORTRAN 77,FOR-TRAN 90,通过几个版本不断的更新,使它不仅面向科学计算,而且数据处理能力也极强。

b. Pascal 语言。Pascal 语言产生于 20 世纪 60 年代末,具有很强的数据和过程结构化的能力,它是第一个体现结构化编程思想的语言,由于它语言简明、数据类型丰富、程序结构严谨,许多算法都用类 Pascal 来概括。用 Pascal 语言写程序也有助于培养良好的编程风格。

c. C 语言。C 语言产生于 20 世纪 70 年代初,最初用于描述 UNIX 操作系统及其上层软件,后来发展成具有很强功能的语言,支持复杂的数据结构,可大量运用指针,具有丰富、灵活的操作运算符及数据处理操作符。此外还具有汇编语言的某些特性,使程序运行效率提高。

d. PL/1 语言。PL/1 语言是一个适用性非常广泛的语言,能够适用于多种不同的应用领域,但由于太庞大,难以推广使用,目前一些 PL/1 的子集被广泛使用。

②数据处理与数据库应用。

数据处理与数据库应用可供选用的语言如下:

a. Cobol 语言。Cobol 语言产生于 20 世纪 50 年代末,是广泛用于商业数据处理的语言,它具有极强的数据定义能力,程序说明与硬件环境说明分开,数据描述与算法描述分开,结构严谨层次分明,说明采用类英语的语法结构,可读性强。

b. SQL 语言。SQL 语言最初是为 IBM 公司开发的数据库查询语言,目前不同的软件开发公司有了不同的扩充版本,如 20 世纪 80 年代后期我国引入 Informix-SQL、Microsoft-SQL 可以方便地对数据库进行存取管理。

c. 4GL 语言。4GL 语言称为第 4 代语言。随着信息系统的飞速发展,原来的第 2 代语言(如 FORTRAN、Cobol 等)和第 3 代语言(如 Pascal、C 等)受硬件和操作系统的局限,其开发工具不能满足新技术发展的需求,因此,在 20 世纪 70 年代末提出了第 4 代语言的概念。4GL 的主要具备以下特征:首先,它具有友好的用户界面,使得操作简单,非计算机专业人员也能方便地使用它;第二,它兼有过程性和非过程性的双重特性,非过程性指语言的抽象层次又提高到一个新的高度,只需告诉计算机"做什么",而不必描述"怎么做","怎么做"的工作由语言系统运用它的专门领域的知识来填充过程细节;第三,它具有高效的程序代码,能缩短开发周期,并减少维护的代价;第四,它具有完备的数据库,在 4GL 中实现的数据库功能,不再把 DBMS(数据库管理系统)看成是语言以外的成分;最后,它的应用程序生成器能提供一些常用的程序来完成文件维护、屏幕管理、报表生成和查询等任务,从而有效提高软件生产率。目前,流行的 Fox 公司的 FoxPro, Uniface 公司的 Uniface, Powersoft 公司的 Power Builder, Informix 公司的 Informix-4GL 以及各种扩充版本的 SQL 等都不同程度地具有上述特征。

③实时处理。

实时处理软件一般对性能的要求很高,可选用的语言有:

a. 汇编语言。汇编语言是面向机器的,它可以完成高级语言无法满足要求的特殊功能,如与外部设备之间的一些接口操作。

b. Ada 语言。Ada 语言是美国国防部出资开发的,主要用于适时、并发和嵌入系统的语言。Ada 语言是在 Pascal 基础上开发出来的,但其功能更强、更复杂。它提供了一组丰富的实时特性,包括多任务处理、中断处理、任务间同步与通信等,它还提供了许多程序包供程序员选择。通过修订,已成为安全、高效和灵活的面向对象的编程语言。

④系统软件。

编写操作系统、编译系统等系统软件时,可选用汇编语言、C 语言、Pascal 语言和 Ada

语言。

⑤人工智能。

如果要完成知识库系统、专家系统、决策支持系统、推理工程、语言识别、模式识别、机器人视角及自然语言处理等人工智能领域内的系统,应选择如下语言:

a. Lisp。Lisp 是一种函数型语言,产生于 20 世纪 60 年代初,它特别适用于组合问题中的符号运算和表处理,因此用于定理证明、树的搜索和其他问题的求解。近年来,Lisp 广泛应用于专家系统的开发,对于定义知识库系统中的事实、规则和相应的推理相对要容易一些。

b. Prolog。Prolog 是一种逻辑型语言,产生于 20 世纪 70 年代初,它提供了支持知识表示的特性,每一个程序由一组表示事实、规则和推理的子句组成,比较接近于自然语言,符合人的思维方式。

以上讨论的语言,一般适用于相应的应用领域,但要根据具体情况灵活掌握。有的语言功能强,适用的范围较广,但比较庞大。

(2)软件开发的方法。

有时编程语言的选择依赖于开发的方法,如果要用快速原型模型来开发,要求能快速实现原型,因此宜采用4GL。如果是面向对象方法,宜采用面向对象的语言编程。

(3)软件执行的环境。

良好的编程环境不但能有效地提高软件的生产率,同时能减少错误,提高软件质量。近几年推出了许多可视化的软件开发环境,如 Visual BASIC、Visual C、Visual FoxPro 及 Delphi(面向对象的 Pascal)等,都提供了强有力的调试工具,帮助程序员快速形成高质量的软件。

(4)算法和数据结构的复杂性。

科学计算、实时处理和人工智能领域中的问题算法较复杂,而数据处理、数据库应用和系统软件领域内的问题,数据结构比较复杂,因此,选择语言时可考虑是否有完成复杂算法的能力,或者有构造复杂数据结构的能力。

(5)软件开发人员的知识。

有时编程语言的选择与软件开发人员的知识水平及心理因素有关,新的语言虽然有吸引力,但软件开发人员若熟悉某种语言,而且有类似项目的开发经验,往往愿意选择原有的语言。开发人员应仔细地分析软件项目的类型,敢于学习新知识,掌握新技术。

6.2.5.3　程序设计风格

随着计算机技术的发展,软件的规模增大了,软件的复杂性也增强了。为了保证软件的质量,要加强软件测试。为了延长软件的生存期,就要经常进行软件维护。不论测试与维护,都必须要阅读程序。因此,读程序是软件维护和开发过程中的一个重要组成部分。有时读程序的时间比写程序的时间还要多。同样一个题目,为什么有人编的程序容易读懂,而有人编的程序不易读懂呢?这就存在一个程序设计风格的问题。程序设计风格指一个人编制程序时所表现出来的特点、习惯及逻辑思路等。良好的编程风格可以减少编码的错误,减少读程序的时间,从而提高软件的开发效率。因此,这里主要讨论与编程风格有关的因素。

（1）源程序文档化。

编写源程序文档化的原则为：

①标识符应按意取名。若是几个单词组成的标识符，每个单词第一个字母用大写，或者之间用下划线分开，这便于理解。如某个标识符取名为 widthofrectangle，若写成 WidthOfRectangle 或 width-of-Rectangle 就容易理解了。但名字也不是越长越好，太长了，书写与输入都易出错，必要时用缩写名字，但缩写规则要一致。

②程序应加注释。注释是程序员与读者之间通信的重要工具，用自然语言或伪码描述。它说明了程序的功能，特别在维护阶段，对理解程序内容提供了明确指导。注释分序言性注释和功能性注释。

序言性注释应置于每个模块的起始部分，主要内容有：

a. 说明每个模块的用途、功能。

b. 说明模块的接口，即调用形式、参数描述及从属模块的清单。

c. 数据描述，指重要数据的名称、用途、限制、约束及其他信息。

d. 开发历史，指设计者、审阅者姓名及日期，修改说明及日期。

功能性注释嵌入在源程序内部，说明程序段或语句的功能以及数据的状态。功能性注释应注意以下几点：

a. 注释用来说明程序段，而不是每一行程序都要加注释。

b. 使用空行或缩进或括号，以便很容易区分注释和程序。

c. 修改程序也应修改注释。

（2）数据说明。

为了使数据定义更易于理解和维护，有以下指导原则：

①数据说明顺序应规范，使数据的属性更易于查找，从而有利于测试、纠错与维护。例如，按常量说明、类型说明、全程量说明及局部量说明顺序。

②一个语句说明多个变量时，各变量名按字典序排列。

③对于复杂的数据结构，要加注释，说明在程序实现时的特点。

（3）语句构造。

语句构造的原则就是简单直接，不能为了追求效率而使代码复杂化。为了便于阅读和理解，不要一行写多条语句。不同层次的语句采用缩进形式，使程序的逻辑结构和功能特征更加清晰。要避免复杂的判定条件，避免多重的循环嵌套。表达式中使用括号以提高运算次序的清晰度等。

（4）输入和输出。

在编写输入和输出程序时应考虑以下原则：

①输入操作步骤和输入格式尽量简单。

②应检查输入数据的合法性、有效性，报告必要的输入状态信息及错误信息。

③输入一批数据时，使用数据或文件结束标志，而不要用计数来控制。

④进行交互式输入时，提供可用的选择和边界值。

⑤当程序设计语言有严格的格式要求时，应保持输入格式的一致性。

⑥输出数据表格化、图形化。

输入、输出风格还受其他因素的影响,如输入、输出设备、用户经验及通信环境等。

(5)效率。

效率指处理机时间和存储空间的使用,对效率的追求明确以下几点:

①效率是一个性能要求,目标在需求分析给出。

②追求效率建立在不损害程序可读性或可靠性基础之上,要先使程序正确,再提高程序效率;先使程序清晰,再提高程序效率。

③提高程序效率的根本途径在于选择良好的设计方法、良好的数据结构与算法,而不是靠编程时对程序语句作调整。

总之,在编码阶段,要善于积累编程经验,培养和学习良好的编程风格,使编出的程序清晰、易懂,易于测试与维护,从而提高软件的质量。

6.2.6　软件测试阶段

统计资料表明,测试的工作量约占整个项目开发工作量的40%,对于关系到人的生命安全的软件(如飞机飞行自动控制系统),测试的工作量还要成倍增加。那么,为什么要花这么多代价进行测试? 其目的何在? 测试是说明程序能正确地执行它应有的功能,以及表明程序没有错误。如果是这样一个目的,就要朝着证明程序正确这个目标靠拢,无意识地选择一些不易暴露错误的例子,这样测试出来的软件必然会存在一些隐含错误无法发现,因此 G.J.Myers 在《软件测试之艺术》一书中对软件测试的目的提出了以下观点:

(1)软件测试是为了发现错误而执行程序的过程。

(2)一个好的测试用例能够发现至今尚未发现的错误。

(3)一个成功的测试是发现了至今尚未发现的错误的测试。

因此,测试阶段的基本任务应该是根据软件开发各阶段的文档资料和程序的内部结构,精心设计一组"高产"的测试用例,利用这些用例执行程序,找出软件中潜在的各种错误和缺陷。

6.2.6.1　软件测试方法

(1)静态测试。

静态测试是指被测试程序不在机器上运行,而是采用人工检测和计算机辅助静态分析的手段对程序进行检测,方法如下:

①人工测试。人工测试是指不依靠计算机而靠人工审查程序或评审软件。人工审查程序偏重于编码质量的检验,而软件审查除了审查编码还要对各阶段的软件产品进行检验。

②计算机辅助静态分析。计算机辅助静态分析指利用静态分析工具对被测试程序进行特性分析,从程序中提取一些信息,以便检查程序逻辑的各种缺陷和可疑的程序构造,如用错的局部量和全程量、不匹配参数、不适当的循环嵌套和分支嵌套、潜在的死循环及不会执行到的代码等。还可能提供一些间接涉及程序欠缺的信息、各种类型的语句出现的次数、变量和常量的引用表、标识符的使用方式、过程的调用层次及违背编码规则等。静态分析还可以用符号代替数值求得程序结果,以便对程序进行运算规律的检验。

（2）动态测试。

动态测试指通过运行程序发现错误。一般意义上的测试大多是指动态测试。为使测试发现更多的错误，需要运用一些有效的方法。测试任何产品一般有两种方法：一是测试产品的功能；二是测试产品内部结构及处理过程。对软件产品进行动态测试时，这两种方法分别称为黑盒法和白盒法。

②黑盒法。

该方法把被测试对象看成一个黑盒子，测试人员完全不考虑程序的内部结构和处理过程，只在软件的接口处进行测试，依据需求说明书，检查程序是否满足功能要求。因此，黑盒测试又称为功能测试或数据驱动测试。

通过黑盒测试主要发现以下错误：

a. 是否有不正确或遗漏了的功能。

b. 在接口上，能否正确地接受输入数据，能否产生正确的输出信息。

c. 访问外部信息是否有错。

d. 性能上是否满足要求等。

用黑盒法测试时，必须在所有可能的输入条件和输出条件中确定测试数据。是否要对每个数据都进行穷举测试呢？例如，测试一个程序，需输入 3 个整数值。在微机上，每个整数可能取值为 2^{16} 个，3 个整数值的排列组合数为 $2^{16} \times 2^{16} \times 2^{16} = 2^{48} \approx 3 \times 10^{14}$。假设此程序执行一次为 1 ms，用这些所有的数据去测试要用 1 万年！但这还不能算穷举测试，还要输入一切不合法的数据。可见，穷举地输入测试数据进行黑盒测试是不可能的。

②白盒法。

该方法把测试对象看作一个打开的盒子，测试人员需了解程序的内部结构和处理过程，以检查处理过程的细节为基础，对程序中尽可能多的逻辑路径进行测试，检验内部控制结构和数据结构是否有错，实际的运行状态与预期的状态是否一致。

白盒法也不可能进行穷举测试，企图遍历所有的路径，往往是做不到的。如测试一个循环 20 次的嵌套的 IF 语句，循环体中有 5 条路径。测试这个程序的执行路径为 5^{20}，约为 10^{14}，如果每毫秒完成一个路径的测试，测试此程序需 3 170 年！对于白盒测试，即使每条路径都测试了，程序仍可能有错。例如，要求编写一个升序的程序，但是却错编成降序程序（功能错），就是穷举路径测试也无法发现。再如，由于疏忽漏写了路径，白盒测试也发现不了。

所以，黑盒法和白盒法都不能使测试达到彻底。为了用有限的测试发现更多的错误，需精心设计测试用例。黑盒法、白盒法是设计测试用例的基本策略，每一种方法对应着多种设计测试用例技术，每种技术可达到一定的软件质量标准要求。

6.2.6.2 设计测试用例

（1）白盒技术。

由于白盒测试是结构测试，所以被测对象基本上是源程序，以程序的内部逻辑结构为基础来设计测试用例。白盒测试技术追求的是程序内部的逻辑结构覆盖程度，当程序中有循环时，覆盖每条路径是不可能的，要设计覆盖程度较高的或覆盖最有代表性的路径的测试用例。以图 6.7 的流程图为例，来说明白盒测试中所采用的六种覆盖方法的原理。

①语句覆盖。

为了提高发现错误的可能性,在测试时应该执行到程序中的每一个语句。语句覆盖是指设计足够的测试用例,使被测程序中每个语句至少执行一次。

用例设计:

$X=4,Y=2,Z=1$,预期结果 $X=5$,覆盖路径:OABED。

优点:可以很直观地从源代码得到测试用例,无需细分每条判定表达式。

缺点:由于这种测试方法仅仅针对程序逻辑中显式存在的语句,但对于隐藏的条件和可能到达的隐式逻辑分支是无法测试的。在本例中去掉了语句 C,那么就少了一条测试路径。在 If 结构中若源代码没有给出 Else 后面的执行分支,那么语句覆盖测试就不会考虑这种情况。但是我们不能排除这种以外的分支不会被执行,而往往这种错误会经常出现。再如,在 Do-While 结构中,语句覆盖执行其中某一个条件分支。显然,语句覆盖对于多分支的逻辑运算是无法全面反映的,它只在乎运行一次,而不考虑其他情况。

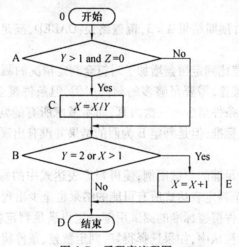

图6.7 子程序流程图

②判定覆盖。

判定覆盖指设计足够的测试用例,使得被测程序中每个判定表达式至少获得一次"真"值和"假"值,从而使程序的每一个分支至少都通过一次,因此判定覆盖也称分支覆盖。

图6.7 有两个判定,判定 A 是 $Y>1$ and $Z=0$,判定 B 是 $Y=2$ or $X>1$。该例中满足判定覆盖标准的测试路径可以有多种,例如测试路径 OACBED 和 OABD 就满足判定覆盖标准,测试路径 OACBD 和 OABED 也满足判定覆盖标准等,我们只要选择其中一种即可,例如,我们选择测试路径 OACBD 和 OABED。

用例设计:

a. $X=3,Y=3,Z=0$,预期结果 $X=1$,覆盖路径:OACBD,判定 A 为真,B 为假。

b. $X=1,Y=2,Z=1$,预期结果 $X=2$,覆盖路径:OABED,判定 A 为假,B 为真。

优点:判定覆盖比语句覆盖要多几乎一倍的测试路径,当然也就具有比语句覆盖更强的测试能力。同样,判定覆盖也具有和语句覆盖一样的简单性,无须细分每个判定就可以得到测试用例。

缺点:往往大部分的判定语句是由多个逻辑条件组合而成(如判定语句中包含 AND、OR、CASE),若仅仅判断其整个最终结果,而忽略每个条件的取值情况,必然会遗漏部分测试路径。

③条件覆盖。

条件覆盖指设计足够的测试用例,使得判定表达式中每个条件的各种可能的值至少出现一次,即每个条件至少有一次为真值,有一次为假值。

在图6.7中,判定 A 中各种条件的所有可能结果为:$Y>1,Y\leqslant1,Z=0,Z\neq0$;判定 B 中各种条件的所有可能结果为:$Y=2,Y\neq2,X>1,X\leqslant1$。于是,选择下列两个测试用例可满足条件覆盖。

用例设计:

a. $X=1,Y=2,Z=0$,预期结果 $X=1.5$,覆盖路径:OACBED,满足条件 $Y>1,Z=0,Y=2,X\leqslant1$。

b. $X=2,Y=1,Z=1$,预期结果 $X=3$,覆盖路径:OABED,满足条件 $Y\leqslant1,Z\neq0,Y\neq2,X>1$。

优点:显然条件覆盖比判定覆盖增加了对符合判定情况的测试,增加了测试路径。

缺点:要达到条件覆盖,需要足够多的测试用例,但条件覆盖并不能保证判定覆盖。条件覆盖只能保证每个条件至少有一次为真,而不考虑所有的判定结果。上面的两个测试用例满足了条件覆盖标准,但是判定 B 为假的结果并没有出现过。

④判定/条件覆盖。

该覆盖标准指设计足够的测试用例,使得判定表达式中的每个条件的所有可能取值至少出现一次,并使每个判定表达式所有可能的结果也至少出现一次。

显然,满足判定/条件覆盖标准的测试用例一定也满足判定覆盖、条件覆盖和语句覆盖标准。在某些程序的测试中,如果选择得好,判定覆盖、条件覆盖和判定/条件覆盖可以使用相同的最少测试用例。在图6.7中可选择如下两个测试用例:

用例设计:

a. $X=4,Y=2,Z=0$,预期结果 $X=3$,覆盖路径:OACBED,满足条件 $Y>1,Z=0,Y=2,X>1$,判定 A 为真,判定 B 为真。

b. $X=1,Y=1,Z=1$,预期结果 $X=1$,覆盖路径:OABED,满足条件 $Y\leqslant1,Z\neq0,Y\neq2,X\leqslant1$,判定 A 为假,判定 B 为假。

优点:判定/条件覆盖满足了判定覆盖准则和条件覆盖准则,弥补了二者的不足。

缺点:判定/条件覆盖准则的缺点是未考虑条件的组合情况。从表面上看,判定/条件覆盖测试了所有条件的取值,但实际上条件组合中的某些条件会抑制其他条件。例如,在含有"与"运算的判定表达式中,第一个条件为"假",则这个表达式中后面几个条件均不起作用;在含有"或"运算的表达式中,第一个条件为"真",后边其他条件也不起作用,因此,后边其他条件若写错就测试不出来。

⑤条件组合覆盖。

条件组合覆盖是比较强的覆盖标准,它是指设计足够的测试用例,使得每个判定表达式中条件的各种可能的值的组合都至少出现一次。

在图6.7中,判定 A 中条件结果的所有可能组合有:

①$Y>1,Z=0$　②$Y>1,Z\neq0$　③$Y\leq1,Z=0$　④$Y\leq1,Z\neq0$

判定 B 中条件结果的所有可能组合有:

⑤$Y=2,X>1$　⑥$Y=2,X\leq1$　⑦$Y\neq2,X>1$　⑧$Y\neq2,X\leq1$

我们可以选择下列四个测试用例来满足条件组合覆盖标准。

用例设计:

a. $X=4,Y=2,Z=0$,预期结果 $X=3$,覆盖路径:OACBED,覆盖条件组合①和⑤。

b. $X=1,Y=2,Z=1$,预期结果 $X=2$,覆盖路径:OABED,覆盖条件组合②和⑥。

c. $X=2,Y=1,Z=0$,预期结果 $X=3$,覆盖路径:OABED,覆盖条件组合③和⑦。

d. $X=1,Y=1,Z=1$,预期结果 $X=1$,覆盖路径:OABD,覆盖条件组合④和⑧。

优点:条件组合覆盖准则满足判定覆盖、条件覆盖和判定/条件覆盖准则。更改的判定/条件覆盖要求设计足够多的测试用例,使得判定中每个条件的所有可能结果至少出现一次,每个判定本身的所有可能结果也至少出现一次,并且每个条件都能单独影响判定结果。

缺点:线性地增加了测试用例的数量,而且条件组合覆盖不能保证程序中所有可能的路径都被覆盖。在本例中,OACBD 这条路径被漏掉了,如果这条路径有错,就不能测试出来。

⑥路径覆盖。

路径覆盖是指设计足够的测试用例,覆盖被测程序中所有可能的路径。对于图6.7的例子中,所有可能的路径有四条:OACBED、OACBD、OABED 及 OABD。我们可以用下列四个测试用例来满足路径覆盖标准。

用例设计:

a. $X=4,Y=2,Z=0$,预期结果 $X=3$,覆盖路径:OACBED。

b. $X=3,Y=3,Z=0$,预期结果 $X=1$,覆盖路径:OACBD。

c. $X=2,Y=1,Z=0$,预期结果 $X=3$,覆盖路径:OABED。

d. $X=1,Y=1,Z=1$,预期结果 $X=1$,覆盖路径:OABD。

优点:这种测试方法可以对程序进行彻底地测试,比前面五种的覆盖面都广。

缺点:由于路径覆盖需要对所有可能的路径进行测试(包括循环、条件组合、分支选择等),那么需要设计大量、复杂的测试用例,使得工作量呈指数级增长。

现将这六种覆盖标准作比较,见表6.1。

从表6.1可以看出,语句覆盖发现错误的能力最弱。判定覆盖包含了语句覆盖,但它可能会使一些条件得不到测试。条件覆盖对每个条件进行单独检查,在一般情况下,它的检错能力较判定覆盖强,但有时达不到判定覆盖的要求。判定/条件覆盖包含了判定覆盖和条件覆盖的要求,但由于计算机系统软件实现方式的限制,实际上不一定达到条件覆盖的标准。条件组合覆盖发现错误能力较强,凡满足其标准的测试用例,也必然满足前四种覆盖标准。前五种覆盖标准把注意力集中在单个判定或判定的各个条件上,可能会使程序某些路径没有执行到。路径测试根据各判定表达式取值的组合,使程序沿着不同的路径执行,查错能力强。但由于它是从各判定的整体组合出发设计测试用例的,可能使测试用例达不到条件组合覆盖的要求。在实际的逻辑覆盖测试中,一般以条件组合覆盖为主设计测试用例,然后再补充部分用例,以达到路径覆盖测试标准。

表 6.1　六种覆盖标准对比

白盒测试方法	测试原则	发现错误能力
语句覆盖	每条语句至少执行一次	弱
判定覆盖	每个判定的每个分支至少执行一次	↓
条件覆盖	每个判定的每个条件应取到各种可能的值	
判定/条件覆盖	同时满足判定覆盖和条件覆盖	
条件组合覆盖	每个判定中各条件的每一种组合至少出现一次	强
路径覆盖	使程序中每一条可能的路径至少执行一次	

(2)黑盒技术。

黑盒测试是功能测试,因此设计测试用例时,需要研究需求说明和概要设计说明中有关程序功能或输入、输出之间的关系等信息,从而与测试后的结果进行分析比较。用黑盒技术设计测试用例的方法一般有以下四种,但没有一种方法能提供一组完整的测试用例,以检查程序的全部功能,在实际测试中,应该把各种方法结合起来使用。

①等价类划分。

为了保证软件质量,需要做尽量多的测试,但不可能用所有可能的输入数据来测试程序,而只能从输入数据中选择一个子集进行测试。如何选择适当的子集,使其发现更多的错误呢? 等价类划分就是解决这一问题的办法。划分等价类是一个比较复杂的问题,在确定等价类时,可以考虑以下规则:

a. 如果某个输入条件规定了取值范围或值的个数,则可确定一个合理的等价类(输入值或数在此范围内)和两个不合理等价类(输入值或个数小于这个范围的最小值或大于这个范围的最大值)。例如,规定学生的考试成绩范围为 0 ~ 100,确定一个合理的等价类为"0 ≤ 成绩 ≤ 100",两个不合理的等价类为"成绩 <0"和"成绩 >100"。

b. 如果规定了输入数据的一个集合(即离散值),而且程序对不同的输入值作不同的处理,则每个允许的输入值是一个合理等价类,此外还有一个不合理等价类(任何一个不允许的输入值)。例如,输入条件上说明教师的职称可为助教、讲师、副教授及教授四种职称之一,则分别取这四个值作为四个合理等价类,另外把四个职称之外的任何职称作为不合理等价类。

c. 如果规定了输入数据必须遵循的规则,例如,标识符的第一个字符必须是字母,可确定一个合理等价类(符合规则)和若干个不合理等价类(从各种不同角度违反规则)。

d. 如果在已划分的等价类中各元素在程序中的处理方式不同,则应将此等价类进一步划分为更小的等价类。以上这些划分输入数据等价类的经验也同样适用于输出数据,这些数据也只是测试时可能遇到的情况的很小部分。为了能正确划分等价类,一定要正确分析被测程序的功能。

根据已划分的等价类,再按以下步骤设计测试用例:

a. 为每一个有效等价类和无效等价类编号。

b. 设计一个新的测试用例,使其尽可能多地覆盖尚未被覆盖过的合理等价类。重复这一步,直到所有合理等价类被测试用例覆盖为止。

c. 设计一个新的测试用例,使其只覆盖一个不合理等价类。重复这一步,直到所有不合理等价类被覆盖为止。

例6.4 某一报表处理系统,要求用户输入处理报表的日期。假设日期限制在1990年1月至1999年12月,即系统只能对该段时期内的报表进行处理。如果用户输入的日期不在此范围内,则显示输入错误信息。该系统规定日期由年、月的6位数字字符组成,前4位代表年,后两位代表月。现用等价类划分法设计测试用例,来测试程序的"日期检查功能"。

首先划分等价类并编号,即根据问题描述划分成3个有效等价类,7个无效等价类,见表6.2。然后为合理等价类设计测试用例,对于表中编号为1,2,3对应的3个合理等价类,用一个测试用例覆盖。

表6.2 "报表日期"输入条件的等价类表

输入等价类	合理等价类	不合理等价类
报表日期的类型及长度	1.6位数字字符	4.有非数字字符 5.少于6个数字字符 6.多于6个数字字符
年份范围	2.在2000~2010之间	7.小于2000 8.大于2010
月份范围	3.在1~12月份之间	9.等于0 10.大于12

最后为每一个不合理等价类至少设计一个测试用例,设计的测试用例见表6.3。

表6.3 不合理等价类测试用例设计

测试数据	期望结果	覆盖范围
00MAY	输入无效	4
20005	输入无效	5
2001005	输入无效	6
199912	输入无效	7
201101	输入无效	8
200900	输入无效	9
200913	输入无效	10

②边界值分析。

实践经验表明,程序往往在处理边界情况时发生错误。边界情况指输入等价类和输出等价类边界上的情况。由于检查边界情况的测试用例是比较高效的,可以查出更多的错误,因此经常把边界值分析方法与其他设计测试用例的方法结合起来使用。

例如,在做三角形设计时,要输入三角形的 3 个边长 A,B 和 C。这 3 个数值应当满足 $A>0,B>0,C>0,A+B>C,A+C>B,B+C>A$,才能构成三角形。但如果把 6 个不等式中的任何一个"$>$"错写成"$\geq$",那个不能构成三角形的问题恰出现在容易被疏忽的边界附近。

在选择测试用例时,选择边界附近的值就能发现被疏忽的问题。

a. 如果输入条件规定了值的范围,可以选择正好等于边界值的数据作为合理的测试用例,同时还要选择刚好越过边界值的数据作为不合理的测试用例。例如,考试成绩的范围为 0 ~ 100,则将 0、1、100、101 等值作为测试数据。

b. 如果输入条件指出了输入数据的个数,则按最大个数、最小个数、比最小个数少 1 及比最大个数多 1 等情况分别设计测试用例。例如,运动员的参赛项目为 1 ~ 3 项,则测试数据中的参赛项目可为 1 项、3 项、0 项、4 项。

c. 对每个输出条件分别按照以上两个原则确定输出值的边界情况。如一个学生成绩管理系统规定,只能查询 07 ~ 08 级大学生的各科成绩,可以设计测试用例,使得查询范围内的某一届或四届学生的学生成绩,还需设计查询 04 级、09 级学生成绩的测试用例(不合理输出等价类)。

d. 如果程序的需求说明给出的输入或输出域是个有序集合(如顺序文件、线性表和链表),则应把注意力集中在有序集合的第一个元素和最后一个元素上来设计测试用例。例如,输出的表最多有 999 行,每 50 行为一页,则可设计空表、1 行、50 行、51 行、999 行等情况的测试用例。

③错误推测。

在测试程序时,人们根据经验或直觉推测程序中可能存在的各种错误,从而有针对性地编写检查这些错误的测试用例,这就是错误推测法。

错误推测法没有确定的步骤,凭经验进行。它的基本思想是列出程序中可能发生错误的情况,根据这些情况选择测试用例。例如,输入、输出数据为零是容易发生错误的情况;又如,输入表格为空或输入表格只有一行是容易出错的情况等。

例如,测试一个排序程序,列出下面几种需要考虑的情况:

a. 输入待排序表为空。

b. 输入待排序表只含一个元素。

c. 输入待排序表中所有元素均相同。

d. 输入待排序表中已排好序。

④因果图。

等价类划分和边界值分析方法都只是孤立地考虑各个输入数据的测试功能,而没有考虑多个输入数据的组合引起的错误。因果图能有效地检测输入条件的各种组合可能会引起的错误。因果图的基本原理是通过画因果图,把用自然语言描述的功能说明转换为判定表,最后为判定表的每一列设计一个测试用例。

四种黑盒测试方法总结:

首先,在任何情况下都应使用边界值分析法,用这种方法设计的用例暴露程序错误能力强。设计用例时,应该既包括输入数据的边界情况,又包括输出数据的边界情况。

第二,必要时用等价类划分方法补充一些测试用例。

第三,再用错误推测法补充测试用例。

第四,检查上述测试用例的逻辑覆盖程度,如未满足所要求的覆盖标准,再增加例子。

最后,如果需求说明中含有输入条件的组合情况,则一开始就可使用因果图法。

6.2.6.3 软件测试的步骤

软件产品在交付使用之前一般要经过单元测试、集成测试、确认测试和系统测试。图 6.8 为软件测试的步骤。

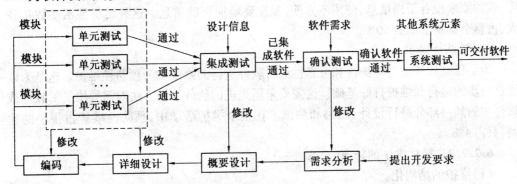

图 6.8 软件测试步骤

单元测试指对源程序中每一个程序单元进行测试,检查各个模块是否正确实现规定的功能,从而发现模块在编码中或算法中的错误。该阶段涉及编码和详细设计的文档。各模块经过单元测试后,将各模块组装起来进行集成测试,以检查与设计相关的软件体系结构的有关问题。确认测试主要检查已实现的软件是否满足需求说明书中确定了的各种需求。系统测试指把已确定的软件与其他系统元素(如硬件、其他支持软件、数据和人工等)结合在一起进行测试。在各个测试阶段过程中,若未通过测试,则进行相应的修改后再行测试,直至全部通过交付为止。

6.2.7 软件维护阶段

6.2.7.1 软件维护的内容

软件维护包括四方面内容:校正性维护、适应性维护、完善性维护和预防性维护。

(1)校正性维护。

在软件交付使用后,由于软件开发过程中产生的错误在测试中并没有完全彻底地发现,因此必然有一部分隐含的错误被带到维护阶段来。这些隐含的错误在某些特定的使用环境下会暴露出来。为了识别和纠正错误,修改软件性能上的缺陷,应进行确定和修改错误的过程,这个过程就称为校正性维护。校正性维护占整个维护工作的21%。

(2)适应性维护。

随着计算机的飞速发展,计算机硬件和软件环境在不断发生变化,数据环境也在不断发生变化。为了使应用软件适应这种变化而修改软件的过程称为适应性维护。例如,某个应用软件原来是在 DOS 环境下运行的,现在要把它移植到 Windows 环境下来运行;某个应用软件原来是在一种数据库环境下工作的，现在要改到另一种安全性较高的数据库环境下工作，这些变动都需要对相应的软件作修改。这种维护活动要占整个维护活动的25%。

（3）完善性维护。

在软件漫长的运行时期中，用户往往会对软件提出新的功能要求与性能要求。这是因为用户的业务会发生变化，组织机构也会发生变化。为了适应这些变化，应用软件原来的功能和性能需要扩充和增强。这种增加软件功能、增强软件性能和提高软件运行效率而进行的维护活动称为完善性维护。例如，软件原来的查询响应速度较慢，要提高响应速度；软件原来没有帮助信息，使用不方便，现在要增加帮助信息。这种维护性活动数量较大，占整个维护活动的50%。

（4）预防性维护。

为了提高软件的可维护性和可靠性而对软件进行的修改称为预防性维护。这是为以后进一步的运行和维护打好基础。这需要采用先进的软件工程方法对需要维护的软件或软件中的某一部分进行设计、编码和测试。在整个维护活动中，预防性维护占很小的比例，只占4%。

6.2.7.2　软件维护的特点

（1）维护的结构化。

软件的开发过程对软件的维护有较大的影响。若不采用软件工程的方法开发软件，则软件只有源程序，且文档很少或没有文档，维护活动只能从阅读、理解和分析源程序开始，这就是一种非结构化的维护。若采用软件工程的方法开发软件，则各阶段都有相应的文档，容易进行维护工作，这是一种结构化的维护。

用软件工程思想开发的软件具有各个阶段的文档，这对于理解、掌握软件功能、性能、软件结构、数据结构、系统接口和设计约束有很大作用。进行维护活动时，需从评价需求说明开始，搞清楚软件功能、性能上的改变；对设计说明文档进行评价，对设计说明文档进行修改和复查；根据设计的修改，进行程序的变动；根据测试文档中的测试用例进行回归测试；最后，把修改后的软件再次交付使用。这对于减少精力、减少花费和提高软件维护效率有很大的作用。

（2）维护的困难性。

软件维护的困难性主要是由于软件需求分析和开发方法的缺陷造成的。软件生存周期中的开发阶段没有严格又科学的管理和规划，就会引起软件运行时的维护困难。这种困难表现在如下几个方面：

首先，读懂别人的程序是困难的。要修改别人编写的程序，就必须先要看懂、理解别人的程序。而理解别人的程序是非常困难的，这种困难程度随着程序文档的减少而迅速增加，如果没有相应的文档，困难就达到非常严重的地步。一般程序员都有这样的体会，修改别人的程序，还不如自己重新编程序。

其次，文档的不一致性。它会导致维护人员不知所措，不知根据什么进行修改。这种不一致表现在各种文档之间的不一致以及文档与程序之间的不一致。这种不一致是由于开发过程中文档管理不严所造成的。在开发中经常会出现修改程序却遗忘了修改与其相关的文档,或某一文档作了修改,却没有修改与其相关的另一文档这类现象。要解决文档的不一致性,就要加强开发工作中的文档版本管理工作。

最后,软件开发和软件维护在人员和时间上的差异。如果软件维护工作是由该软件的开发人员来进行,则维护工作就变得容易,因为他们熟悉软件的功能、结构等。但通常开发人员与维护人员是不同的,这种差异会导致维护的困难。

(3)维护的费用。

软件维护的费用在总费用中的比重是在不断增加的,它在 1970 年占 35% ~ 40%, 1980 年上升到 40% ~ 60%,1990 年以后上升到 70% ~ 80%。

软件维护费用不断上升,这只是软件维护有形的代价。另外还有无形的代价,即要占用更多的资源。由于大量软件的维护活动要使用较多的硬件、软件和软件工程师等资源,这样一来,投入新的软件开发的资源就因不足而受到影响。由于维护时的改动,在软件中引入了潜在的故障,从而降低了软件的质量。

软件维护费用增加的主要原因是软件维护的生产率非常低。例如,在 1976 年美国的飞行控制软件每条指令的开发成本是 75 美元,而维护成本是每条指令大约为 4 000 美元,也就是说,生产率下降到原来的 1/50。

6.3 软件开发过程模型

在 6.2 节详细介绍过软件生存周期各个阶段的划分与具体工作内容。实践中,多数场合不能一次就全部、精确地生成需求规格说明。软件开发各个阶段之间的关系不可能是顺序的、线性的,相反,应该是带有用户反馈意见的迭代过程,这种过程用软件开发过程模型来表示。

软件工程过程模型的选择基于项目和应用的性质、采用的方法和工具以及需要的控制和交付的产品。所有软件开发过程都可被刻画成一个问题解决环,如图 6.9(a)所示,其中包含四个不同的阶段:状态引用、问题定义、技术开发和解决集成。状态引用表示事物的当前阶段;问题定义表示要解决的特定问题;技术开发通过应用某些技术来解决问题;解决集成提交结果(如文档、程序、数据、新的商业功能、新产品)给那些从一开始就需要解决方案的人。这个问题解决环可以应用到软件工程的多个不同开发级别上。它可以用于考虑整个系统的宏观级,开发程序构件的中间级,甚至是代码行一级。因此,可以使用分形(即一个模式递归套用一个模式)表示来提供关于过程的理想化视图。在图 6.9 (b)中,问题解决环的每一个阶段又包含一个相同的问题解决环,该环还可以再包含另一个问题解决环,这可以一直继续下去,直到一个合理的边界,对于软件而言,就是代码行。

软件开发模型给出了软件开发活动各个阶段之间的关系。它是软件开发过程的概括,是软件工程的重要内容。它为软件工程管理提供里程碑和进度表,为软件开发过程提供了原则和方法。软件开发模型大体上可分为三种:第一种是以软件需求完全确定为前提的瀑布模型;第二种是在软件开发初期只能提供基本需求时采用的渐进式开发模型,如原型模型、螺旋模型等;第三种是以形式化开发方法为基础的变换模型。在实践中经常将几种模型组合使用,以便充分利用各种模型的优点。

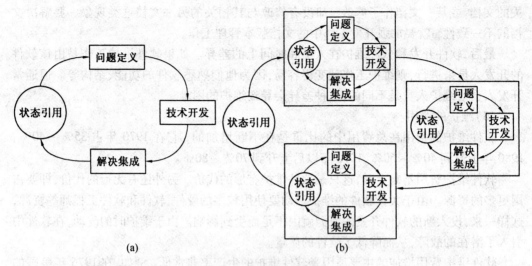

(a)   (b)

图 6.9　软件开发过程

6.3.1　瀑布模型

瀑布模型也称软件生存周期模型,其核心思想是按工序将问题化简,将功能的实现与设计分开,便于分工协作,即采用结构化的分析与设计方法将逻辑实现与物理实现分开。瀑布模型将软件的生命周期划分为软件可行性研究、需求分析和定义、软件设计、软件实现、软件测试、软件运行和维护六个阶段,规定了它们自上而下、相互衔接的固定次序,如同瀑布流水逐级下落,如图 6.10 所示。

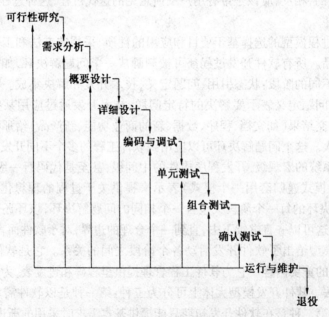

图 6.10　带反馈的瀑布模型

瀑布模型是最早出现的软件开发模型,在软件工程中占有重要的地位,它提供了软件开发的基本框架。瀑布模型的本质是一次通过,即每个活动只执行一次,最后得到软件产品,也称为"线性顺序模型"或者"传统生命周期模型"。其过程是从上一项活动接收该项活动的工作对象作为输入,利用这一输入实施该项活动应完成的内容给出该项活动的工作成果,并作为输出传给下一项活动。同时评审该项活动的实施,若确认,则继续下一项活动;否则返回前面,甚至更前面的活动,这种形式的瀑布模型是带反馈的瀑布模型。

瀑布模型有利于大型软件开发过程中人员的组织及管理,有利于软件开发方法和工具的研究与使用,从而提高了大型软件项目开发的质量和效率。然而软件开发的实践表明,上述各项活动之间并非完全是自上而下且呈线性图式的,因此瀑布模型存在严重的缺陷。

(1)由于开发模型呈线性,所以当开发成果尚未经过测试时,用户无法看到软件的效果。这样,软件与用户见面的时间间隔较长,也会增加一定的风险。

(2)在软件开发前期未发现的错误传到后面的开发活动中时,可能会扩散,进而可能会造成整个软件项目开发失败。

(3)在软件需求分析阶段,完全确定用户的所有需求是比较困难的,甚至可以说是不太可能的。

6.3.2 原型模型

原型模型的开发方法是根据建筑师的设计和建造思想转变而来的。建筑师在接到一个建筑项目后,根据用户提出的基本要求和自己对用户需求的理解,按一定比例设计并建造一个原型。用户和建筑师以原型为基础进一步研究并确定建筑物的需求。当用户和建筑师对建筑物的需求取得一致的理解之后,建筑师再组织对建筑物的设计和施工。针对软件开发初期在确定软件系统需求方面存在的困难,人们开始借鉴建筑师在设计和建造原型方面的经验。软件开发人员根据客户提出的软件定义,快速地开发一个原型,它向客户展示了待开发软件系统的全部或部分功能和性能,在征求客户对原型意见的过程中,进一步修改、完善、确认软件系统的需求并达到一致的理解,其开发过程如图 6.11 所示。原型模型采用逐步求精的方法完善原型,使得原型能够"快速"开发,避免了像瀑布模型一样在冗长的开发过程中难以对用户的反馈作出快速的响应。相对瀑布模型而言,原型模型更符合人们开发软件的习惯,它具备以下优点:

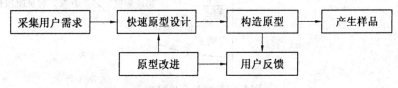

图 6.11 原型开发模型

(1)开发工具先进,开发效率高,使总的开发费用降低,时间缩短。

(2)开发人员与用户交流直观,可以澄清模糊需求,调动用户的积极参与,能及早地暴露系统实施后潜在的问题。

(3)原型系统可作为培训环境,有利于用户培训和开发同步,开发过程也是学习过程。

原型开发模型在开发过程中存在一定的缺陷：首先，快速建立起来的系统结构加上连续的修改可能会导致产品质量低下；其次，产品原型在一定程度上限制了开发人员的创新，没有考虑软件的整体质量和长期的可维护性；最后，由于达不到质量要求，产品可能被抛弃而采用新的模型重新设计。因此，原型实现模型不适合嵌入式、实时控制及科学数值计算等大型软件系统的开发。

6.3.3 螺旋模型

螺旋模型将瀑布和原型模型结合起来，它不仅体现了两个模型的优点，而且还强调了其他模型均忽略了的风险分析。这种模型的结构如图 6.12 所示，每一个周期都包括需求定义、风险分析、工程实现和评审四个阶段，由这四个阶段进行迭代。软件开发过程每迭代一次，螺旋线就增加一周，软件开发又前进一个层次，系统又生成一个新版本，而软件开发的时间和成本又有了新的投入。螺旋模型基本做法是在"瀑布模型"的每一个开发阶段前引入一个非常严格的风险识别、风险分析和风险控制，它把软件项目分解成一个个小项目。每个小项目都标识一个或多个主要风险，直到所有的主要风险因素都被确定。

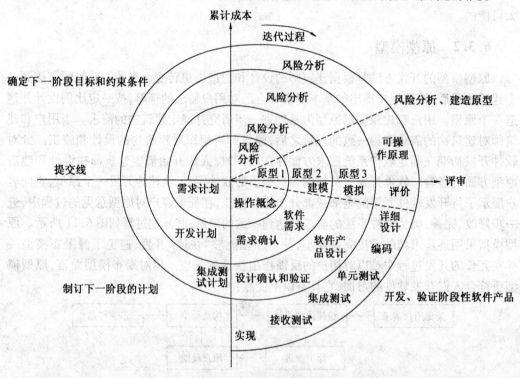

图 6.12 螺旋开发模型

在大多数场合下，软件开发过程是沿螺旋线的路径连续进行的，最后总能得到一个客户满意的软件版本。从理论上讲，迭代过程可以无休止地进行下去，是一个无限过程，但在实践中，迭代结果必须尽快收敛到客户允许的或可接受的目标范围内。只有降低迭代次数，减少每次迭代的工作量，才能降低软件开发的时间和成本。反之，如果迭代过程收敛得很慢，每迭代一次的工作量很大，由于时间和成本上的开销太大，客户无法支持，软件系统开发将不得不中途夭折。

螺旋模型强调风险分析,使得开发人员和用户对每个演化层出现的风险有所了解,继而作出应有的反应,因此特别适用于庞大、复杂并具有高风险的系统。对于这些系统,风险是软件开发不可忽视且潜在的不利因素,它可能在不同程度上损害软件的开发过程,影响软件产品的质量。减小软件风险的目标是在造成危害之前,及时对风险进行识别及分析,决定采取何种对策,进而消除或减少风险的损害。

与瀑布模型相比,螺旋模型支持用户需求的动态变化,为用户参与软件开发的所有关键决策提供了方便,有助于提高目标软件的适应能力,并且为项目管理人员及时调整管理决策提供了便利,从而降低了软件开发风险。

但是,我们不能说螺旋模型绝对比其他模型优越,事实上,这种模型也有其自身的如下缺点:

(1)采用螺旋模型需要具有相当丰富的风险评估经验和专门知识,在风险较大的项目开发中,如果未能够及时标识风险,势必造成重大损失。

(2)过多的迭代次数会增加开发成本,延迟提交时间。

6.3.4 变换模型

变换模型是基于形式化规格说明语言及程序变换的软件开发模型,它采用形式化的软件开发方法对形式化的软件规格说明进行一系列自动或半自动的程序变换,最后映射为计算机系统能够接受的程序系统,又称为自动程序设计模型。在这个模型中,应用系统是自动生成的,该模型如图 6.13 所示。为了确认形式化规格说明与软件需求的一致性,往往以形式化规格说明为基础开发一个软件原型,用户可以从人机界面、系统主要功能和性能等几个方面对原型进行评审。必要时,可以修改软件需求、形式化规格说明和原型,直至原型被确认为止。这时软件开发人员即可对形式化的规格说明进行一系列的程序变换,直至生成计算机系统可以接受的目标代码。

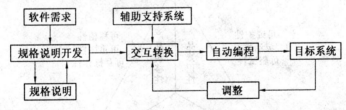

图 6.13 变换开发模型

"程序变换"是作为软件开发的另一种方法,其基本思想是把程序设计的过程分为生成阶段和改进阶段。首先通过对问题的分析制定形式规范并生成一个程序,通常是一种函数型的"递归方程"。然后通过一系列保持正确性的源程序到源程序的变换,把函数型风格转换成过程型风格并进行数据结构和算法的求精,最终得到一个有效的面向过程的程序。这种变换过程是一种严格的形式推导过程,所以只需对变换前的程序的规范加以验证,变换后的程序的正确性将由变换法则的正确性来保证。

变换模型的优点是解决代码结构经多次修改而变坏的问题,减少许多中间步骤(如设计、编码和测试等)。但是变换模型仍有较大局限,以形式化开发方法为基础的变换模型需要严格的数学理论和一整套开发环境的支持,目前形式化开发方法在理论、实践和人员培训方面距工程应用尚有一段距离。

6.4 软件开发管理技术

软件系统的开发和维护必须要有严格、连续的管理方法,对任何工程来说,工程的成败都与管理的好坏有密切的关系。软件产品是非物质性的产品,而且是一种知识密集型的逻辑思维的产品,因此软件工程管理不仅重要,而且它不同于其他的工程管理。

6.4.1 质量管理

为了提高软件质量,在软件开发的各个阶段都要注意提高软件质量,要给出软件质量的评价模型,不仅从多个侧面对软件质量进行评价,还要建立相应的质量保证体系。软件质量管理的目的是通过分析质量要素和质量目标,制订合适的质量计划,整合技术评审、软件测试、质量保证、缺陷(或问题)跟踪等手段,在开发过程中提高软件质量。

注意 软件质量是软件的生命,它直接影响软件的使用和维护。质量低下的软件不但影响基于计算机系统的工作效率,而且还可能给用户带来灾难性的后果。

6.4.1.1 软件质量要素和质量保证

软件质量要素直接影响软件开发过程中各个阶段的产品质量和最终软件产品质量。由于对软件质量理解的不断深化,软件质量要素也不是一成不变的。1978 年,Walters 和 McCall 提出了从软件质量要素,共 11 个,可以分为 3 类,它们之间的关系如图 6.14 所示。第一类要素表现软件的运行特征,包括正确性、可靠性、有效性、完整性和可用性;第二类要素表现软件承受修改的能力,包括可维护性、灵活性和可测试性;第三类要素表现软件对新环境的适应程度,包括可移植性、可重用性和可互操作性。

图 6.14 McCall 的软件质量要素

软件质量保证就是向用户及社会提供满意的高质量的产品,确保软件产品从诞生到消亡为止的所有阶段的质量活动,即确定、达到和维护需要的软件质量而进行的所有有计划、有系统的管理活动。它包括的主要功能有:质量方针的制定;质量保证方针和质量保证标准的制定,质量保证体系的建立和管理;明确各阶段的质量保证工作;各阶段的质量评审,确保设计质量;重要质量问题的提出与分析;总结实现阶段的质量保证活动;整理面向用户的文档、说明书等;产品质量鉴定、质量保证系统鉴定;质量信息的收集、分析和使用。质量保证策略的发展大致可以分为以下三个阶段:

(1)以检测为主。产品制成后才进行检测,这种检测只能判断产品的质量,不能提高产品的质量。

(2)以过程管理为主。把质量保证工作重点放在过程管理上,对制造过程的每一道工序都进行质量控制。

(3)以新产品开发为主。许多产品的质量问题源于新产品的开发设计阶段,因此在产品开发设计阶段就应采取有力措施,以便消灭由于设计原因而产生的质量隐患。

由此可知,软件质量保证应从项目计划和设计开始,直到投入使用和售后服务的软件生存期的每一阶段中的每一步骤。

6.4.1.2　软件复杂性度量

软件复杂性度量是软件度量的重要组成部分,任何一个有经验的程序员都知道开发规模相同、复杂性不同的软件,花费时间和成本会有很大差异。可以从六个方面描述软件复杂性:理解程序的难度;纠错、维护程序的难度;向他人解释程序的难度;按指定方法修改程序的难度;根据设计文件编写程序的工作量;执行程序时需要资源的程度。它们反映了软件的可理解性、模块性、简洁性等属性。当前还没有比较理想、全面、系统的度量软件复杂性的模型,可以采用 McCabe 度量法(即控制结构复杂性度量法)进行软件复杂性的度量。

控制结构的复杂性度量方法把程序看成有一个入口节点和一个出口节点的有向图,图中每个节点对应一个语句或一个顺序流程的程序代码块,弧对应于程序中的转移。这种图也称为程序控制结构图。为不失一般性,假设图中每个节点都可以由入口节点到达,并且从每个节点都可以到达出口节点,用程序控制结构图的巡回轶数 $V(G)$ 作为程序结构复杂性的度量:

$$V(G) = e - n + 2p \tag{6.1}$$

其中,e 为结构图的边数;n 为结构图的节点数;p 为图 G 中的强连通分量个数。

例 6.1　计算图 6.15 所示程序控制结构图的 $V(G)$ 值。

在图 6.15 中,边数 $e=9$,节点数 $n=6$,强连通分量个数 $p=2$,于是 $V(G) = 9-6+4 = 7$。即 McCabe 环路复杂度质量值为 7。

当程序中分支结构数和循环结构数增加时,控制结构图中的区域数就会增加,程序的结构会变得更复杂,$V(G)$ 的值也会相应增大。其次,在结构化程序设计中尽量控制流向从高层指向低层,如果出现从低层指向高层的流向,就会增加封闭区域的个数,于是,

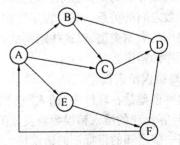

图 6.15　程序控制结构图的 $V(G)$ 值

反方向的控制流向越多,程序结构越复杂,$V(G)$ 越大。实验表明,源程序中存在的错误数以及为了诊断和纠正这些错误所需的时间与 McCabe 环路复杂度度量值有明显的关系。

利用 McCabe 环路复杂度度量时,需要注意以下几点:

(1)环路复杂度取决于程序控制结构的复杂度。当程序的分支数目或循环数目增加时,其复杂度也增加。环路复杂度与程序中覆盖的路径条数有关。

(2)环路复杂度可叠加。例如,程序模块 A 的复杂度为2,程序模块 B 的复杂度为3,则程序模块 A 和程序模块 B 的复杂度为5。

(3)McCabe 建议,对于复杂度超过 10 的程序,应该将源程序分解成几个小程序,以减少程序中的错误。

6.4.1.3 软件可靠性度量

软件可靠性是最重要的软件特性,它表明了一个程序按照用户的要求和设计的目标,执行其功能的正确程度。一个可靠的程序应是正确的、完整的、一致的和健壮的。在现实中,一个程序要达到完全可靠并不实际,要精确地度量它也不现实。在一般情况下,只能通过程序测试去度量程序的可靠性。软件可靠性是指在给定时间内,在规定的环境条件下系统完成所指定功能的概率。

为了研究软件可靠性,自20世纪70年代以来,人们建立了几十种软件可靠性模型。这些模型可分为宏观模型和微观模型两类。宏观模型从程序中残留错误的角度建立模型,并用统计方法确定模型中的参数。微观模型以程序的控制结构和程序语句分析为基础。无论是宏观模型还是微观模型都不是很成熟,这里介绍几种典型的估算软件可靠性的宏观方法。

(1)可靠性增长度量模型。

可靠性增长模型是由硬件可靠性理论导出的模型,即用其错误出现和纠正的速率来表示其稳定可用程度。可靠性增长模型的基本思想就是一个错误发现并改正后,它的可靠性有一个定值的增长。用 TF 表示平均无故障时间,TR 表示错误的平均修复时间,则系统的稳定可靠性可定义为:

$$R = \frac{TF}{TF + TR} \tag{6.2}$$

(2)基于程序内部特性的模型。

基于程序内部特性的可靠性模型计算存在于软件中的错误的预计数。根据软件复杂性度量函数导出的定量关系。这类模型建立了程序的面向代码的属性与程序中错误的初始估计数之间的关系。它以程序结构为基础,分析程序内部结构、分支的数目、嵌套的层数及引用的数据类型,以这些结构的数据作为模型的参数,使用多元线性回归分析,从而预测程序的错误数目。

(3)错误植入模型。

这种模型是在软件中"植入"已知的错误,在历经一段时间的测试之后,可以发现错误,并计算发现的植入错误数与发现的实际错误数之比。设程序中隐含的错误总数为 N,随机将一些已知的带标记的错误植入程序,植入的错误总数为 N_p,经测试后,发现隐含的错误总数为 n,植入错误总数为 n_p。假设植入错误和程序中的残留错误都可以同等难易地被测试到,则:

$$\frac{N_p}{N + N_p} = \frac{n_p}{n + n_p} \tag{6.3}$$

其中，N_p、n、n_p 是已知的，则可以求出程序中隐含的错误总数 N 为：

$$N = \left(\frac{n}{n_p}\right) \cdot N_p \tag{6.4}$$

这种模型依赖于测试技术，但如何判定哪些错误是程序的残留错误，哪些是植入带标记的错误，不是件容易的事，而且植入带标记的错误有可能导致新的错误。

6.4.2　项目管理

项目管理理论形成于 20 世纪五、六十年代，经过五、六十年的发展，现代项目管理理论已形成一门与系统论、组织理论、经济学、管理学、价值工程、计算机技术等学科相互渗透的交叉学科。项目管理作为一种管理方法体系，在不同国家、不同行业，其结构、内容、技术、手段可能有一定的区别，但其最基本的方面是相对固定的。

目前，国际上应用最广泛的软件能力成熟度模型 CMM 为软件工程管理开辟了一条新的途径，能帮助软件企业改进和优化软件企业的管理，在提高软件开发水平和效率的同时提高产品的质量和可靠性，实现软件生产工程化。然而，CMM 模型仅仅规定了做什么，却没有规定如何去做。因此，在具体实施 CMM 时，应结合有效的项目管理方法，把项目管理理论运用到实践中，真正从根本上全面提高软件企业的管理素质。当然，在实施项目管理过程中会面临很多挑战，存在许多需要解决的实际问题。

6.4.2.1　软件项目管理的要素和体系

项目管理是一种科学的管理方法。在领导方式上，它强调个人责任，实行项目经理责任制；在管理机构上，它采用临时性动态组织形式，即项目小组；在管理目标上，它坚持效益最优原则下的目标管理；在管理手段上，它有比较完整的技术方法。项目管理主要受六方面因素制约：工作范围、时间、成本、质量、组织、客户满意度，如图 6.16 所示。其中，时间、成本、质量是相互制约的，是项目管理的最基本要素。项目管理的目标就是谋求任务

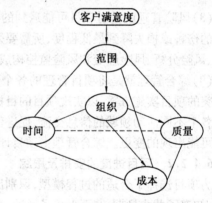

图 6.16　项目管理的 6 要素

多、进度快、质量好、成本省的有机统一，或者在任务一定的情况下，好中求快，好中求省。因此，项目的范围是十分重要的，没有范围就没有项目。当然，没有组织，项目就无法实施，而项目管理的核心是通过项目使客户满意，所以，客户的满意度是项目管理的核心。由此可见，工作范围、时间、成本、质量、组织、客户满意度是确保项目成功实施的必不可少的六要素。

美国项目管理协会 PMI 开发了一套项目管理知识体系——PMBOK，该知识体系把项目管理划分为九个知识领域：范围管理、时间管理、成本管理、质量管理、人力资源管理、沟通管理、采购管理、风险管理和综合管理。国际标准化组织以该文件为框架，制定了 ISO 10006 关于项目管理的标准。

（1）范围管理就是界定项目的范围，描述用以保证项目包含且只包含所有需要完成

的工作,由启动、范围计划编制、范围定义、范围核实和范围变更控制构成,并在此基础上对项目进行管理。因此,范围是项目未来一系列决策的基础。

(2)时间管理是项目管理的重要环节,描述用于保证能够按时完成项目所需的各个过程,以确保项目在预定的时间内顺利完成,由活动定义、活动安排、活动历时估算、进度计划编排和进度计划控制构成。

(3)成本管理描述用以保证在批准预算内完成项目所需的各个过程,是为确保在预算范围内完成项目所需要的一系列过程,由资源计划编制、成本估算、成本预算和成本控制构成。

(4)质量管理是为确保项目的结果满足用户需求并达到质量要求所需实施的一系列过程,由质量计划编制、质量保证和质量控制构成。

(5)人力资源管理是为确保与项目有关的所有成员发挥其最佳效能的管理过程,由组织的计划编制、人员获取和队伍组建构成。

(6)沟通管理是对项目过程中产生的各种信息进行收集、存储、发布和最终处理,由沟通计划编制、信息发送、绩效报告和管理收尾构成。

(7)采购管理是确保项目进行过程中所需的各种原材料、资源和服务得到满足的过程,由采购计划编制、询价计划编制、询价、供方选择、进货检验、合同管理和合同收尾构成。

(8)风险管理就是对项目可能遇到的各种不确定因素进行识别、分析和应对,将可能造成的伤害或损失降到最低程度,所需要采取的一系列风险措施,由风险管理计划、风险识别、风险分析、风险应变和风险监控构成。

(9)综合管理就是将项目管理的各个方面整合在一起的活动,其核心是权衡多个相互冲突的项目实施方案,以实现项目的目标和要求,帮助项目管理人员整合、协调项目管理的各个不同活动领域的信息交流,促进信息的合理流动,有效地控制和管理项目进行过程中可能出现的变更。综合管理由项目计划制订、项目计划实施和综合变更控制构成。

6.4.2.2 项目进度的安排及跟踪

为项目选择了合适的过程模型,识别出必须完成的软件工程任务,估算了工作量和人员数,知道了截止日期,甚至考虑了风险,现在就是连接这些点的时候了。也就是说,必须创建一个软件工程任务网络,该网络将使项目能够按时完成工作。一旦网络创建完成,就必须为每个任务分配责任,确定它被顺利完成,并在风险变成现实时适应该网络,这就是软件项目的进度安排和跟踪。

在软件项目管理工作中,对软件项目的进度安排有时比对软件成本估算的要求更高,因为成本的增加可以通过提高产品定价或通过大批量销售得到补偿,而项目进度安排不当会引起顾客的不满,影响市场销售。进度是计划的时间表,软件项目的进度安排与任何一个多重任务工作的进度安排类似。按照计划安排进度,需要完成的工作包括估计每项活动的工期,确定整个项目的预计开始时间和要求完工时间,在计算项目预计开始时间的基础上计算每项活动必须开始和完成的最早时间,利用项目的要求完工时间计算每项活动必须开始和完成的最迟时间,确定每项活动能够开始(或完成)与必须开始(或完成)时间之间的正负时差,确定关键(最长)路径。

　　制订项目进度计划的第一步就是估计每项活动从开始到完成所需的时间,即估计工期。工期估计和预算分摊估计可以采用两种办法:一是自上而下法,即在项目建设总时间和总成本之内按照每一工作阶段的相关工作范围来考察,按项目总时间或总成本的一定比例分摊到各个阶段中;二是自下而上法,由每一工作阶段的具体负责人进行工期和预算估计,然后再进行平衡和调整。

　　(1)时限图。

　　在创建软件项目进度表时,计划者将从一组任务(工作分解结构)入手。如果使用自动生成工具,就可以用任务网络或者任务大纲的方式输入工作分解结构,然后为每一项任务输入工作量、持续时间和开始时间。此外,每一项任务都必须分配特定的人员,于是产生项目时间表即时限图,也称甘特图。可以为整个项目建立一个时间表,也可以为各个项目功能或各个项目参与者分别开发各自的时间表。

　　图6.17给出了某项目的时间安排进度表,所有的项目任务都在左边的栏中列出,水平条表示每个任务的持续时间,当日历中同一时间段中存在多个水平条时,就代表任务之间存在并发,图中菱形表示里程碑。

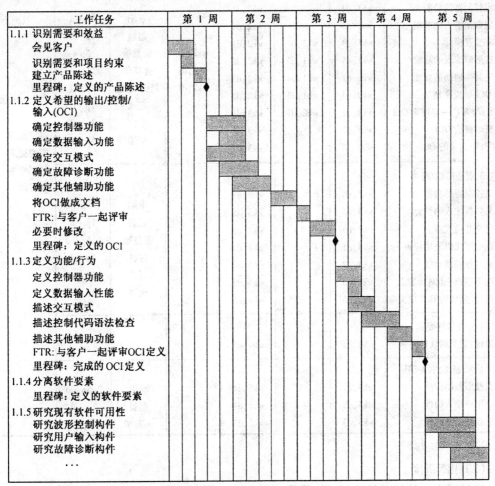

图6.17　时限图示例

一旦输入了生成时间表所需的信息,大多数软件项目进度安排工具都会生成项目表,项目表是表格形式的列表,列出所有项目任务、其计划的开始与结束日期及实际的开始与结束日期以及各种相关信息,见表6.4。项目表与时间表一同使用,使得项目管理者能够跟踪项目的进展情况。

注意 表6.4中,wki,di 表示第 i 周的第 i 天,$p\cdot d$ 表示人·天。

表6.4 项目表格式

工作任务	计划开始	实际开始	计划结束	实际结束	人员分配	工作量分配	附注
1.1.1 识别需要和效益							
会见客户	wk1,d1	wk1,d1	wk1,d2	wk1,d2	李阳	2p·d	
识别需要和项目约束	wk1,d2	wk1,d2	wk1,d2	wk1,d2	程冰	1p·d	
建立产品陈述	wk1,d3	wk1,d3	wk1,d3	wk1,d3	刘珊珊	1p·d	
里程碑:定义的产品陈述	wk1,d3	wk1,d3	wk1,d3	wk1,d3			
1.1.2 定义希望的 OCI							
确定控制器的功能	wk1,d4		wk2,d1		李阳	2p·d	
确定数据输入的功能	wk1,d5		wk2,d1		赵毅	1p·d	
确定交互模式	wk1,d4	wk1,d4	wk2,d1		张慧敏	1.5p·d	
确定故障诊断的功能	wk1,d5	wk1,d5	wk2,d2	wk2,d1	孙英华	1.5p·d	
确定其他辅助的功能	wk2,d1	wk1,d4	wk2,d3	wk2,d1	刘勇/赵毅	2p·d	
将 OCI 做成文档	wk2,d4	wk1,d5	wk2,d5	wk2,d1	程冰	1p·d	
FTR:与客户一起评审 OCI	wk3,d1	wk2,d1	wk3,d1		全体	3p·d	确定范围需要更多的工作量和时间
必要时修改 OCI	wk3,d2		wk3,d3		全体	3p·d	
里程碑:定义的 OCI	wk3,d3		wk3,d3				
1.1.3 定义功能/行为							
定义控制器的功能	wk3,d4		wk3,d5		李阳	1.5p·d	
定义数据输入的性能	wk3,d5		wk3,d5		赵毅	1p·d	
描述交互模式	wk3,d5		wk4,d1		张慧敏	1.5p·d	
描述控制代码语法检查	wk4,d1		wk4,d3		许波	2p·d	
描述其他辅助功能	wk4,d3		wk4,d4		刘勇	2p·d	
FTR:与客户一起评审定义	wk4,d4		wk4,d5		全体	3p·d	
里程碑:完成的 OCI 定义	wk4,d5		wk4,d5				
1.1.4 分离软件要素							
里程碑:定义的软件要素	wk4,d5		wk4,d5				
1.1.5 研究现有软件的可用性							
研究波形控制构件	wk5,d1		wk5,d4		李阳	2.5p·d	
研究用户输入构件	wk5,d2		wk5,d4		赵毅	2p·d	
研究故障诊断构件	wk5,d3		wk5,d5		孙英华	1.5p·d	

(2)跟踪进度。

项目进度为软件项目管理者提供了一张进度路线图。如果被正确制订,项目进度表中应该定义在项目进展过程中必须被跟踪和控制的任务以及里程碑。项目跟踪可以通过

以下方式得以实现：

(1)定期举行项目状态会议，由项目组中的各个成员分别报告进度和问题。

(2)评估所有在软件工程过程中所进行的评审的结果。

(3)确定正式的项目里程碑是否在预定日期内完成。

(4)比较项目表中列出的各项任务的计划开始日期和实际开始日期。

(5)与开发者进行非正式会谈，获取他们对项目进展及可能出现的问题的客观评估。

(6)使用获得值分析来定量地评估进展。

软件项目管理者使用控制的方法来管理项目资源、处理问题和指导项目参与者。如果一切顺利(即项目在预算范围内按进度进行，评审结果表明的确取得了实际进展，达到了各个里程碑)，则几乎不必施加控制；否则，项目管理者就必须施加控制，以便尽快地解决问题。当问题得到诊断之后，可能需要增加额外的资源以解决问题，即可能需要雇用新员工或者需要重新定义项目的进度。

6.4.3 配置管理

在软件开发过程中，伴随着开发工作的进展会产生许多信息，如可行性分析、需求分析说明、总体设计说明、详细设计说明、编码设计说明、源代码、可执行代码、用户手册、测试计划、测试用例、测试结果、在线帮助等技术文档，以及合同、计划、会议记录、报告等管理文档。另一方面，在软件开发过程中出现变更更是不可避免的。面对如此庞大且不断变动的信息集合，如何使其有序、高效地存放、查找和利用成为软件工程项目十分突出的问题。软件配置管理正是为解决这个问题而提出的，它为软件开发提供了一套管理办法和活动原则，成为贯穿软件开发始终的重要质量保证活动。

配置管理是指用于控制系统一系列变化的学科，通过一系列技术、方法和手段来维护产品的历史，鉴别和定位产品独有的版本，并在产品的开发和发布阶段控制变化，通过有序管理和减少重复性工作，保证生产的质量和效率。而软件配置管理以计算机为载体，不仅维护产品的状态、历史记录，同样还支持存储、恢复和产品制造。

软件开发过程的输出信息可以分为三个主要类别：计算机程序(源代码和可执行程序)、描述计算机程序的文档(针对技术开发者和用户)、数据(包含在程序内部或在程序外部)。这些项包含了所有在软件开发过程中所产生的信息，总称软件配置。

6.4.3.1 软件配置项和基线

随着时间的流逝，所有项目开发的相关人员就会相应的知道更多关于项目的信息(比如，客户更清楚需要什么、什么方法最好以及如何实施并赚钱)，这些附加的信息是大多数变更发生的推动力，所以变更是软件开发中必然的事情，这就导致了一个对于很多软件工程实践者而言难于接受的事实：大多数变更都是合理的！客户希望修改需求，开发者希望修改技术方法，管理者希望修改项目方法等。

基线是一个软件配置管理的概念，它帮助我们在不严重阻碍合理变更的情况下来控制变更。软件工程过程各项活动的产物(程序、文档、数据)经评审或审批后都被称为软件配置项(Software Configuration Items，SCI)。基线指一个配置项在其生存周期的某一特定时间，被正式标明、固定并经正式批准的版本。只有由正式的技术评审而得到的软件配置项协议和软件配置的正式文本才能称为基线。它的作用是使各阶段工作的划分更加明确化,使本来连续的工作在这些点上断开,以便于检验和肯定阶段成果。总之,基线是软件配置管理的一个重要概念,从某种意义上讲,它是在软件开发过程中为进行质量控制而引入的,它是开发进度表上的一个参考点与度量点,是后续开发的稳定基础,基线的形成实际上就是对某些配置进行冻结。一个软件配置项一旦成为基线,系统就把这个基线配置项锁定,在变更完成、评审和批准之前,不许对它进行任何操作。

产生基线的事件进展如图6.18所示,软件工程任务产生一个或多个SCI,在SCI被评审并认可后,它们被放置到项目数据库(也称为项目库或软件中心存储库)中。当软件工程项目组中的某个成员希望修改某个基线SCI时,该SCI被从项目数据库复制到工程师的专用工作空间中,然而,这个提取出的SCI只有在遵循软件配置管理控制的情况下才可以被修改。

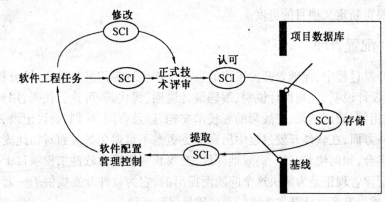

图6.18　作为基线的SCI和项目数据库

注意　对基线的描述可以通过以下的方式进行类比:某大饭店的厨房门为了减少冲突,一个门被标记为"出",另一个门被标记为"进",门上有机制,可以使门只能朝适当方向打开。如果某服务员在厨房端菜意识到拿错了菜盘,他可以迅速地在离开厨房前非正式地改成正确的菜盘。然而,如果他已经离开了厨房,并将菜给了顾客,然后被告知犯了错误,此时,他就必须遵循一下规程:查看账单,确定是否错误已经发生;向顾客道歉;通过"进"门返回厨房纠正错误;解释该问题等。基线就类似于饭馆中厨房门,在软件配置项变成基线前,变更可以迅速非正式地进行,然而,一旦基线形成,我们就得像通过一个单向开的门那样,变更可以进行,但是必须应用特定的、正式的规程来评估和验证每个变更。

6.4.3.2　软件配置管理的任务

软件配置管理的主要任务是发生变更时,与其相关的软件配置项均得到正确处理,使新版本软件无内部冲突。具体任务包括标识软件配置中各种对象、管理软件的各种版本、建立系统、控制对软件的修改、审计配置、报告配置状况。

(1)标识配置对象。

为了控制和管理的方便,所有SCI都应按面向对象的方式命名并组织起来。每个配置对象都拥有名字、描述、资源列表和实际存在体四部分。对象名一般为字符串;对象描述包括若干个数据项,它们指明对象的类型、所属工程项目的标志及变动和版本的有关信息;资源列表给出该对象要求、引用、处理和提供的所有实体,如数据类型、特殊函数等,有时变量也被看作资源;只有基本对象才有实际存在体,它是指向该对象"单元正文描述"的一个指针。

此外,在标识对象时还应考虑对象随着开发过程的深入不断改进的因素。为此,可为每个对象创建如图 6.19 所示的进化图,图 6.19 中每个节点都是 SCI 的一个版本。至于开发人员如何寻找与具体的 SCI 版本相协调的所有相关的 SCI 版本,市场部门又怎样得知哪些顾客有哪些版本,以及怎样通过选择合适的 SCI 版本配置出一个特定的软件系统等问题,都需要通过有效的标识和版本控制机制来解决。

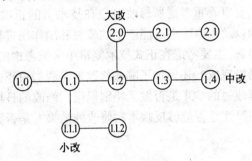

图 6.19 版本进化图

(2)版本控制。

在理想情况下,每个配置项只需保存一个版本。实际上,为了纠正和满足不同用户的需求,一个项目往往要保存多个版本,并且随着系统开发的展开,版本数目明显增加。版本控制主要解决下列问题:

①根据不同用户的需要配置不同的系统。

②保存系统老版本,为以后调查使用。

③建立一个系统新版本,使它包含某些决策而抛弃另一些。

④支持两位以上工程师同时在一个项目中工作。

⑤高效存储项目的多个版本。

一般版本控制系统都为配置对象的每个版本设置一组属性,这组属性既可以是简单的版本号,也可以是一串复杂的布尔变量,用以说明该版本功能上的变化。图 6.19 的进化图也可用于描述一个软件系统的不同版本。此时,图 6.19 中每个节点都是软件的一个完整版本。

(3)系统的建立。

在建立软件系统时经常将源代码变换为执行程序,而编译程序和链接程序是最典型的支撑工具。为有效地控制系统建立过程,需要考虑以下问题:建立系统时使用了哪些源代码和编译程序选件;某个项目修改后,系统哪些部分需要重新编译;建立系统时是否有编译或警告错误;建立系统的正确步骤;安装使用一个新编译程序将有什么影响等。

(4)修改控制。

所谓修改控制就是把人的努力和自动工具结合起来,建立一套机制,有意识地控制软件修改。其修改过程如下:当一个"修改申请"提出后,开发者依据技术指标和潜在的副作用,对其他配置对象和系统功能可能造成的影响以及项目成本等诸多因素进行评估。评估的结果将形成一个"修改报告单",提交给修改控制机构决策,修改控制机构一旦同意修改,应立即提供一个"工程变动命令",它指明修改任务、需遵守的限制和复审标准。然后从项目数据库中"提出"待修改对象,经修改后再"推出"更新版本。这些动作是项目数据库访问控制和同步控制要求的。访问控制决定哪些人员有权访问或修改某个配置对象,而同步控制则保证并行修改时不因互相重写而造成丢失修改。

(5)配置审计。

确认修改是否已经正确,须实施两种措施:一种是正式的技术复审;另一种就是软件配置审计。正式的技术复审着重考虑所修改对象在技术上的正确性,复审人员应对该对象是否与其他 SCI 协调以及在修改中可能产生的疏忽和副作用进行全面的评估。软件配置审计作为一种补充措施,主要考虑在正式技术复审中未被考虑的因素,如工程变动命令中指定的修改是否都已经完成? 还另加了哪些修改? 是否做过正式技术复审? 是否严格遵守软件工程标准? 修改过的 SCI 是否做了特别标记? 修改的日期和执行修改的人员是否已经注册? 该 SCI 的属性是否能够反映本次修改的结果? 是否完成与本次修改有关的注释、记录和报告等。

(6)配置状况报告。

配置状况报告作为软件配置管理的一项任务,主要有以下内容:发生了什么事情,谁做的,何时发生的,有什么影响,等等。配置状态报告的时机与修改控制过程紧密相关,当某个 SCI 被赋予新标记或更新标记时,或修改控制机构批准一项修改申请时,或配置审计完成时都将执行一次配置状况报告。配置状况报告的输出可放在联机数据库中,供开发人员和维护人员随时按关键字查询,这样可以减少大型软件开发项目中由于人员缺乏通信而造成的盲目行为。

6.5 习题

1.单项选择题

(1)"软件危机"是指( )。

A.计算机病毒的出现

B.利用计算机系统进行经济犯罪活动

C.人们过分迷恋计算机

D.软件开发和软件维护中出现的一系列问题

(2)在软件生存周期中,( )阶段必须要回答的问题是"要解决的问题是什么?"。

A.需求分析 B.可行性分析和项目开发计划

C.概要设计 D.测试

(3)在软件生存周期中,( )阶段准确地确定软件系统必须做什么和必须具备哪些功能。

A.需求分析 B.可行性分析和项目开发计划

C.概要设计 D.详细设计

(4)( )阶段的任务是把每个模块的控制结构转换成计算机可接受的程序代码。

A. 详细设计   B. 测试

C. 维护   D. 编码

(5)( )阶段是为每个模块完成的功能进行具体描述,要把功能描述转变为精确的、结构化的过程描述。

A. 概要设计   B. 详细设计

C. 编码   D. 测试

(6)软件工程是一门( )学科。

A. 原理性   B. 工程性

C. 理论性   D. 管理性

(7)( )的目的就是用最小的代价在尽可能短的时间内确定一个软件项目是否能够开发,是否值得去开发。

A. 软件可行性研究   B. 项目开发计划

C. 软件需求分析   D. 软件概要设计

(8)需求分析阶段,分析人员要确定对问题的综合需求,其中最主要的是( )需求。

A. 功能   B. 性能

C. 可靠性   D. 可维护性

(9)对于存在多个条件复杂组合的判断问题,其加工逻辑使用( )描述较好。

A. 数据字典   B. 数据流图

C. 结构化语言   D. 判定表和判定树

(10)需求分析阶段产生最重要的文档是( )。

A. 需求规格说明书   B. 修改完善的软件开发计划

C. 确认测试计划   D. 初步用户使用手册

(11)在下列文档中,属于需求分析阶段的文档是( )。

A. 软件设计说明书   B. 项目开发计划

C. 可行性分析报告   D. 需求规格说明书

(12)在下列选项中,( )不需要在数据字典中作说明。

A. 数据项   B. 数据流

C. 源点与终点   D. 数据存储

(13)需求分析阶段不适用于描述加工逻辑的工具是( )。

A. 模块图   B. 结构化语言

C. 判定表   D. 判定树

(14)在进行可行性研究和项目开发计划以后,如果确认开发一个新的软件系统是必要的而且是可能的,那么就进入( )阶段。

A. 软件概要设计   B. 软件的详细设计

C. 软件需求分析   D. 软件编码

(15)进行需求分析可使用多种工具,但( )是不适用的。

A. 数据流图   B. 判定表

C. 系统流程图   D. 数据词典

(16)下列说法正确的是(　　　)。

A. 测试用例应由输入数据和预期的输出数据两部分组成

B. 测试用例只需选用合理的输入数据

C. 每个程序员最好测试自己的程序

D. 测试用例时,只需检查程序是否做了它应该做的事

(17)被测试程序不在机器上运行,而是采用人工检测和计算机辅助静态分析的手段对程序进行检测,这种测试称为(　　　)。

A. 白盒测试   B. 黑盒测试

C. 静态测试   D. 动态测试

(18)与设计软件测试用例无关的文档是(　　　)。

A. 需求规格说明书   B. 详细设计说明书

C. 可行性研究报告   D. 源程序

(19)白盒测试是结构测试,被测对象基本上是源程序,以程序的(　　　)为基础设计测试用例。

A. 应用范围   B. 功能

C. 内部逻辑   D. 输入数据

(20)为了提高测试的效率,应该(　　　)。

A. 选择发现错误可能性大的数据作为测试用例

B. 随机地选取测试数据

C. 在完成软件编码阶段后再指定软件的测试计划

D. 取一切可能的输入数据作为测试数据

(21)软件调试的目的是(　　　)。

A. 发现错误   B. 改正错误

C. 改善软件的性能   D. 挖掘软件的潜能

2. 填空题

(1)可行性研究的三个方面是技术可行性、_____、社会可行性。

(2)数据字典中的加工逻辑主要描述该加工"做什么",而不是实现加工的细节,它描述如何把输入数据流变换为输出数据流的_____。

(3)软件概要设计阶段产生的最重要的文档是_____。

(4)软件质量保证应从_____开始,直到投入使用和售后服务的软件生存期的每一阶段中的每一步骤。

(5)事实证明,对于一个大型软件系统的开发,由_____失误造成的后果要比程序错误造成的后果更为严重。

(6)在软件的生产过程中,总是有大量各种信息要记录,因此,_____在产品的开发过程中起着重要的作用。

(7)软件工程包含_____和_____两大部分内容。

(8)_____是配置管理的基本单位。

(9)作为计算机科学技术领域中的一门新兴学科,"软件工程"主要是为了解决_____问题。

(10)白盒测试又称为_____,它根据被测程序的_____设计_____。

(11)软件测试中的白盒测试法属于一类对软件结构的测试方法,它往往将程序视为一组_____的集合。

(12)常见的黑盒法测试用的设计有:_____、_____、_____和_____。

(13)软件测试一般经过三个测试:_____、_____和_____。

(14)软件维护工作可分为_____、_____、_____和_____四类。

(15)在数据流程图中,圆圈表示_____,方框表示_____,箭头表示_____,双短粗线_____。

(16)数据流是对实际的信息处理系统的抽象,其常用的绘制方法有_____和_____两类。

(17)_____和数据字典共同构成了系统的逻辑模型。

(18)软件工程管理是指对_____一切活动的管理。

(19)保证软件质量的措施有:_____、_____和_____。

(20)安排进度表就是要对每个任务进一步细分为步骤,估计每个步骤起止时间。目前仍在使用的安排进度表是_____,也称为 Gantt 图,是一个时间一个任务的二维表,时间精确的一天。

3.简答题

(1)软件危机是怎样产生的? 说明产生软件危机的原因。

(2)简述软件工程的定义及目标。

(3)什么是软件生存周期? 软件生存周期划分为哪几个阶段?

(4)简述模块划分应遵循的原则。

(5)详细设计有哪几种描述方法?

(6)软件测试的目标是什么? 为什么把软件测试的目标定义为只是发现错误?

(7)软件测试应遵循什么原则?

(8)什么是黑盒测试与白盒测试? 它们都适用于哪些测试?

(9)简述软件测试的步骤。

(10)结构化分析设计方法的实质是什么?

(11)简述采用自顶向下逐层分解方法画数据流程图的步骤。

(12)什么是结构设计方法? 简述结构化设计方法的步骤。

(13)软件设计应遵循的基本原则是什么?

(14)过程成熟度模型分为哪几级?

(15)某校教务系统具备以下功能,输入用户 ID 号及口令后,经验证进入教务管理系统,可进行如下功能的处理:

①查询成绩:查询成绩以及从名次表中得到名次信息。

②学籍管理:根据学生总成绩排出名次信息。

③成绩处理:处理单科成绩并输入成绩表中。

就以上系统功能画出 0 层、1 层的 DFD 图。

(16)某旅馆提供的电话服务如下:可以拨分机号的外线号码。分机号是从 7201 和 7299。外线号码先拨 9,然后是市话号码或长话号码。长话号码是以和市话号码组成。区号是从 100 到 300 中任意的数字串。市话号码是以局号和分局号组成。局号可以是 455、466、888、552 中任意一个号码。分局号是任意长度为 4 的数字串。

要求:写出在数据字典中,电话号码的数据条目的定义(即组成)。

参考文献

[1]唐祖锴,彭智勇.面向方面程序设计语言研究综述[J].计算机科学与探索,2010(4):1-19.

[2]麦中凡,苗明川,何玉杰.计算机软件技术基础[M].北京:高等教育出版社,2007.

[3]谭浩强.C程序设计[M].4版.北京:清华大学出版社,2010.

[4]斯特劳斯·特鲁普,王刚,刘晓光,等.C++程序设计原理与实践[M].北京:机械工业出版社,2010.

[5]王立柱.C++与数据结构[M].北京:清华大学出版社,2003.

[6]王伟军.数据结构C/C++版[M].北京:清华大学出版社,2010.

[7]陈守孔.算法与数据结构C语言版[M].北京:机械工业出版社,2008.

[8]陈火旺.数据结构与算法[M].武汉:中南大学出版社,2010.

[9]ELLIS HOROWITZ.数据结构基础(C语言版)[M].北京:清华大学出版社,2009.

[10]汤子瀛,哲凤屏,汤小丹.计算机操作系统[M].西安:西安电子科技大学出版社,2006.

[11]孟静,唐志敏.操作系统教程[M].北京:人民邮电出版社,2009.

[12]赵洁.大学计算机基础[M].2版.北京:中国农业出版社,2008.

[13]崔巍,何玉洁,郁红英.数据库技术教程[M].北京:清华大学出版社,2005.

[14]来宾,谭明勇.数据库原理与应用[M].北京:冶金工业出版社,2003.

[15]萨师煊,王珊.数据库系统概论[M].3版.北京:高等教育出版社,2003.

[16]朱勇,孔维广.计算机导论[M].北京:中国铁道出版社,2008.

[17]施伯乐,丁宝康.数据库系统教程[M].2版.北京:高等教育出版社,2003.

[18]何玉洁,李宝安.数据库系统教程[M].北京:人民邮电出版社,2010.

[19]范剑波.数据库原理及应用[M].北京:人民邮电出版社,2006.

[20]杨海霞.数据库原理与设计[M].北京:人民邮电出版社,2007.

[21]萨默维尔,程成,陈霞.软件工程[M].北京:机械工业出版社,2007.

[22]李代平.软件工程[M].2版.北京:清华大学出版社,2008.